Ist das Strafverfahren
vom Legalitätsprinzip beherrscht?

# Europäische Hochschulschriften
Publications Universitaires Européennes
European University Studies

### Reihe II
### Rechtswissenschaft

Série II  Series II
Droit
Law

**Bd./Vol. 2672**

## PETER LANG
Frankfurt am Main · Berlin · Bern · New York · Paris · Wien

Silke Döhring

# Ist das Strafverfahren vom Legalitätsprinzip beherrscht?

PETER LANG
Europäischer Verlag der Wissenschaften

Die Deutsche Bibliothek - CIP-Einheitsaufnahme

Döhring, Silke:

Ist das Strafverfahren vom Legalitätsprinzip beherrscht? / Silke
Döhring. - Frankfurt am Main ; Berlin ; Bern ; New York ; Paris ;
Wien : Lang, 1999
   (Europäische Hochschulschriften : Reihe 2, Rechts-
   wissenschaft ; Bd. 2672)
   Zugl.: Passau, Univ., Diss., 1999
   ISBN 3-631-35174-7

D 739
ISSN 0531-7312
ISBN 3-631-35174-7

© Peter Lang GmbH
Europäischer Verlag der Wissenschaften
Frankfurt am Main 1999
Alle Rechte vorbehalten.

Das Werk einschließlich aller seiner Teile ist urheberrechtlich
geschützt. Jede Verwertung außerhalb der engen Grenzen des
Urheberrechtsgesetzes ist ohne Zustimmung des Verlages
unzulässig und strafbar. Das gilt insbesondere für
Vervielfältigungen, Übersetzungen, Mikroverfilmungen und die
Einspeicherung und Verarbeitung in elektronischen Systemen.

## *Vorwort*

Die vorliegende Arbeit wurde im Wintersemester 1998/99 an der Juristischen Fakultät der Universität Passau als Dissertation angenommen. Sie wurde betreut von Prof. Dr. W. Beulke. Ihm danke ich für die Überlassung des Themas und vor allem für die Offenheit, aber auch für die Kritik, die er den in dieser Arbeit dargelegten neuen und somit vielleicht etwas ungewöhnlichen Denkmustern entgegenbrachte.

Mein Dank gilt außerdem Prof. Dr. B. Haffke für die schnelle Erstellung des Zweitgutachtens.

Besonders dankbar bin ich der Konrad-Adenauer-Stiftung e.V., die es mir durch die Gewährung eines großzügigen Stipendiums ermöglicht hat, mich intensiv mit dem Thema zu befassen und somit die Arbeit in relativ kurzer Zeit zu Ende zu bringen.

Erwähnen möchte ich schließlich Herrn Rücker vom Peter Lang-Verlag, der die Druckvorbereitungen äußerst engagiert betreut hat.

# Inhaltsverzeichnis

**Einleitung**
1. Ziel der Untersuchung ..................................................... 17
2. Ausgangspunkt ............................................................... 17
3. Vorgehensweise .............................................................. 18

**Teil 1: Der Begriff des Legalitätsprinzips vor dem Hintergrund des Verfassungsrechts**

A. *Rechtsstaatsprinzip*
   I. Darstellung der Rechtslage .......................................... 19
      1. Zweck ....................................................................... 19
      2. Inhalt ........................................................................ 20
   II. Folgerungen für den Begriff des Legalitätsprinzips ............ 21
   III. Die einzelnen Bestandteile des Rechtsstaatsprinzips .......... 21
      *1. Die Rechtssicherheit* ................................................ 21
         a. Zweck ................................................................. 21
         b. Inhalt ................................................................... 21
         c. Die einzelnen Bestandteile der Rechtssicherheit .......... 23
           aa. Die inhaltliche Komponente der Rechtssicherheit: Der Bestimmtheitsgrundsatz ............................. 23
              (1). Darstellung der Rechtslage ......................... 23
                 (a). Allgemeiner Bestimmtheitsgrundsatz ...... 23
                 (b). Art. 103 Abs. 2 GG: nulla poena sine lege stricta ............................................ 23
              (2). Folgerungen für den Begriff des Legalitätsprinzips ........................................................ 25
                 (a). Zulässigkeit einer uneingeschränkten Verfolgungspflicht ................................. 25
                 (b). Zulässigkeit einer eingeschränkten Verfolgungspflicht ................................. 25
                    (aa). Voraussetzungen der Verfolgungspflicht ................................. 25
                    (bb). Ermessen ................................... 26
                    (cc). Ergebnis ..................................... 28
           bb. Eine zeitliche Komponente der Rechtssicherheit: Das Ende der Strafverfolgung ........................ 29
              (1). Darstellung der Rechtslage ......................... 29
                 (a). Allgemeiner Grundsatz .......................... 29

(b). Doppelbestrafungsverbot aus
Art. 103 Abs. 3 GG .................................................. 29
(2). Folgerungen für den Begriff des
Legalitätsprinzips.................................................... 30
   (a). Zulässigkeit einer uneingeschränkten
   Verfolgungspflicht ................................................ 30
   (b). Zulässigkeit einer eingeschränkten
   Verfolgungspflicht ................................................ 30
      (aa). Voraussetzungen ...................................... 30
      (bb). Ermessen................................................. 31

cc. Eine zeitliche Komponente der Rechtssicherheit:
Der zügige Ablauf des Rechtsfindungsverfahrens......... 32
(1). Darstellung der Rechtslage..................................... 32
(2). Folgerungen für den Begriff des
Legalitätsprinzips.................................................... 33
   (a). Zulässigkeit einer uneingeschränkten
   Verfolgungspflicht ................................................ 33
   (b). Zulässigkeit einer eingeschränkten
   Verfolgungspflicht ................................................ 34
      (aa). Voraussetzungen der Verfol-
      gungspflicht................................................ 34
      (bb). Ermessen................................................. 35
   (c). Ergebnis.............................................................. 35

dd. Die organisatorische Komponente der Rechtssicherheit:
Die Rechtsschutzmöglichkeit .......................................... 36
(1). Darstellung der Rechtslage..................................... 36
   (a). Der allgemeine Justizgewährleistungs-
   anspruch ............................................................... 36
   (b). Der besondere Justizgewährleistungs-
   anspruch in Art. 19 Abs. 4 GG............................. 36
   (c). Die einzelnen Bestandteile des
   Justizgewährleistungsanspruchs ........................... 37
      (aa). Das Recht auf Zugang
      zu den Gerichten...................................... 37
      (bb). Effektivität des Rechtsschutzes............... 37
      (cc). Allgemeiner Rechtsschutzstandard ......... 38
(2). Folgerungen für den Begriff des
Legalitätsprinzips.................................................... 38
   (a). Zulässigkeit einer uneingeschränkten
   Verfolgungspflicht ................................................ 38

(b). Zulässigkeit einer eingeschränkten
    Verfolgungspflicht ................................................. 38
    (aa). Voraussetzungen der Verfol-
        gungspflicht ................................................. 38
    (bb). Ermessen ................................................. 39

2. *Die horizontale Gewaltenteilung* ................................................. 41
   a. Darstellung der Rechtslage ................................................. 41
      aa. Zum Inhalt im allgemeinen ................................................. 41
      bb. Die Statusrechte des Art. 46 GG im besonderen ........... 43
         (1). Die Immunität ................................................. 43
         (2). Die Indemnität ................................................. 44
   b. Folgerungen für den Begriff des Legalitätsprinzips .............. 44
      aa. Zulässigkeit einer uneingeschränkten
          Verfolgungspflicht ................................................. 46
      bb. Zulässigkeit einer eingeschränkten
          Verfolgungspflicht ................................................. 46
         (1). Voraussetzungen der Verfolgungspflicht ............... 46
         (2). Ermessen ................................................. 47
      cc. Ergebnis ................................................. 47

3. *Der staatsrechtliche Legalitätsgrundsatz* ................................................. 48
   a. Darstellung der Rechtslage ................................................. 48
   b. Folgerungen für den Begriff des Legalitätsprinzips .............. 49
      aa. Zulässigkeit einer uneingeschränkten
          Verfolgungspflicht ................................................. 49
      bb. Zulässigkeit einer eingeschränkten
          Verfolgungspflicht ................................................. 49
         (1). Voraussetzungen der Verfolgungspflicht ............... 49
         (2). Ermessen ................................................. 49
      cc. Ergebnis ................................................. 51

4. *Der Verhältnismäßigkeitsgrundsatz* ................................................. 52
   a. Darstellung der Rechtslage ................................................. 52
   b. Folgerungen für den Begriff des Legalitätsprinzips .............. 53
      aa. Zulässigkeit einer uneingeschränkten
          Verfolgungspflicht ................................................. 53
      bb. Zulässigkeit einer eingeschränkten
          Verfolgungspflicht ................................................. 57
         (1). Voraussetzungen ................................................. 57
         (2). Ermessen ................................................. 57

### B. Demokratieprinzip
    I. Darstellung der Rechtslage ........................................................... 58
    II. Folgerungen für den Begriff des Legalitätsprinzips ..................... 58
        1. Zulässigkeit einer uneingeschränkten Verfolgungspflicht .......... 58
        2. Zulässigkeit einer eingeschränkten Verfolgungspflicht .............. 58
            a. Voraussetzungen der Verfolgungspflicht ............................. 58
            b. Ermessen ............................................................................ 59
        3. Ergebnis .................................................................................. 59

### C. Unantastbarkeit der Menschenwürde
    I. Darstellung der Rechtslage ........................................................... 60
        1. Inhalt des Art. 1 Abs. 1 GG ..................................................... 60
        2. Besondere Ausprägungen des Art. 1 Abs. 1 GG ....................... 60
            a. Der Schuldgrundsatz ........................................................... 60
            b. Aussetzung der Vollstreckung bei einer lebenslangen
               Freiheitsstrafe .................................................................... 61
            c. Unfähigkeit, sich verteidigen zu können ............................. 62
            d. Begrenzte Lebenserwartung ............................................... 62
    II. Folgerungen für den Begriff des Legalitätsprinzips ..................... 63
        1. Zulässigkeit einer uneingeschränkten Verfolgungspflicht .......... 63
        2. Zulässigkeit einer eingeschränkten Verfolgungspflicht .............. 63
            a. Voraussetzungen der Verfolgungspflicht ............................. 63
            b. Ermessen ............................................................................ 63
        3. Ergebnis .................................................................................. 63

### D. Gleichbehandlungsgrundsatz
    I. Darstellung der Rechtslage ........................................................... 64
    II. Folgerungen für den Begriff des Legalitätsprinzips ..................... 65
        1. Zulässigkeit einer uneingeschränkten Verfolgungspflicht .......... 65
        2. Zulässigkeit einer eingeschränkten Verfolgungspflicht .............. 66
            a. Voraussetzungen der Verfolgungspflicht ............................. 66
            b. Ermessen ............................................................................ 67
        3. Ergebnis .................................................................................. 67

### E. Bestimmung des Legalitätsprinzips vor dem Hintergrund des Verfassungsrechts
    I. Zusammenfassung der bisherigen Ergebnisse ................................ 69
    II. Auswertung der bisherigen Ergebnisse ........................................ 71
        1. Von Verfassungs wegen gebotene Begrenzungen einer
           Verfolgungspflicht .................................................................. 72
            a. Art. 1 Abs. 1 GG ................................................................ 72
            b. Art. 46 GG ......................................................................... 72

c. Die übrigen Grundsätze..................................................................73
d. Ergebnis...............................................................................................74
2. Art der Beschränkung der Verfolgungspflicht.................................74
   a. Ermessen...........................................................................................74
   b. Voraussetzungen...............................................................................74
   c. Ergebnis.............................................................................................75

III. Der Begriff des Legalitätsprinzips vor dem Hintergrund des
Verfassungsrechts........................................................................................75

**Teil 2: Der Begriff des Legalitätsprinzips im einfachen Recht**

*A. Staatsanwaltschaft*
   *I. Persönlicher Anwendungsbereich*.....................................................78
   *II. Zeitlicher Anwendungsbereich*.........................................................79
      1. Die Zeit vor Erlangung eines Tatverdachts....................................79
      2. Das Ermittlungsverfahren...............................................................80
         a. Beginn der Verfolgungspflicht....................................................80
         b. Ende der Verfolgungspflicht.......................................................80
            aa. §160 StPO................................................................................81
            bb. §170 Abs. 1 StPO....................................................................81
         c. Ergebnis.........................................................................................82
      3. Gerichtliches Verfahren...................................................................82
         a. Das Zwischenverfahren................................................................82
            aa. Geltung nach einer Entscheidung gem. §156 oder
                §211 StPO................................................................................82
            bb. Geltung während der Prüfung der Anklage......................83
               (1). Befugnis zum Tätigwerden...............................................83
               (2). Verpflichtung zum Tätigwerden......................................85
            cc. Ergebnis....................................................................................87
         b. Das Hauptverfahren......................................................................88
            aa. Befugnis zum Tätigwerden....................................................88
            bb. Verpflichtung zum Tätigwerden..........................................89
            cc. Ergebnis.....................................................................................90
      4. Die Zeit nach Abschluß des Hauptverfahrens................................90
         a. Einlegung von Rechtsmitteln.......................................................91
         b. Vollstreckung.................................................................................92

  c. Wiederaufnahmeverfahren nach §§359 ff StPO ................. 94
  d. Wiederaufnahme gem. §211 StPO analog ..................... 96
 5. Zusammenfassung der Ergebnisse zum zeitlichen
  Anwendungsbereich ........................................................... 96

*III. Sachlicher Anwendungsbereich* ............................................... 96
 1. §152 Abs. 2 StPO ............................................................... 97
  a. Anwendbarkeit im Jugendstrafrecht ................................. 97
  b. Straftat ............................................................................ 99
   aa. Begriff der Straftat .................................................... 99
   bb. Ordnungswidrigkeiten und Disziplinarmaßnahmen ....... 99
   cc. Rechtswidrigkeit und Schuld ................................... 100
   dd. Bindung an die Rechtsprechung .............................. 100
    (1). Argumente aus dem einfachen Recht ................... 102
     (a). §150 GVG ...................................................... 102
     (b). Prognoseentscheidung iRd. §170 StPO ............ 103
     (c). §172 StPO ...................................................... 103
     (d). §§153 ff StPO ................................................ 104
     (e). Vorlagesystem ................................................ 104
     (f). Abschlußentscheidung .................................... 105
     (g). Zwischenergebnis .......................................... 105
    (2). Argumente aus dem Verfassungsrecht ................... 105
     (a). Rechtseinheit, Gleichbehandlung .................... 105
     (b). Gewaltenteilung und Gesetzesbindung ............ 106
    (3). Ergebnis .............................................................. 107
   ee. Zusammenfassung der Ergebnisse ............................ 107

  c. Verfolgbarkeit ................................................................. 108
   aa. Unzuständigkeit der deutschen Gerichtsbarkeit .......... 109
   bb. Unberührtheit der Sache .......................................... 110
    (1). Rechtshängigkeit ................................................. 110
    (2). Rechtskraft ......................................................... 110
   cc. Verjährung .............................................................. 111
   dd. Antragserfordernis .................................................. 112
   ee. Immunität ............................................................... 113
   ff. Indemnität ............................................................... 114
   gg. Strafunmündigkeit .................................................. 115
   hh. Begrenzte Lebenserwartung .................................... 115
   ii. Tod des Beschuldigten ............................................. 115
   jj. Verhandlungsunfähigkeit ......................................... 116
   kk. Überlange Dauer des Strafverfahrens ...................... 116
   ll. Straffreiheitsgesetze ................................................. 121

mm. Tatprovokation durch einen Lockspitzel .................... 121
nn. Verfolgbarkeit von Privatklagedelikten ....................... 123
    (1). Verfahren gegen Erwachsene
       und Heranwachsende ................................................ 123
    (2). Verfahren gegen Jugendliche ............................... 124
    (3). Exkurs .................................................................. 124

d. Zureichende tatsächliche Anhaltspunkte ........................... 125
   aa. Dunkelfeld ................................................................. 126
   bb. Beweisverwertungsverbote .................................... 126
     (1). Unmittelbare Geltung von Beweisverwertungs-
        verboten ................................................................. 127
     (2). Fortwirkung von Beweisverwertungsverboten ....... 127
     (3). Fernwirkung von Beweisverwertungsverboten ...... 129
     (4). Ergebnis ............................................................... 132
   cc. Private Kenntniserlangung ........................................ 132
   dd. Ergebnis ................................................................... 135

e. „soweit nicht gesetzlich ein anderes bestimmt ist" ................ 135
   aa. §153 Abs. 1 StPO ..................................................... 135
     (1). Voraussetzungen ................................................. 135
     (2). Ermessen ............................................................. 136
   bb. §153a Abs. 1 StPO ................................................... 138
     (1). Voraussetzungen ................................................. 138
     (2). Ermessen ............................................................. 139
   cc. §153b Abs. 1 StPO ................................................... 139
     (1). Voraussetzungen ................................................. 139
     (2). Ermessen ............................................................. 140
   dd. §153c StPO .............................................................. 141
     (1). Voraussetzungen ................................................. 141
     (2). Ermessen ............................................................. 142
   ee. §153d StPO .............................................................. 143
     (1). Voraussetzungen ................................................. 143
     (2). Ermessen ............................................................. 143
   ff. §153e StPO ............................................................... 143
     (1). Voraussetzungen ................................................. 143
     (2). Ermessen ............................................................. 144
   gg. §154 Abs. 1 StPO .................................................... 145
     (1). Voraussetzungen ................................................. 145
     (2). Ermessen ............................................................. 146

- hh. §154a Abs. 1 StPO ... 147
  - (1). Voraussetzungen ... 147
  - (2). Ermessen ... 148
- ii. §154b Abs. 1 – 3 StPO ... 148
  - (1). Voraussetzungen ... 148
  - (2). Ermessen ... 149
- jj. §154c StPO ... 149
  - (1). Voraussetzungen ... 149
  - (2). Ermessen ... 150
- kk. §154d StPO ... 151
  - (1). Voraussetzungen ... 151
  - (2). Ermessen ... 152
- ll. §154e Abs. 1 StPO ... 152
  - (1). Voraussetzungen ... 152
  - (2). Ermessen ... 153
- mm. §31a BtMG ... 153
  - (1). Voraussetzungen ... 153
  - (2). Ermessen ... 154
- nn. §37 Abs. 1 BtMG ... 154
  - (1). Voraussetzungen ... 154
  - (2). Ermessen ... 156
- oo. Art. 4 §1 und Art. 5 KronzG ... 156
  - (1). Voraussetzungen ... 156
  - (2). Ermessen ... 157
- pp. Besonderheiten im Jugendstrafverfahren ... 157
  - (1). §45 Abs. 1 JGG (iVm. §109 Abs. 2 JGG) ... 158
    - (a). Voraussetzungen ... 158
    - (b). Ermessen ... 158
  - (2). §45 Abs. 2 JGG ... 159
    - (a). Voraussetzungen ... 159
    - (b). Ermessen ... 160
  - (3). §45 Abs. 3 JGG ... 160
    - (a). Voraussetzungen ... 160
    - (b). Ermessen ... 161
- qq. Ungeschriebene Ausnahmen ... 161

2. Das Legalitätsprinzip als allgemeiner Grundsatz im Vollstreckungsverfahren ... 163
   a. Urteil, mit dem auf schuldhaftes Unrecht reagiert wurde ... 164
   b. Rechtskraft ... 165
   c. Vollstreckbarkeitsbescheinigung ... 165

d. Vollstreckbarkeit ................................................................. 165
aa. Freiheitsstrafe ................................................................ 166
   (1). Straf(rest)aussetzung ............................................... 166
      (a). Voraussetzungen .................................................. 166
      (b). Ermessen ............................................................. 167
   (2). Begnadigung ........................................................... 167
   (3). Straffreiheitsgesetze ................................................. 168
   (4). Vollstreckungsverjährung ...................................... 168
   (5). Aufschub der Vollstreckung ................................... 168
      (a). Aufschub aufgrund gerichtlicher
           Anordnung ........................................................ 168
      (b). Aufschub aufgrund Gesetzes ............................. 169
   (6). Unterbrechung der Vollstreckung ........................... 170
      (a). Unterbrechung aufgrund gerichtlicher
           Anordnung ........................................................ 170
      (b). Unterbrechung aufgrund Gesetzes .................... 170
   (7). Immunität ................................................................ 170
   (8). Tod des Verurteilten ............................................... 171
bb. Geldstrafe ...................................................................... 171
   (1). §459c Abs. 1 StPO ................................................. 171
   (2). Zahlungserleichterungen ........................................ 171
      (a). Vor Eintritt der Rechtskraft ............................... 172
      (b). Nach Eintritt der Rechtskraft ............................ 172
   (3). §459d StPO ............................................................ 172
   (4). Tod des Verurteilten ............................................... 173
   (5). Verwarnung mit Strafvorbehalt .............................. 173
      (a). Voraussetzungen .................................................. 173
      (b). Ermessen ............................................................. 174
   (6). Sonstige Vollstreckungshindernisse ....................... 174
cc. Ersatzfreiheitsstrafe iSv. §43 StGB ............................... 174
   (1). Vollstreckbarkeitsvoraussetzungen nach
      §459e Abs. 1 – 3 StPO ............................................ 174
   (2). §459e Abs. 4 StPO ................................................. 175
   (3). §459f StPO ............................................................. 175
   (4). Sonstige Vollstreckungshindernisse ....................... 175

e. „soweit nicht gesetzlich ein anderes bestimmt ist" ............... 176
aa. Freiheitsstrafe ................................................................ 176
   (1). §456a StPO ............................................................ 176
   (2). §455 Abs. 3 StPO ................................................... 176
   (3). §456 StPO .............................................................. 177
   (4). §455a StPO ............................................................ 177

  (5). §455 Abs. 4 StPO ................................................................. 177
  (6). §35 BtMG ............................................................................. 178
  (7). Urlaub nach dem StVollzG ................................................ 179
 bb. Geldstrafe ...................................................................................... 179
  (1). §459a StPO ............................................................................ 179
  (2). §459c Abs. 2 StPO .................................................................. 180
  (3). §456 StPO .............................................................................. 180
 cc. Ersatzfreiheitsstrafe ........................................................................ 180

**B. Polizei**
*I. Persönlicher Anwendungsbereich* ............................................................ 181
*II. Zeitlicher Anwendungsbereich* ................................................................ 185
 1. Beginn der Geltung des polizeilichen Legalitätsprinzips ............. 185
 2. Dauer der Geltung des polizeilichen Legalitätsprinzips .............. 187
  a. Berechtigung zum Tätigwerden ................................................ 187
  b. Pflicht zum eigenen Tätigwerden .............................................. 190

*III. Sachlicher Anwendungsbereich* .............................................................. 191
 1. Straftat ............................................................................................. 191
 2. Zureichende tatsächliche Anhaltspunkte ...................................... 191
  a. Dunkelfeld und Vorermittlungen .............................................. 191
  b. Kenntniserlangung ..................................................................... 191
  c. Beurteilungsspielraum ................................................................ 192
 3. Keine Weiterleitungspflicht ............................................................ 193

**D. Richter und Gerichte**
*I. Der Richter als Spruchkörper* ................................................................... 196
 1. Persönlicher Anwendungsbereich .................................................. 196
 2. Zeitlicher Anwendungsbereich ....................................................... 197
 3. Sachlicher Anwendungsbereich ...................................................... 198
  a. Straftat .......................................................................................... 199
  b. Verfolgbarkeit .............................................................................. 199
   aa. Sachliche Zuständigkeit ....................................................... 199
    (1). §209 StPO .................................................................... 200
    (2). §§269, 270 StPO ........................................................... 200
    (3). §225a StPO .................................................................. 201
    (4). §348 StPO .................................................................... 201
    (5). Auswirkungen der sachlichen Unzuständigkeit
     auf die Geltung des Legalitätsprinzips ...................... 201
   bb. Zuständigkeit besonderer Strafkammern ........................... 202
   cc. Zuständigkeit der Jugendgerichte ......................................... 202
   dd. Örtliche Zuständigkeit ........................................................... 203

ee. Klageerhebung........................................................203
ff. Eröffnungsbeschluß ..................................................204
gg. Verhandlungsunfähigkeit .........................................206
hh. Abwesenheit und Ausbleiben von
   Verfahrensbeteiligten................................................206
   (1). Abwesenheit des Beschuldigten .........................207
   (2). Ausbleiben des Angeklagten ...............................207
ii. §154e Abs. 2 StPO...................................................207
jj. Entscheidungskonzentration .....................................208
kk. Rechtskraft..............................................................208
c. Tätigkeitsbegründender Akt...........................................208
d. „soweit nicht gesetzlich ein anderes bestimmt ist" ............209
   aa. §153ff StPO ..............................................................209
      (1). Voraussetzungen ...................................................209
      (2). Anwendungbereich ...............................................210
      (3). Bedeutung der Einstellung für das gerichtliche
           Legalitätsprinzip....................................................210
      (4). Bedeutung der Einstellung für das
           staatsanwaltschaftliche Legalitätsprinzip ...............211
   bb. §262 Abs. 2 StPO .......................................................212
      (1). Voraussetzungen ...................................................212
      (2). Ermessen..............................................................213
   cc. §31a Abs. 2 BtMG ......................................................214
   dd. §37 Abs. 2 BtMG........................................................214
   ee. Ausbleiben des Angeklagten nach §230 StPO .............214
   ff. Zuständigkeitsrügen....................................................214
   gg. Besonderheiten im Jugendstrafverfahren: §47
      (iVm. §109 Abs. 2) JGG ...........................................215

*II. Der Richter als Notstaatsanwalt*..................................216
1. Persönlicher Anwendungsbereich .................................216
2. Zeitlicher Anwendungsbereich......................................216
   a. Beginn der Ermittlungspflicht....................................216
   b. Ende der Ermittlungspflicht ......................................217
3. Sachlicher Anwendungsbereich ....................................217
   a. Unerreichbarkeit des Staatsanwaltes..........................217
   b. Gefahr im Verzug ....................................................217
   c. Erforderlichkeit der Untersuchung ............................217

*III. §183 GVG* ................................................................219

    *IV. Der Jugendrichter als Vollstreckungsleiter* ..................................220
       1. Persönlicher und zeitlicher Anwendungsbereich ....................220
       2. Sachlicher Anwendungsbereich ..............................................220
          a. Urteil, mit dem auf schuldhaftes Unrecht reagiert wurde.....220
          b. Vollstreckbarkeit .............................................................221
              aa. Straf(rest)aussetzung zur Bewährung .........................221
              bb. Vollstreckungsverjährung ............................................223
              cc. §27 (iVm. §105) JGG ...................................................223
              dd. §89a (iVm. §110 Abs. 1) JGG ....................................223
          c. „soweit nicht gesetzlich ein anderes bestimmt ist" .............224

    *E. Sonstige Personen*
       I. Aufgabenübertragung auf Nicht-Verfolgungsorgane ....................225
       II. Spezielle Verfolgungsbehörden ....................................................225

    *F. Zusammenfassung der Ergebnisse aus Teil 2*
       I. Zeitlicher und persönlicher Anwendungsbereich ..........................226
       II. Sachlicher Anwendungsbereich .....................................................226
          1. Vorübergehender Ausschluß der Verfolgungspflicht ..............227
          2. Ermessensentscheidungen .....................................................227
          3. Zwingende Ausnahmen .........................................................228

**Teil 3: Ist das Strafverfahren vom Legalitätsprinzip beherrscht?**
    *I. Auswertung der Ergebnisse des 1. und 2. Teiles*
       1. Beschränkung der Untersuchung auf das deutsche
          Strafprozeßrecht ......................................................................231
       2. Keine Pflicht zu sofortigem Einschreiten ...............................231
       3. Verfolgungspflicht ..................................................................231
       4. Adressat der Verfolgungspflicht: „Der Staat" ........................231
       5. „Schuldhaft begangene Straftat" .............................................232
          a. Rechtswidrigkeit der Straftat und Schuld des Täters .........232
          b. Rechtskraft (als Verfolgungshindernis) ..............................232
          c. Strafunmündigkeit ..............................................................232
          d. Tod als Vollstreckungshindernis .........................................233
          e. Rechtskraft als Vollstreckungsvoraussetzung ....................233
       6. Schuldangemessene Reaktion auf die Straftat ........................234
          a. §459f StPO ..........................................................................234
          b. Straf(rest)aussetzung zur Bewährung .................................234
          c. Verwarnung mit Strafvorbehalt ..........................................235
          d. §459e Abs. 3 StPO ..............................................................235
       7. Unfähigkeit, Einfluß auf das Verfahren zu nehmen ...............236
          a. Dauernde Verhandlungsunfähigkeit ...................................236

    b. Dauernde Abwesenheit oder dauerndes Ausbleiben ............... 236
    c. Tod als Verfahrenshindernis ................................................. 236
8. Indemnitätsschutz ......................................................................... 237
9. Die Tat wurde nicht bemerkt ........................................................ 237
10. Der Rechtsfrieden wurde nur unerheblich gestört ...................... 237
    a. Antragsdelikte ...................................................................... 237
    b. Privatklagedelikte ................................................................ 238
    c. §153 StPO ............................................................................ 238
    d. §31a BtMG .......................................................................... 239
    e. §153a StPO .......................................................................... 240
    f. §45 Abs. 2 JGG ................................................................... 240
    g. §§153c Abs. 2, 153d StPO .................................................. 241
11. Der Verfolgung steht das notwendige Ende entgegen ................ 241
    a. Rechtskraft (als Verfolgungshindernis) ............................... 241
    b. Verjährung ............................................................................ 242
12. Wahrung der Menschenwürde des Inhaftierten bei der
    Vollstreckung einer lebenslangen Freiheitsstrafe ...................... 243
13. Gewährleistung einer funktionstüchtigen Rechtspflege ............. 243
    a. Anfangsverdacht .................................................................. 243
    b. Rechtshängigkeit ................................................................. 244
    c. §153 StPO ............................................................................ 244
    d. §153a StPO .......................................................................... 244
14. Verstoß gegen den Beschleunigungsgrundsatz .......................... 245

*II. Zusammenfassung* ........................................................................ 245

*III. Gesamtergebnis* ........................................................................... 247

**LITERATURVERZEICHNIS** ................................................................. 251

# Einleitung

§ 152 Abs. 2 StPO bestimmt: „Sie (= die Staatsanwaltschaft) ist, soweit nicht gesetzlich ein anderes bestimmt ist, verpflichtet, wegen aller verfolgbaren Straftaten einzuschreiten, sofern zureichende tatsächliche Anhaltspunkte vorliegen". Diese Vorschrift wird als die Verkörperung des sog. Legalitätsprinzips angesehen. Sie ist bereits in die 1877 in Kraft getretene Reichsstrafprozeßordnung aufgenommen worden.

## 1. Ziel der Untersuchung

Im Laufe der letzten 100 Jahre hat sich die konkrete Ausgestaltung des Legalitätsprinzips geändert: Wie sich aus dem „soweit nicht"-Vorbehalt des § 152 Abs. 2 StPO ergibt, schreibt diese Vorschrift nicht fest, daß Straftaten ausnahmslos zu verfolgen sind. Während es die RStPO bei ihrem Erlaß nur in sehr geringem Umfang erlaubte, von der Verfolgung abzusehen, ist der Katalog der Ausnahmevorschriften im Laufe der Zeit erheblich angewachsen. Aufgrund dieser Entwicklung fragt es sich, ob die StPO heute überhaupt noch von der Herrschaft des Legalitätsprinzips ausgeht.
Die Frage, ob das Legalitätsprinzip das Strafverfahren beherrscht, ist keine neue. Es ist sehr viel über die Bedeutung dieses Grundsatzes geschrieben worden. Gemeinsam ist den Arbeiten zumeist, daß die Verfasser kriminalpolitisch argumentieren. Es geht immer wieder um die Frage, ob es sinnvoll ist, den Ausnahmekatalog zu erweitern. Im Rahmen dieser Diskussion wird dann die Frage aufgeworfen, ob das Legalitätsprinzip nicht ohnehin schon viel zu stark eingeschränkt ist. Was häufig – wenn überhaupt – immer nur am Rande erwähnt wird, ist die ungeklärte Frage, wie weit das Legalitätsprinzip denn reicht. Es wird also eine politische Diskussion geführt, die keine feste Grundlage hat.
Ziel dieser Arbeit ist es deshalb, ohne politische Wertung und allein unter juristischen Aspekten die Frage nach der Herrschaft des Legalitätsprinzips zu beantworten.

## 2. Ausgangspunkt

Ausgegangen werden soll dabei von der reinen Wortbedeutung. Der Begriff Legalitätsprinzip ist abgeleitet von *„lex"*. Er soll also eine strenge Bindung an das Gesetz bezeichnen. Wenn man außerdem bedenkt, daß der im Rahmen dieser Arbeit zu behandelnde Begriff einen Grundsatz des Strafverfahrens darstellt, dann ist davon auszugehen, daß das Legalitätsprinzip die Pflicht bezeichnet, auf die Verwirklichung eines Straftatbestandes zu reagieren. So formuliert denn auch das BVerfG: „Das Legalitätsprinzip bedeutet indessen Verfolgungszwang gegen jeden

Verdächtigen."[1] Diese Begriffsbestimmung soll Ausgangspunkt der hier anzustellenden Untersuchung sein.

### 3. Vorgehensweise

Wenn also unter dem Begriff Legalitätsprinzip zunächst einmal der strikte Verfolgungszwang verstanden werden soll, so drängt sich die Frage auf, ob solch eine Pflicht überhaupt mit dem Grundgesetz in Einklang steht. Ist es z.B. mit der Verfassung vereinbar, daß ein Beschuldigter verurteilt wird, obwohl er der Verhandlung nicht folgen und sich somit auch nicht verteidigen konnte? – Oder: Verstößt es nicht vielleicht gegen das Grundgesetz, wenn ein Sechsjähriger, der einen Klassenkameraden verprügelt hat, bestraft wird?
Diese Beispiele zeigen bereits, daß es zumindest zweifelhaft erscheint, ob eine uneingeschränkte Verfolgungspflicht verfassungsgemäß ist. Die Diskussion, ob das Strafverfahren vom Legalitätsprinzip beherrscht ist, kann aber nur von einem Begriff ausgehen, der mit der geltenden Rechtsordnung vereinbar ist.
Deshalb wird im ersten Teil dieser Arbeit gefragt, wie weit die strenge Verfolgungspflicht durch die Verfassung eingeschränkt werden muß. Konkret geht es also um die Frage: Wie streng darf die Verfolgungspflicht aus rein *rechtlichen* Erwägungen heraus sein?
Wenn auf diese Weise der Begriff des Legalitätsprinzips vor dem Hintergrund des Verfassungsrechts abstrakt bestimmt worden ist, wird in einem zweiten Teil dargestellt, was das geltende Recht unter dem Begriff versteht. Dabei wird auf besondere Verfahrensarten nicht oder nur am Rande eingegangen werden. Basierend auf der Ausgestaltung des Legalitätsprinzips im einfachen Recht wird in diesem Teil der Arbeit gefragt: Welchen Einfluß haben einzelne Bestimmungen und Grundätze auf die Verfolgungspflicht?
Im dritten Teil soll dann anhand des abstrakt bestimmten Begriffs „Legalitätsprinzip" geklärt werden, ob die Ausnahmen von der Verfolgungspflicht im einfachen Recht verfassungsrechtlich zwingend geboten sind. Denn – dies war der oben genannte Ausgangspunkt der Überlegungen – eine Verfolgungspflicht, die so streng gehandhabt wird, daß sie gegen die Verfassung verstößt, kann mit dem Begriff „Legalitätsprinzip" nicht gemeint sein. Auf diese Weise können die Normen und Grundsätze ausgesondert werden, die als Ausnahme vom Legalitätsprinzip anzusehen sind. So erhält man eine Grundlage für die abschließend zu beantwortende Frage: Ist das Strafverfahren vom Legalitätsprinzip beherrscht?

---

[1] *BVerfG* NStZ 82, 430 (430).

# Teil 1

## *Der Begriff des Legalitätsprinzips vor dem Hintergrund des Verfassungsrechts*

### A. Rechtsstaatsprinzip

**I. Darstellung der Rechtslage**

Das Rechtsstaatsprinzip ist ein grundlegendes Ordnungsprinzip[2], auf dem das Grundgesetz basiert[3]. Deswegen ist es in der Verfassung auch gar nicht besonders beschrieben[4]. Der Begriff wird nur in Art. 28 GG erwähnt, der davon spricht, daß die Länderordnungen „auch" rechtsstaatlichen Grundlagen entsprechen müssen. Aus dem „auch" folgt schon, daß der Verfassungsgeber davon ausgegangen ist, daß der Bund genauso wie die Länder ein Rechtsstaat ist[5].

**1. Zweck**

Der Zweck des Rechtsstaatsprinzips ist es, die Individualsphäre der Menschen vor Eingriffen staatlicher Macht zu schützen[6]. Es soll der Staat an Regeln gebunden und so willkürliches Handeln ausgeschlossen werden[7]. Daraus folgt zum einen, daß jedem erkennbar sein muß, wie weit seine Freiheit geht; nur so kann er diese ausnutzen. Ferner gewinnt der Staat gerade durch eine für den einzelnen nachvollziehbaren Umfang an Macht Legitimität für sein Handeln[8]. Dabei ist der Staat nach heutigem Verständnis auch nicht frei in der Bestimmung dieses Umfangs. Vielmehr müssen gerechte Regelungen, die auf sachlichen Gründen beruhen und von einem gemeinsamen Rechtsbewußtsein getragen werden, geschaffen werden[9].
Im Ergebnis sorgt das Rechtsstaatsprinzip also dafür, individuelle Freiheit und staatliche Gewalt in einen gerechten Ausgleich zu bringen und so ein Zusammenleben in Gemeinschaft zu ermöglichen[10]. Grundlage hierfür ist das Recht, das sich in Gesetzen, aber auch und vielmehr in einer allgemeinen Überzeugung darüber, was Recht ist, ausdrückt.

---

2 *Degenhart* Staatsrecht I RdNr. 201/208; *Stern* Staatsrecht S. 778.
3 *Zippelius* Staatsrecht S. 89; BVerfG 20, 323 (331); 45, 187 (246).
4 BVerfG 2, 380 (403).
5 *Degenhart* Staatsrecht I RdNr. 201/208; vgl. auch *Zippelius* Staatsrecht S. 91.
6 *Zippelius* Staatsrecht S. 87; *Spendel* Heydte-FS S. 1210.
7 *Zippelius* Staatsrecht S. 87.
8 *Zippelius* Staatsrecht S. 88 f.
9 so in etwa *Zippelius* Staatsrecht S. 87, 88 f.
10 *Stern* Staatsrecht S. 765; *Spendel* Heydte-FS S. 1210.

## 2. Inhalt

Das Verständnis des Rechtsstaates hat sich im Laufe der Zeit gewandelt. Dabei soll hier nur die Zeit seit 1877 interessieren.
1856 formulierte *J.F. Stahl*: „Es soll die Bahnen und Gränzen seiner Wirksamkeit wie die freie Sphäre seiner Bürger und der Weise des Rechts genau bestimmen und unverbrüchlich sicher und soll die sittlichen Ideen von Staatswegen, also direkt, nicht weiter verwirklichen, als es der Rechtssphäre angehört, d.i. nur bis zur nothwendigsten Umzäunung."[11] Dieses ist die Umschreibung für das Rechtsstaatsdenken des ausgehenden 19. Jahrhunderts, nämlich ein rein formelles Verständnis. Damals verstand man unter dem Begriff des Rechtsstaates
- die Gesetzmäßigkeit der Verwaltung und
- die Gewaltenteilung, insbes. die Unabhängigkeit der Gerichte[12].

Zwischen 1933 und 1945 wurde dieser Begriff dann im Sinne eines reinen Gesetzesstaates mißbraucht: alles, was auf Gesetzen beruhte, galt als rechtmäßig[13]. Ob die Gesetze dem Staat aber zu viel Macht einräumten und somit zu weit in die Privatsphäre des einzelnen eindrangen, wurde nicht hinterfragt. Genau diese Machtbegrenzung ist aber nach dem soeben Ausgeführten[14] gerade der Hauptzweck des Rechtsstaatsgedankens.

Deshalb entwickelte sich nach 1945 zusätzlich zu der formellen Ausgestaltung auch eine materielle. Der Rechtsstaat sollte nicht mehr nur der Gesetzesstaat, sondern auch ein Gerechtigkeitsstaat sein[15]. Das BVerfG hat ausdrücklich erklärt, daß das Rechtsstaatsprinzip keine eindeutig bestimmten Ge- oder Verbote enthalte, sondern daß es vielmehr der Konkretisierung im Einzelfalle bedürfe. Dabei müßten aber fundamentale Elemente des Rechtsstaates und die Rechtsstaatlichkeit im ganzen gewahrt bleiben[16].
Zu diesen „fundamentalen Elementen" des materiellen Rechtsstaatsbegriffs zählen:
- die Rechtssicherheit
- die Verhältnismäßigkeit und
- die Bindung an Grundrechte[17].

---

[11] Staatslehre S. 137 f.
[12] *Degenhart* Staatsrecht I RdNr. 210; *Zippelius* Rechtsphilosophie S. 204.
[13] *Stern* Staatsrecht S. 773.
[14] s.o. S. 19.
[15] *Zippelius* Staatsrecht S. 87; *Stern* Staatsrecht S. 774, 775.
[16] BVerfG 45, 187 (246) mwN.; 49, 148 (164); 53, 115 (127).
[17] *Degenhart* Staatsrecht I RdNr. 212; *Zippelius* Rechtsphilosophie S. 204; speziell zur Rechtssicherheit vgl. auch BVerfG 15, 313 (319); 19, 150 (166).

## II. Folgerungen für den Begriff des Legalitätsprinzips

Das Strafverfahren unterliegt als Teil der staatlichen Machtausübung den Grenzen, die das Rechtsstaatsprinzip zieht. Dabei ist zu berücksichtigen, daß 1877, als §152 Abs. 2 StPO in Kraft trat, von einem nur formellen Rechtsstaatsbegriff ausgegangen wurde. Heute dagegen müssen auch die materiellen Gesichtspunkte bei der Bestimmung des Legalitätsprinzips berücksichtigt werden. Somit kann ein Rückgriff auf den Willen des historischen Gesetzgebers keine Aufschlüsse über den Inhalt dieses Grundsatzes geben. Vielmehr muß der Begriff des Legalitätsprinzips den geänderten Rechtsauffassungen angepaßt und somit vor dem Hintergrund des geltenden Rechts neu bestimmt werden[18].

## *III. Die einzelnen Bestandteile des Rechtsstaatsprinzips*

### *1. Die Rechtssicherheit*

**a. Zweck**

Art. 2 Abs. 1 GG enthält eine Freiheitsvermutung. Der Einzelne soll so weit wie möglich vor staatlichen Eingriffen geschützt werden[19]. Wenn aber in die Privatsphäre eingegriffen wird, dann muß dies auf einer verläßlichen Grundlage beruhen[20]. Nur so kennt der einzelne seine Freiheit und kann diese in vollem Umfang ausnutzen, ohne staatliche Maßnahmen befürchten zu müssen. Allein die Sicherheit, sich auf die Rechtslage verlassen zu können, führt dazu, daß ein an Recht gebundener Staat nicht willkürlich handeln kann und somit auch tatsächlich in seiner Macht beschränkt ist[21]. Für die Bürger entstehen daraus Vertrauensschutz[22] und Gerechtigkeit[23].

**b. Inhalt**

Aus dem Zweck der Rechtssicherheit, eine verläßliche Dispositionsgrundlage zu schaffen, folgen für das Staatshandeln miteinander oft eng verzahnte Grundsätze in sachlicher, zeitlicher und organisatorischer Hinsicht.

aa. *Der Sache nach* verlangt die Rechtssicherheit, daß die Rechtslage erkennbar sein muß. Dies ist nur gewährleistet, wenn die Gesetze so bestimmt sind, daß für

---

18 vgl. hierzu auch *Baumann* Schmidt-FS S. 528.
19 BVerfG 9, 137 (147, 149); 17, 306 (313 f.).
20 *Zippelius* Staatsrecht S. 88.
21 *Zippelius* Rechtsphilosophie S. 161 ff, 204.
22 vgl. *Zippelius* Rechtsphilosophie S. 169.
23 vgl. BVerfG 33, 367 (383); *Zippelius* Rechtsphilosophie S. 162.

den Bürger deutlich wird, welchen staatlichen Eingriffen er in dem jeweiligen Sachverhalt ausgesetzt sein wird[24] (hierzu s. gleich S. 23 ff).

Ferner muß der Verlauf des Rechtsfindungsverfahrens geregelt sein[25]. Bei der Bestimmung des Legalitätsprinzips geht es nur um die Frage nach dem „ob" des staatlichen Handelns, während der Verfahrensablauf bereits das „wie" regelt. Somit wird dieser Aspekt im folgenden nicht näher behandelt.

bb. Die Rechtssicherheit kann nur wirksam durchgesetzt werden, wenn sie auch *organisatorisch* abgesichert ist. Deswegen muß dem einzelnen eine Rechtsschutzmöglichkeit zur Verfügung stehen (siehe S. 36 ff).

cc. Der Bürger muß auch in *zeitlicher* Hinsicht die Sicherheit haben, daß seine Freiheit nicht zu lange beeinträchtigt wird. Hieraus folgt, daß das Rechtsfindungsverfahren zügig durchgeführt[26] (hierzu siehe S. 32 ff) und auch abgeschlossen werden muß[27] (siehe S. 29 ff). Ferner stellt sich die Frage, ob dem Staat ein Eingriff verwehrt ist, wenn der Sachverhalt, der die Eingriffsmöglichkeit eröffnete, sehr lange zurückliegt (siehe S. 29 ff).

---

[24] *Zippelius* Staatsrecht S. 97; *BVerfG* 17, 306 (314).
[25] *BVerfG* 2, 380 (403).
[26] *Pfeiffer* Baumann-FS S. 333; *BVerfG* 60, 253 (269).
[27] *Zippelius* Staatsrecht S. 88; *BVerfG* 15, 313 (319); 19, 150 (166).

## c. Die einzelnen Bestandteile der Rechtssicherheit

### aa. Die inhaltliche Komponente der Rechtssicherheit: Der Bestimmtheitsgrundsatz

**(1). Darstellung der Rechtslage**
*(a). Allgemeiner Bestimmtheitsgrundsatz*
Der allgemeine, aus dem Rechtsstaatsprinzip abgeleitete Bestimmtheitsgrundsatz besagt, daß dem Bürger aus dem Gesetz erkennbar sein muß, was vom Gesetzgeber gewollt ist[28]. Nur so kann er sein Verhalten danach einrichten[29]. Dabei reicht es, wenn der Inhalt erst nach Auslegung ermittelt werden kann[30]. Auch die Verwendung unbestimmter Rechtsbegriffe ist zulässig, wenn der Sachverhalt sich nicht näher umschreiben läßt[31].
Schwieriger ist die Rechtslage zu bewerten, wenn der Gesetzgeber eine Entscheidung in das Ermessen der zuständigen Behörde stellt. Zu beachten ist hierbei, daß wegen der Vielzahl und Komplexität möglicher Sachverhalte eine abschließende Regelung durch den Gesetzgeber nicht immer möglich und auch nicht wünschenswert ist[32]. Deswegen erfordert der Bestimmtheitsgrundsatz auch nicht, daß bei Vorliegen eines Tatbestandes in jedem Falle eingegriffen werden muß. Vielmehr darf der Gesetzgeber der zuständigen Behörde die Entscheidung überlassen, *ob* der Staat tätig wird[33]. Damit aber der Bürger sein Verhalten auf die Rechtslage einrichten kann, muß der Gesetzgeber zumindest festschreiben, welche Maßnahmen schlimmstenfalls ergriffen werden können[34].
Es gilt, daß umso größere Anforderungen an die Bestimmtheit der Norm zu stellen sind, je stärker sie in Rechte des Betroffenen eingreifen[35]. Denn je höher die Eingriffsintensität ist, desto wichtiger ist es für den Betroffenen, genau zu wissen, wie er sich zu verhalten hat, um diesen Eingriff in seine Freiheit zu verhindern.

*(b). Art. 103 Abs. 2 GG: nulla poena sine lege stricta*
Eine spezielle Ausprägung des Bestimmtheitsgrundsatzes enthält Art. 103 Abs. 2 GG[36]. Diese Vorschrift regelt ausdrücklich (und nicht nur als Ausfluß des Rechts-

---

[28] *Stern* Staatsrecht S. 829; *BVerfG* 17, 306 (314).
[29] vgl. die Nachweise bei *Stern* Staatsrecht S. 830, Fn. 407.
[30] *Degenhart* Staatsrecht I RdNr. 302.
[31] *Bleckmann* JZ 95, 685 (686); *BVerfG* 8, 274 (326); 21, 73 (79) mwN.; 49, 168 (181); 59, 104 (114); 78, 205 (212); 84, 133 (149); 87, 234 (263).
[32] *Stern* Staatsrecht S. 830; *Faller* Maunz-FS S. 81; *BVerfG* 8, 274 (326); 13, 153 (161); 49, 168 (181); 56, 1 (12).
[33] *Faller* Maunz-FS S. 79; *BVerfG* 9, 137 (147 ff).
[34] *BVerfG* 9, 137 (147, 149); *Faller* Maunz-FS S. 79.
[35] *BVerfG* 48, 210 (222); 56, 1 (13); 86, 288 (311) mwN.; speziell zum Strafrecht: *Faller* Maunz-FS S. 79 f.
[36] *Degenhart* Staatsrecht I RdNr. 306.

staatsprinzips), daß sich aus dem Gesetz klar und eindeutig ergeben muß, welches Verhalten strafbar ist[37]. Sie basiert auf dem Gedanken, daß das Strafrecht in besonderem Maße in Rechte eingreift[38]. Deswegen läßt sie reine Ermessensentscheidungen unter keinen Umständen zu[39], stellt also höhere Anforderungen an die Erkennbarkeit der Rechtslage als der allgemeine Bestimmtheitsgrundsatz. Art. 103 Abs. 2 GG verlangt die Bestimmtheit der „Strafbarkeit", erfaßt also dem Wortlaut nach nur das materielle Recht. Es wird in der Literatur dennoch diskutiert, ob der Artikel nicht auch Einfluß auf das Prozeßrecht hat[40]. Diese Diskussion ist zur Bestimmung des Legalitätsprinzips insofern von Bedeutung, als daß diejenigen, die Art. 103 Abs. 2 GG auch auf das Prozeßrecht anwenden wollen, zwangsläufig dazu kommen, daß die Strafverfolgung nicht allein vom Ermessen der zuständigen Behörden abhängig gemacht werden darf[41]. *Jung* argumentiert in diesem Zusammenhang, daß Straftatbestand, Strafandrohung und Strafverhängung nicht voneinander zu trennen seien, Art. 103 Abs. 2 GG also die Strafrechtspflege insgesamt erfasse. Nur so sei gewährleistet, daß der Betroffene erkennen kann, wie auf Delinquenz reagiert wird[42]. Andere verweisen darauf, daß einige Regelungen anstatt im materiellen Recht auch im Prozeßrecht getroffen werden könnten. Deshalb sei es allzu leicht möglich, die Anforderungen des Art. 103 Abs. 2 GG zu umgehen, wenn sie nicht auch für das Prozeßrecht gelten würden[43].
Dieser Ansicht ist jedoch nicht zu folgen. Art. 103 Abs. 2 GG soll in erster Linie dem Bürger ermöglichen, sich so zu verhalten, daß der Staat nicht in seine Rechte eingreift. Wie er sich zu verhalten hat, ergibt sich aus dem materiellen Recht, nicht aber aus dem prozessualen. Denn die Vorschriften des materiellen Rechts verbieten einige Verhaltensweisen und drohen eine staatliche Reaktion an, wenn die Tatbestände verwirklicht werden. Somit bildet das materielle Recht die Grundlage für das Recht und die Pflicht des Staates zur Strafverfolgung. Das Prozeßrecht dagegen regelt nur, wie und ob dieser erst einmal entstandene „Strafanspruch" im Einzelfall durchgesetzt wird[44]. Diese Tatsache läßt es zu, die Bestimmtheitsanforderungen an das materielle und das prozessuale Recht unterschiedlich zu bewerten. Demzufolge braucht Art. 103 Abs. 2 GG nicht über seinen Wortlaut hinaus auf das Prozeßrecht erstreckt zu werden, d.h. daß nur das materielle Recht den strengen

---

[37] *Badura* Staatsrecht H 39.
[38] *Badura* Staatsrecht H 39.
[39] vgl. *Rieß* NStZ 81, 2 (4).
[40] so *Rieß* NStZ 81, 2 (4); *Roxin* StPO §14, RdNr. 2; *Jung* Kronzeuge S. 62; *Pott* Opportunitätsdenken S. 145 f; *Jeutter* Grenzen des Legalitätsprinzips S. 179 f.
[41] *Rieß* NStZ 81, 2 (4); *Pott* Opportunitätsdenken S. 147; *Kapahnke* Opportunität S. 75.
[42] *Jung* Kronzeuge S. 62; im Anschluß an sie auch *Jeutter* Grenzen des Legalitätsprinzips S. 179 f.
[43] *Volk* Prozeßvoraussetzungen S. 265; *Schroeder* Peters-FS S. 417 f.
[44] *Badura* Staatsrecht H 33; *Weigend* Anklagepflicht S. 74.

Anforderungen des Art. 103 Abs. 2 GG unterliegt, während das Prozeßrecht an dem allgemeinen Bestimmtheitsgrundsatz zu messen ist[45].

**(2). Folgerungen für den Begriff des Legalitätsprinzips**
Es ist zu untersuchen, ob bzw. welchen Einfluß der Bestimmtheitsgrundsatz auf die Definition des Legalitätsprinzips hat.

*(a). Zulässigkeit einer uneingeschränkten Verfolgungspflicht*
Der höchst mögliche Grad an Bestimmtheit würde durch eine uneingeschränkte Verfolgungspflicht erreicht. Eine strenge Verfolgungspflicht wäre also mit dem Bestimmtheitsgrundsatz vereinbar. Es fragt sich, ob sie sogar geboten ist. Dies wäre der Fall, wenn der Bestimmtheitsgrundsatz eine Einschränkung der Verfolgungspflicht nicht zuläßt.

*(b). Zulässigkeit einer eingeschränkten Verfolgungspflicht*
Eine Einschränkung könnte zum einen dadurch vorgenommen werden, daß die Tätigkeitspflicht nicht nur vom Vorliegen bzw. Verdacht einer Straftat abhängt, sondern auf Tatbestandsseite an zusätzliche Voraussetzungen geknüpft wird (s. unten (aa).), zum anderen aber auch dadurch, daß der Gesetzgeber die Rechtsfolge „Verfolgung" in das Ermessen der zuständigen Behörden stellt (s. unten (bb).).

*(aa). Voraussetzungen der Verfolgungspflicht*
Genau umschriebene Voraussetzungen können in Hinblick auf den Bestimmtheitsgrundsatz die Verfolgungspflicht unproblematisch einschränken. Nach dem oben Ausgeführten spricht aber auch nichts dagegen, die Tätigkeit der Verfolgungsbehörden an Voraussetzungen, die mit unbestimmten Rechtsbegriffen umschrieben werden, zu koppeln.
Ein Sonderproblem stellt sich, wenn als Voraussetzungen Kriterien gewählt werden, die im materiellen Strafrecht anzusiedeln sind (beispielsweise Höhe von Schuld). Fraglich ist, ob die Verfassungsmäßigkeit der Norm an den strengeren Voraussetzungen des Art. 103 Abs. 2 GG zu prüfen ist. Dieses ist zu verneinen. Denn wie oben ausgeführt betrifft Art. 103 Abs. 2 GG allein die Begründung des staatlichen Strafverfolgungsanspruches, nicht dagegen die prozessuale Geltendmachung. Deswegen können Kriterien, die in erster Linie im materiellen Recht zu verorten sind, zur Voraussetzung der Verfolgungspflicht gemacht werden, ohne daß deswegen erhöhte Bestimmtheitsanforderungen gelten[46].

---

[45] so im Ergebnis auch *Weigend* Anklagepflicht S. 73; *Gössel* Dünnebier-FS S. 135.
[46] vgl. *Gössel* Dünnebier-FS S. 135 f; a.A. *Jeutter* Grenzen des Legalitätsprinzips S. 180.

*(bb). Ermessen*
(a). Wenn die Verfolgung der Straftat in das Ermessen der zuständigen Behörden gestellt werden soll, sind zwei Gesetzesfassungen denkbar. Entweder es heißt: „Die Organe können die Verfolgung aufnehmen, wenn eine Straftat begangen wurde" oder aber das Gesetz begründet eine grds. Verfolgungspflicht und läßt von dieser Ausnahmen zu, die als Ermessensvorschriften ausgestaltet sind. Problematisch ist, daß bei der zweiten Möglichkeit die eigentliche Ermessensvorschrift isoliert betrachtet eine Vergünstigung, nämlich das Absehen von der Verfolgung, vorsieht[47]. So gesehen wären an ihre Bestimmtheit nur geringe Anforderungen zu stellen. Dennoch ist davon auszugehen, daß auch hier ein Eingriff vorliegt. *Vogler* begründet dieses Ergebnis damit, daß der Verdacht bei einer Einstellung nicht ausgeräumt wird[48]. Sein Argument greift allerdings nur durch, wenn der Beschuldigte auch tatsächlich unschuldig ist und somit ein Freispruch ergehen könnte. Deshalb ist bei der Begründung des Eingriffscharakters eher darauf abzustellen, daß die Einstellung als Ausnahme von der Verfolgung nur im Zusammenhang mit der Regel zu sehen ist. Die Versagung der Vergünstigung zieht nämlich zwangsläufig die Verfolgung nach sich. Die Verfolgung, die als Eingriff in die Rechte des Betroffenen bewertet werden muß[49], ist also indirekt davon abhängig, daß die Behörde nicht von dieser absieht. Insofern sind die Ausnahmevorschriften genauso streng an dem Bestimmtheitsgrundsatz zu messen wie wenn die Verfolgung von vornherein in das Ermessen der zuständigen Organe gestellt wird.

(b). Die Anforderungen an die Bestimmtheit der Norm hängen – wie bereits erwähnt – von der Eingriffsintensität ab. Da das Legalitätsprinzip nur das „ob", nicht aber das „wie" der Strafverfolgung betrifft, kommt es also darauf an, wie sehr allein durch die Tatsache, daß eine Straftat verfolgt wird, in die Rechte des Beschuldigten eingegriffen wird. Die Methoden der Straftatverfolgung können dagegen außer Betracht bleiben. Ferner ist oben das Legalitätsprinzip abstrakt dahingehend bestimmt worden, daß auf eine Tat eine Maßnahme folgen müsse. Damit umfaßt der Begriff alle Verfolgungshandlungen, die eine Reaktion auf die Straftat darstellen.
Fraglich ist, wie sehr durch die Verfolgung in den einzelnen Verfahrensabschnitten in die Rechte des Betroffenen eingegriffen wird:
Am eindeutigsten ist die Lage bei der Vollstreckung eines Urteils: In diesem Verfahrensstadium wird in die Freiheit oder das Eigentum des Betroffenen eingegriffen. Beide Rechtsgüter genießen besonders hohen Schutz[50]. Insofern ist bei der

---

[47] vgl. *Volk* NJW 96, 879 (879 f).
[48] *Vogler* ZStW 77, 761 (785 f.).
[49] so ausdrücklich *Kloepfer* JZ 79, 209 (214); a.A. *Strubel/Sprenger* NJW 72, 1734 (1735 f); offengelassen bei *OLG Karlsruhe* NStZ 82, 434 (434); zweifelnd *Rieß* NStZ 82, 435 (436); s. auch *Kloepfer* DVBl 77, 740 (740 f) (bzgl. Disziplinarmaßnahmen).
[50] vgl. *Baumann* Schmidt-FS S. 531.

Vollstreckung ein strenger Maßstab an die Bestimmtheit anzulegen. Daraus folgt, daß sie nicht allein in das Ermessen der Strafverfolgungsbehörde gestellt werden darf. Dagegen bestehen keine Bedenken gegen die Einräumung von Ermessen, wenn im Gesetz Anhaltspunkte gegeben werden, die die Ausübung des Ermessens leiten. Dabei müssen diese Anhaltspunkte so konkret wie möglich sein, die Verwendung von unbestimmten Rechtsbegriffen ist also nur möglich, wenn sich der Sachverhalt nicht näher umschreiben läßt.

Gleiches muß für die Tätigkeit des Gerichts gelten. Dieses beendet seine Verfolgungstätigkeit durch ein Urteil, wenn die Strafbarkeitsvoraussetzungen vorliegen. Das Urteil beinhaltet einen Schuldvorwurf, der Beklagte gilt mit Eintritt der Rechtskraft als Täter. Durch diesen Vorwurf wird erheblich in das Persönlichkeitsrecht des Betroffenen eingegriffen.

Schließlich muß noch die Eingriffsintensität bei der Strafverfolgung im Ermittlungsverfahren festgestellt werden. In diesem Verfahrensstadium werden Ermittlungen gegen den Betroffenen eingeleitet und schließlich Anklage erhoben. Sein Rechtsstatus ändert sich also insofern, als er zunächst zum Beschuldigten und schließlich zum Angeschuldigten wird. Er wird aber nicht als Täter behandelt, sondern gilt noch als unschuldig. Hieraus könnte man folgern, daß in seine Rechte – sofern man überhaupt von einem Eingriff ausgeht[51] – nicht besonders intensiv eingegriffen wird[52]. Zu beachten ist aber, daß die Ermittlung des Sachverhaltes Voraussetzung für die Anklageerhebung und diese wiederum für die Durchführung eines gerichtlichen Verfahrens ist, das ggf. mit der Verurteilung des Beschuldigten endet. Wenn also die Aufnahme der Ermittlungen und die Anklageerhebung von einer relativ frei zu treffenden Ermessensentscheidung der Verfolgungsorgane abhängt, dann bedeutet dies für den Schuldigen, daß seine spätere Verurteilung in letzter Konsequenz auch auf einer Ermessensentscheidung beruht. Insofern dürfen die Verfolgungsorgane bei der Anklageerhebung keinen weiteren Spielraum haben, als dies für die spätere Verurteilung zulässig ist. Für das gerichtliche Verfahren ist soeben festgestellt worden, daß das Ermessen durch möglichst genau umschriebene Tatbestandsvoraussetzungen der Norm gelenkt werden muß. Gleiches muß also auch für das dem gerichtlichen Verfahren vorgelagerte Ermittlungsverfahren gelten[53].

---

51  vgl. Fn. 49.
52  *Rieß* NStZ 82, 435 (436); a.A. *Steffen* DRiZ 72, 153 (156).
53  i.E. ebenso *Rieß* NStZ 81, 2 (4 f), der allerdings Art. 103 Abs. 2 GG auf das Prozeßrecht erstreckt; ausführlich *Weigend* Anklagepflicht, insbes. S. 173 (ein durch Regelbeispiele gebundenes Ermessen).

*(cc). Ergebnis*
Im Ergebnis ist festzuhalten, daß der Bestimmtheitsgrundsatz den Entscheidungsspielraum des Gesetzgebers einschränkt: Ermessen darf nur eingeräumt werden, wenn für dessen Ausübung konkrete Vorgaben gemacht werden. Ansonsten ist der Gesetzgeber in seiner Entscheidung frei. Er kann also eine uneingeschränkte Verfolgungspflicht normieren oder aber über das Vorliegen einer Straftat hinaus Voraussetzungen aufstellen, die sehr genau sind oder mit unbestimmten Rechtsbegriffen umschrieben werden.

## bb. Eine zeitliche Komponente der Rechtssicherheit: Das Ende der Strafverfolgung

### (1). Darstellung der Rechtslage
*(a). Allgemeiner Grundsatz*

Der Grundsatz der Rechtssicherheit verlangt, daß der von einer staatlichen Maßnahme Betroffene eine verläßliche Grundlage haben muß, aufgrund derer er sein Leben gestalten kann[54]. Dieses ist nur gewährleistet, wenn er nach Ablauf einer bestimmten Zeit sicher sein kann, nicht mehr für sein Handeln belangt zu werden[55]. Zum einen müssen deshalb bereits ergangene Entscheidungen einer staatlichen Stelle spätestens nach Ablauf einer bestimmten Zeit endgültig sein[56]. Denn der Betroffene kann sein Leben nicht frei gestalten, wenn er befürchten muß, daß das Verfahren gegen ihn jederzeit wieder aufgerollt wird. Zum anderen darf der Staat aber auch nicht mehr tätig werden, wenn zwischen einer Entscheidung und einem darauf basierenden Folgeeingriff ein besonders langer Zeitraum liegt[57].

Problematischer ist dagegen, ob der Grundsatz der Rechtssicherheit auch Fälle erfaßt, in denen der Staat erst lange nachdem die Straftat begangen wurde das erste Mal eingreift. Denn dann wurde der Täter ursprünglich nicht mit einer staatlichen Maßnahme belastet, so daß er sein Leben frei gestalten konnte. Dennoch ist davon auszugehen, daß die Verfolgung auch hier aus Gründen der Rechtssicherheit zu unterbleiben hat. Denn dieser Grundsatz fußt auf dem Gedanken des Vertrauensschutzes. Wenn aber der Staat lange nicht tätig geworden ist, muß der Schuldige davon ausgehen, daß er auch nicht mehr für seine Tat belangt wird, und sein Leben auf dieser Basis gestalten können. Insofern greift der Gedanke der Rechtssicherheit auch in den Fällen ein, in denen die Strafverfolgungsorgane lange überhaupt nichs von der Straftat erfahren haben und somit nicht tätig geworden sind.

Ob der Gedanke der Rechtssicherheit hinter anderen Verfassungsgrundsätzen im Einzelfall zurücktreten darf oder sogar muß, ist eine Frage der Abwägung mit den anderen Grundsätzen und somit nicht Gegenstand dieses Abschnittes.

*(b). Doppelbestrafungsverbot aus Art. 103 Abs. 3 GG*

Für das Strafverfahren ist der Grundsatz, daß eine Entscheidung auch einmal endgültig sein muß, wegen der besonderen Eingriffsintensität strafrechtlicher Sanktionen in Art. 103 Abs. 3 GG ausdrücklich geregelt[58]. Dort heißt es, daß niemand wegen derselben Tat auf Grund der allgemeinen Strafgesetze mehrmals bestraft werden darf. Obwohl der Wortlaut nur die nochmalige Bestrafung ausschließt, fin-

---

[54] s.o. S. 21.
[55] *BVerfG* 19, 150 (166); 47, 146 (161); 56, 22 (31); *Fliedner* AöR 74, 242 (265).
[56] *Zippelius* Rechtsphilosophie S. 167 f; *Fliedner* AöR 74, 242 (255); *Schäfer* LR[24] Einl. 16, RdNr. 1; *BVerfG* 15, 313 (319); 19, 150 (166); 29, 413 (432).
[57] *Meister* DRiZ 54, 217 (217).
[58] *Schmidt-Aßmann* M/D Art. 103 Abs. 3, Abschn. IX, RdNr. 275.

det die Vorschrift auf jede erneute Strafverfolgungsmaßnahme Anwendung, also auch bereits auf die im Ermittlungsverfahren[59]. Ermittlungen, die klären sollen, ob überhaupt eine identische Tat vorliegt, sind dagegen zulässig; das Verbot greift erst, wenn diese Frage bejaht werden kann[60]. Ferner ist zu beachten, daß das Doppelbestrafungsverbot nicht nur relevant wird, wenn eine Sanktion verhängt wurde, sondern auch, wenn ein Freispruch ergangen ist[61].

**(2). Folgerungen für den Begriff des Legalitätsprinzips**
*(a). Zulässigkeit einer uneingeschränkten Verfolgungspflicht*
Aus dem Grundsatz, daß staatliche Verfahren auch einmal abgeschlossen sein müssen, ergibt sich, daß die Verfolgungspflicht zeitlichen Einschränkungen unterliegen muß. Eine uneingeschränkte Verfolgungspflicht verstößt demnach grds. gegen das Rechtsstaatsprinzip. Ob ein Verfahren allerdings ausnahmsweise und unter besonderen Umständen zeitlich unbegrenzt durchgeführt werden darf, ergibt sich erst im Zusammenspiel mit anderen Grundsätzen und spielt hier deshalb keine Rolle.

*(b). Zulässigkeit einer eingeschränkten Verfolgungspflicht*
*(aa.) Voraussetzungen*
Die Verfolgungspflicht muß also unter dem Aspekt der Rechtssicherheit davon abhängig gemacht werden, daß nicht zu viel Zeit zwischen der Begehung der Tat und dem staatlichen Eingreifen oder aber zwischen mehreren Maßnahmen der Verfolgungsorgane liegt. Bei der konkreten Ausgestaltung wird man sich daran zu orientieren haben, über welchen Zeitraum sich die Lebensplanung gewöhnlich erstreckt[62]. Wie soeben erwähnt, stellt sich die Frage, ob dieser Grundsatz im Einzelfall durchbrochen werden kann, erst bei einer Abwägung des Rechtssicherheitsgedanken mit anderen Verfassungsgrundsätzen.
Betroffen sind folgende Konstellationen:
– Die zuständige Behörde ist gar nicht tätig geworden und darf dies jetzt auch nicht mehr oder aber
– sie ist bereits tätig geworden und verliert nur die Befugnis, ihre Entscheidung abzuändern.
Der zweite Fall ergibt sich nach der hier vertretenen Ansicht für das Strafrecht bereits aus Art. 103 Abs. 3 GG. Die anderen zeitlichen Begrenzungen sind dagegen Ausfluß des Rechtsstaatsprinzips in seiner besonderen Ausprägung der Rechtssicherheit.

---

[59] *Kunig* v.Mü Art. 103, RdNr. 6; *Schmidt-Aßmann* M/D Art. 103 Abs. 3, Abschn. IX, RdNr. 301; *Fliedner* AöR 74, 242 (279).
[60] *Schmidt-Aßmann* M/D Art. 103 Abs. 3, Abschn. IX, RdNr. 301.
[61] *Schmidt-Aßmann* M/D Art. 103 Abs. 3, Abschn. IX, RdNr. 295; *BGH* 38, 37 (39); *Kunig* v.Mü Art. 103, RdNr. 35; *BVerfG* 12, 62 (66).
[62] *Schünemann* JR 79, 177 (178).

*(bb). Ermessen*
Wenn den Verfolgungsbehörden Ermessen eingeräumt worden ist, müssen sie dieses pflichtgemäß ausüben. Dabei müssen sie zwingende Rechtsgrundsätze beachten. Insofern muß auch der Zeitablauf bei der Entscheidung berücksichtigt werden. Der aus dem Rechtsstaatsprinzip abgeleitete Gedanke, daß ein staatlicher Eingriff auch einmal aus zeitlichen Gründen ausgeschlossen sein muß, verwehrt es deshalb nicht, die Verfolgung in das Ermessen der zuständigen Behörden zu stellen.

## cc. Eine zeitliche Komponente der Rechtssicherheit: Der zügige Ablauf des Rechtsfindungsverfahrens

**(1). Darstellung der Rechtslage**
(a). Verfahren dauern oft mehrere Jahre. In dieser Zeit ist die Rechtslage ungeklärt. Für die Beteiligten ist damit eine schwere physische, psychische und oft auch wirtschaftliche Belastung verbunden[63]. Diese Folgen beginnen bereits im Ermittlungsverfahren. Zwar darf sich der Betroffene noch als unbestraft bezeichnen, er gilt aber als Beschuldigter. Dadurch werden z.B. seine Kreditwürdigkeit oder auch Chancen bei der Bewerbung um eine Stelle, wofür die Angabe verlangt wird, ob ein Verfahren anhängig ist, beeinträchtigt[64]. Somit ist die Freiheit der Person aus Art. 2 Abs. 1 GG, die der Grundsatz der Rechtssicherheit bei Eingriffen in diese so weit wie möglich schützen soll[65], eingeschränkt. Erst wenn eine Entscheidung ergangen ist, ob sich ein Tatverdacht erhärtet oder nicht, entsteht wieder Vertrauen in die tatsächliche Rechtslage, wodurch der Betroffene in seinen Entscheidungen wieder frei wird. Dementsprechend müssen Verfahren zügig durchgeführt werden[66].

(b). Ausdrücklich geregelt ist dieser Beschleunigungsgrundsatz in Art. 6 Abs. 1 S. 1 EMRK. Dort heißt es in der deutschen Übersetzung des englischen und französischen Originaltextes:

> Jedermann hat Anspruch darauf, daß seine Sache in billiger Weise öffentlich und innerhalb einer angemessenen Frist gehört wird, und zwar von einem unabhängigen und unparteiischen, auf Gesetz beruhenden Gericht, das über zivilrechtliche Ansprüche und Verpflichtungen oder über die Stichhaltigkeit der gegen ihn erhobenen strafrechtlichen Anklage zu entscheiden hat.

Diese Norm hat nur den Rang eines einfachen Gesetzes[67]. Dennoch geht die h.M. davon aus, daß sie die Auslegung des Verfassungsrechts beeinflußt. Denn da sich die Staaten durch diese Vereinbarung auf einen gewissen Mindeststandard an Rechten geeinigt haben, wäre es mit dem Sinn dieser Abmachung nicht vereinbar, wenn der Grundrechtsschutz hinter dem Schutz der MRK zurückbleiben würde[68].

---

[63] *Pfeiffer* Baumann-FS S. 331; *Kohlmann* Maurach-FS S. 502 und Pfeiffer-FS S. 205; *Kloepfer* JZ 79, 209 (214); *Berz* NJW 82, 729 (729); *I. Roxin* Rechtsstaatsverstöße S. 160.
[64] *Kohlmann* Maurach-FS S. 502 f, 511; *Pfeiffer* Baumann-FS S. 331; *Kloepfer* JZ 79, 209 (214).
[65] s.o. S. 21.
[66] vgl. *Kohlmann* Maurach-FS S. 510; *I. Roxin* Rechtsstaatsverstöße S. 160 f; BVerfG 88, 118 (124); angedeutet in BVerfG NStZ 82, 430 (430).
[67] *I. Roxin* Rechtsstaatsverstöße S. 159; BVerfG 74, 358 (370); 74, 358 (370).
[68] vgl. §1 MRK; s. auch *Krey* StPO I, RdNr. 132, 134.

Auch wenn der Text nur den Zeitraum nach Erhebung der Anklage nennt, so wird dennoch von der ganz h.M. vertreten, daß bereits das Ermittlungsverfahren von Art. 6 EMRK erfaßt wird[69].
Bei der Bewertung der Angemessenheit der Frist müssen die Umstände des konkreten Einzelfalles berücksichtigt werden[70]. Es gibt also keine starre Grenze für die zulässige Dauer von Verfahren; sie ist vielmehr relativ zu sehen[71].

(c). Der Beschleunigungsgrundsatz richtet sich in erster Linie an die Strafverfolgungsbehörden. Er verpflichtet aber auch die Legislative, deren Rolle hier bei der Bestimmung des Legalitätsprinzips allein von Interesse ist, Voraussetzungen dafür zu schaffen, daß die Verfolgungsbehörden überhaupt zügig zu einer Entscheidung kommen können[72]. Andernfalls besteht die Gefahr, daß die Strafverfolgungsorgane entgegen dem Gesetz selbst eine Auswahl treffen[73]. Auf welche Weise der Gesetzgeber die Beschleunigung verwirklicht, ist seiner eigenen Entscheidung überlassen.

(d). Aus dem Rechtsstaatsprinzip in seiner besonderen Ausprägung der Rechtssicherheit und unter Berücksichtigung der Wertung des Art. 6 EMRK folgt also, daß Verfahren so schnell wie möglich durchgeführt und abgeschlossen werden müssen. Die faktischen Grenzen der Beschleunigung, die sich z.b. daraus ergeben, daß ein Sachverhalt erst aufgeklärt werden muß, sind erst beim Zusammenspiel mit anderen Grundsätzen von Bedeutung.

**(2). Folgerungen für den Begriff des Legalitätsprinzips**
*(a). Zulässigkeit einer uneingeschränkten Verfolgungspflicht*
(aa). Eine uneingeschränkte Verfolgungspflicht, nach der jede begangene Straftat verfolgt werden müßte, würde die Strafverfolgungsbehörden dermaßen belasten, daß eine Entscheidung in angemessener Zeit bei der derzeitigen Ausstattung von Staatsanwaltschaft, Polizei und Gerichten nicht möglich wäre[74]. Dieser Mißstand

---

69 *Ulsamer* Faller-FS S. 374 f; *EGMR* EuGRZ 83, 371 (379); *BGH* NStZ 82, 291 (291); *Peukert* EuGRZ 79, 261 (269); s. auch *Schwenk* (ZStW 67, 721 (735)), der dieses Ergebnis mit dem Wortlaut der englischen Originalfassung begründet, in der von *criminal charge* (=Beschuldigung) die Rede ist, und *Weber* (ZStW 53, 334 (345 f)), der darauf hinweist, daß wegen der Besonderheiten bei internationalen Vereinbarungen der Sinn der Vorschrift entscheidender ist als der Wortlaut; a.A. *Kohlmann* Maurach-FS S. 507.
70 *Ulsamer* Faller-FS S. 376; *EGMR* EuGRZ 83, 371 (380/80) mwN.; abweichender Lösungsvorschlag bei *I. Roxin* Rechtsstaatsverstöße S. 165 f.
71 *Pfeiffer* Baumann-FS S. 335.
72 *Kloepfer* JZ 79, 209 (213); *EGMR* EuGRZ 96, 514 (519/55); s. bereits *Weber* ZStW 53, 331 (339).
73 *Gollwitzer* Kleinknecht-FS S. 154.
74 vgl. *Kühne* StPO RdNr. 295; *Weigend* ZStW 97, 103 (105 f); *Lüderssen* Grenzen des Legalitätsprinzips S. 215 f; s. auch *Waller* DRiZ 86, 47 (48); *Hessisches Ministerium der*

könnte wegen der begrenzten finanziellen Mittel des Staates zumindest nicht vollständig durch einen Ausbau der Strafverfolgungsbehörden beseitigt werden[75]. Somit kann der zügige Ablauf des Strafverfahrens nur durch eine Begrenzung der Verfolgungspflicht erreicht werden.

(bb). Neben diesem eher faktischen Argument ist auch noch ein juristisches zu nennen: Das Doppelbestrafungsverbot des Art. 103 Abs. 3 GG verbietet die mehrfache Verfolgung derselben Tat[76]. Unter einer Tat wird das gesamte Verhalten des Beschuldigten verstanden, soweit es mit dem durch die Strafverfolgungsorgane bezeichneten geschichtlichen Vorkommnis nach der Auffassung des Lebens einen einheitlichen Vorgang bildet[77], eine getrennte Aburteilung also – anders ausgedrückt – als unnatürliche Aufspaltung eines einheitlichen Lebensvorganges empfunden würde[78]. Vor diesem Hintergrund bedeutet ein uneingeschränktes Legalitätsprinzip, daß – auch wenn ein wesentlicher Teil bereits entscheidungsreif ist – mit einer Entscheidung so lange gewartet werden müßte, bis die Tat in allen Einzelheiten aufgeklärt ist[79]. Dadurch kann sich das Verfahren sehr lange hinziehen, wenn ein Teil der Tat aufwendige Ermittlungen erfordert[80]. Diese Tatsache wird besonders dann problematisch, wenn bereits feststeht, daß in dem Hauptanklagepunkt ein Freispruch ergehen müßte, die Ermittlungen bzgl. einiger Begleittaten aber noch nicht abgeschlossen sind. Denn auch bzgl. des Hauptanklagepunktes würde der Betroffene bis zur Aufklärung der übrigen Tatvorwürfe als Beschuldigter gelten müssen. Dieses ist vor dem Hintergrund, daß durch das Beschleunigungsgebot der Betroffene in zeitlicher Hinsicht nur so lange wie nötig belastet werden darf, nicht akzeptabel.

(cc). Eine uneingeschränkte Verfolgungspflicht ist unter dem Aspekt des Beschleunigungsgebotes also nicht zulässig[81].

*(b). Zulässigkeit einer eingeschränkten Verfolgungspflicht*
*(aa). Voraussetzungen der Verfolgungspflicht*
Nach dem eben Gesagten muß die Verfolgungspflicht also eingeschränkt werden. Bei der Frage, welchen Weg der Gesetzgeber hierbei zu wählen hat, steht ihm ein Entscheidungsspielraum zu. Er muß lediglich beachten, daß mit der Einschränkung auch tatsächlich eine Beschleunigung erreicht wird. Das bedeutet, daß der Aufwand bei einem Absehen der Verfolgung weniger zeitaufwendig sein muß als bei

---

*Justiz* Erlaß zu Entlastungsmaßnahmen bei der Staatsanwaltschaft NJW 96, 241 (241); *Eser* ZStW 92, 361 (371 f).
[75] vgl. *Gollwitzer* Kleinknecht-FS S. 153; zu konkreten Zahlen s. *Krumsiek* ZRP 95, 173 (175).
[76] s.o. S. 29 f.
[77] *BGH* 35, 60 (62).
[78] *BGH* 13, 21 (26).
[79] s. hierzu *Berz* NJW 82, 729 (730).
[80] vgl. Bt-DrSa 8/976, S. 18.
[81] so i.E. auch *Hanack* JZ 71, 705 (706).

der Durchführung des Strafverfahrens. Insbesondere folgt daraus, daß die Voraussetzungen für ein Absehen von der Verfolgung nicht ihrerseits einen hohen Ermittlungsaufwand erfordern dürfen.

*(bb). Ermessen*
Fraglich ist, ob der Gesetzgeber den Verfolgungsorganen bei einer Vorschrift, die den Beschleunigungsgrundsatz verwirklichen soll, Ermessen einräumen darf. *Kohlmann* stellt die Beschleunigungswirkung von Ermessensnormen mit der Begründung in Frage, daß die zuständigen Organe dann diese Normen zu selten anwenden würden[82]. Die nötige Beschleunigung muß aber bei der Ermessensausübung berücksichtigt werden. Ist dies nicht geschehen, liegt ein Fehler in der Rechtsanwendung, nicht aber in der Gesetzgebung, vor. Der Gesetzgeber ist von Verfassungs wegen nur verpflichtet, Möglichkeiten zur Verfahrensbeschleunigung zu schaffen. Hierfür reicht es, Ermessensnormen zu verabschieden, die geeignet sind, dieses Ziel zu erreichen.

Deshalb steht das Beschleunigungsgebot grds. keiner Regelung im Wege, die das Absehen von der Verfolgung in das Ermessen der Behörde stellt. Zu beachten ist aber auch hier, daß das Verfahren tatsächlich nur beschleunigt wird, wenn die Umstände, aufgrund derer das Ermessen ausgeübt werden soll, leicht erkennbar sind. Eine Einschränkung der Verfolgungspflicht durch die Einräumung von Ermessen kommt also nur in einfach gelagerten Fällen in Betracht.

*(c). Ergebnis*
Aus dem Beschleunigungsgebot folgt, daß der Gesetzgeber eine effektive Einschränkung der Verfolgungspflicht vorsehen muß.

---

[82] *Kohlmann* Pfeiffer-FS S. 210.

## dd. Die organisatorische Komponente der Rechtssicherheit: Die Rechtsschutzmöglichkeit

**(1). Darstellung der Rechtslage**
*(a). Der allgemeine Justizgewährleistungsanspruch*
Der Staat hat das Gewaltmonopol, d.h. daß der Bürger seine Rechte – von wenigen Ausnahmen abgesehen, in denen Rechtsschutz von dritter Seite nicht möglich wäre[83] – nicht selbst durchsetzen darf. Wegen dieses Verbots zur Selbsthilfe steht dem Bürger ein Anspruch auf staatlichen Rechtsschutz zu, dem eine Justizgewährleistungspflicht des Staates entspricht[84].

Konkret beinhaltet der Justizgewährleistungsanspruch:
- das Recht auf Zugang zu den Gerichten[85]
- die Effektivität des Rechtsschutzes[86]
- einen allgemeinen Rechtsschutzstandard[87]

Diese Grundsätze muß der Staat umsetzen, indem er Institutionen einrichtet, die mit der Verwirklichung des Rechts betraut sind, und indem er eine Verfahrensordnung verabschiedet, die den Rechtfindungsakt normiert[88]. Insofern bildet die Justizgewährleistungspflicht die materiell-staatsrechtliche Grundlage für das Prozeßrecht[89].

*(b). Der besondere Justizgewährleistungsanspruch in Art. 19 Abs. 4 GG*
Im Grundgesetz ist der Justizgewährleistungsanspruch durch Art. 19 Abs. 4 speziell geregelt. Dort wird ausdrücklich bestimmt, daß demjenigen, der durch die öffentliche Gewalt in seinen Rechten verletzt wird, der Rechtsweg offensteht. Allerdings folgt schon aus dem Wortlaut, daß Art. 19 Abs. 4 GG nur besonderen Rechtsschutz gewährt, nämlich allein gegen die öffentliche Gewalt. Dagegen unterscheiden sich die allgemeine und die besondere Justizgewährleistungspflicht inhaltlich nur wenig bzw. in dem hier interessierenden Bereich überhaupt nicht[90]. Deswegen werden sie im folgenden auch nicht getrennt dargestellt.

---

[83] vgl. z.B. §§32 ff StGB oder §§227 ff, 904 BGB.
[84] *Schmidt-Aßmann* M/D Art. 19 Abs. IV, Abschn. I, RdNr. 16 und Rechtsstaat §24, RdNr. 71; *Henkel* StPO S. 15, 16; *Roxin* StPO §1 RdNr. 2; *Rieß* Dünnebier-FS S. 158.
[85] *Krebs* v.Mü Art. 19, RdNr. 49; *Schmidt-Aßmann* Rechtsstaat §24 RdNr. 73; BVerfG 88, 118 (123); 85, 337 (345).
[86] *Zippelius* Staatsrecht S. 100.
[87] *Schmidt-Aßmann* M/D Art. 19 Abs. IV, Abschn. I, RdNr. 18, 17 und Rechtsstaat §24, RdNr. 73; *Krebs* v.Mü Art. 19, RdNr. 62.
[88] *Henkel* StPO S. 15; *Gollwitzer* Kleinknecht-FS S. 148.
[89] *Schmidt* StPO I RdNr. 19 f.
[90] *Schmidt-Aßmann* M/D Art. 19 IV, Abschn. I, RdNr. 17.

*(c). Die einzelnen Bestandteile des Justizgewährleistungsanspruchs*
*(aa). Das Recht auf Zugang zu den Gerichten*
Das Recht auf Zugang besagt lediglich, daß Rechtsschutz überhaupt möglich sein muß. Dagegen verlangt es weder, daß ein Instanzenzug vorgesehen sein muß[91], noch wie diese Möglichkeit konkret auszugestalten ist. Insbes. ob der Zugang von Voraussetzungen abhängig gemacht werden kann[92], ist also verfassungsrechtlich nicht vorgegeben und unterliegt somit der Entscheidung des Gesetzgebers, der diesbezüglich einen Spielraum hat[93]. Durch den Justizgewährleistungsanspruch wird in diesem Punkt also nur ein Mindeststandard gewährt[94]. Negativ formuliert bedeutet dies, daß eine Vorschrift, die darauf abzielt, Rechtsschutz auszuschließen, verfassungswidrig ist[95].

*(bb). Effektivität des Rechtsschutzes*
Rechtsschutz ist nur effektiv, wenn der Streitgegenstand tatsächlich und umfassend geprüft[96], die Sache durch den Richter verbindlich geklärt[97] und die Strafe vollstreckt wird[98]. Der Staat kommt seiner Pflicht zur Justizgewährung also nur nach, wenn er eine lückenlose Rechtsfindung ermöglicht[99]. Dagegen enthält der Grundsatz kein Verrechtlichungsgebot[100]. D.h. es kann nicht gefordert werden, Vorschriften zu schaffen, die bestimmte Sachverhalte regeln, oder Gesetze so bestimmt auszugestalten, daß sie gerichtlich überprüfbar sind. Denn die Justizgewährleistungspflicht setzt eine Rechtsbeziehung voraus. Nur wenn eine solche gegeben ist, muß der Rechtsweg offenstehen und eine umfassende Prüfung vorgesehen sein[101]. Im Zusammenhang mit der Forderung nach einer lückenlosen Rechtsfindung nennt das BVerfG seit seiner Entscheidung vom 19. Juli 1972[102] immer wieder[103] die Pflicht des Staates, eine „funktionstüchtige Rechtspflege" zur Verfügung zu stellen[104]. Offen bleibt dabei aber, was unter dem Begriff genau zu verstehen ist[105]. Bislang hat das Gericht hieraus nur ganz konkrete, auf einen bestimmten Sachverhalt zutreffende Schlüsse gezogen. Gemeint ist aber, daß ein effektiver, d.h. ein

---

[91] *BVerfG* 11, 232 (233); 45, 363 (375); 49, 329 (340); *Zippelius* Staatsrecht S. 100.
[92] *Krebs* v.Mü Art. 19, RdNr. 64.
[93] *Weigend* Anklagepflicht S. 67.
[94] *Schmidt-Aßmann* M/D Art. 19 Abs. IV, Abschn. I, RdNr. 14.
[95] *BVerfG* 22, 49 (81).
[96] *BVerfG* 85, 337 (345); *Schmidt-Aßmann* M/D Art. 19 Abs. IV, Abschn. I, RdNr. 17.
[97] *BVerfG* 85, 337 (345); *Schmidt-Aßmann* Rechtsstaat §24, RdNr. 74; s. Näheres hierzu oben S. 29.
[98] *BVerfG* 46, 214 (222).
[99] *BVerfG* 15, 275 (282); 84, 34 (49).
[100] *Schmidt-Aßmann* M/D Art. 19 Abs. IV, Abschn. I, RdNr. 13.
[101] *Degenhart* Staatsrecht I RdNr. 343.
[102] *BVerfG* 33, 367 (383).
[103] Nachweise bei *Roxin* StPO §1 RdNr. 7 Fn. 1.
[104] ablehnend *Grünwald* JZ 76, 767 (773); gegen ihn *Sax* KMR Einl. II, RdNr. 9.
[105] *Niemöller/Folke Schuppert* AöR 82, 387 (396).

lückenloser Rechtsschutz an faktische Grenzen stoßen kann, nämlich dann, wenn die dem Staat zur Verfügung stehenden Mittel nicht ausreichen, um seinen Aufgaben nachzukommen. Dann kann die Funktion der Rechtspflege, Rechtsschutz zu gewähren, nicht mehr in vollem Umfang erfüllt werden. In diesem Fall, aber auch nur dann, ist der Staat berechtigt und sogar verpflichtet, Regelungen zu schaffen, die die Menge der zu erfüllenden Aufgaben an die verfügbaren Mittel anpassen. Im Ergebnis muß hier also der Rechtsschutz von Verfassungs wegen eingeschränkt werden.

*(cc). Allgemeiner Rechtsschutzstandard*
Zu dem allgemeinen Rechtsschutzstandard zählen:
- die richterliche Unabhängigkeit (Art. 97 Abs. 1 GG)
- der Anspruch auf rechtliches Gehör (Art. 103 Abs. 1 GG)
- das Recht auf den gesetzlichen Richter (Art. 101 Abs. 1 S. 2 GG)
- das Verbot von Ausnahmegerichten (Art. 101 Abs. 1 S. 1 GG)
- ungeschriebene Grundsätze wie Fairness, das Verbot, in eigener Sache Richter zu sein und Vertrauensschutz[106].

Alle diese Voraussetzungen betreffen das „wie" der Durchsetzung des staatlichen Strafanspruches. Die Frage nach der Geltung des Legalitätsprinzips beschäftigt sich dagegen mit dem „ob" der Verfolgung. Insofern interessieren diese Grundsätze hier nicht weiter, so daß auf sie nicht näher eingegangen wird.

**(2). Folgerungen für den Begriff des Legalitätsprinzips**
*(a). Zulässigkeit einer uneingeschränkten Verfolgungspflicht*
Grds. folgt aus der Pflicht des Staates, dem Bürger lückenlosen Rechtsschutz zu gewähren, daß jede Tat vor Gericht verfolgt und das Urteil auch vollstreckt werden muß[107]. Dieses spricht für die Zulässigkeit einer uneingeschränkten Verfolgungspflicht. Diese Pflicht wird aber nach dem oben Ausgeführten durch den Grundsatz der funktionstüchtigen Rechtspflege begrenzt. Für den Begriff des Legalitätsprinzips bedeutet dies, daß eine Pflicht zur uneingeschränkten Verfolgung von Verfassungs wegen nicht zulässig ist, wenn dem Staat hierzu die nötigen Mittel fehlen, wenn die Justiz also an ihren eigenen Aufgaben „ersticken" würde[108].

*(b). Zulässigkeit einer eingeschränkten Verfolgungspflicht*
*(aa). Voraussetzungen der Verfolgungspflicht*
Wenn die Mittel für eine ausnahmslose Strafverfolgung fehlen, ist es demzufolge nicht nur zulässig, sondern sogar geboten, die Gewährung von Rechtsschutz an

---

[106] *Schmidt-Aßmann* Rechtsstaat §24 RdNr. 74 und M/D Art. 19 Abs. IV, Abschn. I, RdNr. 20.
[107] s.o. Fn. 96 – 98.
[108] *Zipf* Peters-FS S. 498; s. auch *Weigend* ZStW 97, 103 (105 f).

Voraussetzungen zu knüpfen. Es muß nur beachtet werden, daß der Rechtsschutz nicht vollständig ausgeschlossen wird.

(a). Keine Probleme entstehen hierbei, wenn die Voraussetzungen von einem Gericht überprüft werden. Denn dann steht die Letztentscheidungskompetenz einem Gericht zu, und der Justizgewährleistungsanspruch beinhaltet nicht, daß gegen gerichtliche Entscheidungen wiederum geklagt werden kann (keine Garantie eines Instanzenzuges)[109].

(b). Schwieriger ist die Rechtslage dagegen zu beurteilen, wenn das Tätigwerden eines Gerichtes davon abhängt, daß eine Verwaltungsbehörde die Strafverfolgung einleitet oder ihr zustimmt.
Der Rechtsschutz darf, wie oben ausgeführt wurde, von Voraussetzungen abhängig gemacht werden. Die Besonderheit in der hier zu bewertenden Konstellation liegt aber darin, daß das Verfahren von der Entscheidung einer Behörde abhängig gemacht werden soll. Die sonst üblichen Verfahrensvoraussetzungen stellen demgegenüber entweder auf ein bestimmtes Verhalten des Betroffenen ab (z.B. die fristgerechte Stellung eines Strafverfolgungsantrages) oder sind dem Einfluß menschlicher Entscheidungen völlig entzogen (z.B. Verhandlungsunfähigkeit). Gegen staatliche Entscheidungen soll aber nach der Justizgewährleistungspflicht eine Rechtsschutzmöglichkeit offenstehen. Der Anwendungsbereich des Justizgewährleistungsanspruchs ist hier also durchaus berührt. Gleichzeitig zeigt sich aber auch, daß die Frage, ob eine Verwaltungsbehörde endgültig darüber entscheiden darf, ob ein Gericht tätig wird, das Problem betrifft, ob diese Entscheidung gerichtlich überprüfbar sein muß, nicht aber, ob das Tätigwerden des Gerichts überhaupt an solch eine Voraussetzung geknüpft werden darf[110]. Die Justizgewährleistungspflicht verbietet es also nicht, das Strafverfahren von der Voraussetzung abhängig zu machen, daß eine andere Behörde die Strafverfolgung einleitet oder ihr zustimmt.

*(bb). Ermessen*
(a). Unter dem Aspekt der Justizgewährleistungspflicht ist es unproblematisch, wenn die Strafverfolgung in das Ermessen eines Gerichtes gestellt wird. Denn diesem kommt dann die Letztentscheidungskompetenz zu.

(b). Problematischer ist dagegen, ob das Tätigwerden von der Ermessensentscheidung einer Verwaltungsbehörde abhängig gemacht werden darf. Es ist anerkannt, daß Gerichte nur Fehler bei der Ermessensausübung, nicht dagegen Zweckmäßig-

---

[109] s.o. S. 37.
[110] zum Problem Rechtsschutzgewährung in diesen Fällen s. ausführlich *Terbach* Einstellungserzwingungsverfahren S. 43 ff; vgl. auch *Lagodny* JZ 98, 568 (570).

keitserwägungen bewerten dürfen[111]. Demzufolge besteht also ein Entscheidungsspielraum, dessen Ausübung nicht gerichtlich überprüfbar ist. Gleichzeitig ist aber auch festzustellen, daß gerichtlicher Schutz nicht vollständig ausgeschlossen ist. Daß Teilbereiche eines Sachverhaltes nicht überprüfbar sind, steht aber einer Ermessensentscheidung nicht entgegen[112]. Dies zeigt sehr anschaulich die Anerkennung der Privatautonomie im Zivilrecht: In den Grenzen der guten Sitten und des Grundsatzes von Treu und Glauben darf sich ein Gericht nicht an die Stelle der Parteien setzen. Auch hier ist der Rechtsschutz zwar erheblich eingeschränkt, aber nicht gänzlich ausgeschlossen, so daß der Justizgewährleistungsanspruch nicht verletzt ist.

---

[111] *Maurer* VerwR §7, RdNr. 6.
[112] s. *Weigend* Anklagepflicht S. 67.

## 2. Die horizontale Gewaltenteilung

### a. Darstellung der Rechtslage

Der Staat wird als einheitliches Ganzes gesehen[113]. Das Grundgesetz schreibt aber in Art. 20 Abs. 2 S. 2 vor, daß seine Funktionen durch verschiedene Organe wahrgenommen werden. Damit hat sich das Grundgesetz für das Gewaltenteilungsprinzip entschieden. Hierdurch soll verhindert werden, daß die gesamte staatliche Macht bei einem einzigen Funktionsträger konzentriert wird. Auf diese Weise wird die Mißbrauchsmöglichkeit eingeschränkt[114] und demzufolge die Freiheit des Einzelnen weitestgehend verwirklicht[115].

*aa. Zum Inhalt im allgemeinen*
Der Gewaltenteilungsgrundsatz beinhaltet, daß
- die Staatsaufgaben in verschiedene Bereiche unterteilt werden (s.u. (1).),
- diesen Bereichen verschiedene Funktionsträger zugeordnet werden (s.u. (2).) und
- das Verhältnis der Funktionsträger untereinander geregelt wird (s.u. (3).)[116].

(1). Art. 20 Abs. 2 S. 2 GG legt fest, daß die Staatsaufgaben in drei Bereiche unterteilt werden: die Gesetzgebung, die vollziehende Gewalt und die Rechtsprechung. Schwierig ist zu bestimmen, welche Aufgaben den einzelnen Bereichen zugeordnet werden[117]. Denn das Grundgesetz bestimmt dies nicht umfassend, sondern enthält nur für einige Aufgaben besondere Zuweisungen[118].
So folgt z.B. aus Art. 104 Abs. 2 GG für die rechtsprechende Gewalt, daß ihr die Entscheidung über freiheitsentziehende Maßnahmen vorbehalten ist. Dagegen enthält das Grundgesetz keine Aussage darüber, durch welche Gewalt als repressive Maßnahme eine Geldleistung verlangt werden kann. Demnach ist der einfache Gesetzgeber also grds. frei, die Zuständigkeit für die Verhängung solch einer Leistung der Judikative oder der Exekutive zuzuweisen[119]. Zu beachten ist allein, daß nicht

---

[113] s. Art. 20 Abs. 2 GG, der davon spricht, daß „die Staatsgewalt" durch besondere Organe ausgeübt wird; vgl. auch *Herzog* M/D Art. 20, Abschn. V, RdNr. 61; *Naucke* Bemmann-FS S. 77.
[114] *Schnapp* v.Mü Art. 20, RdNr. 32; *Herzog* M/D Art. 20, Abschn. V, RdNr. 3; BVerfG 3, 225 (247); 30, 1 (28); 34, 52 (59).
[115] *Schnapp* v.Mü Art. 20, RdNr. 32.
[116] *Hesse* Verfassungsrecht RdNr. 476; *Herzog* M/D Art. 20, Abschn. V, RdNr. 13 ff; vgl. auch *Schnapp* v.Mü Art. 20, RdNr. 33.
[117] *Herzog* M/D Art. 20, Abschn. V, RdNr. 38; *Schnapp* v.Mü Art. 20, RdNr. 34; BVerfG 22, 49 (77).
[118] vgl. *Schnapp* v.Mü Art. 20, RdNr. 34.
[119] *Meyer* v.Mü Art. 92, RdNr. 6, 10, 14; BVerfG 27, 18 (29 f); 45, 272 (289); 51, 60 (74).

in den Kernbereich einer Gewalt eingegriffen werden darf[120]. Zu dem Kernbereich der rechtsprechenden Gewalt gehört lt. Bundesverfassungsgericht u.a. die Strafgerichtsbarkeit[121]. Durch die Strafgerichte müssen alle die Maßnahmen verhängt werden, mit denen ein Unwerturteil über eine Verhaltensweise des Täters gefällt, der Vorwurf einer Auflehnung gegen die Rechtsordnung gemacht und die Feststellung dieses Vorwurfs getroffen wird[122].
Zur Exekutive gehören alle Bereiche, die nicht der Gesetzgebung oder der Rechtsprechung zuzuordnen sind[123]. Positiv formuliert besteht der Kernbereich der Exekutive in einer angemessenen Kompetenz für eine Entscheidung im Einzelfall[124]. Unzulässig ist demzufolge eine zu starke gesetzliche Regelung der Verwaltungstätigkeit[125].

(2). Das Postulat, den Bereichen bestimmte Funktionsträger zuzuordnen, ist ebenfalls in Art. 20 Abs. 2 S. 2 GG festgeschrieben: es heißt dort nämlich, daß die Gewalten durch „besondere Organe ausgeübt" werden[126]. Das Grundgesetz hat als Organe für die Legislative das Parlament (Art. 77 Abs. 1 S. 1 GG), für die Exekutive die Regierung und die Verwaltung (vgl. Art. 83 ff GG) und für die Judikative die Richter (Art. 92 GG) vorgesehen. Auf diese Weise wird eine möglichst hohe sachliche Kompetenz bei den einzelnen Entscheidungen erreicht[127].
Bei der Zuordnung der Aufgaben zu bestimmten Funktionsträgern ist zu beachten, daß diese nur wirksam tätig werden können, wenn die Zuordnung funktionsgerecht ist. Das bedeutet zum einen, daß die Aufgaben nur Organen zugewiesen werden dürfen, die personell so besetzt sind, daß sie die Aufgabe fachlich auch bewältigen können (so kann nur ein Richter Recht sprechen, nicht dagegen ein Politiker, der dafür für die Gesetzgebung zuständig ist). Zum anderen folgt daraus aber auch, daß den Angehörigen dieser Funktionsträger gewisse Statusrechte eingeräumt werden müssen, die die Bewältigung der Aufgaben erst ermöglichen. So schreibt das Grundgesetz in Art. 97 GG z.B. die Unabhängigkeit für den Richter oder aber in Art. 46 GG die Indemnität und Immunität für Bundestagsabgeordnete vor[128]. Näheres zu Art. 46 GG s.u. S. 43 f.

---

120 *BVerfG* 9, 268 (280); 30, 1 (28); 34, 52 (59); *Herzog* M/D Art. 20, Abschn. V, RdNr. 120.
121 *BVerfG* 22, 49 (77 f, 80 f); s. auch *Degenhart* Staatsrecht I RdNr. 222; *Herzog* M/D Art. 20, Abschn. V, RdNr. 75.
122 *BVerfG* 22, 49 (80); 27, 18 (33).
123 *Mayer* VerwR I S. 7.
124 Zu einer Aufzählung weiterer Definitionsversuche s. *Maurer* VerwR §1, RdNr. 7.
125 *Zippelius* Staatsrecht S. 343.
126 *Herzog* M/D Art. 20, Abschn. V, RdNr. 5, 15; *Hesse* Verfassungsrecht RdNr. 488.
127 *Hesse* Verfassungsrecht RdNr. 482, 488; *Degenhart* Staatsrecht I RdNr. 218; *Zippelius* Staatsrecht S. 93.
128 *Hesse* Verfassungsrecht RdNr. 488; *Meyer* v.Mü Art. 97, RdNr. 3.

(3). Das Verhältnis der Gewalten untereinander ist im Grundgesetz durch eine gegenseitige Kontrolle und Hemmung geprägt (sog. Gewaltenbalancierung oder *checks and balances*)[129]. Als Beispiel soll hier nur der oben bereits behandelte Art. 19 Abs. 4 GG genannt werden, der bestimmt, daß die Rechtsprechung Akte der Exekutive rechtlich überprüfen kann.
Streng durchgeführt ist der Gewaltenteilungsgrundsatz nur bei der Judikative: die rechtsprechende Gewalt wird allein durch die Richter ausgeübt (Art. 92, 1. HS GG). Ist eine richterliche Entscheidung von der Mitwirkung der Exekutive abhängig, so handelt es sich demzufolge nicht mehr um einen Akt der Dritten Gewalt[130]. Sie ist vielmehr eine Verwaltungsaufgabe, für die der einfache Gesetzgeber bestimmt hat, daß ein Richter zuständig sein soll.

### bb. Die Statusrechte des Art. 46 GG im besonderen
Art. 46 GG enthält besondere Statusrechte von Bundestagsabgeordneten: die Indemnität (Abs. 1) und die Immunität (Abs. 2 und 4). Die Immunität, nicht aber die Indemnität, gilt über den Verweis in Art. 60 GG auf die Abs. 2 bis 4 des Art. 46 GG auch für den Bundespräsidenten.

### (1). Die Immunität
Immunität iSd. Grundgesetzes bedeutet, daß die Bundestagsabgeordneten und der Bundespräsident grds. nicht wegen einer strafrechtlich relevanten Handlung zur Verantwortung gezogen oder verhaftet werden dürfen (vgl. den Wortlaut des Art. 46 GG). Von diesem Grundsatz gibt es jedoch zwei Ausnahmen:
– entweder die betroffenen Personen wurden bei Begehung der Tat oder im Laufe des folgenden Tages festgenommen (Art. 46 Abs. 2, 2. HS)
– oder aber die Immunität fällt weg. Dies kann wiederum auf zwei Wegen geschehen:
  1. Die Immunität kann durch das Parlament aufgehoben werden, indem das Parlament iSv. Art. 2 und 3 GG die Strafverfolgung genehmigt. Nach Abs. 4 kann jedoch die Aussetzung des Verfahrens nach der Aufhebung der Immunität wieder hergestellt werden.
  2. Die Immunität ist befristet auf die Amtszeit[131]. Dies ergibt sich zum einen aus dem Wortlaut, der in Gegensatz zu Abs. 1 des Art. 46 GG nicht die Worte „zu jeder Zeit" enthält, zum anderen auch aus dem Sinn der Immunität. Diese soll nämlich nicht den einzelnen Abge-

---
[129] *Hesse* Verfassungsrecht RdNr. 476, 495; BVerfG 7, 183 (188); 34, 52 (59).
[130] *Meyer* v.Mü Art. 92, RdNr. 4.
[131] *Maunz* M/D Art. 46, Abschn. III, RdNr. 37; *Rauball* v.Mü Art. 46, RdNr. 1; s. auch *Bockelmann* Immunitätsrecht S. 32.

ordneten, sondern die Arbeit des Parlamentes schützen[132], indem willkürliche Strafverfolgung mit dem Ziel, Mehrheitsverhältnisse zu verschieben, ausgeschlossen (so der historische Hintergrund der Vorschrift)[133], die Funktionsfähigkeit des Parlamentes aufrechterhalten und das Ansehen des Organs nicht geschädigt wird[134].

*(2). Die Indemnität*
Die Indemnität führt dazu, daß Bundestagsabgeordnete grds. nicht wegen einer politischen Stellungnahme, sei es in Form einer Abstimmung oder einer Rede, zur Verantwortung gezogen werden dürfen. Eine Ausnahme gilt nach Art. 46 Abs. 1 S. 2 GG nur bei verleumderischen Beleidigungen. Das Grundgesetz hat es dabei dem einfachen Gesetzgeber überlassen festzulegen, was unter einer solchen zu verstehen ist. Erfaßt werden also nach der derzeitigen Fassung des StGB die Fälle des § 187 StGB[135]. Ansonsten ist die Indemnität im Gegensatz zur Immunität weder zeitlich begrenzt (vgl. „zu keiner Zeit") noch durch das Parlament aufhebbar[136]. Dies erklärt sich daraus, daß die Indemnität die Redefreiheit des Abgeordneten sichern[137], nicht aber wie die Immunität das Parlament schützen soll. Diese Absicherung der Redefreiheit ist aber nur gewährleistet, wenn der Verfolgungsausschluß zeitlich uneingeschränkt und unabänderlich gilt.

**b. Folgerungen für den Begriff des Legalitätsprinzips**
Oben wurde der Begriff des Legalitätsprinzips abstrakt formuliert als die Pflicht, jeden Verdächtigen zu verfolgen. Im Ergebnis muß danach also jeder ermittelte Täter einer Bestrafung zugeführt werden. Der Akt der Bestrafung fällt in den Kernbereich der Judikative[138]. Somit wird der Gewaltenteilungsgrundsatz bei der Bestimmung des Legalitätsprinzips bedeutsam, wenn die Exekutive Entscheidungen trifft, die die Frage berühren, ob eine Tat weiter verfolgt wird. Solch eine Kompetenz steht der Staatsanwaltschaft zu, wenn sie darüber entscheidet, ob eine Tat angeklagt oder aber das Verfahren eingestellt wird. Somit ist zu klären, ob die Staatsanwaltschaft der Exekutive zuzuordnen ist.

---

132 *Rauball* v.Mü Art. 46, RdNr. 1, 17; *Magiera* BK Art. 46, RdNr. 107 mwN.; *Wolfslast* NStZ 87, 433 (436).
133 *Rauball* v.Mü Art. 46, RdNr. 1; *Maunz* M/D Art. 46, Abschn. III, RdNr. 26.
134 *Maunz* M/D Art. 46, Abschn. III, RdNr. 26 mwN.
135 *Maunz* M/D Art. 46, Abschn. III, RdNr. 23.
136 *Magiera* BK Art. 46, RdNr. 54.
137 *Rauball* v.Mü Art. 46, RdNr. 1.
138 s.o. S. 41 f.

Weitgehend anerkannt ist heute, daß die Staatsanwaltschaft nicht zur rechtsprechenden Gewalt gehört[139]. Zwar würde der Grundsatz der funktionsgerechten Verteilung der staatlichen Macht[140] nicht beeinträchtigt, wenn Staatsanwälte Recht sprechen könnten, da sie genau wie die Richter zu Volljuristen ausgebildet sein müssen (vgl. §122 Abs. 1 DRiG). Aber nach Art. 92 GG ist die Rechtsprechung allein den Richtern anvertraut, deren Status durch die Unabhängigkeit wesentlich gekennzeichnet ist (Art. 97 Abs. 1 GG). Staatsanwälte sind aber nach §146 GVG weisungsgebunden, die Vorgesetzten sogar devolutions- und substitutionsbefugt (§145 GVG)[141]. Deshalb ist die Staatsanwaltschaft nicht Teil der Dritten Gewalt.

Da das Grundgesetz nach dem oben Ausgeführten aber nur die drei Gewalten Judikative, Legislative und Exekutive anerkennt[142], muß die Staatsanwaltschaft danach der vollziehenden Gewalt zugeordnet werden[143]. Daß sie bei ihrer Tätigkeit nach h.M. genauso wie die Richter dem Recht verpflichtet ist und somit als Organ der Rechtspflege angesehen wird[144], betrifft allein die Frage nach der Art ihrer Aufgabenerfüllung, nicht aber die staatsrechtliche Einordnung in das dreigliedrige Gewaltenteilungsprinzip des Art. 20 GG[145].

Demzufolge muß bei der Bestimmung des Legalitätsprinzips berücksichtigt werden, daß der Staatsanwaltschaft die Aufgaben überlassen bleiben, die zum Kernbereich der Exekutive gehören, daß sie aber nicht Recht sprechen darf.

---

[139] *Odersky* Rebmann-FS S. 343; *Roxin* StPO §10 RdNr. 8; *Meyer-Goßner* K/M-G Vor §141 GVG, RdNr. 5; *Fezer* StPO Fall 2, RdNr. 14; *Schäfer* LR[24] Einl. 8, RdNr. 5, 5a; a.A. heute *Mayer* Odersky-FS S. 240 f, 242; *Prechtel* Ermittlungsrichter S. 54.
[140] hierzu s.o. S. 42.
[141] *Krey/Pföhler* NStZ 85, 145 (146); *Krey* StPO I RdNr. 338; *Schäfer* LR[24] Einl. 8, RdNr. 5a; *Rüping* StPO RdNr. 66; a.A. *Sarstedt* NJW 64, 1752 (1754): wenn die Staatsanwaltschaft Teil der Judikative wäre, würde die Weisungsgebundenheit entfallen, und *Mayer* Odersky-FS S. 243: die Weisungsgebundenheit gelte nur für Richter, nicht aber für die Dritte Gewalt insgesamt. Dieses Argument ist aber nicht stichhaltig. Denn nach Art. 20 GG ist die Dritte Gewalt die Rechtsprechung. Diese wiederum wird nach Art. 92 von den Richtern ausgeübt, welche nach Art. 97 GG weisungsunabhängig sein müssen. Die gesamte Dritte Gewalt besteht also nach dem Grundgesetz aus unabhängigen Richtern.
[142] *Gössel* GA 80, 325 (336); *Mayer* Odersky-FS S. 238; *Sarstedt* NJW 64, 1752 (1753).
[143] so auch *Gössel* Dünnebier-FS S. 136 und GA 80, 325 (336); *Rüping* StPO RdNr. 67; *Krey* StPO I RdNr. 338; *Meyer-Goßner* K/M-G Vor §141 GVG, RdNr. 5; *Schäfer* LR[24] Einl. 8, RdNr. 5; *Hund* ZRP 94, 470 (471); BVerfG 31, 43 (46); a.A. *Henkel* StPO S. 132 f; *Roxin* StPO §10 RdNr. 8.
[144] *Odersky* Rebmann-FS S. 343; *Meyer-Goßner* K/M-G Vor §141 GVG RdNr. 1, 7; *Roxin* StPO §10 RdNr. 8; *Fezer* StPO Fall 2, RdNr. 15; *Beulke* StPO RdNr. 88; BVerfG 9, 223 (228); 32, 199 (216); BGH 24, 170 (171).
[145] *Krey* StPO RdNr. 338; *Gössel* GA 80, 325 (336); *Sarstedt* NJW 64, 1751 (1753); *Krey/Pföhler* NStZ 85, 145 (146).

*aa. Zulässigkeit einer uneingeschränkten Verfolgungspflicht*
Durch die Ermittlung des Sachverhaltes und der Anklageerhebung verhängt die Staatsanwaltschaft keine strafrechtliche Maßnahme. Durch eine uneingeschränkte Verfolgungspflicht wäre ein Eingriff in den Kernbereich der Judikative also nicht gegeben.
Auch der Aufgabenbereich der Exekutive, Entscheidungen im Einzelfall zu treffen[146], wird durch die Festlegung einer strengen Verfolgungspflicht nicht unzulässig eingeschränkt. Die Würdigung des Einzelfalles käme nämlich in der Unterscheidung zum Ausdruck, daß ein Verfahren eingestellt werden muß, wenn sich keine Anhaltspunkte für eine Straftat, die Grundvoraussetzung von Verfolgungsmaßnahmen sind, ergeben.
Die Verfolgungspflicht muß dagegen in den eben genauer umschriebenen Fällen, in denen die Grundsätze der Immunität und der Indemnität eingreifen, ausgeschlossen sein. Einer uneingeschränkten Verfolgungspflicht steht also Art. 46 GG entgegen.

*bb. Zulässigkeit einer eingeschränkten Verfolgungspflicht*
*(1). Voraussetzungen der Verfolgungspflicht*
Demzufolge muß die Verfolgungspflicht jedenfalls unter der Bedingung stehen, daß die betroffene Person nicht dem Immunitäts- oder Indemnitätsschutz unterliegt.
Bei der Frage, ob weitere Einschränkungen zulässig sind, muß in Hinblick auf das Gewaltenteilungsprinzip zwischen zwei verschiedenen Kategorien unterschieden werden:
Die erste betrifft Voraussetzungen, die in der Tat oder dem Täter angelegt sind (also z.B. Schuldschwere, Ermittlungsprobleme, Krankheit des Beschuldigten u.a.). In diesem Fall führt die gesetzliche Regelung allein dazu, daß der Staat nicht weiter tätig wird, das Gericht demzufolge keine Sanktion verhängen kann. Dadurch könnte in den Bereich der Dritten Gewalt unzulässig eingegriffen werden. Inhalt des Gewaltenteilungsprinzips ist aber nicht, daß die Judikative einen Anspruch darauf hat, Recht zu sprechen, sondern daß wenn Recht gesprochen wird, dies allein durch die Judikative geschehen darf. Durch die Entscheidung, eine Tat nicht zu sanktionieren, wird also nicht in den Kernbereich der Dritten Gewalt eingegriffen[147].
Eine zweite Möglichkeit ist es, eine Verfolgungspflicht nur dann anzunehmen, wenn der Beschuldigte nicht bereit ist, bestimmte von der Staatsanwaltschaft aufgegebene Leistungen zu erbringen. In diesem Fall verhängt die Staatsanwaltschaft Sanktionen. Dies ist durch das Gewaltenteilungsprinzip nicht grds. ausgeschlos-

---

[146] hierzu s.o. S. 42.
[147] vgl. *Rieß* NStZ 81, 2 (10).

sen[148]. Eine Ausnahme gilt nur für Leistungen, die mit einem Freiheitsentzug verbunden sind und für solche, die einen „ethischen Schuldvorwurf"[149] enthalten[150].

*(2). Ermessen*
Der Gewaltenteilungsgrundsatz steht einer Regelung, die die Verfolgung in das Ermessen der Staatsanwaltschaft stellt, nicht entgegen. Denn der Gewaltenteilungsgrundsatz muß bei der Ausübung des Ermessens berücksichtigt werden. Speziell in den Fällen, in denen Art. 46 GG eingreift, ist der Entscheidungsspielraum dann auf Null reduziert.

*cc. Ergebnis*
Das Gewaltenteilungsprinzip schränkt die Ausgestaltung der Verfolgungspflicht demzufolge in zwei Richtungen ein:
- Zum einen darf kein Fall des Art. 46 GG vorliegen; eine uneingeschränkte Verfolgungspflicht ist damit ausgeschlossen.
- Zum anderen darf sie nicht davon abhängen, daß strafende oder freiheitsentziehende Maßnahmen von der Staatsanwaltschaft verhängt worden sind. Auch insofern unterliegt die Einschränkung der Verfolgungspflicht verfassungsrechtlichen Grenzen.

---

[148] näher hierzu oben S. 41 f; vgl. auch *Gössel* Dünnebier-FS S. 139; *Kapahnke* Opportunität S. 74.
[149] *BVerfG* 22, 49 (79); 22, 125 (132).
[150] s. hierzu die Ausführungen auf S. 42.

## 3. Der staatsrechtliche Legalitätsgrundsatz

### a. Darstellung der Rechtslage

In Art. 20 Abs. 3 GG heißt es: „Die Gesetzgebung ist an die verfassungsmäßige Ordnung, die vollziehende Gewalt und die Rechtsprechung sind an Gesetz und Recht gebunden." Staatliches Handeln darf also nicht gegen bestehendes Recht verstoßen (sog. Gesetzesvorrang)[151], wobei für die Gesetzgebung nur die Verfassung, für die anderen Gewalten dagegen jedes geschriebene und ungeschriebene Recht Bindungswirkung entfaltet. Dieser Grundsatz erscheint heute als selbstverständlich[152], wird er doch vom Grundgesetz in verschiedenen Vorschriften, so z.B. in Art. 100 Abs. 1 GG, vorausgesetzt. Wenn in diesem Teil der Arbeit die Verfassungsmäßigkeit eines Gesetzes bestimmt wird, so liegt dem der Grundsatz des Gesetzesvorranges zugrunde.

Für die Tätigkeit der Verwaltung und der Rechtsprechung wird Art. 20 Abs. 3 GG außerdem herangezogen, um den sog. Gesetzesvorbehalt zu begründen, wonach für die Tätigkeit dieser Staatsgewalten eine gesetzliche Grundlage nötig ist[153]. Denn die Verwaltung kann nur an Gesetze gebunden sein, wenn überhaupt welche bestehen[154]. Allerdings wird der Umfang des Gesetzesvorbehaltes im Grundgesetz nicht näher bestimmt. So ist umstritten, ob reine Leistungsverwaltung, also solche, die weder in Rechte des direkt Betroffenen noch in die Dritter eingreift, auch dem Vorbehalt des Gesetzes unterliegt. Die h.M. verlangt hier, daß der Gesetzgeber jedenfalls die Aufgabenzuweisung geregelt hat, eine weitere Verrechtlichung erscheine aber nicht nötig[155].

In materieller Hinsicht hat das BVerfG entschieden, daß nicht irgendeine Grundlage genügt, sondern daß diese hinreichend bestimmt sein müsse[156]. Hiermit ist der Bestimmtheitsgrundsatz angesprochen, der in engem Zusammenhang mit der Gesetzesbindung steht, hier aber gesondert behandelt wird. Insofern wird auf die obigen Ausführungen der S. 23 ff verwiesen.

In formeller Hinsicht stellt sich das Problem, ob bzw. wann der Sachverhalt in einem Parlamentsgesetz geregelt werden muß, ein Gesetz im nur materiellen Sinne also nicht ausreicht. Denn unter Gesetz iSv. Art. 20 Abs. 3 GG wird jeder geschriebene Rechtssatz verstanden. Auf diese Frage, mit der sich das BVerfG in seiner sog. Wesentlichkeitsrechtsprechung befaßt hat[157], muß hier jedoch nicht weiter

---

151 *Schnapp* v.Mü Art. 20, RdNr. 38; *Zippelius* Staatsrecht S. 95; *Degenhart* Staatsrecht I RdNr. 276.
152 *Herzog* M/D Art. 20, Abschn. VI, RdNr. 3.
153 *Schnapp* v.Mü Art. 20, RdNr. 38; *Degenhart* Staatsrecht I RdNr. 278; BVerfG 40, 237 (248 f); 49, 89 (126).
154 *Schnapp* v.Mü Art. 20, RdNr. 38; *Degenhart* Staatsrecht I RdNr. 278.
155 Zum Streitstand s. *Degenhart* Staatsrecht I RdNr. 285 ff.
156 *Stern* Staatsrecht S. 805 mwN.
157 s. Nachweise bei *Schnapp* v.Mü Art. 20, RdNr. 46.

eingegangen werden, da es in dieser Arbeit allein um die inhaltlichen Anforderungen an eine Strafverfolgungspflicht geht.
Für das Strafrecht ist der Gesetzesvorbehalt teilweise in Art. 103 Abs. 2 GG festgeschrieben, wonach eine Tat nur bestraft werden darf, wenn die Strafbarkeit gesetzlich bestimmt war (*nulla poena sine lege*). Dieser Grundsatz bezieht sich nach der hier vertretenen Ansicht[158] aber nur auf das materielle Strafrecht, nicht dagegen auf die prozessuale Ausgestaltung der Strafverfolgung. Für diese muß demzufolge wieder auf Art. 20 Abs. 3 GG zurückgegriffen werden.

**b. Folgerungen für den Begriff des Legalitätsprinzips**
*aa. Zulässigkeit einer uneingeschränkten Verfolgungspflicht*
Aus dem Gesetzesvorrang nach Art. 20 Abs. 3 GG folgt, daß eine uneingeschränkte Verfolgungspflicht nicht gegen die Verfassung verstoßen darf. Ob das Grundgesetz einer uneingeschränkten Verfolgungspflicht entgegensteht, wird aber gerade in diesem Teil der Arbeit untersucht. Somit muß die Frage nach dem Verstoß gegen Art. 20 Abs. 3 GG noch offenbleiben.

*bb. Zulässigkeit einer eingeschränkten Verfolgungspflicht*
*(1). Voraussetzungen der Verfolgungspflicht*
Auch hier gilt, daß nur gegen Art. 20 Abs. 3 GG verstoßen wird, wenn das Gesetz verfassungswidrig ist, so daß hier das zur uneingeschränkten Verfolgungspflicht Gesagte entsprechend gilt.

*(2). Ermessen*
Es stellt sich die Frage, ob der Gesetzgeber die Verfolgung in das reine Ermessen der Verwaltung und Rechtsprechung stellen darf. Dann könnte nämlich dem Gesetzesvorbehalt nicht genügt sein, da die Verwaltung für ihre Entscheidung Kriterien heranziehen kann, die sich nicht aus einer gesetzlichen Grundlage ergeben.

(a). Auf diese Frage kommt es nur an, wenn der Gesetzesvorbehalt überhaupt Geltung beansprucht. Dieses ist auf jeden Fall zu bejahen, wenn durch das Gesetz in Rechte des Betroffenen eingegriffen wird. Im Rahmen der Untersuchung zum Bestimmtheitsgrundsatz ist bereits ausgeführt worden, daß Ermessen auf zwei verschiedene Arten eingeräumt werden kann, die beide im Ergebnis einen Rechtseingriff darstellen[159]. Insofern gilt der Gesetzesvorbehalt bei beiden Ausgestaltungsmöglichkeiten uneingeschränkt, so daß die Frage beantwortet werden muß, ob eine reine Ermessensvorschrift den Anforderungen des Gesetzesvorbehaltes genügt.

---

[158] hierzu ausführlich S. 24 f.
[159] s.o. S. 26.

(b). Nach *Kühne* führt die Verfolgungspflicht die Gesetzmäßigkeit weiter. Das Legalitätsprinzip sei die Kehrseite des *nulla poena sine lege*-Prinzips im materiellen Recht[160]. Diese Aussage basiert darauf, daß sich der Gesetzgeber bereits für das Legalitätsprinzip entschieden hat. *Kühne* sagt aber nichts über die hier interessierenden Möglichkeiten, wie die Verfolgungspflicht ausgestaltet werden kann.
Dagegen will *Faller* aus der Gesetzesbindung auch inhaltliche Anforderungen an die Ausgestaltung der Verfolgungspflicht ableiten. Diesbezüglich meint er, daß sich aus der Strafandrohung im materiellen Recht für die Strafverfolgung „zwangsläufig" das Legalitätsprinzip ergebe[161]. Seiner Ansicht nach darf die Verfolgung aus der Sicht des staatsrechtlichen Legalitätsgrundsatzes nicht in das Ermessen der zuständigen Behörden gestellt werden[162]. Zwar kommt auch er dazu, daß die Einräumung von Ermessen mit der Verfassung vereinbar ist. Dies begründet er aber mit dem Verhältnismäßigkeitsgrundsatz[163], der in dieser Arbeit erst an späterer Stelle untersucht wird.

Der Ansicht von *Faller* über die Bedeutung des staatsrechtlichen Legalitätsgrundsatzes für die Ausgestaltung der Verfolgungspflicht kann aus zwei Gründen nicht gefolgt werden: Zum einen ist die Legislative nämlich nur an die Verfassung, nicht aber an das einfache Recht gebunden. Wenn *Faller* meint, das Legalitätsprinzip ergebe sich zwangsläufig aus der Strafandrohung im materiellen Recht, so will er den Gesetzgeber an eine vorher getroffene Entscheidung, die im einfachen Recht festgeschrieben ist, binden. Dies sieht Art. 20 Abs. 3 GG aber nicht vor. Zum anderen folgt auch für die Verwaltung keine Einschreitpflicht aus dem materiellen Recht. Denn wie bereits mehrfach ausgeführt, bildet dieses nur die Grundlage für das Recht zum Strafen. Es enthält dagegen keine Ermächtigung zum Tätigwerden. Eine solche ergibt sich allein aus dem Prozeßrecht. Wenn das Verfahrensrecht den Behörden aber aufgibt, nach eigenem Ermessen zu entscheiden, so handeln sie aufgrund und im Rahmen der Gesetze, wenn sie das Ermessen pflichtgemäß ausüben[164]. Daß die Strafe im materiellen Recht ausnahmslos angedroht wird, schließt demnach nicht aus, daß die Entscheidung, ob die Tat verfolgt wird, in das Ermessen der zuständigen Behörde gestellt wird[165].

---

[160] *Kühne* StPO RdNr. 137.
[161] *Faller* Maunz-FS S. 78; i.E. auch *Steffen* DRiZ 72, 153 (155 f).
[162] *Faller* Maunz-FS S. 79.
[163] *Faller* Maunz-FS S. 80.
[164] *Jung* Kronzeuge S. 58.
[165] *Gössel* Dünnebier-FS S. 126; *Baumann* Schmidt-FS S. 528; *Schmidt-Jortzig* NJW 89, 129 (132); *Jeutter* Grenzen des Legalitätsprinzips S. 48 f; a.A. *Pott* (Opportunitätsdenken S. 151), die allerdings davon ausgeht, daß der Art. 103 Abs. 2 auch im Prozeßrecht gilt (vgl. S. 145 ff).

*cc. Ergebnis*
Der Gesetzesvorbehalt steht einer Regelung, nach der die Strafverfolgung im Ermessen der Strafverfolgungsorgane liegt, nicht entgegen. Der Grundsatz des Gesetzesvorranges kann isoliert betrachtet nicht als Argument für eine bestimmte Ausgestaltung der Strafverfolgungsaufgabe herangezogen werden. Denn ihm ist allein zu entnehmen, daß die Norm nicht gegen die Verfassung verstoßen darf. Welche Grenzen dabei einzuhalten sind, richtet sich nach den anderen Verfassungsgrundsätzen, die in dieser Arbeit überprüft werden.

## 4. Der Verhältnismäßigkeitsgrundsatz

**a. Darstellung der Rechtslage**
Der Verhältnismäßigkeitsgrundsatz verlangt, daß das mit staatlichem Handeln erstrebte Ziel und die Auswirkungen dieses Handelns in einem angemessenen Verhältnis zueinander stehen[166]. Dieses ist der Fall, wenn eine konkrete Maßnahme zur Erreichung eines legitimen Zweckes geeignet, erforderlich und verhältnismäßig ieS. ist[167]. Erforderlich ist sie, wenn sie unter mehreren gleichermaßen zur Erreichung des Zweckes geeigneten Maßnahmen die am wenigsten belastende ist[168]. Im Rahmen der Verhältnismäßigkeit ieS. findet eine Güterabwägung statt[169].
An den Verhältnismäßigkeitsgrundsatz sind alle drei Gewalten gebunden. Zu beachten ist jedoch, daß das Prinzip für die Verwaltung nur eine Rolle spielt, wenn sie zwischen mehreren Handlungsmöglichkeiten entscheiden muß, d.h. wenn ihr Ermessen eingeräumt ist[170]. Ist sie dagegen an ein Gesetz gebunden, ist es nicht das Verwaltungshandeln, das der Überprüfung am Verhältnismäßigkeitsgrundsatz ggf. nicht standhält, sondern das dem Handeln zugrundeliegende Gesetz[171].
Während bei der Verwaltung die Einhaltung des Verhältnismäßigkeitsprinzips gerichtlich voll überprüfbar ist[172], steht dem Gesetzgeber eine gewisse Einschätzungsprärogative zu[173]. Dies ergibt sich bereits daraus, daß der Gesetzgeber das von ihm erstrebte Ziel selbst festlegen kann[174], während dieses der Verwaltung durch Gesetz vorgegeben wird[175]. Je stärker allerdings das Gesetz den „personalen Kernbereich" von Grundrechten berührt, desto begrenzter ist der (nicht überprüfbare) Entscheidungsspielraum des Gesetzgebers[176].

---

[166] *Degenhart* Staatsrecht I RdNr. 325; *Zippelius* Staatsrecht S. 98; *Huster* JZ 94, 541 (543).
[167] *Degenhart* Staatsrecht I RdNr. 326; *Pieroth/Schlink* Staatsrecht II RdNr. 279; *Zippelius* Staatsrecht S. 98 f; *BVerfG* 81, 156 (192 f).
[168] *Degenhart* Staatsrecht I RdNr. 326; *Pieroth/Schlink* Staatsrecht II RdNr. 285.
[169] *Degenhart* Staatsrecht I RdNr. 331; *BVerfG* 90, 145 (185).
[170] *Degenhart* Staatsrecht I RdNr. 334.
[171] *Degenhart* Staatsrecht I RdNr. 334.
[172] *Degenhart* Staatsrecht I RdNr. 328.
[173] *BVerfG* 45, 187 (253); *Degenhart* Staatsrecht I RdNr. 328.
[174] *Degenhart* Staatsrecht I RdNr. 327, 329; *Pieroth/Schlink* Staatsrecht II RdNr. 280, 282; *Zippelius* Staatsrecht S. 337.
[175] *Degenhart* Staatsrecht I RdNr. 327, 329; *Pieroth/Schlink* Staatsrecht II RdNr. 280.
[176] *Degenhart* Staatsrecht I RdNr. 328.

**b. Folgerungen für den Begriff des Legalitätsprinzips**
*aa. Zulässigkeit einer uneingeschränkten Verfolgungspflicht*
(1). Bei der Bewertung der Verhältnismäßigkeit einer uneingeschränkten Verfolgungspflicht stellt sich zunächst die Frage, was legitimes Ziel der Strafverfolgung ist.

(a). Aufgabe des gesamten Strafrechts ist es, die „Lebensbedingungen in der Rechtsgemeinschaft"[177] zu sichern. Dieses soll dadurch geschehen, daß der durch die Straftat gestörte Rechtsfrieden wiederhergestellt wird[178]. Nach *Schmidhäuser* zeigt sich Rechtsfrieden „als ein Zustand, bei dem von der Gemeinschaft vernünftigerweise erwartet werden kann, daß sie sich über den Verdacht einer Straftat beruhige"[179]. Nach der Vorstellung des heutigen Gesetzgebers ist dies der Fall, wenn auf eine Straftat mit den Mitteln des Strafrechts reagiert, also das materielle Strafrecht durchgesetzt wurde[180]. Da dessen Durchsetzung aber maßgeblich davon abhängt, wie die Verfolgung prozessual ausgestaltet ist[181], muß das Prozeßrecht bemüht sein, die abstrakt vorgegebenen Ziele des materiellen Strafrechts im konkreten Einzelfall umzusetzen[182].
Als Zwischenergebnis ist somit festzuhalten, daß durch die Verfolgung einer Straftat im Endeffekt Rechtsfrieden hergestellt werden soll. Dieses läßt sich nach heutiger Auffassung nur verwirklichen, wenn materielles Recht durchgesetzt wird. Da dieses nicht losgelöst von seinen eigenen Zwecken gesehen werden kann, kann die Verfolgung ihren Zweck der Rechtsfriedensschaffung nur erfüllen, wenn es dazu beiträgt, die Ziele des materiellen Rechts im konkreten Fall zu verwirklichen. Insofern muß die Verfolgung als Ziel die Verwirklichung der Strafzwecke notwendigerweise in sich tragen.

(b). Früher wurde der Strafzweck allein darin gesehen, auf die Störung der Rechtsordnung mit der Zufügung eines gerechten Übels zu reagieren. Nach dieser Auffassung sollte Strafe allein repressiv wirken, nicht aber eine darüber hinausgehende Wirkung auf das Zusammenleben in der Gesellschaft entfalten. Diese von jeder gesellschaftlichen Wirkung losgelöste Theorie, die deshalb auch als absolute (= losgelöste) Theorie bezeichnet wird, wird in zweifacher Form vertreten: Zum

---
[177] *Henkel* StPO S. 15; s. auch *Wessels/Beulke* StGB RdNr. 6; BVerfG 45, 187 (253).
[178] *Roxin* Bundesgerichtshof S. 85 und StPO §1 RdNr. 2, 3; *Schmidhäuser* Schmidt-FS S. 516, 523 f; *Beulke* StPO RdNr. 6; *Volk* Prozeßvoraussetzungen S. 183, 198.
[179] *Schmidhäuser* Schmidt-FS S. 522.
[180] Zum Zusammenhang zwischen der Schutzaufgabe des Strafrechts und der Durchsetzung des materiellen Strafrechts s. auch *Henkel* StPO S. 16, *Volk* Prozeßvoraussetzungen S. 200 ff; *Kapahnke* Opportunität S. 70 f.
[181] *Henkel* StPO S. 16; *Roxin* StPO §1 RdNr. 13; *Hobe* Leferenz-FS S. 631. Zum Zusammenhang von Strafzweck, materiellem Recht und Prozeßrecht s. auch *Hassemer* ZRP 97, 316 (319 f).
[182] *Roxin* StPO §1 RdNr. 13; *Hobe* Leferenz-FS S. 631; *Volk* Prozeßvoraussetzungen S. 201 f.

einen als die sog. Sühnetheorie, wonach der Täter sich mit der Rechtsordnung wieder versöhnt, wenn das begangene Unrecht geahndet wird, und zum anderen als sog. Vergeltungstheorie, die in verschiedenen Abwandlungen vertreten wird, aber auf dem einheitlichen Grundgedanken beruht, daß Gerechtigkeit nur hergestellt werden kann, wenn auf die Straftat eine gleichartige bzw. gleichwertige Reaktion des Staates erfolge. Während die Sühnetheorie heute wohl als überholt angesehen werden muß, da Versöhnung nur durch eine freiwillige Leistung möglich ist, Strafe aber naturgemäß auferzwungen wird, findet die Vergeltungstheorie heute im StGB noch ihren Niederschlag, wenn in §46 Abs. 1 S. 1 StGB die Strafe nach der Höhe der Schuld bemessen wird[183].

Auch heute ist Strafe ohne den Zweck des Schuldausgleichs nicht denkbar. Denn wenn sie definiert wird als ein sozialethisches Unwerturteil[184], dann bringt dies zum Ausdruck, daß mit ihr auf die schuldhafte Verwirklichung eines Tatbestandes reagiert werden soll[185].

Vergeltung kann allerdings nach dem heutigen Staatsverständnis nicht der einzige Strafzweck sein. Denn Grundlage der repräsentativen Demokratie ist es, daß die Gesellschaft ihre Macht soweit an einzelne Funktionsträger abgegeben hat, wie es für ein geordnetes Zusammenleben nötig ist. Im Vordergrund steht also ein gesellschaftlicher Zweck; nur um diesem zu dienen darf Macht ausgeübt werden[186]. Deswegen wird heute auch davon ausgegangen, daß zu dem Gedanken des Schuldausgleichs auch noch der der Prävention hinzutritt (sog. relative Theorien)[187].

Als Zwischenergebnis ist festzuhalten, daß der Strafzweck heute nicht mehr wie zur Zeit der absoluten Theorien allein darin bestehen kann, daß auf jede schuldhafte Tatbestandsverwirklichung mit Strafe reagiert werden muß. Vielmehr ist er dahingehend zu bestimmen, daß der Staat zwar zur Ahndung eines schuldhaften Pflichtenverstoßes straft, darüber hinaus aber auch dem gesellschaftlichen Zusammenleben in der Zukunft dienen muß[188].

---

[183] vgl. zusammenfassend *Wessels/Beulke* StGB RdNr. 12a mwN.; *Schöch* Kriminologie Fall 3, RdNr. 65; *Roxin* StGB §3 RdNr. 2 ff; *Jescheck/Weigend* StGB-AT S. 70 f; vgl. aber auch *Kargl* GA 98, 53 (64 ff).
[184] s.o. S. 42.
[185] Zur Bedeutung des Schuldgrundsatzes im heutigen Strafrecht s. ausführlich *Roxin* GA 84, 641 (654 ff); vgl. auch *Schütz* JURA 95, 399 (401).
[186] *Hassemer* ZRP 92, 378 (379 f); *Schütz* JURA 95, 399 (400); *Roxin* GA 84, 641 (644).
[187] *Roxin* GA 84, 641 (644 f); *Schütz* JURA 95, 399 (400).
[188] allgemein zu verschiedenen Vereinigungstheorien s. ausführlich *Koriath* JURA 95, 625 (625).

Hierbei unterscheiden die relativen Theorien zwischen vier verschiedenen Präventionszielen[189]: Die Strafe soll
- Das Rechtsbewußtsein und das Vertrauen der Allgemeinheit in die Rechtsordnung stärken (sog. positive Generalprävention)
- andere davon abschrecken, die Rechtsordnung durch Straftaten zu stören (sog. negative Generalprävention),
- den Täter bessern (sog. positive Spezialprävention), wobei das Jugendstrafrecht hierunter speziell die Erziehung versteht, und schließlich
- die Gesellschaft vor dem Täter durch dessen Einschließung sichern (sog. negative Spezialprävention). Diese Aufgabe ist zwar dem Strafvollzugsrecht (vgl. §2 StVollzG) zugewiesen worden, wird also nicht allein durch den Akt der Verfolgung erfüllt. Da aber der Strafvollzug die Verhängung einer Freiheitsstrafe voraussetzt, muß dieser Aspekt auch bereits bei der Verfolgung berücksichtigt werden.

(c). Durch die Strafverfolgung wird also ein komplexer Zweck verfolgt: Die Herstellung des Rechtsfriedens durch das Finden und das Durchsetzen eines auf Prävention und Repression gerichteten Rechts. Nur wenn die Verfolgung bewirkt, daß die Ziele des materiellen Rechts durch die Verwirklichung desselben erreicht werden, kann von der Gesellschaft verlangt werden, sich mit der vorausgegangenen Störung abzufinden. Nur dann hat die Strafverfolgung ihren Zweck erfüllt, Rechtsfrieden zu schaffen.

(2). Es fragt sich somit iRd. Verhältnismäßigkeitsprüfung, ob eine uneingeschränkte Verfolgungspflicht geeignet ist, diesem Zweck nachzukommen. Dieses ist aufgrund der folgenden Beispiele zu verneinen[190]:

1. Eine Straftat, die von der Gesellschaft nicht als störend wahrgenommen wird, kann den Rechtsfrieden nicht beeinträchtigen. Wenn der Rechtsfrieden aber nicht gestört ist, ist eine Verfolgung auch nicht geeignet, zur Wiederherstellung desselben beizutragen[191]. Da genau dieses Ziel aber nach allgemeiner Ansicht Grundlage des Strafrechts ist, scheitert eine Verfolgung in diesem Fall also bereits an der Geeignetheit der Maßnahme.
Davon ist auszugehen, wenn eine Straftat gar nicht aufgefallen ist.
Außerdem ist hier aber auch an die Fälle der Bagatelldelinquenz zu denken. Denn Verhaltensweisen, die einen Straftatbestand erfüllen, unterscheiden sich oft nur geringfügig von legalen Handlungen[192]. Es ist also durch die Weite des

---

[189] vgl. *Wessels/Beulke* StGB RdNr. 12a; *Schöch* Kriminologie Fall 3, RdNr. 70 ff; *Eser* StGB I Fall 1, RdNr. 35 ff.
[190] vgl. auch *Zipf* Peters-FS S. 496.
[191] ähnlich *Bottke* JuS 90, 81 (84).
[192] *Lüderssen* Grenzen des Legalitätsprinzips S. 216.

materiellen Strafrechts durchaus möglich, daß zwar eine Straftat vorliegt, daß diese aber das Zusammenleben nur so wenig stört, daß überhaupt kein öffentliches Interesse an der Verfolgung besteht. Wenn aber kein öffentliches Interesse an der Verfolgung besteht, ist der Rechtsfrieden nicht gestört. In diesem Fall könnte also der Zweck des Strafprozesses nicht erreicht werden; die Strafverfolgung wäre also auch aus diesem Grund unverhältnismäßig[193].

2. Wenn ein Tatbestand schuldlos verwirklicht wurde, ist es nicht möglich, den Zweck des Schuldausgleichs zu erfüllen. Eine Strafverfolgung wäre also – da sie nach den obigen Ausführungen ohne die Funktion des Schuldausgleichs nicht denkbar ist – eine ungeeignete Maßnahme.
Außerdem kann die Gesellschaft bei schuldlos Handelnden nicht erwarten, daß sie die Gesetze einhalten. Begehen sie also eine Straftat, wird keine Erwartung enttäuscht und somit der Rechtsfrieden nicht gestört[194].
Insofern kann eine Strafe nur verfassungsgemäß sein, wenn sie eine Reaktion auf schuldhaft begangenes Unrecht darstellt[195].

3. Wenn zwischen der Tatbegehung und der Aburteilung ein zu großer Zeitraum liegt, ist ein Strafverfahren nicht mehr geeignet, das Vertrauen der Bevölkerung in die Rechtsordnung zu stärken, da Taten entweder vergessen sind oder aber oft nicht mehr als störend empfunden werden (positive Generalprävention). Auch der Abschreckungseffekt ist nur durch eine möglichst baldige Reaktion des Staates zu erreichen (negative Generalprävention). Außerdem ist es nicht mehr möglich, den Täter nach Ablauf einer langen Zeit durch die Bestrafung zu bessern, da er die Tat bereits verdrängt hat und sich somit durch ein Verfahren eher gegen den Staat wenden als sich auf seine Besserungsversuche einlassen (positive Spezialprävention) wird. Schließlich ist die Einschließung aufgrund dieser Tat nicht mehr nötig, denn entweder hat der Täter bewiesen, nicht mehr auffällig zu werden oder der Zweck der negativen Spezialprävention wird – wenn er in der Zwischenzeit eine andere Tat begangen hat – mit dem Verfahren wegen dieser anderen Tat bereits erreicht. Die Strafe kann nach Ablauf einer allzu langen Zeit also weder general- noch spezialpräventiv wirken[196]. Somit ist auch der oben genannte Beschleunigungsgrundsatz letztendlich Ausfluß des Verhältnismäßigkeitsprinzips[197]. Gleiches gilt für den Grundsatz, daß ein Ver-

---

[193] ähnlich *Kapahnke* Opportunität S. 72 f.
[194] *Roxin* GA 84, 641 (652).
[195] vgl. *Hobe* Leferenz-FS S. 631; *Jescheck/Weigend* StGB-AT S. 23; *Meurer* JR 93, 89 (94); *Jescheck* LK[11] Vor §13, RdNr. 71; *Roxin* GA 84, 641 (652).
[196] vgl. *Stackelberg* Bockelmann-FS S. 764; *Berz* NJW 82, 729 (729 f); *Pfeiffer* Baumann-FS S. 333, 334, 335; *Gollwitzer* Kleinknecht-FS S. 150 f; *Schwenk* ZStW 67, 721 (740); *Hillenkamp* JR 75, 133 (135).
[197] *Pfeiffer* Baumann-FS S. 331 f; *Kloepfer* JZ 79, 209 (210, 214); *Grauhan* GA 76, 225 (226 f); *I. Roxin* Rechtsstaatsverstöße S. 161 ff.

fahren nach Ablauf einer gewissen Zeit beendet werden muß bzw. nicht mehr aufgenommen werden darf[198].

4. Fraglich ist, ob aus dem Erziehungsgedanken des Jugendstrafrechts heraus speziell für Jugendliche und Heranwachsende weitere Einschränkungen geboten sind. Die Erziehung ist ein legitimer Zweck, den der Gesetzgeber innerhalb des ihm zustehenden Spielraumes vorgeben kann. Allerdings ist der Erziehungszweck nicht von der Verfassung vorgegeben. Es reicht also, wenn auch im Jugendstrafrecht die gleichen Ziele verfolgt werden wie im Erwachsenenstrafrecht. Insofern muß die Strafverfolgung bei Jugendlichen nicht aufgrund des Erziehungsgedankens eingeschränkt werden. Die Berücksichtigung dieses Gedankens ist nur eine (wenn auch in gewissem Maße wünschenswerte) politische Entscheidung.

*bb. Zulässigkeit einer eingeschränkten Verfolgungspflicht*
*(1). Voraussetzungen*
Fest steht also, daß die Verfolgungspflicht in einzelnen Fällen aus Gründen der Verhältnismäßigkeit ausgeschlossen werden muß. Aus der Natur dieses Grundsatzes, der stark einzelfallbezogen ist und somit grds. nur ein konkretes staatliches Vorgehen überprüfen kann, folgt aber, daß an dieser Stelle nicht aufgezählt werden kann, welche Voraussetzungen mit dem Verhältnismäßigkeitsgrundsatz in Einklang stehen. Es kann allein gesagt werden, daß die oben beispielhaft aufgeführten Fälle zu einer Einschränkung der Verfolgungspflicht führen müssen.

*(2). Ermessen*
Der Verwaltung ist es im Gegensatz zum Gesetzgeber möglich, alle Besonderheiten des Einzelfalles zu würdigen. Aber nur wenn ihr Ermessen eingeräumt, sie also nicht an eine bestimmte Rechtsfolge gebunden ist, ist es möglich, diese Besonderheiten bei einer Entscheidung zu berücksichtigen. Insofern ist also Ermessen sehr geeignet, im Einzelfall verhältnismäßige Entscheidungen zu erlangen. Dies gilt besonders in Hinblick auf die spezialpräventiven Strafzwecke, die nur durch die Berücksichtigung von individuellen Umständen der Tat oder des Täters zu erreichen sind. Wenn es dem Gesetzgeber wegen der Vielfalt der möglichen Sachverhalte nicht möglich ist, für jeden Fall eine angemessene Rechtsfolge vorzusehen, kann die Einräumung von Ermessen nicht nur zulässig, sondern sogar geboten sein.

---

[198] vgl. *Schünemann* JR 79, 177 (178).

# B. Demokratieprinzip

## I. Darstellung der Rechtslage
Nach Art. 20 Abs. 2 S. 2 GG geht alle Staatsgewalt vom Volke aus. Damit ist der wesentliche Aspekt des in Art. 20 Abs. 1 GG erwähnten Demokratieprinzips genannt: die Volkssouveränität. Diese besagt zweierlei: Zum einen muß staatliches Handeln auf einer ununterbrochenen Legitimationskette beruhen, bei der das Parlament letztendlich die Verantwortung für jede staatliche Entscheidung trägt[199]. Eine Ausnahme gilt nur für die Rechtsprechung[200]. Zum anderen beinhaltet der Grundsatz der Volkssouveränität und somit das Demokratiegebot, daß die Ausübung der Staatsgewalt auf den Willen des Volkes unmittelbar oder zumindest mittelbar zurückzuführen ist[201]. Je bedeutender der Entscheidungsgehalt ist, desto effektiver muß diese demokratische Legitimation sein[202].

## II. Folgerungen für den Begriff des Legalitätsprinzips
*1. Zulässigkeit einer uneingeschränkten Verfolgungspflicht*
Die demokratische Legitimation für das Tätigwerden der Strafverfolgungsorgane beruht darauf, daß ihr Handeln in Gesetzen bestimmt ist, die von dem unmittelbar vom Volk gewählten Parlament erlassen worden sind. Je weniger also ein Gesetz den zuständigen Behörden Spielraum für eigene Entscheidungen läßt, desto unmittelbarer kommt in ihrem Tätigwerden der Wille der Wähler zum Ausdruck. Insofern spricht der Demokratiegrundsatz für eine möglichst strenge Festschreibung der Verfolgungsvoraussetzungen. Dies ist am besten mit einer uneingeschränkten Tätigkeitspflicht gewährleistet.

*2. Zulässigkeit einer eingeschränkten Verfolgungspflicht*
*a. Voraussetzungen der Verfolgungspflicht*
Auch wenn die Verfolgungspflicht von Voraussetzungen abhängig gemacht wird, steht dem Gesetzgeber kein Entscheidungsspielraum zu, so daß das Handeln der Strafverfolgungsorgane genauso demokratisch legitimiert ist wie bei einer uneingeschränkten Tätigkeitspflicht.

---

[199] *Krey/Pföhler* NStZ 85, 145 (147); BVerwG 46, 55 (57).
[200] *Hund* ZRP 94, 470 (471).
[201] *Degenhart* Staatsrecht I RdNr. 6; BVerfG 93, 37 (66 f); 52, 95 (130); 77, 1 (40); 83, 60 (72 f).
[202] *Zippelius* Staatsrecht S. 67; BVerfG 83, 60 (74).

*b. Ermessen*
Teilweise wird der Demokratiegrundsatz als Argument dafür herangezogen, daß den Strafverfolgungsorganen kein Ermessen eingeräumt werden darf[203]. In einer Ermessensnorm wird der Wille des Gesetzgebers, der zuständigen Behörde einen Entscheidungsspielraum zu gewähren, zum Ausdruck gebracht. Auch eine Ermessensentscheidung ist also demokratisch legitimiert. Dies ist dem Grundsatz nach allgemein anerkannt.
Umstritten ist dagegen, ob dies auch für das Strafprozeßrecht gilt. Teilweise wird nämlich behauptet, der Gesetzgeber müsse selbst entscheiden, ob wegen eines Verhaltens eine Maßnahme verhängt werden solle[204]. Diesem Gedanken liegt die Annahme zugrunde, daß er sich durch die Schaffung der Straftatbestände dafür entschieden hat, daß bestimmte Taten bestraft werden müssen. Wenn aber den Behörden Ermessen bzgl. der Frage eingeräumt wird, ob die Taten wirklich verfolgt werden, werde dieser Wille des Gesetzgebers mißachtet. Solch eine Argumentation basiert auf der Fehlvorstellung, daß materielles und prozessuales Recht so sehr verzahnt sind, daß sie nicht getrennt bewertet werden können. Wie oben bereits mehrfach ausgeführt, bildet das materielle Strafrecht aber nur die Grundlage für das staatliche Recht zum Strafen, wohingegen das Prozeßrecht die Durchsetzung dieses Anspruchs regelt. Somit ist es also durchaus möglich, daß der Gesetzgeber ein Verhalten zwar kriminalisieren will, gleichzeitig aber den Willen äußert, daß die Verfolgung von der Entscheidung der zuständigen Behörde abhängt[205]. Die Begründung der Strafbarkeit besagt also noch nicht, daß die Tat auch verfolgt werden soll. Demzufolge kann der Gesetzgeber auf dem Gebiet des Prozeßrechts eine von dem im materiellen Recht geäußerten Willen unabhängige Entscheidung treffen. Diese kann auch darin bestehen, daß die Strafverfolgungsbehörden nach freiem Ermessen entscheiden sollen.

*3. Ergebnis*
Zwar sind gebundene Entscheidungen unmittelbarer demokratisch legitimiert als solche, bei denen die zuständigen Behörden einen eigenen Entscheidungsspielraum haben. Dennoch spricht der Demokratiegrundsatz nicht dagegen, die Verfolgung in das reine Ermessen der zuständigen Behörde zu stellen.

---

[203] *Rieß* NStZ 81, 2 (5); *Roxin* StPO §14 RdNr. 2; zweifelnd auch *Weigend* Anklagepflicht S. 51.
[204] *Rieß* NStZ 81, 2 (5); *Roxin* StPO §14 RdNr. 2.
[205] *Gössel* Dünnebier-FS S. 125 f.

## C. Unantastbarkeit der Menschenwürde

### I. Darstellung der Rechtslage
#### 1. Inhalt des Art. 1 Abs. 1 GG

Nach Art. 1 Abs. 1 GG ist es die Verpflichtung aller staatlichen Gewalt, die Würde des Menschen zu achten und zu schützen. Da der Begriff der Menschenwürde stark von philosophischen Richtungen abhängt und darüber hinaus der Inhalt je nach Zeit[206] und Situation differiert, ist es kaum möglich, ihn positiv zu definieren[207]. So geht das Bundesverfassungsgericht auch davon aus, daß nicht generell, sondern nur im konkreten Einzelfall bestimmt werden kann, wann Art. 1 Abs. 1 GG verletzt ist[208]. Dabei orientiert es sich an *Dürigs* sog. Objektformel, wonach die Menschenwürde verletzt ist, wenn der Mensch zum bloßen Objekt des Staates gemacht wird[209]. In der Literatur werden die bereits entschiedenen Fälle in unterschiedlicher Weise zu Eingriffsgruppen zusammengefaßt[210]. So gehen z.B. *Pieroth/Schlink* davon aus, daß die Achtung und der Schutz der Menschenwürde
– rechtliche Gleichheit verlangt,
– staatliche Gewaltanwendung begrenzt,
– individuelles und soziales Leben sichert und
– körperliche und geistig-seelische Identität und Integrität wahrt.

In den letzten Bereich fällt u.a. die Entscheidung des Bundesverfassungsgerichts, daß das Gesetz vorsehen muß, daß eine lebenslange Freiheitsstrafe zur Bewährung ausgesetzt werden kann[211], die Entscheidung des Berliner Verfassungsgerichtshofes, daß ein Verfahren eingestellt werden muß, wenn der Angeklagte den Abschluß des Verfahrens nicht mehr erleben wird[212] und v.a. auch der sog. Schuldgrundsatz[213].

#### 2. Besondere Ausprägungen des Art. 1 Abs. 1 GG
##### a. Der Schuldgrundsatz

Der Schuldgrundsatz ist in der Verfassung nicht ausdrücklich genannt. Dagegen ist er in Art. 6 Abs. 2 der Europäischen Menschenrechtskonvention erwähnt, die nach dem oben Gesagten[214] Auswirkungen auf die Auslegung des Verfassungsrechts

---

[206] s. *BVerfG* 45, 187 (229).
[207] *Pieroth/Schlink* Staatsrecht II RdNr. 353.
[208] *BVerfG* 30, 1 (25); vgl. auch *Pieroth/Schlink* Staatsrecht II RdNr. 358.
[209] *BVerfG* 45, 187 (228); 72, 105 (116); *Dürig* AöR 56, 117 (127) und M/D Art. 1 Abs. I, Abschn. I, RdNr. 28, 34.
[210] *Pieroth/Schlink* Staatsrecht II RdNr. 361; *Zippelius* Staatsrecht S. 174 – 176.
[211] *BVerfG* 45, 187 (245); vgl. auch *BVerfG* 72, 105 (113, 115 ff).
[212] *BerlVerfGH* NJW 1993, 515 (517).
[213] *BVerfG* 86, 288 (313); *Jescheck* LK[11] Vor §13, RdNr. 71; *Dürig* M/D Art. 1 Abs. I, Abschn. I, RdNr. 31 f; *Zippelius* BK Art. 1 I, II, RdNr. 66; *Lenckner* Sch/Sch Vorbem. §§13 ff, RdNr. 103; *BVerfG* 20, 323 (331); 45, 187 (228, 259 f); *Gropp* JZ 91, 804 (804 f).
[214] s.o. S. 32.

hat. So ist der Schuldgrundsatz als Ausfluß des Rechtsstaatsprinzips und der verfassungsrechtlichen Pflicht, die Menschenwürde zu achten und zu schützen, (fast[215]) allgemein anerkannt[216]. Er beinhaltet, daß Strafe Schuld voraussetzt[217]. Unter „Schuld" wird dabei nicht nur die Schuld iSd. Verbrechensaufbaus verstanden, sondern auch die Rechtswidrigkeit[218]. Mit diesem Grundsatz hängt die Unschuldsvermutung zusammen, wonach die Schuld erst nach deren Nachweis festgestellt und zur Grundlage von weiteren Maßnahmen gemacht werden darf[219]. Dagegen verbietet es die Unschuldsvermutung nicht, an eine nur möglicherweise gegebene Schuld des Betroffenen Rechtsfolgen zu knüpfen, wenn die Feststellung der Schuld offenbleibt[220]. Zum anderen hat der Grundsatz aber auch Auswirkungen auf die Strafzumessung, für die er jedenfalls eine Obergrenze festsetzt[221]. Schließlich wird im Zusammenhang mit dem Schuldgrundsatz immer wieder betont, daß die Schuld in einem justizförmigen Verfahren festgestellt werden muß[222]. Hiermit ist aber eher das „wie" als das „ob" der Strafverfolgung angesprochen, so daß auf diesen Punkt nicht näher eingegangen wird.

An der Schuld fehlt es entweder, wenn der Täter nicht für sein Verhalten verantwortlich[223] ist oder aber, wenn er bereits bestraft wurde und seine Schuld somit im strafrechtlichen Sinne getilgt ist (vgl. Art. 103 Abs. 2 GG, Doppelbestrafungsverbot).

*b. Aussetzung der Vollstreckung bei einer lebenslangen Freiheitsstrafe*
Das BVerfG hat entschieden, daß es zwar mit der Menschenwürde vereinbar sei, eine lebenslange Freiheitsstrafe zu verhängen[224], daß aber „ein menschenwürdiger Vollzug der lebenslangen Freiheitsstrafe nur dann sichergestellt ist, wenn der Verurteilte eine konkrete und grundsätzlich auch realisierbare Chance hat, zu einem späteren Zeitpunkt die Freiheit wiedererlangen zu können; denn der Kern der Menschenwürde wird getroffen, wenn der Verurteilte ungeachtet der Entwicklung sei-

---

[215] vgl. die Literaturnachweise bei *Jescheck/Weigend* StGB-AT S. 23, Fn. 5.
[216] s. Fn. 213.
[217] *Jescheck/Weigend* StGB-AT S. 23; *Jescheck* LK[11] Vor §13, RdNr. 71; *BVerfG* 9, 167 (169); 45, 228 (259 f); 86, 313.
[218] *Gropp* JZ 91, 804 (805).
[219] *Beulke* StPO RdNr. 25; *Niemöller/Folke Schuppert* AöV 82, 387 (470); *BVerfG* 82, 106 (114); *BVerfG* 74, 358 (371); 82, 106 (116).
[220] *Fezer* ZStW 94, 1 (33); *BVerfG* 82, 106 (115 ff); vgl. auch *Kühl* Unschuldsvermutung S. 108 f, 111.
[221] *Jescheck* LK[11] Vor §13, RdNr. 71; *Roxin* GA 84, 641 (657); *BVerfG* 45, 187 (260).
[222] *Schöch* AK-StPO Vor §151, RdNr. 20; *Hirsch* ZStW 80, 218 (233).
[223] *Tröndle* StGB Vor §13, RdNr. 28.
[224] grundlegend *BVerfG* 45, 187 (253 ff); vgl. aber auch *BVerfG* NJW 95, 3244 (3245); *BVerfG* 64, 161 (171).

ner Person jede Hoffnung, seine Freiheit wiederzuerlangen, aufgeben muß"[225]. Wie eine solche Regelung konkret auszusehen hat, wurde ausdrücklich der Entscheidung des Gesetzgebers überlassen[226].

#### c. Unfähigkeit, sich verteidigen zu können
Der Beschuldigte wird zum Objekt des Verfahrens, wenn er sich nicht genügend verteidigen kann. Er muß zumindest die Möglichkeit haben, die wesentlichen Entscheidungen selbst zu treffen. Ist dies gegeben, reicht es, wenn er seine Rechte nur mit fremder Hilfe wahrnehmen kann[227]. Liegen diese Voraussetzungen nicht vor, verstößt die Durchführung eines Strafverfahrens gegen Art. 1 Abs. 1 GG[228].

#### d. Begrenzte Lebenserwartung
Der Berliner Verfassungsgerichtshof hat entschieden, daß die Durchführung eines Strafverfahrens gegen die Menschenwürde verstoße, wenn der Beschuldigte das Ende des Verfahrens aller Wahrscheinlichkeit nicht mehr erleben werde. Begründet wurde diese Entscheidung mit der oben genannten Objektformel: Zweck des Verfahrens sei es, „den legitimen Anspruch der staatlichen Gemeinschaft auf vollständige Aufklärung der dem Beschwerdeführer in der Anklage zur Last gelegten Taten und gegebenenfalls auf Verurteilung und Bestrafung zu erfüllen". Dieser Zweck könne nicht erfüllt werden, wenn abzusehen ist, daß der Angeklagte während des Verfahrens einer schweren Krankheit erliegen werde. In diesem Fall sei der Betroffene bloßes Objekt staatlicher Maßnahmen[229].

Diese Entscheidung ist in der Literatur aus verschiedenen Gründen weitgehend auf Ablehnung gestoßen[230]. In Hinblick auf die Verletzung der Menschenwürde wird insbesondere geltend gemacht, daß einem Beschuldigten, der das Ende des Verfahrens nicht mehr erleben wird, Subjektqualität zukomme[231]. Dieser Ansicht ist zuzustimmen. Denn in dem Zeitpunkt, in dem über das Verfahrenshindernis der begrenzten Lebenserwartung entschieden werden müßte, ist dem Betroffenen allein durch die Aussicht, daß das Verfahren nicht zuende geführt werden kann, noch nicht die Möglichkeit genommen, seine Rechte hinreichend geltend zu machen und aktiv auf das Verfahren Einfluß zu nehmen. Vor diesem Hintergrund ist davon auszugehen, daß die Menschenwürde nicht verletzt ist, wenn ein Verfahren gegen ei-

---

[225] *BVerfG* 45, 187 (245); ebenso *BVerfG* 72, 105 (113, 115 ff); *BVerfG* NJW 95, 3244 (3244).
[226] *BVerfG* 45, 187 (251).
[227] *BVerfG* NJW 95, 1951 (1952).
[228] vgl. *Meurer* JR 93, 89 (93); *BVerfG* NJW 95, 1951 (1951); *Rieß* LR[24] §205, RdNr. 12.
[229] *BerlVerfGH* NJW 93, 515 (517).
[230] *Beulke* StPO RdNr. 12, 289; *Meurer* JR 93, 89 (89 ff); *Wassermann* NJW 93, 1567 (1567 f); *Schoreit* NJW 93, 881 (885 ff).
[231] *Meurer* JR 93, 89 (93).

nen Verhandlungsfähigen durchgeführt wird, dessen Lebenserwartung auf die Zeit vor Abschluß des Verfahrens begrenzt ist.

## II. Folgerungen für den Begriff des Legalitätsprinzips
### 1. Zulässigkeit einer uneingeschränkten Verfolgungspflicht
Wie die Darstellung der Einzelfälle ergeben hat, ist eine Pflicht zur Verfolgung um jeden Preis mit dem Grundsatz, die Menschenwürde zu achten und zu schützen, nicht vereinbar. Eine uneingeschränkte Verfolgungspflicht verstößt also gegen Art. 1 Abs. 1 GG.

### 2. Zulässigkeit einer eingeschränkten Verfolgungspflicht
Der Gesetzgeber hat wiederum zwei Möglichkeiten, die Verfolgungspflicht einzuschränken: entweder er stellt sie in das Ermessen der Verfolgungsorgane oder er knüpft sie an Voraussetzungen.

#### a. Voraussetzungen der Verfolgungspflicht
Wenn der Gesetzgeber den zuständigen Stellen keinen Ermessensspielraum zugesteht, muß die Verfolgungspflicht an folgende Voraussetzungen geknüpft werden:
- der Beschuldigte muß die Fähigkeit haben, sich verteidigen zu können,
- die Vollstreckung einer lebenslangen Freiheitsstrafe darf die Menschenwürde nicht verletzen,
- Rechtswidrigkeit und Schuld müssen gegeben sein, wenn eine Strafe verhängt und vollstreckt wird. Dies bedeutet nicht, daß andere Maßnahmen, die kein ethisches Unwerturteil enthalten und somit keine Strafe darstellen, nicht angeordnet werden dürfen[232],
- die verhängte Rechtsfolge muß schuldangemessen sein.

#### b. Ermessen
Auch die Verwaltung ist an Art. 1 Abs. 1 GG gebunden, so daß eine Entscheidung, die zu einer Verletzung der Menschenwürde führt, nicht ergehen darf. Insofern ist die Menschenwürde auch bei der Einräumung von Ermessen hinreichend geschützt.

### 3. Ergebnis
Der Entscheidungsspielraum des Gesetzgebers ist durch Art. 1 Abs. 1 GG also insofern eingeschränkt, als daß eine ausnahmslose Verfolgungspflicht nicht zulässig ist.

---

[232] s.o. S. 41.

## D. Gleichbehandlungsgrundsatz

### I. Darstellung der Rechtslage
1. Der allgemeine Gleichbehandlungsgrundsatz des Art. 3 GG gebietet, wesentlich Gleiches gleich und wesentlich Ungleiches je nach Eigenart des Tatbestandes ungleich zu behandeln[233]. Aus den Abs. 2 und 3 des Artikels, die bestimmte Bereiche festschreiben, in denen der Gleichheitssatz besonders streng gehandhabt werden soll, folgt aber im Umkehrschluß, daß dieser Grundsatz nicht ausnahmslos gilt. So wird nicht gegen Art. 3 GG verstoßen, wenn die Ungleichbehandlung auf einem sachlichen Grund beruht[234]. Während solch ein sachlicher Grund früher immer dann angenommen wurde, wenn die Differenzierung nicht willkürlich erfolgte[235], verlangt das BVerfG seit E 55, 72 (88) hin und wieder[236], daß „Unterschiede von solcher Art und solchem Gewicht bestehen, daß sie die Ungleichbehandlung rechtfertigen". Diese Voraussetzung wird bejaht, wenn die Ungleichbehandlung einen legitimen Zweck verfolgt, zur Erreichung des Zweckes geeignet und notwendig ist und auch sonst in angemessenem Verhältnis zum Wert des Zweckes steht[237].

2. Art. 3 GG spricht nur von einer Gleichbehandlung „vor dem Gesetz". Demnach würden ihm nur Verwaltung und Rechtsprechung unterliegen. Dennoch ist unbestritten, daß auch die Entscheidungen des Gesetzgebers an Art. 3 GG zu messen sind. Dies folgt aus Art. 1 Abs. 3 GG, der für alle drei Gewalten vorschreibt, daß sie an die nachfolgenden Grundrechte, also auch an Art. 3 GG, gebunden sind[238]. Zu beachten ist jedoch, daß der Gesetzgeber relativ frei ist, selbst Unterschiede zu schaffen[239] mit der Folge, daß keine gleichen Sachverhalte mehr vorliegen, die an Art. 3 GG zu messen wären. Das Bundesverfassungsgericht beanstandet die Entscheidung des Gesetzgebers nur, wenn die äußersten Grenzen seines Entscheidungsspielraums überschritten sind, nicht aber, wenn nicht die gerechteste oder zweckmäßigste Regelung getroffen wurde[240]. Der Spielraum hängt aber von der Frage ab, ob die Betroffenen die Kriterien der Ungleichbehandlung beeinflussen können, wie weit sich die Ungleichbehandlung auf die Ausübung von Freiheitsgrundrechten auswirkt und wie sehr sie einem in den Abs. 2 und 3 genannten Regelungsbereiche ähneln[241].

---

[233] *Rüfner* BK Art. 3 I RdNr. 5, 7; BVerfG 1, 52.
[234] *Rüfner* BK Art. 3 I, RdNr. 90; BVerfG 17, 122 (130); BVerfG 90, 145 (196).
[235] BVerfG 51, 1 (26 f) mwN.; vgl. auch *Rüfner* BK Art. 3 I, RdNr. 16.
[236] ausführlich zum Anwendungsbereich der sog. „Neuen Formel" *Jarass* NJW 97, 2545 (2547 ff) mwN.; *Huster* JZ 94, 541 (543 ff); *Krugmann* JuS 98, 7 (7 ff).
[237] *Pieroth/Schlink* Staatsrecht II RdNr. 440; *Jarass* NJW 97, 2545 (2549).
[238] *Zippelius* Staatsrecht S. 215; *Rüfner* BK Art. 3 I, RdNr. 163 – 165.
[239] *Pieroth/Schlink* Staatsrecht II RdNr. 444; *Zippelius* Staatsrecht S. 215 f; *Rüfner* BK Art. 3 I, RdNr. 32; *Randelzhofer* JZ 73, 536 (540).
[240] st. Rspr., vgl. BVerfG 64, 158 (168); 66, 84 (95); 71, 255 (271).
[241] BVerfG 88, 87 (96 f); 88, 5 (12); *Rüfner* BK Art. 3 I, RdNr. 47; *Krugmann* JuS 98, 7 (8).

Für die Verwaltung hat der Gleichheitssatz nur Bedeutung, wenn ihr Ermessen eingeräumt ist. Dann muß sie nämlich prüfen, ob sie früher bereits gleiche Sachverhalte entschieden hat. Ist dies zu bejahen, muß sie in dem neuen Fall entweder die gleiche Entscheidung treffen oder aber einen sachlichen Grund für die Ungleichbehandlung anführen (sog. Selbstbindung der Verwaltung). Steht der Verwaltung dagegen kein eigener Entscheidungsspielraum zu, geht es nicht um das Problem der Gleichbehandlung, sondern nur um die Frage, ob das Gesetz richtig oder falsch angewandt wurde[242]. Daraus folgt im Ergebnis, daß bei einer Norm mit Ermessen sowohl der Gesetzgeber als auch die Verwaltung gegen Art. 3 GG verstoßen können, in den sonstigen Fällen dagegen nur der Gesetzgeber. In letzterem Fall ist die Gefahr, gleiche Sachverhalte ungleich zu behandeln, also geringer als bei Ermessensentscheidungen.

## II. Folgerungen für den Begriff des Legalitätsprinzips

Von vielen Autoren wird der Gleichbehandlungsgrundsatz als Hauptargument oder zumindest als wesentlicher Grund für eine strenge Verfolgungspflicht genannt[243]. Durchbrechungen würden sich erst aus dem Zusammenspiel mit anderen Grundsätzen ergeben[244]. Hier soll es nun Aufgabe sein, näher zu untersuchen, ob diese These vom rein juristischen Standpunkt her haltbar ist oder vielleicht nur zur Untermauerung der kriminalpolitischen Wunschvorstellung benutzt wird, nicht allzu viele Ausnahmen von der Verfolgungspflicht in das Gesetz aufzunehmen.

*1. Zulässigkeit einer uneingeschränkten Verfolgungspflicht*
a. Bei einer uneingeschränkten Verfolgungspflicht stellt sich das Problem, ob Staatsanwaltschaft, Polizei oder Gerichte gegen den Gleichheitsgrundsatz verstoßen, nicht; es kann hier allein um die richtige oder unrichtige Anwendung des Gesetzes gehen. Diese Tatsache meinen denn auch die Autoren, die die Notwendigkeit eines strengen Legalitätsprinzips in Art. 3 Abs. 1 GG begründet sehen.
b. Fraglich ist aber, ob der *Gesetzgeber* diese Vorschrift verletzt, wenn er die Pflicht normiert, jedes Unrecht ausnahmslos zu verfolgen. Die Rechtsfolge, nämlich die Verfolgung, wäre in diesem Fall zwar gleich. Problematisch ist aber, ob auf diese Weise ungleiche Sachverhalte gleich behandelt würden. Kann also jede Unrechtsverwirklichung als gleich angesehen werden? Bei der Beantwortung dieser Frage steht dem Gesetzgeber ein weiter Spielraum zu, so daß sie grds. bejaht wer-

---

242 *Zippelius* Staatsrecht S. 217; *Rüfner* BK Art. 3 I, RdNr. 154, 165, 169 ff; *Randelzhofer* JZ 73, 536 (539).
243 *Beulke* StPO RdNr. 17; *Jeutter* Grenzen des Legalitätsprinzips S. 165, 167 f; *Eckl* ZRP 73, 139 (139); *Rieß* NStZ 81, 2 (5); *Meyer-Goßner* LR[23] §152, RdNr. 8 und K/M-G §152, RdNr. 2; *Ulrich* ZRP 82, 169 (169).
244 vgl. *Eckl* ZRP 73, 139 (139).

den kann[245]. Eine Ausnahme würde allerdings gelten, wenn der Gesetzgeber an anderer Stelle bereits Unterscheidungsmerkmale festgelegt hat und diese aus Gründen der sog. Systemgerechtigkeit[246] auch Einfluß auf die Verfolgungspflicht haben.

### 2. Zulässigkeit einer eingeschränkten Verfolgungspflicht
#### a. Voraussetzungen der Verfolgungspflicht

aa. Andererseits verbietet es der relativ große Gestaltungsspielraum des Gesetzgebers aber auch nicht, zwischen verschiedenen Arten der Unrechtsbegehung zu unterscheiden und somit mehrere ungleiche Fallgruppen zu schaffen[247]. So kämen als Klassifikationsmerkmale z.B. die Verwirklichung von kriminellem Unrecht, die Verwirklichung von schwerem kriminellen Unrecht, die Aufklärungswahrscheinlichkeit, nötiger Ermittlungsaufwand u.v.a.m. in Betracht.
Selbst wenn man sich auf den Standpunkt stellt, daß durch solche Merkmale nicht unterschiedliche Sachverhalte geschaffen werden, so wäre ein Verstoß gegen Art. 3 Abs. 1 GG nicht gegeben, wenn sachliche Gründe für eine Ungleichbehandlung der Beschuldigten vorliegen[248]. Hier ist z.B. daran zu denken, die Verfolgung in bestimmten Fällen nicht weiter zu betreiben, da dem Betroffenen in Hinblick auf seine Resozialisierung durch ein Verfahren mehr geschadet als genützt würde.
Es hat sich also gezeigt, daß es durchaus zulässig ist, die Verfolgungspflicht an bestimmte Voraussetzungen zu knüpfen[249].

bb. In Bezug auf die Strafverfolgungsbehörden ist die Rechtslage die gleiche wie bei einer uneingeschränkten Verfolgungspflicht. Denn auch bei einer an Voraussetzungen gebundenen Entscheidung besteht kein Spielraum, innerhalb dessen gegen Art. 3 Abs. 1 GG verstoßen werden könnte. Insofern kommt eine Verletzung des Gleichheitssatzes durch die gesetzesanwendenden Stellen nicht in Betracht.

---

[245] s. auch *Jung* Kronzeuge S. 60.
[246] *Zippelius* Staatsrecht S. 216; *Rüfner* BK Art. 3 I, RdNr. 32, 37, 38, 81; *BVerfG* 60, 16 (40).
[247] *Gössel* Dünnebier-FS S. 127; *Kapahnke* Opportunität S. 76; *Jung* Kronzeuge S. 61; s. auch *Zipf* Peters-FS S. 501 und *Jeutter* Grenzen des Legalitätsprinzips S. 168 f.
[248] so *Jeutter* Grenzen des Legalitätsprinzips S. 56 f.
[249] *Weigend* Anklagepflicht S. 76 f; *Jeutter* Grenzen des Legalitätsprinzips S. 52 ff.

*b. Ermessen*
aa. Wenn der Gesetzgeber sich dafür entschieden hat, Ausnahmen von der Verfolgung vorzusehen, wird es ihm nicht immer möglich sein, jeden Sachverhalt abstrakt zu regeln. In diesen Fällen gebietet es Art. 3 GG, daß der Gesetzgeber den Strafverfolgungsorganen ermöglicht, bei der konkreten Rechtsanwendung Unterschiede zwischen mehreren Fällen zu berücksichtigen. Dies kann er durch die Einräumung von Ermessen erreichen. Insofern kann Art. 3 GG in der Form, Ungleiches nicht gleich behandeln zu dürfen, die Einräumung von Ermessen sogar verlangen[250]. Dies ist insbesondere der Fall, wenn der Gesetzgeber Ausnahmen von der Verfolgungspflicht vorsieht, die an sehr individuelle Umstände der Tat oder aber des Täters anknüpfen.
bb. Bei einer Ermessensnorm, die den Strafverfolgungsorganen einen Entscheidungsspielraum einräumt, können diese gegen Art. 3 Abs. 1 GG verstoßen (s.o. S. 65), indem sie unterschiedliche Fälle gleich oder gleiche Fälle unterschiedlich behandeln. Teilweise wird für die Gefahr der Verletzung des Gleichheitssatzes darauf hingewiesen, daß zwischen den Ländern bei der Anwendung von Ermessensnormen erhebliche Unterschiede bestehen[251]. Diese Tatsache ist zwar rechtspolitisch bedenklich, stellt aber keinen Verstoß gegen Art. 3 GG dar. Denn dieser verlangt nur, daß dieselbe Behörde gleiche Sachverhalte gleich regelt, er gilt aber nicht zwischen verschiedenen Behörden unterschiedlicher Rechtsträger. Andernfalls wäre die Staatsanwaltschaft in Land A gezwungen, in derselben Weise zu handeln wie in Land B. Damit würde die Länderhoheit bei den Verwaltungsaufgaben verletzt[252]. Wenn der Gesetzgeber verhindern möchte, daß Unrecht mit unterschiedlicher Intensität verfolgt wird, dann kann er von der in Art. 84 Abs. 2 GG vorgesehenen Möglichkeit Gebrauch machen und Verwaltungsvorschriften erlassen. Diese wirken direkt zwar nur verwaltungsintern, ihnen kommt aber über die sog. Selbstbindung der Verwaltung (s.o. S. 65) indirekt Außenwirkung zu[253].

*3. Ergebnis*
Da bei einer uneingeschränkten oder durch die Aufstellung von Voraussetzungen eingeschränkten Verfolgungspflicht nur der Gesetzgeber gegen Art. 3 GG verstoßen kann, ist die Wahrung des Gleichheitsgrundsatzes bei diesen Fällen weniger gefährdet als bei einer Ermessensnorm, die auch den Verfolgungsbehörden einen Entscheidungsspielraum einräumt. Andererseits ist aber auch zu beachten, daß eine

---

[250] *Faller* Maunz-FS S. 81; *Lüderssen* Grenzen des Legalitätsprinzips S. 222; *Weigend* Anklagepflicht S. 77 (der allerdings Leitlinien für die Ermessensausübung verlangt);
a.A. *Pott* (Opportunitätsdenken S. 152) und *Kapahnke* (Opportunität S. 67, vgl. auch S. 76), die in der Einräumung von Ermessen einen Verstoß gegen Art. 3 GG sehen;
vorsichtig auch *Jeutter* Grenzen des Legalitätsprinzips S. 182 f.
[251] *Weigend* Anklagepflicht S. 75.
[252] so iE auch *Rüfner* BK Art. 3 I, RdNr. 179; a.A. *Weigend* Anklagepflicht S. 75, 77.
[253] *Rüfner* BK Art. 3 I, RdNr. 174; *Maurer* VerwR §24, RdNr. 21 ff.

Gleichbehandlung im Einzelfall oft nur erreicht werden kann, wenn der Gesetzgeber zwischen verschiedenen Fällen differenziert, indem er die Verfolgungspflicht von bestimmten Voraussetzungen abhängig macht oder aber indem er den Verfolgungsorganen durch die Einräumung von Ermessen die nötige Differenzierung ermöglicht. Insofern kann aus Art. 3 GG nicht generell ein Argument für eine eingeschränkte oder uneingeschränkte Verfolgungspflicht abgeleitet werden. Vielmehr kann nur ein ganz bestimmtes Vorhaben des Gesetzgebers an dem Grundsatz gemessen werden[254].

---

[254] vgl. *Weigend* Anklagepflicht S. 76.

# E. Bestimmung des Legalitätsprinzips vor dem Hintergrund des Verfassungsrechts

## I. Zusammenfassung der bisherigen Ergebnisse

Bisher ist untersucht worden, inwieweit einzelne Verfassungsgrundsätze vorgeben, ob eine Verfolgungspflicht uneingeschränkt vom Gesetz vorgesehen, an Voraussetzungen gebunden oder in das Ermessen der zuständigen Verfolgungsorgane gestellt werden darf oder sogar muß. Die dabei gewonnenen Ergebnisse lassen sich in einer Tabelle wie folgt zusammenfassen:

| Verfassungsgrundsatz | uneingeschränkte Verfolgungspflicht | Voraussetzungen | Ermessen |
|---|---|---|---|
| Bestimmtheitsgrundsatz | zulässig | zulässig | nur an bestimmte Voraussetzungen gebundenes zulässig |
| Beschleunigungsgrundsatz | unzulässig | Entscheidungsspielraum des Gesetzgebers, wie Verfahren beschleunigt werden soll. Wenn er sich für die Einschränkung der Verfolgungspflicht entscheidet, um das Verfahren im nötigen Maße zu beschleunigen, dann ist die Regelung als verfassungsrechtlich geboten anzusehen | zulässig; wenn als Mittel zur Beschleunigung, dann nur in einfach gelagerten Fällen sinnvoll |
| Ende der Strafverfolgung | unzulässig | zulässig, sogar nötig, wenn nicht Ermessen eingeräumt | zulässig, sogar nötig, wenn nicht bei Vorausetzungen berücksichtigt |
| Rechtsschutzmöglichkeit | grds. geboten, Ausn.: unzulässig, wenn nicht die nötigen Mittel zur Verfügung stehen | zulässig | zulässig |

| | | | |
|---|---|---|---|
| horizontale Gewaltenteilung | unzulässig wegen der Fälle des Art. 46 GG | grds. zulässig, sogar nötig in den Fällen des Art. 46 GG, wenn nicht Ermessen eingeräumt ist; unzulässig, die Verfolgung einer Verwaltungsbehörde von einer Leistung abhängig zu machen, die einen ethischen Schuldvorwurf enthält oder mit Freiheitsentzug verbunden ist | zulässig |
| staatsrechtlicher Legalitätsgrundsatz | keine Aussage | keine Aussage | zulässig |
| Verhältnismäßigkeitsgrundsatz | unzulässig | zulässig, sogar folgende Voraussetzungen nötig, wenn nicht Ermessen eingeräumt ist:<br>– Tat wurde bemerkt<br>– mehr als nur ganz unerhebliche Tat,<br>– Schuld<br>– Maßnahmen zur Verhinderung einer überlangen Verfahrensdauer | zulässig, sogar nötig, wenn nicht die in Spalte 3 aufgezählten Voraussetzungen aufgestellt werden |
| Demokratieprinzip | zulässig | zulässig | zulässig |

| | | | |
|---|---|---|---|
| Unantastbarkeit der Menschenwürde | unzulässig | zulässig, folgende Voraussetzungen sind sogar nötig, wenn nicht Ermessen eingeräumt ist:<br>– Schuld<br>– Fähigkeit, sich verteidigen zu können<br>– Vereinbarkeit der Vollstreckung einer lebenslangen Freiheitsstrafe mit der Menschenwürde | zulässig |
| **Gleichbehandlungsgrundsatz** | zulässig | zulässig | zulässig |

## II. Auswertung der bisherigen Ergebnisse

Ausgangspunkt dieser Arbeit war die Annahme, daß jedes Verhalten, das einen Straftatbestand erfüllt, verfolgt werden müsse. Die Tabelle zeigt nun, daß solch eine umfassende Verfolgungspflicht verschiedenen verfassungsrechtlichen Grenzen unterliegt (vgl. Spalte 1: „uneingeschränkte Verfolgungspflicht"). Aus der gleichen Spalte geht aber auch hervor, daß die Pflicht des Staates, umfassenden Rechtsschutz zur Verfügung zu stellen, grds. eine lückenlose Verfolgung verlangt. Hier zeigt sich, daß einzelne, zu gegensätzlichen Ergebnissen gelangende Grundsätze miteinander in Einklang gebracht werden müssen. Dies erfolgt bei den freiheitssichernden Grundsätzen durch Abwägung[255]. Allein bei dem Gleichheitsgrundsatz findet keine wirkliche Abwägung statt, sondern die anderen Grundsätze spielen bereits bei der Prüfung des Art. 3 GG selbst eine Rolle[256]. Dabei gilt, daß die Voraussetzungen an die Rechtfertigung einer Ungleichbehandlung gleicher bzw. die Gleichbehandlung ungleicher Sachverhalte umso höher sind, je stärker in einen grundrechtsrelevanten Bereich eingegriffen wird[257].

---

[255] *Huster* JZ 94, 541 (542 f); *Hesse* Verfassungsrecht RdNr. 72.
[256] für eine ähnliche Prüfung wie bei den Freiheitsgrundrechten tritt *Huster* in JZ 94, 541 (547 ff) ein.
[257] *Krugmann* JuS 98, 7 (8); *BVerfG* 88, 5 (12); 88, 87 (97 f).

*1. Von Verfassungs wegen gebotene Begrenzungen einer Verfolgungspflicht*
*a. Art. 1 Abs. 1 GG*
Zu beachten ist, daß Art. 1 Abs. 1 GG einer Abwägung nicht zugänglich ist. Dies ergibt sich zum einen aus Art. 79 Abs. 3 GG, wonach er nicht einmal durch eine Verfassungsänderung berührt werden darf[258], zum anderen aber auch aus seiner Stellung[259] und dem Wortlaut („unantastbar")[260].
Demzufolge muß die Verfolgungspflicht soweit eingeschränkt werden, daß die Menschenwürde nicht verletzt ist. Daraus folgt nach dem auf S. 63 Ausgeführten, daß eine Straftat nicht verfolgt werden darf,
– wenn feststeht, daß sie schuldlos begangen wurde,
– wenn eine Verfolgung nicht schuldangemessen wäre,
– wenn der Beschuldigte sich nicht verteidigen kann und
– wenn wegen Art. 1 Abs. 1 GG auf die Vollstreckung des Restes einer lebenslangen Freiheitsstrafe verzichtet werden muß.

Für den Gleichbehandlungsgrundsatz folgt daraus, daß diese Punkte einen zwingenden Differenzierungsgrund darstellen, die Nichtverfolgung in diesen Fällen also bei ansonsten ausnahmslos vorgeschriebener Verfolgungspflicht nicht gegen Art. 3 Abs. 1 GG verstößt.

*b. Art. 46 GG*
Der von der Verfassung in Art. 46 GG vorgesehene Verfolgungsausschluß in den Fällen der Indemnität und Immunität kollidiert mit der Pflicht des Staates, Rechtsschutz zu gewähren. Es fragt sich also, ob die Grundsätze des Art. 46 GG und die Pflicht zur Gewährung von Rechtsschutz vom einfachen Gesetzgeber gegeneinander abgewogen werden können. Dieses ist zu verneinen. Denn der Verfassungsgesetzgeber hat durch Art. 46 GG zu erkennen gegeben, daß er die Funktionstüchtigkeit des Parlamentes bzw. die Möglichkeit des Abgeordneten, seine Meinung frei äußern zu können, als wichtiger einstuft als die Gewährung umfassenden Rechtsschutzes. Insofern ist die Abwägung der Grundsätze in diesem Fall bereits in der Verfassung selbst vorgenommen und somit dem einfachen Gesetzgeber entzogen worden.

In Hinblick auf den Gleichbehandlungsgrundsatz führt dies dazu, daß die Nichtverfolgung einer dem Schutz des Art. 46 GG unterliegenden Person bei einer ansonsten ausnahmslosen Verfolgungspflicht kein Verstoß gegen Art. 3 Abs. 1 GG darstellt. Denn die Verfassung selbst hat eine Ungleichheit zwischen den Fällen des Art. 46 GG und den übrigen geschaffen. Da also zwei unterschiedliche Sachverhalte vorliegen, müssen sie je nach ihrer Eigenart ungleich behandelt werden.

---

[258] *Pieroth/Schlink* Staatsrecht II RdNr. 365.
[259] *Pieroth/Schlink* Staatsrecht II RdNr. 365, 349.
[260] *Höfling* JuS 95, 857 (859); *Wolter* SK-StPO Vor §151, RdNr. 26c.

*c. Die übrigen Grundsätze*
Die anderen freiheitssichernden Grundsätze gelten nur relativ. Der Gesetzgeber hat also einen Spielraum zu entscheiden, ob er eher dem einen oder dem anderen mehr Gewicht verleiht. Eine Grenze besteht nur insofern, als nicht ein verfassungsrechtliches Gebot vollständig ausgehöhlt werden darf[261]. Ferner muß der Gesetzgeber beachten, daß er nicht gegen Art. 3 GG verstößt. Ein letztes Regulativ bei der Rechtmäßigkeitskontrolle stellt dann der Verhältnismäßigkeitsgrundsatz dar.

Konkret folgt daraus für die Verfolgungspflicht:
– Es steht das Erfordernis eines umfassenden Rechtsschutzes in Konflikt mit dem Aspekt der Rechtssicherheit, dem staatlichen Verfolgungsanspruch auch einmal ein Ende zu setzen. Hier darf weder ausnahmslos dem Rechtsschutz noch der Rechtssicherheit der Vorzug gegeben werden. In Extremfällen, aber eben auch nur dann, muß also die Verfolgungspflicht zeitlich eingeschränkt werden. Sollten durch solche Regelungen gleiche Sachverhalte ungleich behandelt werden, so stellt das Ziel der Verfahrensbeendigung einen sachlichen Grund dar, so daß kein Verstoß gegen Art. 3 GG anzunehmen sein wird.
– Das Erfordernis des umfassenden Rechtsschutzes in seiner Ausprägung, eine Straftat verfolgen zu müssen, kollidiert mit dem Beschleunigungsgrundsatz. Demzufolge muß der Gesetzgeber von Verfassungs wegen Vorkehrungen schaffen, damit allzu lange Verfahren vermieden werden. IRd. Art. 3 GG bildet das Ziel der Verfahrensbeschleunigung dann einen sachlichen Grund.
– Das Erfordernis umfassenden Rechtsschutzes ist durch den Grundsatz der funktionstüchtigen Rechtspflege begrenzt. Auch hier muß der Gesetzgeber also dafür sorgen, daß wenn nicht genügend Mittel zur Verfügung stehen, die Aufgaben des Staates bei der Strafverfolgung reduziert werden. Ungleichbehandlungen sind dadurch wiederum sachlich gerechtfertigt.
– Eine Regelung muß verhältnismäßig sein. Dieses ist nach den obigen Ausführungen jedenfalls nicht gegeben, wenn die Verfolgungspflicht auch folgende Fälle umfaßt (die bereits von anderen Grundsätzen erfaßten Fälle werden an dieser Stelle nicht nochmals genannt):
  \*die Tat wurde nicht bemerkt
  \*die Tat stört den Rechtsfrieden nur ganz unerheblich

---

[261] s. *Wolter* SK-StPO Vor §151, RdNr. 26c, d, g.

*d. Ergebnis*
Eine Verfolgungspflicht muß also in den genannten Fällen zwingend ausgeschlossen werden. Insofern ist eine uneingeschränkte Verfolgungspflicht unzulässig. Solch verfassungsrechtlich gebotene Begrenzungen der Verfolgungspflicht müssen denn auch nicht als Ausnahmen von einer solchen, sondern als begriffsimmanente Beschränkungen angesehen werden.

**2. *Art der Beschränkung der Verfolgungspflicht***
Wie oben bereits erwähnt, stehen dem Gesetzgeber grds. zwei Wege zur Verfügung, die Verfolgungspflicht zu begrenzen: auf der Tatbestandsebene, indem er zur Voraussetzung für eine Verfolgung macht, daß keiner der oben genannten Fälle vorliegt, oder aber auf der Rechtsfolgenseite, indem er der jeweils zuständigen Strafverfolgungsbehörde Ermessen einräumt. Da die Strafverfolgungsbehörden als Träger staatlicher Macht an die Verfassungsgrundsätze (mindestens) genauso streng gebunden sind wie der Gesetzgeber, müßten sie diese im Rahmen der Ermessensausübung berücksichtigen[262]. In den genannten Fällen, in denen die Verfolgung von Verfassungs wegen eingeschränkt werden muß, wäre das Ermessen dann also auf Null reduziert mit der Folge, daß die Behörde nicht tätig werden dürfte[263].
Es fragt sich somit, ob diese zwei theoretisch gegebenen Einschränkungsmöglichkeiten dem Gesetzgeber auch bei der Normierung der Strafverfolgung offenstehen.

*a. Ermessen*
Die meisten Grundsätze stehen einer Regelung, die die Verfolgung in das Ermessen der zuständigen Behörde stellt, nicht entgegen. Vielmehr ist die Einräumung von Ermessen sogar geboten, wenn nicht jeder Einzelfall abstrakt so geregelt werden kann, daß eine verhältnismäßige bzw. eine dem Art. 3 Abs. 1 GG genügende Entscheidung bei der konkreten Gesetzesanwendung möglich ist.
Demgegenüber verlangt der Bestimmtheitsgrundsatz, daß die Ermessensausübung eingeschränkt wird, indem auf Tatbestandsseite Voraussetzungen aufgestellt werden.
Eine Gesamtschau der Grundsätze ergibt, daß nur ein relativ streng gebundenes Ermessen verfassungsgemäß ist. Denn auf diese Weise kann sowohl dem Bestimmtheitsgrundsatz als auch dem Gebot, flexibel auf die Besonderheiten von Einzelfällen reagieren zu können, Genüge getan werden.

*b. Voraussetzungen*
Es gibt keinen Verfassungsgrundsatz, der es dem Gesetzgeber vollständig verwehrt, eine Verfolgung von Voraussetzungen abhängig zu machen. In den oben

---
262 vgl. *Faller* Maunz-FS S. 81; *Rieß* Dünnebier-FS S. 163.
263 vgl. *Maurer* VerwR §7, RdNr. 24 f.

genannten Fällen, in denen eine Verfolgung von Verfassungs wegen ausgeschlossen sein muß, ist er sogar gezwungen, Voraussetzungen aufzustellen (sofern er nicht Ermessen einräumt, in dessen Rahmen die Verfassungsgrundsätze dann Berücksichtigung finden).

*c. Ergebnis*

Es hat sich gezeigt, daß dem Gesetzgeber bei der Frage, wie er die Verfolgungspflicht einschränkt, ein Spielraum zusteht[264]: Er kann die Verfolgung in das – durch die Aufstellung von tatbestandlichen Voraussetzungen eingeschränkte – Ermessen der jeweils zuständigen Verfolgungsbehörde stellen oder aber die Entscheidung als gebundene ausgestalten und die Verfolgungspflicht nur vom Vorliegen bestimmter Voraussetzungen abhängig machen oder aber zwischen diesen beiden Extremen jeden nur denkbaren Mittelweg wählen. Es fragt sich somit, wie eine Norm ausgestaltet sein muß, damit sie als Teil des Legalitätsprinzips anzusehen ist. Ausgangspunkt für die Bestimmung des Legalitätsprinzips war die Annahme, daß jede Straftat verfolgt werden müsse. Diese Verfolgungspflicht soll nur in den Fällen nicht eingreifen, in denen das Grundgesetz eine Verfolgung verbietet. Unter dem Legalitätsprinzip wird also die möglichst strenge Verfolgungspflicht verstanden. Durch eine Norm, die eine zwingende Rechtsfolge vorsieht, ist es möglich, die Verfolgungspflicht nur von den Voraussetzungen abhängig zu machen, die von Verfassungs wegen zwingend geboten sind.

Etwas anderes gilt aber, wenn auf Rechtsfolgenseite mehrere Möglichkeiten in Betracht kommen. Denn bei der Ausübung des dann eingeräumten Ermessens können bzw. müssen sämtliche Umstände berücksichtigt werden mit der Folge daß eine Verfolgung auch in anderen als in den oben genannten Fällen unterbleiben kann.

### III. Der Begriff des Legalitätsprinzips vor dem Hintergrund des Verfassungsrechts

Die nötigen inhaltlichen Einschränkungen der Verfolgungspflicht sind auf den S. 72 f genannt worden; die Frage nach der Ausgestaltung der Verfolgungspflicht hat ergeben, daß unter dem Begriff Legalitätsprinzip nur eine gebundene Entscheidung verstanden werden kann (vgl. S. 74 f).

---

[264] s. auch *Gössel* Dünnebier-FS S. 130; *Weigend* Anklagepflicht S. 81.

Aus diesen Überlegungen ergibt sich folgende Definition für das Legalitätsprinzip:

> *Der Staat muß jede Straftat verfolgen, wenn*
> - *sie schuldhaft begangen wurde,*
> - *die Verfolgung schuldangemessen ist,*
> - *der Beschuldigte nicht dem Schutz des Art. 46 GG unterliegt,*
> - *der Beschuldigte sich verteidigen kann,*
> - *die Tat bemerkt wurde,*
> - *sie den Rechtsfrieden mehr als nur unerheblich stört,*
> - *der Verfolgung nicht die notwendige zeitliche Begrenzung entgegensteht*
> 
> *und*
> - *die Vollstreckung einer lebenslangen Freiheitsstrafe die Menschenwürde des Inhaftierten nicht verletzt,*
> 
> *es sei denn,*
> - *daß durch die Verfolgung der Tat gegen den Beschleunigungsgrundsatz verstoßen würde*
> - *oder eine funktionstüchtige Rechtspflege nicht mehr gewährleistet wäre.*

# TEIL 2

## *Der Begriff des Legalitätsprinzips im einfachen Recht*

Nachdem in Teil 1 ein allgemeines Legalitätsprinzip vor dem Hintergrund des Verfassungsrechts bestimmt worden ist, soll im folgenden untersucht werden, was das einfache Recht unter dem Begriff versteht.

Von der Begehung der Tat bis zur evtl. Vollstreckung einer Strafe sind nach der Konzeption des Strafprozeßrechts verschiedene Verfolgungsorgane mit der Tat befaßt. Die Geltung des Legalitätsprinzips wird allgemein an §152 Abs. 2 StPO festgemacht, der sich lediglich an die Staatsanwaltschaft wendet. Damit ist aber noch nicht gesagt, ob nicht auch in anderen als in den von §152 Abs. 2 StPO erfaßten Fällen das Gesetz vom Legalitätsprinzip ausgeht. Denn die besondere Hervorhebung dieses Grundsatzes in Bezug auf die Staatsanwaltschaft liegt an ihrem historischen Hintergrund: 1877 wurde die Ermittlungs- und Anklagezuständigkeit auf die Staatsanwaltschaft übertragen und gleichzeitig die Einführung einer subsidiären Privatklagemöglichkeit abgelehnt. Da nunmehr also ein gerichtliches Verfahren allein von einer weisungsabhängigen Behörde eingeleitet werden kann, befürchtete man, daß das Strafverfahren politisiert wird. Aus diesem Grund sollte die Staatsanwaltschaft einen möglichst geringen Entscheidungsspielraum bekommen, was man durch den Grundsatz der Verfolgungspflicht zu verwirklichen suchte.

Da sich der Begriff des Legalitätsprinzips also nicht unbedingt auf die Fälle des §152 Abs. 2 StPO beschränken muß, fragt sich, ob er über den Anwendungsbereich dieser Norm hinaus Geltung beansprucht.

Im folgenden soll deshalb ausgehend von den einzelnen Strafverfolgungsbehörden untersucht werden, ob das Legalitätsprinzip auf sie überhaupt anwendbar ist (persönlicher Anwendungsbereich) und wenn ja, wie weit der Grundsatz in zeitlicher Hinsicht für sie gilt (zeitlicher Anwendungsbereich) und inwieweit sie an ihn gebunden sind (sachlicher Anwendungsbereich). Zugrundegelegt wird hierbei – wie in Teil 1 – die Annahme, daß das Legalitätsprinzip die Pflicht bezeichnet, jeden Verdächtigen zu verfolgen. Ziel der Untersuchung ist die Feststellung, wie die Verfolgungspflicht im einfachen Recht ausgestaltet ist.

## A. Staatsanwaltschaft

### I. Persönlicher Anwendungsbereich

Wie sich aus §152 Abs. 2 StPO unproblematisch ergibt, unterliegt die Staatsanwaltschaft der Verfolgungspflicht. Damit ist jedenfalls die Behörde als ganze gemeint. Fraglich ist aber, ob auch der einzelne Beamte unmittelbar dem Anwendungsbereich der Vorschrift unterliegt. Dies könnte unter Hinweis auf ihren Wortlaut verneint werden. Dagegen spricht auch der Vergleich zu §163 StPO, der sowohl die Behörden als auch die einzelnen Beamten des Polizeidienstes nennt, während §152 StPO nur die Behörde bezeichnet und somit wohl auch nur diese seinem Anwendungsbereich unterwirft. Trotzdem kann diese Ansicht nicht richtig sein. Denn nach §142 Abs. 1 GVG wird das Amt der Staatsanwaltschaft von einzelnen Beamten wahrgenommen, die, wie sich aus §144 GVG ergibt, zu allen Amtsverrichtungen ohne den Nachweis eines besonderen Auftrages berechtigt sind. Indem die Aufgabe – und somit auch die Pflicht – der Strafverfolgung auf diese Weise jedem einzelnen Beamten der Staatsanwaltschaft zugewiesen wird, muß davon ausgegangen werden, daß §152 Abs. 2 StPO nicht nur für die Behörde als ganze gilt[265].

Wie sich aus §142 GVG ergibt, sind somit folgende Beamte an das Legalitätsprinzip gebunden:
– der Generalbundesanwalt,
– die Bundesanwälte,
– die Staatsanwälte an den Oberlandes- und Landgerichten und
– die Staats- oder Amtsanwälte an den Amtsgerichten.

Teilweise wird besonders hervorgehoben, daß auch die weisungsbefugten Staatsanwälte dem Legalitätsprinzip unterliegen[266]. Diese Feststellung ist jedoch eine Selbstverständlichkeit, die sich bereits aus dem Gesetz ergibt. Denn dieses erstreckt das Legalitätsprinzip ausdrücklich auf „die Staatsanwaltschaft" im ganzen, zu der nicht nur die untersten Hierarchiestufen zählen, sondern alle in §142 GVG genannten Personen.

Nicht dem Legalitätsprinzip unterworfen sind dagegen der Justizminister bzw. die Justizsenatoren[267], denen ein sog. externes Weisungsrecht gegenüber der Staatsanwaltschaft zusteht. Denn gem. §147 GVG handeln die Staatsanwälte für den ersten Beamten, nicht aber für den Minister bzw. Senator, so daß der Begriff „Staatsanwaltschaft" die extern Weisungsberechtigten nicht erfaßt[268]. Hieraus folgt, daß sie nicht aufgrund des Legalitätsprinzips verpflichtet sind, Weisungen zu

---

[265] so i.E. auch *Rieß* LR[24] §152, RdNr. 13 und LR[24] Vor §158, RdNr. 23.
[266] s. z.B. *BGH* 15, 155 (161).
[267] *Hund* ZRP 94, 470 (472); *Bohnert* Abschlußentscheidung S. 317.
[268] *Krey/Pföhler* NStZ 85, 145 (146).

erteilen. Solch eine Pflicht kann sich allenfalls aus ihrer Aufgabe ergeben, als weisungsberechtigte Vorgesetzte für die ordnungsgemäße Tätigkeit der nachgeordneten Behörden zu sorgen[269].
Das Legalitätsprinzip hat für die Justizminister /-senatoren allerdings insofern Bedeutung, als daß es ihr Weisungsrecht begrenzt[270]. Denn die Staatsanwaltschaft wird trotz der Weisung aus eigenem – durch das Legalitätsprinzip bestimmte – Recht tätig und zu rechtswidrigem Handeln darf nicht angewiesen werden[271].

## *II. Zeitlicher Anwendungsbereich*

Die Staatsanwaltschaft ist in drei verschiedenen Stadien des Strafverfahrens beteiligt: im Ermittlungsverfahren als Ermittlungs- und Anklagebehörde (§§160, 170 Abs. 1 StPO), im Zwischen- und Hauptverfahren als Vertreterin der Anklage (vgl. §207 Abs. 3 Satz 1, §226, §243 Abs. 3 Satz 1, §257 Abs. 2 StPO) und im Vollstreckungsverfahren als Vollstreckungsbehörde (§451 Abs. 1 StPO). Ob die StPO die Geltung des Legalitätsprinzips in diesen Stadien vorsieht, soll untersucht werden. Dabei wird zwischen folgenden Abschnitten unterschieden:
– Die Zeit vor der Erlangung eines Tatverdachts (s.u. 1.)
– Das Ermittlungsverfahren (s.u. 2.)
– Das gerichtliche Verfahren (s.u. 3.)
– Die Zeit nach Abschluß des Hauptverfahrens (s.u. 4.).

**1. Die Zeit vor Erlangung eines Tatverdachts**
Die Pflicht zum ersten Tätigwerden knüpft die StPO an „zureichende tatsächliche Anhaltspunkte" für das Vorliegen einer Straftat (§152 Abs. 2 StPO) oder „an die Kenntnis einer Straftat" (§160 Abs. 1 StPO). Hiermit statuiert das Gesetz nicht nur eine sachliche Voraussetzung für die Tätigkeitspflicht, sondern auch eine zeitliche

---

[269] *Willms* JZ 57, 465 (465 f).
[270] seit den 50er Jahren einhellige Meinung, vgl. nur *Roxin* DRiZ 69, 385 (386); *Dünnebier* JZ 58, 417 (419); *Schmidt* StPO I RdNr. 395; *Pott* Opportunitätsdenken S. 106; *Schoreit* KK §146 GVG, RdNr. 7; *Hund* ZRP 94, 470 (472).
*Pott* (Opportunitätsdenken S. 106 und Aushöhlung des Legalitätsprinzips S. 93) bezweifelt allerdings, daß die Bindung sich praktisch auswirkt, da es an rechtlichen Überprüfungsmöglichkeiten fehle. Diese Aussage ändert jedoch nichts daran, daß das Legalitätsprinzip rechtlich gesehen die Weisungsbefugnis begrenzt.
[271] vgl. *Henkel* StPO S. 142 f; *Schoreit* KK §146 GVG, RdNr. 7; *Lüttger* GA 57, 193 (216 f); *Meyer-Goßner* K/M-G §146 GVG, RdNr. 3; *Bohnert* Abschlußentscheidung S. 317 f; *Hund* ZRP 94, 470 (472).

Begrenzung. Bevor ein solcher Tatverdacht vorliegt, ist schon zweifelhaft, ob überhaupt eine Befugnis zu Ermittlungen besteht[272]. Jedenfalls ergibt der Wortlaut des §152 Abs. 2 StPO aber eindeutig, daß die Strafprozeßordnung nicht verlangt, daß das Dunkelfeld aufgehellt wird[273]. Ob sich aus anderen Rechtsgrundsätzen und Vorschriften solch eine Pflicht ergibt[274], ist nicht Gegenstand dieses Teils der Arbeit, da es allein um den Begriff des Legalitätsprinzips in der StPO geht und dieses nunmal den Anfangsverdacht zur Voraussetzung macht.
In mehreren Arbeiten wird *Zipf* zitiert und behauptet, er würde die Aufhellung des Dunkelfeldes zum Inhalt des Legalitätsprinzips machen. Dieses sagt er in dieser Allgemeinheit aber nicht: er geht nämlich von einem von der StPO losgelösten, sehr strengen Legalitätsbegriff aus[275] und verlangt im Rahmen dieses Begriffes die Aufklärung noch nicht bekanntgewordener Taten[276]. Dagegen äußert er sich nicht zu der Frage, ob das Legalitätsprinzip der StPO diese Pflicht festschreibt.
Es ist in der Literatur also bei genauer Betrachtung unbestritten, daß aus §152 Abs. 2 StPO nicht die Pflicht erwächst, Ermittlungen aufzunehmen, um das Dunkelfeld zu erhellen. Demzufolge ist der zeitliche Anwendungsbereich des Legalitätsprinzips vor Erlangung eines Tatverdachtes noch nicht eröffnet.

**2. Das Ermittlungsverfahren**
*a. Beginn der Verfolgungspflicht*
Das Legalitätsprinzip greift nach dem soeben Ausgeführten ein, sobald zureichende tatsächliche Anhaltspunke für eine Straftat bestehen[277].

*b. Ende der Verfolgungspflicht*
Schwieriger als den Beginn ist das Ende der Verfolgungspflicht zu bestimmen.

---

[272] dagegen: *Rieß* LR[24] Vor §158, RdNr. 9 und LR[24] §160, RdNr. 18; vgl. auch *Hund* ZRP 91, 463 (466).
[273] so auch *Rieß* LR[24] §152, RdNr. 22; *Meyer-Goßner* K/M-G §160, RdNr. 5; *Wacke* KK §160, RdNr. 7; *Peters* StPO S. 171 f; *Hund* ZRP 91, 463 (463); *Keller/Griesbaum* NStZ 90, 416 (417); *Gössel* Dünnebier-FS S. 131; *Müller* KMR §152, RdNr. 5; *Kapahnke* Opportunität S. 34.
[274] so *Schöch* AK-StPO §152, RdNr. 22; vgl. auch *Rieß* LR[24] Vor §158, RdNr. 9.
[275] *Zipf* Peters-FS S. 488.
[276] *Zipf* Peters-FS S. 489 ff, 493.
[277] a.A. *Schoreit* KK §152, RdNr. 38: Der Zeitpunkt für den Beginn der Einschreitpflicht sei nicht angegeben.

*aa. § 160 StPO*
§ 152 Abs. 2 StPO verlangt ein „Einschreiten". Dies bedeutet jedenfalls, daß „der Sachverhalt erforscht" werden muß (vgl. § 160 StPO). Nach dieser Vorschrift muß der Sachverhalt so lange aufgeklärt werden, bis eine abschließende Entscheidung über ihn getroffen werden kann[278]. Dabei ist eine Durchermittlung, also eine Aufklärung aller Tatumstände, nicht immer nötig. So entfällt die Verfolgungspflicht z.B. bereits ohne genauere Feststellung des Tatherganges, sobald – nicht aber früher – feststeht, daß es an der Verfolgbarkeit der Tat iSv. § 152 Abs. 2 StPO fehlt, etwa weil der Beschuldigte noch nicht strafmündig ist[279]. Ergeben die Ermittlungen dagegen, daß eine Anklage nach § 170 Abs. 1 StPO in Betracht kommt, so muß der gesamte Sachverhalt aufgeklärt werden. Schon diese zwei Beispiele zeigen, daß die Ermittlungen sehr unterschiedlich lange betrieben werden müssen. Der zeitliche Anwendungsbereich des Legalitätsprinzips variiert für die Staatsanwaltschaft also stark. Diese Feststellung ist auch mit dem Ziel des Ermittlungsverfahrens zu begründen. Es geht im Endeffekt nämlich nicht um die Frage, ob eine Tat begangen wurde, sondern um die, wie auf den Verdacht von staatlicher Seite her reagiert werden muß.

*bb. § 170 Abs. 1 StPO*
Die Staatsanwaltschaft ist bei Vorliegen der Voraussetzungen des § 170 Abs. 1 StPO aber auch verpflichtet, Anklage zu erheben. Nicht einheitlich beantwortet wird die Frage, ob diese Pflicht noch von § 152 Abs. 2 StPO umfaßt ist und § 170 Abs. 1 StPO die Vorschrift nur konkretisiert[280], oder aber ob § 152 Abs. 2 StPO lediglich die Ermittlungen erfaßt und die Anklagepflicht dann allein aus § 170 Abs. 1 StPO abzuleiten ist[281]. Für die erstgenannte Ansicht spricht, daß die §§ 153 ff StPO ihrer Stellung nach Ausnahmen von der Verfolgungspflicht des § 152 Abs. 2 StPO darstellen. In diesen Vorschriften ist aber teilweise vorgesehen, daß von der Anklageerhebung, nicht aber bereits von den Ermittlungen abgesehen werden kann. Ferner kann mit der Entstehungsgeschichte argumentiert werden. Denn wenn durch die Verpflichtung zum Tätigwerden verhindert werden sollte, daß ein gerichtliches Verfahren aus politischen Erwägungen nicht eingeleitet wird[282], ist es nur konsequent, nicht allein die Ermittlungstätigkeit, sondern auch und gerade die Anklageerhebung als Bestandteil des § 152 Abs. 2 StPO zu begreifen. Diese Frage braucht jedoch nicht abschließend geklärt zu werden, da sie lediglich von theoreti-

---
[278] *Fezer* ZStW 94, 1 (23); *Rieß* LR[24] §160, RdNr. 31, 33 und LR[24] §152, RdNr. 36; *Schroeder* StPO RdNr. 66.
[279] *Beulke* StPO RdNr. 273; *Rieß* LR[24] §160, RdNr. 32.
[280] *Lüttger* GA 57, 193 (193); *Gössel* Dünnebier-FS S. 131; *Rieß* LR[24] §152, RdNr. 32; *Weigend* Anklagepflicht S. 17; *Jeutter* Grenzen des Legalitätsprinzips S. 5 f; *Dölling* Polizeiliche Ermittlungstätigkeit S. 266 f.
[281] *Kleinknecht* Bruns-FS S. 476; *Müller* KMR §152, RdNr. 2; *Meyer-Goßner* K/M-G §152, RdNr. 2.
[282] s.o. Einleitung zu Teil 2.

schem Interesse ist. Denn nach beiden Auffassungen reicht die Tätigkeitspflicht der Staatsanwaltschaft im Ermittlungsverfahren bis zum Zeitpunkt der Anklageerhebung.

*c. Ergebnis*
Die Ausführungen haben ergeben, daß das Legalitätsprinzip im Ermittlungsverfahren für die Staatsanwaltschaft mit dem Zeitpunkt der Verdachtserlangung beginnt und bis zur Anklageerhebung reicht[283]. Da dieser Zeitraum identisch ist mit den zeitlichen Grenzen des Ermittlungsverfahrens, kann im Ergebnis festgehalten werden, daß das Legalitätsprinzip in diesem Verfahrensabschnitt unter zeitlichen Gesichtspunkten ausnahmslos gilt.

**3. Gerichtliches Verfahren**
Die Verfahrensherrschaft geht von dem Moment der Anklageerhebung an auf das Gericht über[284].
Es fragt sich, ob das Legalitätsprinzip in diesem Stadium für die Staatsanwaltschaft dennoch gilt. Teilweise wird dessen Geltung auf den Zeitpunkt der Anklageerhebung beschränkt; danach greife es nicht mehr ein[285]. *Gössel* vertritt die genau entgegengesetzte Auffassung: Der Grundsatz gelte während des ganzen gerichtlichen Verfahrens[286]. *Strate* nimmt eine differenzierende Position ein, indem er zwischen dem Zwischen- und dem Hauptverfahren unterscheidet[287]. Diese Unterscheidung der Verfahrensabschnitte soll denn auch hier vorgenommen werden.

*a. Das Zwischenverfahren*
Bei der Frage nach der Geltung des Legalitätsprinzips im Zwischenverfahren müssen zwei Konstellationen auseinandergehalten werden.

*aa. Geltung nach einer Entscheidung gem. §156 oder §211 StPO*
Die eine betrifft den Fall, daß die Eröffnung des Hauptverfahrens durch das Gericht gem. §211 StPO abgelehnt oder die Klage durch die Staatsanwaltschaft im Zwischenverfahren nach §156 StPO zurückgenommen wurde. Hier bejaht *Strate* die

---

[283] *Pott* (Opportunitätsdenken S. 5 f) geht davon aus, daß auch die Einstellung nach §170 Abs. 2 StPO Teil des Legalitätsprinzips iSd. §152 Abs. 2 StPO sei. Dem kann jedoch nicht gefolgt werden, da es in diesem Fall bereits an einer verfolgbaren Straftat und somit an einer Voraussetzung dafür fehlt, daß die Verfolgungspflicht nach §152 Abs. 2 StPO überhaupt eingreift.
[284] *Gössel* Dünnebier-FS S. 131; *Treier* KK §202, RdNr. 1.
[285] *Meyer-Goßner* K/M-G §152, RdNr. 2; *Kleinknecht* Bruns-FS S. 476; *Geißer* GA 83, 385 (406); *Schoreit* KK §152, RdNr. 6.
[286] *Gössel* Dünnebier-FS S. 131 und StPO S. 116.
[287] *Strate* StV 85, 337 (338).

Geltung des Legalitätsprinzips: Ziel der staatsanwaltschaftlichen Tätigkeit sei die endgültige Klageerhebung, also der Erlaß des Eröffnungsbeschlusses durch das Gericht. In den Fällen der §§156, 211 StPO dagegen ist „die weitere Ermittlungstätigkeit noch durch die Vorläufigkeit der staatsanwaltschaftlichen Entschließung über die Anklageerhebung gedeckt und findet insoweit ihre Rechtsgrundlage in §§152 Abs. 2, 160 Abs. 1, 161 StPO"[288].
Im Ergebnis kann dieser Ansicht nur zugestimmt werden[289]. Denn in beiden Fällen wird das Verfahren in das Stadium des Ermittlungsverfahrens zurückversetzt: nach einer Rücknahme der Klage, weil diese als nicht erhoben angesehen wird, und bei der Ablehnung des Eröffnungsbeschlusses, weil eine neue Anklage möglich ist und diese erneute Ermittlungen voraussetzt. Insofern kann in diesen Fällen auf die Ausführungen der S. 80 ff verwiesen werden, wonach das Legalitätsprinzips im Ermittlungsverfahren gilt.

*bb. Geltung während der Prüfung der Anklage*
Schwieriger zu beurteilen ist aber, ob die Staatsanwaltschaft dem Legalitätsprinzip verpflichtet ist, wenn und solange die Anklage dem Gericht im Zwischenverfahren vorliegt und von diesem geprüft wird. Diese Frage stellt sich insbes. dann, wenn bestimmte Anhaltspunkte, die für die Bewertung der angeklagten Tat von Bedeutung sind, der Staatsanwaltschaft erst während des Zwischenverfahrens erkennbar werden (z.B. wenn bestimmte Beweismittel erst so spät auftauchen).

*(1). Befugnis zum Tätigwerden*
Das Legalitätsprinzip kann denknotwendig nicht eingreifen, wenn die Staatsanwaltschaft im Zwischenverfahren überhaupt nicht die Befugnis hat, Ermittlungen bzgl. der angeklagten Tat anzustellen. Solch eine Befugnis erscheint vor dem Hintergrund, daß die Verfahrensherrschaft mit der Anklageerhebung auf das Gericht übergeht, auch problematisch. So lehnt *Strate* sie unter Hinweis auf *Nelles* mit der Begründung ab, daß eine Doppelzuständigkeit nicht gegeben sein darf[290]. Das hat *Nelles* aber in dieser Einfachheit nicht behauptet. Sie meint, daß es aus Gründen der Rechtsklarheit nicht allein deshalb eine Doppelzuständigkeit geben kann, weil die Kompetenzen nicht genau vorgegeben sind. Deswegen fragt sie danach, ob der Begriff der „Gefahr im Verzug" ein *hinreichendes* Abgrenzungskriterium ist[291]. Dagegen behauptet sie nicht, daß die Zuständigkeit einer Behörde nicht auch auf eine andere übertragen werden kann[292].

---

[288] *Strate* StV 85, 337 (338).
[289] so auch *Kleinknecht* Bruns-FS S. 478 f; *Meyer-Goßner* K/M-G §211, RdNr. 5; *Treier* KK §211, RdNr. 9; *Rieß* LR$^{24}$ §152, RdNr. 18 und LR$^{24}$ §211, RdNr. 15; *Niese* SJZ 50, Sp. 890 (894 f).
[290] *Strate* StV 85, 337 (338).
[291] *Nelles* Ausnahmekompetenzen S. 21.
[292] *Nelles* Ausnahmekompetenzen S. 68 f, 96 f.

Ein Argument für eine Ermittlungsbefugnis nach Anklageerhebung könnte sich aus §243 Abs. 3 S. 2, 2. HS StPO ergeben, wonach die Staatsanwaltschaft ihre abweichende Rechtsauffassung äußern kann, wenn das Gericht von der Anklage der Staatsanwaltschaft abweicht (§207 Abs. 2 Nr. 3 StPO). Denn eine abweichende Auffassung muß auch begründet werden können, wozu der Vortrag von Fakten nötig ist. Diese Vorschrift betrifft aber, wie sich aus dem Wortlaut ergibt, nur die rechtliche Würdigung eines in Übereinstimmung von Gericht und Staatsanwaltschaft zugrunde gelegten Sachverhaltes, also nicht die tatsächlichen Feststellungen. Somit sind keine weiteren Ermittlungen nötig, um das Recht des §243 Abs. 3 Satz 2, 2. HS. StPO ausüben zu können.

Eine zumindest auf die Rechtsfolgen der Tat beschränkte Ermittlungsbefugnis könnte mit §160 Abs. 3 StPO begründet werden. Zwar steht die Vorschrift im Abschnitt über das Ermittlungsverfahren, berührt damit also das Zwischenverfahren auf den ersten Blick nicht. Zu beachten ist aber, daß das Ermittlungsverfahren die Entscheidung über die Anklageerhebung zum Ziel hat[293]. Bei der Anklage geht es aber nur um die Umstände, die für das Vorliegen einer Straftat sprechen können, nicht aber um die möglichen Rechtsfolgen[294]. Somit muß es der Staatsanwaltschaft möglich sein, erst nach Anklageerhebung noch Ermittlungen bzgl. der Tatsachen durchzuführen, die die Rechtsfolgenentscheidung betreffen[295]. Zumindest diesbezüglich hat sie also auch noch im Zwischenverfahren eine Ermittlungsbefugnis.

Auch aus §98 Abs. 3 StPO ergibt sich eine Befugnis zum Tätigwerden der Staatsanwaltschaft im Zwischenverfahren. Sie darf nämlich nach erhobener Klage noch eine Beschlagnahme durchführen. Umstritten ist allerdings, ob aus der Existenz dieser Norm eine generelle Befugnis abzuleiten ist. *Odenthal* bejaht dies mit der Begründung, daß die Vorschrift eine umfassende Ermittlungsbefugnis stillschweigend voraussetze und selbst nur die Weiterleitung regele[296]. *Strate*[297] und *Nelles*[298] vertreten dagegen, daß §98 Abs. 3 StPO nur eine Ausnahme für besondere Eilfälle darstelle. Für ihre Auffassung spricht schon die aus dieser Norm erwachsende Pflicht, die Ermittlungen sofort an das Gericht weiterzuleiten, wodurch deutlich wird, daß es sich tatsächlich nur um eine Kompetenz im Eilfall, also in einer Ausnahmesituation, handeln soll.

Dagegen kann mit §156 StPO eine umfassende Ermittlungsbefugnis für die Staatsanwaltschaft im Zwischenverfahren begründet werden. Denn sie hat nach §156 StPO die Möglichkeit, die Anklage im Zwischenverfahren noch zurückzunehmen. Die Rücknahme kann zum einen auf rein rechtlichen Erwägungen beruhen, indem

---

[293] *Meyer-Goßner* K/M-G §160, RdNr. 11 f; *Wacke* KK §160, RdNr. 19.
[294] zu der weitergehenden Ermittlungspflicht im Jugendstrafverfahren s. §43 JGG.
[295] *Gössel* StPO S. 116; vgl. auch *Wacke* KK §160, RdNr. 21.
[296] *Odenthal* StV 91, 441 (443); so i.E. auch *Meyer-Goßner* K/M-G §162, RdNr. 16; *Rieß* LR[24] §160, RdNr. 14.
[297] *Strate* StV 85, 337 (338).
[298] *Nelles* Ausnahmekompetenzen S. 29.

die Staatsanwaltschaft feststellt, daß sie den Sachverhalt rechtlich falsch gewürdigt hat. Die Rücknahme kann aber auch dadurch bedingt sein, daß sich Umstände herausstellen, die entgegen ihrer früheren Auffassung den hinreichenden Tatverdacht entfallen lassen. Solch eine Entscheidung setzt aber voraus, daß die Staatsanwaltschaft neue Erkenntnisse über die Tat hat, die in den meisten Fällen nur aufgrund neuer Ermittlungen gewonnen werden können.

Im Ergebnis ist somit festzuhalten, daß im Zwischenverfahren eine umfassende Ermittlungsbefugnis für die Staatsanwaltschaft bestehen muß[299].

*(2). Verpflichtung zum Tätigwerden*
Mit der Bejahung dieser Befugnis ist zunächst einmal die Grundbedingung dafür gegeben, daß über die Frage, ob die Staatsanwaltschaft im Zwischenverfahren zur Straftatverfolgung verpflichtet ist, überhaupt diskutiert werden kann.

(a). Solch eine Pflicht könnte sich aus §152 Abs. 2 StPO ergeben. Das setzt voraus, daß die Vorschrift im Zwischenverfahren überhaupt Anwendung findet. Dies erscheint zweifelhaft. Die Stellung der Vorschrift im ersten Abschnitt des zweiten Buches könnte zunächst einmal nahelegen, daß sie auch im gerichtlichen Verfahren gilt. Denn der betreffende Abschnitt in der StPO enthält nicht nur Vorschriften über das Ermittlungsverfahren, sondern mit den zweiten Absätzen der §§153 ff StPO und v.a. dem §155 Abs. 2 StPO auch Normen, die erst im Gerichtsverfahren Bedeutung erlangen. Zu beachten ist aber, daß sich §152 Abs. 2 StPO dem Wortlaut nach auf den Abs. 1 des Paragraphen bezieht. Dieser wiederum beschäftigt sich nur mit der Aufgabe der Staatsanwaltschaft bis zur Anklageerhebung. Insofern ist davon auszugehen, daß sich der Anwendungsbereich der Norm nicht auf das Zwischenverfahren erstreckt. Hierfür spricht auch das historische Argument, daß durch §152 Abs. 2 StPO nur sichergestellt werden sollte, daß das Gericht mit einer Straftat befaßt wird (hierzu s.o. Einleitung zu Teil 2). Damit ist also die Funktion der Norm auf die Zeit beschränkt, in der noch nicht Anklage erhoben worden ist. Eine Verpflichtung der Staatsanwaltschaft, während des Zwischenverfahrens strafverfolgend tätig zu werden, kann also nicht aus §152 Abs. 2 StPO hergeleitet werden[300].

(b). Etwas anderes könnte sich jedoch aus §207 Abs. 3 StPO ergeben. Nach dieser Vorschrift ist die Staatsanwaltschaft unter vom Gesetz näher bestimmten Voraussetzungen verpflichtet, eine neue Anklageschrift einzureichen. Fraglich ist aber, ob diese Pflicht Ausdruck des Legalitätsprinzips ist. Dann müßte §207 Abs. 3 StPO

---

[299] so iE. auch *Wacke* KK §161, RdNr. 24 und KK §160, RdNr. 19; *Treier* KK §202, RdNr. 2; *Rieß* LR[24] §160, RdNr. 14; *Meyer-Goßner* K/M-G §162, RdNr. 16.
[300] so iE. auch *Schoreit* KK §152, RdNr. 6.

eine Pflicht zur Strafverfolgung festschreiben. Hierfür könnte sprechen, daß die Vorschrift dem §170 Abs. 1 StPO ähnelt, der nach der hier bevorzugten Ansicht das Legalitätsprinzip konkretisiert[301]. Zu beachten ist allerdings, daß sich §170 Abs. 1 und §207 Abs. 3 StPO in einem wesentlichen Punkt unterscheiden: Denn nach §207 Abs. 3 StPO ist die Staatsanwaltschaft an den Beschluß des Gerichts gebunden, während sie nach §170 Abs. 1 StPO eine eigene Entscheidung fällt. Sie wird im Zwischenverfahren also rein formell tätig, indem sie ohne weitere Ermittlungen und ohne die Möglichkeit, über ein weiteres Vorgehen zu entscheiden, eine neue Anklageschrift verfaßt. Solch eine formelle Tätigkeit kann aber nicht Ausdruck des Legalitätsprinzips sein. Denn die Strafverfolgung, wie sie in der StPO geregelt wird, liegt gerade nicht darin, ungeprüft jeden Tatverdacht zu verfolgen. Vielmehr ist Inhalt der Strafverfolgung, Beweismittel zu sammeln und auszuwerten und somit schrittweise aufgrund eigener Überzeugungsfindung der für den jeweiligen Verfahrensabschnitt zuständigen Verfolgungsorgane den Tatverdacht zu erhärten. §207 Abs. 3 StPO begründet also eine Pflicht der Staatsanwaltschaft, ist aber nicht Ausfluß des Legalitätsprinzips.

(c). Ein weiterer Ansatzpunkt, eine Tätigkeitspflicht zu begründen, könnte bei einer näheren Betrachtung der Stellung der Staatsanwaltschaft im Strafverfahren gesucht werden. Diese ist im Gesetz nicht ausdrücklich geregelt. Aus §160 Abs. 2 oder auch §296 Abs. 2 StPO ergibt sich jedoch, daß die Staatsanwaltschaft nicht einseitig auf eine Verurteilung hinzuwirken hat, sondern daß ihre Aufgabe darin besteht, das Recht zu verwirklichen. Dieser Objektivitätspflicht kann sie nur genügen, wenn sie alle Umstände des Falles berücksichtigt. Es fragt sich jedoch, was genau unter der Objektivitätspflicht zu verstehen ist. So ist es denkbar, daß die Staatsanwaltschaft in jedem Verfahrensabschnitt und somit auch im Zwischenverfahren ermitteln muß, um auf diese Weise Erkenntnisse zu erlangen, die eine objektivere Bewertung der Tat ermöglichen. Oder aber unter der Objektivitätspflicht wird nur die Aufgabe der Staatsanwaltschaft verstanden, bei jeder Entscheidung, die sie zu treffen hat, alle ihr bereits *bekannten* Umstände zu berücksichtigen.
Es erscheint sinnvoll, die Staatsanwaltschaft zu verpflichten, auch während des Zwischenverfahrens für die Aufklärung der Tat zu sorgen. Dennoch spricht die StPO eher dafür, daß dies im Zwischenverfahren nicht der Fall ist. Denn der Zweck dieses Verfahrensabschnittes liegt darin, daß der von der Staatsanwaltschaft bei der Anklageerhebung bereits bejahte Tatverdacht ein zweites Mal und von einer anderen Stelle, nämlich dem Gericht, überprüft wird, um den Angeschuldigten nicht unnötig mit einer Hauptverhandlung zu belasten. Es geht also bei den Fragen, ob Anklage erhoben oder der Eröffnungsbeschluß erlassen wird, um den gleichen Verdachtsgrad. M.a.W.: Bis zum Abschluß des Zwischenverfahrens wird nicht geprüft, ob die Verfolgungsorgane davon überzeugt sind, daß der Beschuldigte die

---

[301] s.o. S. 81.

Tat begangen hat. Diese Frage spielt erst im Hauptverfahren eine Rolle. Vielmehr geht es sowohl im Ermittlungs- als auch im Zwischenverfahren allein darum, ob ein hinreichender Tatverdacht vorliegt. Dies muß die Staatsanwaltschaft wegen §152 Abs. 2 StPO bereits vor Anklageerhebung geprüft haben. Sie kommt dieser Pflicht nur nach, wenn alle relevanten Umstände schon zu diesem Zeitpunkt genügend ermittelt worden sind. Eine Verpflichtung mit dem gleichen Inhalt zu einem späteren Zeitpunkt müßte also leerlaufen und ist somit abzulehnen. Hieraus folgt, daß die Staatsanwaltschaft nicht verpflichtet ist, weiterhin zu versuchen, neue Erkenntnisse zu erlangen.

Damit ist aber noch nicht gesagt, ob sie weiterhin tätig werden muß, wenn sie ohne eigene Ermittlungen von neuen für die Bewertung des Tatverdachts bedeutsamen Tatsachen erfährt. Aufgrund der Änderung der Sachlage steht die Staatsanwaltschaft dann vor der Frage, ob sie die Anklage nach §156 StPO zurücknimmt. Der Unterschied zu der vorherigen Fallkonstellation soll noch einmal deutlich gemacht werden: während es dort darum ging, ob die Staatsanwaltschaft ohne konkreten Anlaß weiter tätig werden muß, liegt hier ein konkreter Anlaß vor, die die Staatsanwaltschaft dazu zwingt, eine Entscheidung (nämlich die, ob die Anklage zurückgenommen wird) zu treffen. Oben ist gesagt worden, daß die Staatsanwaltschaft aufgrund ihrer Aufgabe, das Recht zu verwirklichen, zumindest verpflichtet ist, bereits bekannte Umstände in ihre Entscheidungen einzubeziehen. Demzufolge muß sie zur Rücknahme der Anklage verpflichtet sein, um so aufgrund der neuen Erkenntnisse wieder ermitteln und ggf. eine Anklage erheben zu können, aufgrund derer es möglich ist, das Hauptverfahren zu eröffnen. Es besteht in diesem Fall also für die Staatsanwaltschaft im Zwischenverfahren eine Tätigkeitspflicht. Damit ist aber noch nicht die hier interessierende Frage beantwortet, ob diese Ausfluß des Legalitätsprinzips ist. Das ist zu verneinen: Denn während nach dem in diesem Abschnitt Ausgeführten der Inhalt der Objektivitätsverpflichtung nur darin besteht, bereits bekannte Umstände bei weiteren Entscheidungen zu berücksichtigen, reicht der des Legalitätsprinzips weiter: Inhalt des Legalitätsprinzips als die Pflicht zur Straftatverfolgung ist im Erkenntnisverfahren, in dem es um die möglichst vollständige Aufklärung der Tat geht, nämlich nicht nur die Berücksichtigung bekannter Umstände, sondern auch die Ermittlung von neuen Tatsachen. Denn eine wirksame Strafverfolgung, die das Legalitätsprinzip zum Ziel hat, setzt die Kenntnis der wahren Umstände voraus. Insofern besteht ein Unterschied zwischen der Tätigkeitspflicht aus dem Legalitätsprinzip und aus der Funktion der Staatsanwaltschaft, nicht einseitig nur Verfolgungsinteressen unter Außerachtlassung entlastender Umstände zu verfolgen.

*cc. Ergebnis*
Im Ergebnis ist somit festzuhalten, daß die Staatsanwaltschaft zwar verpflichtet ist, tätig zu werden, wenn neue Tatsachen bekannt werden, die die bisherige Bewer-

tung des Tatverdachts in Frage stellen, daß diese Pflicht aber nicht Ausfluß des Legalitätsprinzips ist. Da in allen übrigen Fällen für die Staatsanwaltschaft überhaupt keine Pflicht besteht, im Zwischenverfahren zu agieren, kann festgehalten werden, daß das Legalitätsprinzip für sie in diesem Verfahrensstadium nicht gilt.

### b. Das Hauptverfahren
Wie bereits angedeutet, gehen die Ansichten auch über die Geltung des Legalitätsgrundsatzes im Hauptverfahren stark auseinander[302]. Dabei werden selten Argumente genannt, und wenn solche genannt sind, sind sie oft mehr von rechtspolitischen Wünschen geprägt als daß sie fragen, ob die StPO den Legalitätsgrundsatz auf das Hauptverfahren erstreckt hat. Auch hier gilt, daß die Diskussion erst einmal voraussetzt, daß die Staatsanwaltschaft überhaupt zu Ermittlungen befugt ist.

### aa. Befugnis zum Tätigwerden
Spezielle Befugnisse ergeben sich für die Staatsanwaltschaft genauso wie im Zwischenverfahren aus §160 Abs. 3 und aus §98 Abs. 3 StPO, da diese Vorschriften auch im Hauptverfahren Anwendung finden. Insofern kann auf die obigen Ausführungen der S. 84 verwiesen werden.
Fraglich ist aber, ob sich auch eine generelle Ermittlungsbefugnis begründen läßt. Auf §156 StPO, der im Zwischenverfahren als Argument herangezogen wurde, kann im Hauptverfahren nicht zurückgegriffen werden, weil sein Anwendungsbereich nur bis zum Abschluß des Zwischenverfahrens reicht. Eine generelle Ermittlungsbefugnis könnte hier aus dem Recht der Staatsanwaltschaft abgeleitet werden, Beweisanträge zu stellen. Um dieses Recht umfassend wahrnehmen zu können, muß die Staatsanwaltschaft nämlich den Sachverhalt teilweise genauer erforschen als sie es bisher getan hat[303]. Diese Notwendigkeit ergibt sich oft erst im Verlauf der Hauptverhandlung, insbes. durch das Vorbringen des Verteidigers.
Auch der Anspruch der Staatsanwaltschaft, vor der Vernehmung Zeugen und Sachverständige genannt zu bekommen (§§222 Abs. 1 S. 1, 246 Abs. 2 StPO), deutet darauf hin, daß die Staatsanwaltschaft weiter ermitteln darf[304]. Denn andernfalls hätte der Anspruch keine Bedeutung.

---

[302] dafür: *Gössel* Dünnebier-FS S. 131 und StPO S. 116; *Geppert* GA 79, 281 (300); dagegen *Strate* StV 85, 337 (338); *Meyer-Goßner* K/M-G §152, RdNr. 2; *Kleinknecht* Bruns-FS S. 476; *Geißer* GA 83, 385 (406); *Schoreit* KK §152, RdNr. 6.
[303] *Odenthal* StV 91, 441 (443).
[304] *Odenthal* StV 91, 441 (443).

Damit ist im Ergebnis davon auszugehen, daß die Staatsanwaltschaft noch im Hauptverfahren eine generelle Ermittlungsbefugnis hat[305].

### bb. Verpflichtung zum Tätigwerden

Mit der Annahme der Ermittlungsbefugnis ist aber noch nicht die Frage beantwortet, ob die Ausübung dieser Befugnis dem Legalitätsprinzip unterliegt. Dies wäre nur der Fall, wenn die Staatsanwaltschaft im Hauptverfahren verpflichtet wäre, selbständig umfassende Ermittlungen anzustellen, um zur Aufklärung des Sachverhaltes beizutragen.
Eine Tätigkeitspflicht schreibt das Gesetz nicht ausdrücklich vor. Dennoch könnte sich eine solche aus der Funktion der Staatsanwaltschaft ergeben. Wie bei der Frage nach einer Ermittlungspflicht im Zwischenverfahren bereits ausgeführt, ist die Staatsanwaltschaft zur Objektivität verpflichtet, worunter ihre Aufgabe verstanden werden sollte, alle bereits bekannten Umstände bei einer Entscheidung zu berücksichtigen. Wenn ihr also Tatsachen bekannt werden, die eine von der Anklage abweichende Bewertung der Tat zulassen, dann darf die Staatsanwaltschaft diese bei ihrem weiteren Vorgehen nicht außer Acht lassen. So muß sie sie z.B. im Schlußplädoyer ansprechen oder ggf. einen Beweismittelantrag stellen. Die Staatsanwaltschaft ist also verpflichtet, ihr bekannte Tatsachen in das Verfahren einzuführen und somit die Verfolgung zu beeinflussen. Wie aber beim Zwischenverfahren ausgeführt, ist diese Pflicht allein nicht Ausdruck des Legalitätsprinzips, denn dieses reicht weiter: Es umfaßt die vollständige Aufklärung des Sachverhaltes und somit auch den Versuch, bislang noch unbekannte Tatsachen zu erforschen[306]. Es fragt sich, ob die Staatsanwaltschaft hierzu im Hauptverfahren verpflichtet ist.
Im Zwischenverfahren wurde diese Frage mit der Begründung verneint, daß der Verdachtsgrad beim Abschluß des Ermittlungsverfahrens der gleiche ist wie bei der Eröffnung des Hauptverfahrens und somit nur eine Pflicht begründet werden könnte, die der des §152 StPO entspricht und deshalb bereits bei Beginn des Zwischenverfahrens erfüllt sein muß. Dieses Argument kann im Hauptverfahren nicht herangezogen werden, da es in diesem darum geht, den Verdacht zu erhärten. Fraglich ist aber, ob die StPO der Annahme einer staatsanwaltschaftlichen Ermittlungspflicht im Hauptverfahren entgegensteht.
Das Gesetz räumt der Staatsanwaltschaft bestimmte Befugnisse ein, Einfluß auf das Verfahren zu nehmen. Zu diesen gehören das Recht, Zeugen genannt zu bekommen, Fragen zu stellen oder im Schlußplädoyer eigene Auffassungen darzulegen. Dagegen enthält die StPO keine Regelung, die besagt, daß die Staatsanwaltschaft das Verfahren unmittelbar steuern kann. Dadurch kommt zum Ausdruck, daß der Staatsanwaltschaft nur eine verfahrens*lenkende*, nicht aber eine verfahrens-

---

[305] a.A. *Strate* StV 85, 337 (338). Ablehnend speziell bzgl. der Vernehmung von Zeugen *Hahn* (GA 78, 331 (332)), der aber nur diesen Teilbereich anspricht.
[306] s.o. S. 87.

*führende* Funktion zukommt. Besonders deutlich wird dies in §245 Abs. 2 StPO: die Staatsanwaltschaft kann zwar Beweismittel herbeischaffen und muß dies auch, wenn sie für das Verfahren von Bedeutung sind. Dagegen obliegt die Beweisaufnahme und somit der für das Verfahrensergebnis entscheidende Bestandteil der Ermittlungstätigkeit dem Gericht. Hierdurch hat das Gesetz zum Ausdruck gebracht, daß es die Aufgabe des Gerichts, nicht aber der Staatsanwaltschaft ist, in diesem Verfahrensabschnitt neue Erkenntnisse zu erlangen. Wenn es aber schon nicht die Aufgabe der Staatsanwaltschaft ist, weiter zu ermitteln, dann kann sie hierzu auch nicht verpflichtet sein.

Zusammenfassend läßt sich somit festhalten, daß die Staatsanwaltschaft im Hauptverfahren zwar wegen der Objektivitätspflicht ihr bekannte Tatsachen bei ihrem Handeln berücksichtigen muß, daß sie aber nicht darüber hinaus verpflichtet ist, selbständig alle Tatumstände zu ermitteln. Diese letztgenannte Pflicht ist aber nach dem oben auf Seite 87 Ausgeführten notwendiger Bestandteil des Legalitätsprinzips.

*cc. Ergebnis*
Es ist dementsprechend davon auszugehen, daß die Staatsanwaltschaft zwar eine Objektivitätspflicht, nicht aber die aus dem Legalitätsprinzip folgende, weiterreichende Verfolgungspflicht trifft. Das Legalitätsprinzip gilt im Hauptverfahren nach der Konzeption der StPO für die Staatsanwaltschaft also nicht.

## 4. Die Zeit nach Abschluß des Hauptverfahrens
Es stellt sich die Frage, ob das Legalitätsprinzip auch nach Abschluß des Hauptverfahrens noch Bedeutung hat. Zu diesem Zeitpunkt gibt es mehrere Möglichkeiten, wie das Verfahren fortgeführt wird:
- Die in §296 StPO genannten Personen können sich – sofern sie nicht gleich in der Hauptverhandlung auf die Einlegung von Rechtsmitteln verzichtet haben – entscheiden, ob sie gegen die Entscheidung vorgehen wollen (hierzu s. S. 91 f).
- Wenn die Rechtsmittelfrist abgelaufen ist und somit Rechtskraft eintritt, wird das Urteil im Normalfall vollstreckt (hierzu s. S. 92 f).
- In Betracht kann unter besonderen Umständen aber auch die Wiederaufnahme des Verfahrens nach §362 StPO (hierzu s. S. 94 f) bzw. §211 StPO (hierzu s. S. 96) kommen.

## a. Einlegung von Rechtsmitteln

Die Befugnis zur Einlegung von Rechtsmitteln ergibt sich für die Staatsanwaltschaft aus §296 Abs. 1 und 2 StPO. Fraglich ist nur, ob sie bei der Entscheidung hierüber dem Legalitätsprinzip verpflichtet ist.

aa. *Rieß* formuliert vorsichtig, daß sich eine Verpflichtung zur Rechtsmitteleinlegung für die Staatsanwaltschaft aus dem Legalitätsprinzip „nicht begründen lassen dürfte"[307]. Auch *Kleinknecht* verneint solch eine Pflicht in konsequenter Fortführung seiner These, daß das Legalitätsprinzip nur im Ermittlungsverfahren gelte[308]. *Gössel* dagegen bejaht ohne nähere Begründung die Geltung dieses Grundsatzes bei der Entscheidung über die Einlegung von Rechtsmitteln[309].

bb. Es fragt sich also, ob die StPO Anhaltspunkte dafür bietet, daß sie von einer grds. Verfolgungspflicht auch in diesem Verfahrensstadium ausgeht oder aber vielleicht sogar in einer Vorschrift deutlich gemacht hat, die Frage über die weitere Tätigkeit der freien Entscheidung der Staatsanwaltschaft zu überlassen.
Ein Rückgriff auf §152 Abs. 2 StPO scheidet aus systematischen Gründen aus. Denn diese Norm steht im zweiten Buch der StPO, während die Rechtsmitteleinlegung im dritten geregelt ist. Auch das oben genannte historische Argument, das dafür spricht, §152 Abs. 2 StPO nur bis zur Anklageerhebung reichen zu lassen, kann hier wiederum herangezogen werden. Denn eine gerichtliche Entscheidung ist bereits ergangen, die Entscheidung durch ein unabhängiges Verfolgungsorgan also nicht von der Staatsanwaltschaft verhindert worden. Nur dieses soll §152 Abs. 2 StPO aber historisch gesehen gewährleisten. Demzufolge gilt das Legalitätsprinzip für die Entscheidung über die Einlegung von Rechtsmitteln nur, wenn es den Vorschriften der §§296 ff StPO stillschweigend zugrundeliegt.
Aus dem Wortlaut des §296 StPO ergibt sich keine Antwort, denn diese Vorschrift räumt nur die Möglichkeit zur Rechtsmitteleinlegung ein, normiert aber keine Pflicht hierzu, wenn sie die Worte „stehen zu" verwendet.
Interessant ist dagegen der §302 StPO. Er gibt u.a. auch der Staatsanwaltschaft die Möglichkeit, Rechtsmittel zurückzunehmen oder auf sie sofort nach Ergehen des Urteils zu verzichten. Hieraus könnte man schließen, daß der Gesetzgeber zum Ausdruck gebracht hat, daß die Befugnis nach §296 StPO zu ihrer (selbstverständlich iRd. von der Verfassung gezogenen Grenzen) Disposition steht. Gegen diese These scheint §156 StPO zu sprechen, wonach die Klage zurückgenommen werden kann, ohne daß dies einen Einfluß auf die Geltung des Legalitätsprinzips hätte. Zu beachten ist aber, daß die Entscheidung nach §302 StPO das Urteil rechtskräftig werden läßt, wenn alle Rechtsmittelberechtigten auf die Einlegung verzichten mit der Folge, daß die Fortführung des Verfahrens grds. ausge-

---

[307] *Rieß* LR[24] §152, RdNr. 17; ähnlich vorsichtig *Sarstedt* NJW 64, 1752 (1757): „wohl nicht".
[308] *Kleinknecht* Bruns-FS S. 476.
[309] *Gössel* Dünnebier-FS S. 131.

schlossen ist. §156 StPO dagegen zieht keine Rechtsfolgen nach sich außer daß die Klage nicht als erhoben gilt; das Verfahren wird hier also in das Stadium zurückversetzt, in dem §152 Abs. 2 StPO Anwendung findet. Die Wirkungen von §302 und §156 StPO sind also nicht vergleichbar, so daß sie auch unterschiedliche Aussagen über die Geltung des Legalitätsprinzips treffen können. Wenn §302 StPO der Staatsanwaltschaft die Möglichkeit einräumt, ein bereits eingeleitetes Rechtsmittelverfahren nicht weiter zu betreiben und somit die Voraussetzung dafür zu schaffen, daß die ergangene Entscheidung in Rechtskraft erwächst, dann liefe eine Pflicht, solch ein Verfahrens erst einmal einzuleiten, leer.

cc. Deshalb ist im Ergebnis davon auszugehen, daß dem dritten Buch der StPO nicht das Legalitätsprinzip zugrundeliegt.

### b. Vollstreckung

Gem. §451 StPO ist die Staatsanwaltschaft Vollstreckungsbehörde. Dies gilt grds. nicht bei der Vollstreckung von Urteilen, die gegen Jugendliche (vgl. §82 Abs. 1 JGG) erlassen wurden und bei solchen gegen Heranwachsende, wenn Jugendstrafrecht angewandt und nach dem JGG zulässige Maßnahmen oder Jugendstrafe verhängt wurden (§82 iVm. §110 Abs. 1 JGG). Hier ist die Staatsanwaltschaft nur zuständig, wenn die Vollstreckung nach §85 Abs. 6 JGG in einem der dort näher bezeichneten Fälle an die Staatsanwaltschaft abgegeben worden ist. Außerdem kann die Staatsanwaltschaft nach §89a iVm. §85 Abs. 6 JGG Vollstreckungsbehörde sein.

aa. Fraglich ist, ob sie bei Entscheidungen über die Vollstreckung an das Legalitätsprinzip gebunden ist. In der Literatur wird dies zumeist bejaht[310]. Argumente werden aber nicht angeführt. Allein das BVerfG hat sich näher mit dieser Frage beschäftigt und aus Gründen der funktionstüchtigen Strafrechtspflege, der Gleichbehandlung und dem Vertrauen der Bürger in die Tätigkeit der Strafverfolgungsorgane eine Vollstreckungspflicht angenommen[311]. Damit ist aber nicht gesagt, ob die StPO selbst von solch einer Pflicht ausgeht oder aber ob sie der Staatsanwaltschaft einen eigenen Entscheidungsspielraum zugesteht, der dann allerdings von Verfassungs wegen so stark eingeschränkt ist, daß sich die vom BVerfG festgestellte Vollstreckungspflicht ergibt.

bb. Demzufolge stellt sich die Frage, ob sich in der StPO Argumente für oder gegen die Geltung des Legalitätsprinzips in diesem letzten Verfahrensabschnitt finden lassen.

---

310 *Geppert* GA 79, 281 (300); *Wetterich/Hamann* Strafvollstreckung RdNr. 59.
311 BVerfG 46, 214 (222).

§152 Abs. 2 StPO greift aufgrund seiner systematischen Stellung und seiner historisch zu erklärenden Begrenzung auf das Ermittlungsverfahren[312] nicht ein[313].
Auch ein Blick auf §449 StPO hilft nicht weiter: Dieser formuliert negativ, wann Urteile nicht vollstreckbar sind. Im Umkehrschluß bedeutet dies zwar, daß sie mit Rechtskraft vollstreckbar sind. Damit ist aber nur etwas über die Möglichkeit, nicht jedoch über die Pflicht zur Vollstreckung ausgesagt.
Es könnte mit §451 StPO argumentiert werden. Dieser sagt: „Die Strafvollstreckung *erfolgt* durch die Staatsanwaltschaft...". Hiermit wird aber nur eine Zuständigkeit festgeschrieben.
Die Vollstreckungspflicht könnte sich allerdings als allgemeiner Grundsatz aus der Gesamtschau der Vorschriften des siebten Buches ergeben. Dabei ist zum einen zu beachten, daß der Vollstreckungsaufschub gem. §§455 ff an strenge Voraussetzungen gebunden ist, also von der StPO nur in Ausnahmefällen anerkannt wird[314]. Zum anderen ist von Bedeutung, daß Entscheidungen über ein Absehen von der Vollstreckung nicht in die Kompetenz der Staatsanwaltschaft fallen. So kann nur ein Gericht die Vollstreckung zur Bewährung aussetzen und die Begnadigung nach §452 StPO steht dem Bund und den Ländern zu, die dieses Recht nicht durch die Staatsanwaltschaft ausüben lassen[315]. Hieraus folgt, daß die StPO der Staatsanwaltschaft die Entscheidung über ein Absehen von der Vollstreckung gar nicht und über einen bloßen Aufschub nur in besonderen Ausnahmefällen zugestehen wollte. Daraus ist zu schließen, daß sie grds. zur Vollstreckung verpflichtet ist.
Diese Pflicht muß auch als Ausdruck des Legalitätsprinzips und nicht als eine Aufgabe eigener Art verstanden werden, da die StPO die Staatsanwaltschaft als einzige Verfolgungsbehörde mit der Vollstreckung und somit mit der Durchführung der Straftatverfolgung in diesem Verfahrensabschnitt betraut hat. Und genau dies, nämlich die Verfolgung von Straftaten, ist der Grundgedanke des Legalitätsprinzips.

cc. Danach ist also davon auszugehen, daß das Legalitätsprinzip im Vollstreckungsverfahren gilt.

---

[312] hierzu s.o. S. 85.
[313] so iE. auch *Schoreit* KK §152, RdNr. 6.
[314] vgl. Bt-DrSa 10/2720, S. 16.
[315] vgl. Art. 60 Abs. 2 und 3 GG iVm. AO des Bundespräsidenten über die Ausübung des Begnadigungsrechtes des Bundes vom 5. 10. 65 (BGBl. I S. 1573), geändert durch AO vom 3. 11. 70 (BGBl. I S. 1513), und die jeweiligen Landesvorschriften, aufgezählt in Anm. 1 bei §452 StPO im Schönfelder.

### c. Wiederaufnahmeverfahren nach §§359 ff StPO

Grds. soll ein Verfahren nach Eintritt der Rechtskraft abgeschlossen sein. Für besondere Fälle sieht das Gesetz in den §§359 ff StPO vor, daß das Verfahren wiederaufgenommen werden kann. Fraglich ist, ob in diesen Fällen das Legalitätsprinzip gilt.

aa. Keine spezifisch auf das Wiederaufnahmeverfahren bezogenen Fragen stellen sich für das Stadium nach der Annahme des Wiederaufnahmeantrags: In diesem Fall wird die Hauptverhandlung erneuert, so daß auf die Ausführungen zur Geltung des Legalitätsprinzips im Hauptverfahren verwiesen werden kann. Im Ergebnis ist also nach den obigen Ausführungen davon auszugehen, daß das Legalitätsprinzip hier nicht gilt[316].

bb. Sehr umstritten ist, ob die Staatsanwaltschaft an das Legalitätsprinzip gebunden ist, wenn es darum geht, ob ein Wiederaufnahmeantrag überhaupt gestellt werden kann und soll. Argumente werden in dieser Diskussion selten genannt.
In der *Dünnebier*-FS hat *Gössel* diese Pflicht uneingeschränkt bejaht[317]. In seiner Kommentierung zu §362 StPO schreibt er dann, daß die Staatsanwaltschaft nach §152 Abs. 2 StPO grds. verpflichtet ist, die Wiederaufnahme zu betreiben, beschränkt diese Pflicht aber auf die Fälle des §362 StPO[318]. *Dünnebier* bejaht die Tätigkeitspflicht in Hinblick auf die Wiederaufnahme zugunsten des Beschuldigten, trifft allerdings keine Aussage über die Wiederaufnahme zu seinen Ungunsten[319]. *Kleinknecht* lehnt die Geltung des Legalitätsprinzips in Hinblick auf die Stellung des Wiederaufnahmeantrages völlig ab[320].
Es ist bereits mehrfach darauf hingewiesen worden, daß §152 Abs. 2 StPO aus systematischen und historischen Gründen nur bis zur Anklageerhebung gilt. Der Wiederaufnahmeantrag ist aber keine Anklageerhebung. Vielmehr setzt er diese voraus. Denn durch die Wiederaufnahme wird das eigentlich bereits rechtskräftig abgeschlossene Verfahren in den Zustand zurückversetzt, in dem es sich befand, als die rechtskräftig gewordene Entscheidung erging. Insofern kann die Geltung des Legalitätsprinzips nicht unmittelbar aus §152 Abs. 2 StPO hergeleitet werden[321]. Diese Probleme sieht scheinbar auch *Rieß*, denn er will §160 StPO „(mindestens) analog" anwenden[322], schreckt also vor dem direkten Zugriff auf die Normen, die das Legalitätsprinzip im Ermittlungsverfahren näher ausgestalten, zurück. Eine nä-

---

[316] s.o. S. 88 ff.
[317] *Gössel* Dünnebier-FS S. 131; s. auch *Gössel* StPO S. 116.
[318] *Gössel* LR25 §362, RdNr. 1; ebenso *Fischer* PfFi §362, RdNr. 1.
[319] *Dünnebier* Peters-FS S. 338.
[320] *Kleinknecht* Bruns-FS 477.
[321] *Th. Kleinknecht* Bruns-FS S. 477; a.A. wohl *Kleinknecht* MDR 53, 120 (120, 121), der allerdings vertritt, daß wieder ein Ermittlungsverfahren durchgeführt wird, und deshalb konsequenterweise von der Geltung des §152 Abs. 2 StPO ausgehen muß.
[322] *Rieß* LR24 §160, RdNr. 14.

here Begründung für seine Auffassung gibt er nicht. Es fragt sich, ob ihr gefolgt werden kann. Die analoge Anwendung einer Norm setzt nämlich voraus, daß im Gesetz eine planwidrige Lücke gegeben ist und daß der geregelte und der ungeregelte Fall vergleichbar sind[323]. Ob diese Voraussetzungen vorliegen, muß geprüft werden.
Die Vergleichbarkeit der Fälle mag damit zu begründen sein, daß das erneute Gerichtsverfahren von dem Wiederaufnahmeantrag abhängt – so wie die erste Verhandlung von der Anklage. Und genauso wie die Anklageerhebung vorherige Ermittlungen iSv. §160 StPO nötig macht, so ist auch der Wiederaufnahmeantrag ohne solche nicht denkbar. Insofern ist die Sachlage, die dem §160 StPO zugrundeliegt, vergleichbar mit der beim Wiederaufnahmeantrag. Daß durch den Antrag nur ein bereits abgeschlossenes Gerichtsverfahren wieder aufgerollt wird, während es mit der Anklage erst beginnt, schließt die Annahme der Vergleichbarkeit der Sachverhalte, was gerade nicht deren Identität bedeutet, nicht aus.
Problematisch ist aber, ob wirklich eine planwidrige Regelungslücke vorliegt. Dann darf der Gesetzgeber in §§359 ff StPO keine Aussage über die Geltung des Legalitätsprinzips getroffen haben. Eine solche Lücke ist aber bei genauerem Hinsehen nicht gegeben. Denn §365 StPO erklärt die §§296 – 303 StPO für anwendbar. Im Rahmen der Frage nach der Geltung des Legalitätsprinzips bei der Rechtsmitteleinlegung ist davon ausgegangen worden, daß die StPO wegen der ausdrücklich normierten Verzichtsmöglichkeit in §302 StPO zu erkennen gegeben hat, daß eine Verfolgungspflicht nicht besteht[324]. Da §365 StPO auch auf diese Vorschrift verweist, kann hier nichts anderes gelten[325]. Der Gesetzgeber hat also die Entscheidung getroffen, das Legalitätsprinzip hier nicht gelten lassen zu wollen. Somit fehlt es für die analoge Anwendung des §160 StPO an einer planwidrigen Regelungslücke.

cc. Das Legalitätsprinzip gilt also für die Entscheidung über die Stellung des Wiederaufnahmeantrages und die dafür erforderlichen Ermittlungen nicht[326].

---

[323] *Musielak* Grundkurs RdNr. 832.
[324] s.o. S. 91 f.
[325] ähnlich argumentiert auch *Kleinknecht* Bruns-FS S. 477.
[326] so iE. auch *Meyer-Goßner* K/M-G §362, RdNr. 1; *Kleinknecht* Bruns-FS S. 477; a.A. *Gössel* LR[25] §362, RdNr. 1; *Schmidt* KK §362 RdNr. 2; wohl auch *Kleinknecht* MDR 53, 120 (120 f).

### d. Wiederaufnahme gem. §211 StPO analog

Vom Gesetz ist die Wiederaufnahme nach §211 StPO vorgesehen, wenn der Eröffnungsbeschluß im Zwischenverfahren abgelehnt wurde. Daneben wird die analoge Anwendung dieser Vorschrift aber auch für alle die Fälle diskutiert, in denen eine rechtskräftige Entscheidung ohne Sachurteil gefällt wurde und wo die StPO keine Vorschrift bzgl. einer Wiederaufnahme enthält.

Sofern von der analogen Anwendbarkeit des §211 StPO ausgegangen wird, gilt nach dem oben bereits Ausgeführten auch das Legalitätsprinzip[327]. Denn bei §211 StPO ist eine neue Anklage erforderlich. Insofern befindet sich das Verfahren also wieder im Stadium des Ermittlungsverfahrens, wo das Legalitätsprinzip aufgrund der §§152 Abs. 2, 160 Abs. 1, 170 Abs. 1 StPO gilt[328].

### 5. Zusammenfassung der Ergebnisse zum zeitlichen Anwendungsbereich

Von der Geltung des Legalitätsprinzips ist im Ermittlungsverfahren aufgrund von §152 Abs. 2 StPO und im Vollstreckungsverfahren aufgrund eines stillschweigend vom Gesetz vorausgesetzten Legalitätsprinzips auszugehen. Dagegen gilt es für die hier zunächst untersuchte Staatsanwaltschaft nicht während des Zwischen- und Hauptverfahrens und bei Rechtsfindungsfragen nach Abschluß der Hauptverhandlung.

## III. Sachlicher Anwendungsbereich

§152 Abs. 2 StPO und der im Vollstreckungsverfahren geltende allgemeine Legalitätsgrundsatz sollen im folgenden auf ihren sachlichen Anwendungsbereich hin untersucht werden. Dabei steht die Frage im Vordergrund, welchen Einfluß einzelne Vorschriften und Grundsätze auf die Reichweite der Verfolgungspflicht haben.

---

[327] s.o. S. 82 f.
[328] ebenso *Kleinknecht* Bruns-FS 479, 481.

## 1. §152 Abs. 2 StPO

§152 Abs. 2 StPO besagt, daß eine Einschreitpflicht besteht, sofern eine „Straftat" vorliegt, diese „verfolgbar" ist, „zureichende tatsächliche Anhaltspunkte vorliegen" und „nicht gesetzlich ein anderes bestimmt ist". Die StPO geht also in dieser Norm nicht von einer uneingeschränkten Einschreitpflicht aus, sondern knüpft diese an Voraussetzungen. Es gilt somit genauer zu untersuchen, wie weit aus Sicht der StPO der Legalitätsgrundsatz gilt.

Vorab soll jedoch geklärt werden, ob der sachliche Anwendungsbereich auf das Erwachsenenstrafrecht beschränkt ist oder aber sich auch auf das Verfahren nach dem JGG erstreckt.

### a. Anwendbarkeit im Jugendstrafrecht

Diese Frage ist nicht ganz unbestritten, auch wenn die ganz h.M. wie selbstverständlich von der Geltung des Legalitätsprinzips in diesem Bereich ausgeht[329].

aa. Als Vertreter der Ansicht, daß der Legalitätsgrundsatz im Jugendstrafverfahren keine Anwendung findet, wird an verschiedenen Stellen *Potrykus* genannt[330]. Er geht davon aus, „daß angesichts der zahlenmäßigen Bedeutung der in der Praxis unter §45 JGG fallenden Jugendverfehlungen [...] von einem staatsanwaltschaftlichen Anklagezwang in Jugendsachen nicht mehr gesprochen werden kann. Das Jugendverfahren beherrscht vielmehr der Grundsatz der Anklagefreiheit". Diese These beruht erst einmal auf rein tatsächlichen Feststellungen. *Potrykus* zieht aus ihr dann aber einen Schluß, der sich auch auf die Rechtslage auswirkt, womit seine Aussage juristische Bedeutung erlangt: Der Anzeigende „kann nicht nach §172 StPO auf gerichtliche Entscheidung antragen. Denn das dem Verletzten gewährte Antragsrecht reicht nur soweit, als die Herrschaft des Legalitätsprinzips sich erstreckt. Da das Legalitätsprinzip in Jugendsachen nicht gilt, ist hier auch für die Anwendung des §172 StPO kein Raum"[331]. Im Ergebnis sagt *Potrykus* also tatsächlich, daß auch vom rechtlichen Standpunkt her gesehen das Legalitätsprinzip im Jugendstrafverfahren keinen Raum hat.

Abgesehen davon, daß seine These, das Legalitätsprinzip hätte bei einer von ihm selbst genannten Einstellungsquote von 20–25 % keine Bedeutung mehr, als solche schon fragwürdig erscheint, ist jedenfalls die Methode seiner Argumentation nicht anzuerkennen. Denn er begründet diese These nicht mit dem Gesetz, sondern allein mit den tatsächlichen Gegebenheiten in der Praxis. Die Anwendungshäufigkeit ei-

---

[329] *Meyer* Freiheit und Verantwortung des Staatsanwaltes S. 65; *Brunner/Dölling* JGG §45, RdNr. 3; *Peters* StPO S. 600; *Schaffstein/Beulke* JGG S. 221; *Albrecht* Jugendstrafrecht S. 334; *Diemer/Schoreit/Sonnen* JGG §45, RdNr. 2; s. auch *Dallinger/Lackner* JGG §45, RdNr. 7.
[330] *Eisenberg* JGG §45 RdNr. 9; *Nothacker* JZ 82, 57 (60, Fn. 59).
[331] *Potrykus* JGG S. 396.

nes Gesetzes kann aber nicht dessen Auslegung bestimmen, sondern ein Gesetz muß ausgelegt werden, damit es in der Praxis richtig angewandt werden kann.
bb. Somit fragt sich, ob das Gesetz davon ausgeht, daß §152 Abs. 2 StPO auch im Jugendstrafrecht gilt. Die StPO findet dort nach §2 JGG nur Anwendung, sofern nicht im JGG etwas anderes bestimmt ist. Somit greift §152 Abs. 2 StPO nur ein, wenn keine jugendrechtliche Sondervorschrift besteht. Als solche könnte §45 JGG angesehen werden. Voraussetzung für diese Annahme ist, daß §45 JGG wirklich eine Sonder- und nicht eine Ausnahmevorschrift darstellt.
Eine Sondervorschrift regelt den gesamten Bereich einer Norm speziell, eine Ausnahmevorschrift dagegen nur einen Teilbereich. §45 JGG besagt, daß von einer Verfolgung abgesehen werden kann. Hieraus ergibt sich bereits, daß die Vorschrift davon ausgeht, daß zunächst Ermittlungen eingeleitet werden. Ob die Staatsanwaltschaft hierzu verpflichtet ist, regelt sie dagegen nicht. Vielmehr überläßt sie diese Frage anderen Vorschriften. Insofern erfaßt §45 JGG den Bereich der Ermittlungen nicht vollständig. Er stellt also eine Ausnahmevorschrift, nicht aber eine Sondervorschrift zu §152 Abs. 2 StPO dar[332].
Diesen Unterschied zwischen einer Ausnahme- und einer Sondervorschrift scheint *Baumann* zu verkennen, wenn er die These aufstellt, daß das Legalitätsprinzip *"völlig ersetzt* ist durch das Opportunitätsprinzip im Jugendverfahren". Er begründet seine Auffassung dann allerdings damit, daß der Erziehungsgedanke „schon bei der Frage, ob überhaupt *Anklage zu erheben* ist", herrscht, da das Legalitätsprinzip *"hier* zu starr" wäre[333]. Er will also nur im Bereich der Anklage, nicht aber in dem der Ermittlungen das Legalitätsprinzip ersetzt sehen. Da der Erziehungsgedanke damit aber nur einen Teil des Legalitätsprinzips beeinflussen soll, geht auch er im Ergebnis davon aus, daß der Erziehungsgedanke (der insbes. in §45 JGG zum Ausdruck kommt) nur eine Ausnahme zum grds. geltenden Legalitätsprinzip begründet.
Hierfür spricht auch der Wortlaut des §45 Abs. 1 JGG, der ganz parallel zu §153 StPO davon spricht, daß von der „Verfolgung abgesehen werden kann". §153 StPO ist aber allein aufgrund seiner systematischen Stellung eine Ausnahmevorschrift zu der grds. aus §152 Abs. 2 StPO folgenden Einschreitpflicht. Für den fast gleichlautenden §45 Abs. 1 JGG kann dann aber nichts anderes gelten.
cc. Demzufolge ist mit der ganz h.M. im Schrifttum davon auszugehen, daß §152 Abs. 2 StPO auch im Jugendstrafrecht gilt.

---

[332] vgl. *Diemer/Schoreit/Sonnen* §45, RdNr. 2.
[333] *Baumann* Grundbegriffe S. 56.

## b. Straftat
### aa. Begriff der Straftat
Der Begriff der Straftat kann rein formell nach den Rechtsfolgen bestimmt werden (wenn für ein Verhalten eine Strafe angedroht wird, dann liegt eine Straftat vor)[334], oder aber nach materiellen Gesichtspunkten, wonach eine Straftat nur bei einer ethisch vorwerfbaren Handlung vorliegen kann[335]. Problematisch an dieser letztgenannten Qualifizierung ist, daß zwar eine Straftat nur bei ethisch vorwerfbarem Verhalten angenommen werden kann, daß aber seit der Entkriminalisierung der Verkehrsordnungswidrigkeiten nicht bei jedem Verhalten dieser Qualität eine Straftat begangen wurde, sondern durchaus auch eine Ordnungswidrigkeit gegeben sein kann[336]. Deshalb wird ein Verhalten heute eher nach quantitativen Gesichtspunkten eingeordnet: Eine erhebliche Rechtsgut- und Pflichtverletzung stellt eine Straftat dar[337].

### bb. Ordnungswidrigkeiten und Disziplinarmaßnahmen
Keine Straftaten stellen nach dieser Umschreibung des Begriffes „Straftat" Ordnungswidrigkeiten oder Verstöße gegen Disziplinarvorschriften dar. Sie werden also nicht von §152 Abs. 2 StPO erfaßt[338].

Das Ordnungswidrigkeitenrecht erfaßt bloßes Verwaltungs- und Ordnungsunrecht[339]. Nach §1 OWiG, der von einer formellen Begriffsbestimmung ausgeht, ist eine Ordnungswidrigkeit eine rechtswidrige und vorwerfbare Handlung, die den Tatbestand eines Gesetzes verwirklicht, das die Ahndung mit einer Geldbuße zuläßt. Quantitativ gesehen fehlt ihr die Erheblichkeit der Rechtsgut- und Pflichtverletzung[340].

Disziplinarmaßnahmen dagegen sehen die Ahndung von schuldhaften Pflichtverstößen vor, wobei die Pflichten nur aufgrund einer besonderen individuellen Stellung mehrerer Personen zueinander entstehen[341], beeinträchtigen aber nicht wie eine Straftat[342] die Grundwerte der Gesellschaft als ganze. Es gibt sie in den verschiedensten Rechtsgebieten. Beispielhaft sollen hier nur §3 BDO für Beamte, §63

---

[334] *Wessels/Beulke* StGB RdNr. 13; *Jescheck* LK[11] Einl. RdNr. 11.
[335] *Kaiser* Kriminologie Fall 12, RdNr. 28; *BVerfG* 22, 125 (132); ausführlich hierzu *Roxin* StGB §2 RdNr. 1 ff.
[336] *Kaiser* Kriminologie Fall 12 RdNr. 28; s. auch *Jescheck/Weigend* StGB-AT S. 50, 58; *Roxin* StGB §2 RdNr. 40.
[337] *Jescheck* LK[11] Einl., RdNr. 11; *Jescheck/Weigend* StGB-AT S. 50 f; gegen die Abgrenzung nach rein quantitativen Gesichtspunkten *Eckl* ZRP 73, 139 (141); *Hünerfeld* ZStW 78, 905 (911); ausführlich zum Inhalt und Begriff der Straftat s. *Kargl* GA 98, 53 (57 ff).
[338] *BVerfG* 27, 18 (33); *Rieß* LR[24] §152, RdNr. 29.
[339] *Schöch* Kriminologie Fall 10 RdNr. 13; *BVerfG* 22, 49 (79).
[340] *Jescheck/Weigend* StGB-AT S. 59; *Jescheck* LK[11] Einl. RdNr. 11.
[341] *Schäfer* LR[24] Einl. 7, RdNr. 13.
[342] *Wessels/Beulke* StGB RdNr. 4; *Schäfer* LR[24] Einl. 7, RdNr. 13.

DRiG iVm. §3 BDO für Richter, §58a Abs. 1 ZDG für Zivildienstleistende oder §102 StVollzG für Strafgefangene genannt werden.

### cc. Rechtswidrigkeit und Schuld

(1). Aus der formellen Bestimmung des Straftatbegriffes könnte man folgern, daß bereits jedes tatbestandsmäßige Verhalten eine Straftat darstellt. Aus der materiellen Bestimmung der Straftat muß aber geschlossen werden, daß das Verhalten auch der Rechtsordnung zuwiderlaufen und vorwerfbar sein muß[343]. Deshalb wird der Begriff der Straftat auch definiert als ein Verhalten, das den Tatbestand eines Strafgesetzes verwirklicht und dazu noch rechtswidrig und schuldhaft ist[344]. Somit greift das Legalitätsprinzip nur bei einer rechtswidrigen und schuldhaften Tat ein[345].

(2). Im einzelnen gilt in den Fällen, in denen es an der Rechtswidrigkeit oder der Schuld fehlt, folgendes:
Ist das tatbestandsmäßige Verhalten gerechtfertigt, entschuldigt oder fehlt es nach §19 StGB wegen Strafunmündigkeit an der Schuld, dann ergreift der Staat keine repressiven Maßnahmen.
Handelte der Beschuldigte schuldlos gem. §20 StGB, dann kann die Staatsanwaltschaft ein Sicherungsverfahren nach §413 StPO anordnen. Das „kann" bedeutet hier nicht eine Zuständigkeitszuweisung, sondern stellt die Entscheidung in das Ermessen der Staatsanwaltschaft. Hier gilt das Legalitätsprinzip also nicht[346].
Ebenfalls ohne Schuld handelte ein Jugendlicher, bei dem nicht festgestellt werden kann, daß „er zur Zeit der Tat nach seiner sittlichen und geistigen Entwicklung reif genug ist, das Unrecht der Tat einzusehen und nach dieser Einsicht zu handeln". In diesem Fall muß, da §3 S. 2 JGG dem Wortlaut nach erst im gerichtlichen Verfahren gilt, das Verfahren eingestellt werden und es kommen nur zivilrechtliche Maßnahmen in Betracht[347].

### dd. Bindung an die Rechtsprechung

Problematisch ist, ob die Staatsanwaltschaft bei der Beurteilung der Frage, ob eine Straftat vorliegt, an die Beurteilung der Rechtsprechung gebunden ist oder ob sie das Gesetz selbständig auslegen darf. Um diese Frage rankt sich ein alter Streit, der durch das *obiter dictum* in BGH 15, 155 neu entfacht wurde, den der 45. Deutsche Juristentag ausführlich und ohne Einigung behandelt hat[348] und der noch heute mit den alten Argumenten aktuell ist – zumindest in der Theorie. Bei diesem Streit

---

[343] *Jescheck/Weigend* StGB-AT S. 50.
[344] *Wessels/Beulke* StGB RdNr. 13.
[345] *Rieß* LR$^{24}$ §152, RdNr. 29.
[346] s. *Rieß* LR$^{24}$ §152, RdNr. 29.
[347] *Schaffstein/Beulke* JGG S. 59.
[348] 45. DJT Bd. 2 D.

werden Ansichten in allen Nuancierungen vertreten: Das Spektrum reicht von der völligen Ablehnung[349] bis hin zur Annahme einer Bindung bei nur einer einzigen höchstrichterlichen Entscheidung[350]. Dazwischen bewegen sich der BGH[351] und Teile der Literatur[352], die eine gefestigte höchstrichterliche Rechtsprechung verlangen (wobei die Bezeichnung „gefestigt" trotz einiger Versuche, sie zu konkretisieren[353], bis heute nur ein vager Begriff ist), die Auffassung, daß die Rechtsprechung zwar nicht gefestigt sein müsse, aber die Entscheidung auch nicht nur beiläufig ergangen sein darf[354] oder die These, daß vereinzelte Entscheidungen nicht genügen, es aber reicht, wenn Oberlandesgerichte dem BGH oder der Entscheidung eines anderen OLG folgen[355].

Außerdem sind die Anhänger der Bindungsthese weit davon entfernt zu klären, wie die Staatsanwaltschaft vorgehen muß, wenn widersprüchliche Entscheidungen ergangen sind[356] oder nicht eindeutig ist, ob eine Rechtsprechung wirklich schon als bindend angesehen werden muß[357].

Aufgrund dieses völlig unübersichtlichen Streitstandes soll es hier erst einmal um die grds. Frage gehen, ob überhaupt von einer Bindung auszugehen ist. Denn nur wenn dies bejaht wird, stellt sich im folgenden die Frage, in welchem Maße sich die Staatsanwaltschaft bei ihren eigenen Entscheidungen an der Gesetzesauslegung durch Gerichte zu orientieren hat.

Voraussetzung für die Diskussion iRd. Frage nach der Geltung des Legalitätsprinzips ist allerdings, daß dieses nicht (wie es der BGH annimmt[358]) bereits selbst eine eindeutige Antwort gibt. Da §152 Abs. 2 StPO nur das Vorliegen einer Straftat verlangt, nicht aber festlegt, wer dies zu beurteilen hat, ist die Antwort durch §152 Abs. 2 StPO nicht vorgegeben[359]. Denn eine Auslegung ist die Ermittlung des wahren Sinnes einer Vorschrift, so daß es nicht von vornherein ausgeschlossen ist, daß auch die Staatsanwaltschaft selbständig aufgrund des Gesetzes entscheiden darf, ob ein Verhalten strafbar ist[360]. Die Frage nach der Bindung der Staatsanwaltschaft an die Rechtsprechung ist also ein dem §152 Abs. 2 StPO innewohnendes Problem[361].

---

[349] vgl. v.a. *Herrmann* 45. DJT S. D41 ff; *Lüttger* GA 57, 193 (211 ff).
[350] *Nüse* JR 64, 281 (284).
[351] *BGH* 15, 155 (158).
[352] vgl. v.a. *Schwalm* 45. DJT S. D7 ff.
[353] siehe v.a. *Schwalm* 45. DJT S. D8 ff.
[354] *Schäfer* LR[24] Einl. 13, RdNr. 41.
[355] *Krey* StPO RdNr. 352.
[356] *BGH* 15, 155 (158) einerseits und *Schwalm* 45. DJT S. D27 f andererseits.
[357] hierzu *Dünnebier* JZ 61, 312 (314).
[358] *BGH* 15, 155 (158); s. auch *Nüse* JR 64, 281 (282).
[359] *Bottke* GA 80, 298 (302 f); *Rieß* LR[24] §170, RdNr. 23.
[360] *Sarstedt* NJW 64, 1752 (1757).
[361] so sehr deutlich *Bottke* GA 80, 298 (303).

Im Rahmen der hier darzustellenden Diskussion ist eine fast unübersehbare Anzahl von Argumenten vorgebracht worden, die – von den kriminalpolitischen einmal abgesehen – teilweise im einfachen Recht, teilweise im Verfassungsrecht gründen.

*(1). Argumente aus dem einfachen Recht*
Verfahrensrecht ist konkretisiertes Verfassungsrecht. Insofern soll hier zunächst das einfache Recht untersucht werden, bevor ggf. noch auf das allgemeinere Verfassungsrecht zurückgegriffen werden muß.

*(a). § 150 GVG*
Gegen die Bindung der Staatsanwaltschaft an die Rechtsprechung wird auf § 150 GVG verwiesen: die Staatsanwaltschaft sei von den Gerichten unabhängig[362], diesen gleichgeordnet[363] und nur dem Gesetz unterworfen[364]. Zwar wird hiergegen eingewandt, daß die Vorschrift nur bestimmt, daß die Staatsanwaltschaft nicht der Aufsicht der Gerichte unterliegt, dies aber nicht bedeute, daß sie nicht zunächst die Sache vor Gericht zu bringen habe und erst dann ihren eigenen Standpunkt vertreten dürfe[365]. Für dieses Argument fehlt es jedoch an einem Anhaltspunkt im Gesetz. Vielmehr ist zu beachten, daß § 150 GVG Ausdruck der Abkehr vom Inquisitionsprozeß ist[366]. Die Staatsanwaltschaft ist aber nur Ermittlungs- und Anklagebehörde, wenn sie nicht nur Tat-, sondern auch Rechtsfragen selbst beantworten kann[367]. Denn wenn die Staatsanwaltschaft von der Auffassung der Gerichte abhängig ist, wird die Einleitung des Verfahrens indirekt doch wieder von den Gerichten bestimmt[368] – so wie im Inquisitionsprozeß[369]. Genau dies wollte der Gesetzgeber aber nicht, der zum Schutz des Beschuldigten zwei voneinander unabhängigen Behörden die Entscheidung überlassen hat, ob ein strafwürdiges Verhalten vorliegt, das es rechtfertigt, den vermeintlichen Täter den Belastungen eines Strafverfahrens auszusetzen[370]. Auch sollte durch die selbständige Aufgabenwahrnehmung die Qualität der gerichtlichen und staatsanwaltschaftlichen Tätigkeit erhöht werden, indem die Gerichte nicht mit den Ermittlungen belastet werden[371] und die Staatsanwaltschaft durch den Zwang zur eigenen Beurteilung ihren Standpunkt sorgfältiger begründen muß als wenn sie sich blind auf die Rechtsprechung

---

362 *Herrmann* 45. DJT D49, 53; *Krey* StPO RdNr. 354; *Schöch* AK-StPO §152, RdNr. 9; *Geppert* JURA 82, 139 (149); *Roxin* StPO §10 RdNr. 12; *Lüttger* GA 57, 193 (212).
363 *Bloy* JuS 81, 427 (429) *Roxin* DRiZ 69, 385 (387).
364 *Bloy* JuS 81, 427 (429).
365 *Nüse* JR 64, 281 (283).
366 *Bottke* GA 80, 298 (307 f).
367 a.A. *Beulke* StPO RdNr. 90.
368 *Herrmann* 45. DJT S. D54; *Arndt* NJW 61, 1615 (1617).
369 *Arndt* NJW 61, 1615 (1617).
370 *Bottke* GA 80, 298 (307, 309); *Roxin* DRiZ 69, 385 (387); *Rieß* LR[24] §170, RdNr. 23.
371 *Herrmann* 45. DJT S. D59, D60; *Sarstedt* NJW 64, 1752 (1753).

stützen kann[372]. Die Selbständigkeit der Rechtsprechung, die §150 GVG normiert, spricht also dafür, die Frage, ob eine Straftat vorliegt, von einer selbständigen Entscheidung der Staatsanwaltschaft abhängig zu machen.

*(b). Prognoseentscheidung iRd. §170 StPO*
Zugunsten der Bindungswirkung wird vorgebracht, daß die Staatsanwaltschaft nach §170 StPO nur anklagen darf, wenn es wahrscheinlich ist, daß die Tat begangen wurde und abgeurteilt werden kann. Die Beurteilung dieser Voraussetzung sei nur möglich, wenn die Rechtsprechung prognostiziert werde, wobei eine fehlerfreie Prognose nur ergehen könne, wenn die Ansicht der Rechtsprechung zugrundegelegt wird[373]. Die Gegenansicht tritt dem mit dem Argument entgegen, daß die Prognose sich nur auf die Tatsachenwürdigung beziehe[374], wohingegen es in Rechtsfragen nur ein Ja oder Nein gebe, nicht aber ein Mehr- oder Weniger-Wahrscheinlich[375]. Dieses Vorbringen wiederum würde nicht durchgreifen, wenn man davon ausgeht, daß die Staatsanwaltschaft überhaupt nur die Tatsachen würdigen darf[376]. Diese Auffassung ist allerdings im Gesetz nicht begründet. Vielmehr ist zu beachten, daß Staatsanwälte nach §122 Abs. 2 DRiG die gleiche juristische Ausbildung wie die Richter genossen haben müssen und somit auch über Rechtsfragen entscheiden können sollen[377]. Aus §170 StPO ist also keine der beiden Ansichten zu begründen, vielmehr ist die Frage der Bindung ein dem §170 StPO zugrundeliegendes Problem[378].

*(c). §172 StPO*
Eine Bindung wird teilweise aus §172 StPO hergeleitet. Hierdurch werde nur der allgemeine Gedanke ausdrücklich festgelegt, daß das Gericht im Endeffekt zu entscheiden habe, ob ein Verhalten strafbar ist oder nicht[379]. Da diese Vorschriften aber zum Schutz des Verletzten nicht ausreichen, müsse der dem Klageerzwingungsverfahren zugrundeliegende Gedanke verallgemeinert werden[380]. Mit §172 StPO argumentiert aber auch für die Gegenmeinung: der Gesetzgeber habe dadurch, daß der Verletzte nur unter sehr strengen Voraussetzungen die Anklage erzwingen könne, zu erkennen gegeben, daß die Entscheidung der Staatsanwaltschaft grds. nicht durch ein Gericht überprüft werden solle. Der Gedanke des Klageerzwingungsverfahrens wäre dann also nicht verallgemeinerungsfähig[381].

---
[372] *Herrmann* 45. DJT S. D53.
[373] *Schlüchter* StPO RdNr. 61.3; *Schwalm* 45. DJT S. D27; iE. auch *Beulke* StPO RdNr. 90.
[374] *Schmidt* MDR 61, 269 (272).
[375] *Lüttger* GA 57, 193 (211).
[376] so *Schroeder* StPO RdNr. 64.
[377] *Bottke* GA 80, 298 (309); *Schmidt* MDR 61, 269 (271).
[378] *Bottke* GA 80, 298 (303).
[379] BGH 15, 155 (160); *Nüse* JR 64, 281 (283 f).
[380] *Schwalm* 45. DJT S. D29; *Nüse* JR 64, 281 (285).
[381] *Lüttger* GA 57, 193 (214); *Bottke* GA 80, 298 (309); *Schöch* AK-StPO §152, RdNr. 9.

Schließlich wird darauf verwiesen, daß §172 StPO allein als Kompromiß in die StPO eingeführt wurde, weil die Idee der subsidiären Privatklage sich nicht durchsetzte. Insofern sei dem §172 StPO für die Frage nach der Bindung der Staatsanwaltschaft an die Rechtsprechung überhaupt kein Argument zu entnehmen[382].

*(d). §§153 ff StPO*
Es wird gesagt, daß die Staatsanwaltschaft nur bei Ermessensentscheidungen einen Spielraum für eigene Entscheidungen habe. Da ihr Ermessen aber nur ausnahmsweise in den Fällen der §§153 ff StPO eingeräumt sei, dürfe sie grds. nicht von der Auffassung der Rechtsprechungsorgane abweichen[383]. Dem wird entgegengehalten, daß die Befugnis, ein Gesetz auszulegen, in keinem Zusammenhang mit der Einräumung von Ermessen steht, so daß §152 Abs. 2 StPO der Staatsanwaltschaft nicht verbietet, bei Entscheidungen ihre eigene Rechtsauffassung zugrundezulegen[384].
Weiterhin wird zugunsten der Bindungsthese vorgebracht, daß aus den Zustimmungserfordernissen der §§153 ff StPO hervorginge, daß die Staatsanwaltschaft an die Auffassung des Gerichtes gebunden sei[385]. Dieses Argument wird mit dem Hinweis widerlegt, daß die Zustimmung erstens nicht in allen Fällen nötig sei (v.a. nicht bei der Einstellung nach §170 Abs. 2)[386] und sie zweitens kein einseitiges, sondern ein gegenseitiges Abhängigkeitsverhältnis schaffe[387]. Außerdem trifft das Gesetz Regelungen, wann die Ansicht des Gerichts und wann die der Staatsanwaltschaft sich durchsetzen solle[388]; ein allgemeiner Grundsatz, daß dem Gericht immer der Vorrang gebührt, ist dem Gesetz also gerade nicht zu entnehmen.

*(e). Vorlagesystem*
Für die Bindung der Staatsanwaltschaft wird auf das Vorlagesystem der §§120 Abs. 3, 121 Abs. 2 und 136 GVG verwiesen. Die Vereinheitlichung der Rechtsprechung, der diese Vorschriften dienen sollen, wäre nicht möglich, wenn die Sache gar nicht erst vor ein Gericht käme[389]. Dem wird entgegengehalten, daß auch für die Untergerichte keine Bindung im Gesetz vorgesehen ist, so daß für die Staatsanwaltschaft aus diesen Normen nichts anderes hergeleitet werden kann[390]. Viel-

---

[382] *Dünnebier* JZ 61, 312 (312).
[383] *BGH* 15, 155 (159).
[384] *Bottke* GA 80, 298 (303); *Sarstedt* NJW 64, 1752 (1757).
[385] *BGH* 15, 155 (160); *Nüse* JR 64, 281 (284).
[386] *Bottke* GA 80, 298 (308).
[387] *Herrmann* 45. DJT S. D50.
[388] *Sarstedt* NJW 64, 1752 (1756); vgl. auch *Lüttger* GA 57, 193 (214).
[389] *BGH* 15, 155 (160).
[390] *Herrmann* 45. DJT S. D49; *Schmidt* MDR 61, 269 (272); *Lüttger* GA 57, 193 (212); *Sarstedt* NJW 64, 1752 (1756); *Roxin* DRiZ 69, 385 (387); so auch *Schöch* AK-StPO §152, RdNr. 9.

mehr tritt die Bindung nur ein, wenn dies ausdrücklich angeordnet ist[391]. Zu beachten sei auch, daß die Vorlagepflicht sich nur auf einen konkreten Rechtsstreit beziehe, während sich die Bindung der Staatsanwaltschaft an die Rechtsprechung nicht auf einen Einzelfall beschränke. Die Vorlagepflichten können somit kein Argument für die hier geführte Diskussion liefern[392].

*(f). Abschlußentscheidung*
Die Staatsanwaltschaft trifft eigene Abschlußentscheidungen, für die sie die Verantwortung trägt. Es kann aber jemand durch das Gesetz nur für eine Entscheidung verantwortlich gemacht werden, wenn er auch aus eigener Überzeugung handeln kann[393]. Insofern ist die Bindungsthese abzulehnen. Dieser Aussage steht auch nicht das Vorlagesystem entgegen, denn hier sind Vorabentscheidungen vorgesehen, bei denen das Vorlagegericht entscheidet und das eigentlich mit der Sache befaßte Gericht nicht die Verantwortung für die Entscheidung trägt[394].

*(g). Zwischenergebnis*
Es hat sich gezeigt, daß fast aus jeder Norm Argumente für und gegen die Bindungsthese hergeleitet werden können. Allein das letztgenannte Argument ist – soweit ersichtlich – von den Befürwortern der Bindungswirkung nicht widerlegt worden. Aber auch die Unabhängigkeit der Staatsanwaltschaft und die Tatsache, daß die StPO Normen enthält, die eine Bindung vorsehen, diese aber von ganz konkreten Voraussetzungen abhängig macht, spricht eher – wenn auch nicht zwingend – dafür, der Staatsanwaltschaft eine eigene Auslegung zuzubilligen. Dagegen gibt das historische Argument, den Inquisitionsprozeß wiederaufleben zu lassen, wenn man die Bindung befürwortet, nicht viel her: Denn Rechtsauffassungen können sich in über 100 Jahren auch einmal ändern. Festzuhalten bleibt also, daß die bisherigen Argumente nicht allzu schlagkräftig sind. Somit ist zu untersuchen, ob das Verfassungsrecht zwingende Argumente für die eine oder andere Ansicht enthält.

*(2). Argumente aus dem Verfassungsrecht*
*(a). Rechtseinheit, Gleichbehandlung*
Die Anhänger der Bindungsthese argumentieren, daß eine selbständige Gesetzesauslegung durch die Staatsanwaltschaft die Rechtseinheit und die Gleichbehandlung gefährden würde[395]. Dem wird entgegengehalten, daß allein aufgrund der Weisungsabhängigkeit der Staatsanwälte die Rechtseinheit eher gewährleistet sei

---
[391] *Bottke* GA 80, 298 (306); *Schmidt* MDR 61, 269 (271); *Lüttger* GA 57, 193 (212).
[392] *Herrmann* 45. DJT S. D53; *Sarstedt* NJW 64, 1752 (1756).
[393] *Herrmann* 45. DJT S. D52.
[394] *Herrmann* 45. DJT S. D52 f.
[395] BGH 15, 155 (158); *Schwalm* 45. DJT S. D29; *Beulke* StPO RdNr. 90.

als bei den voneinander grds. unabhängigen Gerichten[396], ferner daß diese Grundsätze ohnehin nicht ausnahmslos gelten würden[397] und daß das Gesetz genügend Kontrollmöglichkeiten vorsehe[398]. Außerdem darf es keine Gleichheit im Unrecht geben[399]. Da aber nur die widerlegliche Vermutung für die Richtigkeit der gerichtlichen Entscheidungen spreche, müsse es der Staatsanwaltschaft unbenommen bleiben, das Gesetz nach ihrer eigenen Auffassung auszulegen[400].

*(b). Gewaltenteilung und Gesetzesbindung*
(aa). Der BGH und Teile der Literatur stehen auf dem Standpunkt, daß es der Rechtsprechung vorbehalten sein müsse, Gesetze auszulegen[401]. Ansonsten hinge die Verfolgung nicht vom Gesetz, sondern von der Rechtsansicht der Anklagebehörde ab[402]. Die Gegenansicht argumentiert in diesem Zusammenhang, daß bei einer Bindung der Staatsanwaltschaft die Rechtsprechung im Ergebnis die Wirkung eines Gesetzes haben würde[403]. Das kann aber nicht hingenommen werden: Denn die Gesetzgebung ist der Legislative vorbehalten. Diese und nicht die Rechtsprechung kriminalisiert Verhalten[404]. Dem könnte allerdings zu recht entgegengehalten werden, daß auch die Rechtsprechung nicht neues Recht schafft, sondern bereits vorhandenes nur auslegt. Dann bleibt aber immer noch das Argument, daß die Staatsanwaltschaft nach Art. 20 Abs. 3 GG (was einfachgesetzlich in §150 GVG festgelegt ist) an die Gesetze und nicht an die Rechtsprechung gebunden ist[405].

(bb). Vielfach wird behauptet, daß dem Richter die Möglichkeit zur Entscheidung entzogen würde, wenn die Staatsanwaltschaft aufgrund ihrer eigenen Überzeugung von der Straflosigkeit des Verhaltens nicht anklage, und daß damit in den Kernbereich der Rechtsprechung eingegriffen werde[406]. Nur die Legislative könne durch eine Gesetzesänderung erreichen, daß eine feste Rechtsprechung aufgegeben werde[407]. Diese Begründung findet jedoch keine Grundlage im Gesetz. Denn der Kernbereich der Rechtsprechung beinhaltet nicht, über jede Rechtsfrage entscheiden zu dürfen, sondern er beginnt erst, wenn die Sache dem Gericht zur Entschei-

---

[396] *Sarstedt* NJW 64, 1752 (1757).
[397] *Herrmann* 45. DJT S. D57.
[398] *Lüttger* GA 57, 193 (215).
[399] *Bottke* GA 80, 298 (306).
[400] *Herrmann* 45. DJT S. D47; *Bloy* JuS 81, 427 (428); *Schmidt* MDR 61, 269 (272).
[401] *BGH* 15, 155 (158); *Nüse* JR 64, 281 (282); *Dünnebier* JZ 61, 312 (314); *Schwalm* 45. DJT S. D27; *Gössel* GA 80, 325 (343).
[402] *BGH* 15, 155 (159).
[403] *Herrmann* 45. DJT S. D43, D56.
[404] *Herrmann* 45. DJT S. D41 f.
[405] *Herrmann* 45. DJT S. D49; *Krey* StPO I RdNr. 354.
[406] *BGH* 15, 155 (159 f); *Nüse* JR 64, 281 (282, 283, 284); *Beulke* StPO RdNr. 90; vgl. auch *Peters* StPO S. 167 unter ausdrücklicher Aufgabe der in der 2. Aufl. vertretenen Ansicht.
[407] *Beulke* StPO RdNr. 90.

dung vorgelegt wurde[408]. Nach §151 StPO beginnt das gerichtliche Verfahren mit der Anklageerhebung. Vorher können Aufgaben der Rechtsprechung überhaupt nicht berührt sein[409]. Somit findet das häufig für die Bindung der Staatsanwaltschaft vorgebrachte Blockadeargument in der Verfassung keine Grundlage.

*(3). Ergebnis*
Während aus dem einfachen Recht keine überzeugenden Argumente für oder gegen die eine oder andere Ansicht abgeleitet werden können, so spricht das Verfassungsrecht eher dafür, daß die Staatsanwaltschaft eine eigene Entscheidung treffen darf.
Ein zwingendes Argument folgt hier aus Art. 20 Abs. 3 GG, der die Gesetzesbindung festschreibt. Denn in dieser Vorschrift wird die Rechtsprechung gleichberechtigt neben der Verwaltung genannt. Daraus folgt, daß sich die Rechtsprechung nicht zwischen Verwaltung und Gesetz schieben darf, wenn nicht im einfachen Gesetz eine Bindung vorgesehen ist, was bei der zur Diskussion stehenden Frage gerade nicht der Fall ist. Insofern ist die Staatsanwaltschaft allein dem Gesetz unterworfen. Dieses wendet sie aber auch an, wenn sie es selbständig auslegt. Insofern darf die Staatsanwaltschaft wegen Art. 20 Abs. 3 GG und mangels Vorschriften, die die Gesetzesauslegung der Staatsanwaltschaft von der Ansicht der Rechtsprechung abhängig macht, *de lege lata* nicht an die Rechtsprechung gebunden werden. Sie muß also eine eigene Entscheidung treffen.
Diese Ansicht führt dazu, daß die Staatsanwaltschaft nach §152 Abs. 2 StPO nicht tätig werden muß, wenn sie entgegen der Rechtsprechung ein Verhalten für straflos hält, andererseits aber Anklage zu erheben hat, wenn sie in Abweichung von der Rechtsprechung ein Verhalten für strafbar hält[410].

*ee. Zusammenfassung der Ergebnisse*
Weder Ordnungswidrigkeiten, Verstöße gegen Disziplinarvorschriften und zivilrechtlich mit Strafe belegte Verhaltensweisen noch eine gerechtfertigte oder schuldlose Tat fallen in den Anwendungsbereich des Legalitätsprinzips. Bei der Beurteilung, ob eine Straftat vorliegt, ist die Staatsanwaltschaft nach der hier vertretenen Auffassung nicht an die Ansicht der Rechtsprechung gebunden.

---

[408] s.o. S. 46; ferner *Bloy* JuS 81, 427 (428); *Herrmann* 45. DJT S. D49 f, D58; *Dünnebier* JZ 61, 312 (312); *Sarstedt* NJW 64, 1752 (1753); *Schlüchter* StPO RdNr. 61.2; *Schmidt* MDR 61, 269 (271).
[409] vgl. *Herrmann* 45. DJT S. D56; *Dünnebier* JZ 61, 312 (312); *Lüttger* GA 57, 193 (214).
[410] Dieses zuletzt angesprochene Ergebnis ist (fast) unbestritten, wird also auch von den Anhängern der Bindungsthese vertreten: vgl. *Näse* JR 64, 281 (285); *Lüttger* GA 57, 193 (213); *Schäfer* LR[24] Einl. 13, RdNr. 41; *Schlüchter* StPO RdNr. 61.4. Einschränkend *Schwalm* 45. DJT S. D28, D30; *Krey* StPO I RdNr. 359; die zum Schutz des Beschuldigten einen wichtigen Grund für die Abweichung von der Rechtsprechung fordern; a.A. *Kühne* StPO S. 39.

## c. Verfolgbarkeit

§152 Abs. 2 StPO verlangt, daß die Straftat verfolgbar ist. Auch wenn die Lehre von den Prozeßvoraussetzungen erst nach Aufnahme des §152 in die RStPO entwickelt wurde[411], so ist doch davon auszugehen, daß die Verfolgbarkeit gleichbedeutend ist mit dem Fehlen von Prozeßhindernissen bzw. anders formuliert mit dem Vorliegen aller Prozeßvoraussetzungen[412]. Danach ist eine Tat verfolgbar, wenn keine Umstände vorliegen, „die nach dem ausdrücklich erklärten oder aus dem Zusammenhang ersichtlichen Willen des Gesetzes für das Strafverfahren so schwer wiegen, daß von dem Vorhandensein oder Nichtvorhandensein die Zulässigkeit des Verfahrens im Ganzen abhängig gemacht werden muß"[413]. Zu beachten ist allerdings, daß die StPO z.B. mit den Vorschriften der §§127 Abs. 3 und §130 StPO (Recht zur Festnahme bzw. zum Erlaß eines Haftbefehls, obwohl bei einem Antragsdelikt der Antrag noch fehlt) deutlich macht, daß sie das Verfahren bei vorübergehenden Hindernissen nicht gänzlich ausgeschlossen haben will. Solange wie also die Möglichkeit besteht, daß die Voraussetzung noch eintreten wird, ist die Tat noch nicht als unverfolgbar anzusehen. Demzufolge schließen ihrer Rechtsnatur nach vorläufige Verfahrenshindernisse die Verfolgbarkeit nur aus, wenn in tatsächlicher Hinsicht davon ausgegangen werden kann, daß sie nicht mehr wegfallen werden und somit als endgültig angesehen werden müssen[414]. Sofern die Hindernisse behebbar sind, ist das Legalitätsprinzip also nicht mangels Verfolgbarkeit ausgeschlossen, woraus die Pflicht erwächst, auf deren Beseitigung hinzuwirken und alle die Maßnahmen zu treffen, die eine spätere effektive Strafverfolgung ermöglichen[415].

Über das Vorliegen von (endgültigen) Verfahrenshindernissen hinaus verneint *Rieß* die Verfolgbarkeit auch beim Eingreifen von persönlichen Strafausschließungsgründen[416]. Für diese Ansicht spricht, daß es unsinnig erscheint, eine Anklage zu erheben, wenn von vornherein klar ist, daß der Beschuldigte nicht verurteilt werden kann. Dennoch ist zu beachten, daß das geltende Recht die persönlichen Strafausschließungsgründe dem materiellen Recht zuordnet. Wenn die StPO aber materiell-rechtlichen Begriffen prozessuale Bedeutung zukommen lassen will, dann tut sie dies ausdrücklich, indem sie den Begriff auch verwendet (vgl. z.B. den Begriff der Schuld in §153 StPO oder aber den der Straftat in §152 Abs. 2 StPO). Wenn

---

[411] *Schäfer* LR[24] Einl. 11, RdNr. 2 – 5; s. auch *Schäfer* LR[24] Einl. 12, RdNr. 136; *BGH* 26, 84 (88).
[412] *Schoreit* KK 152, 27; *Müller* KMR §152, RdNr. 3 und KMR §160, RdNr. 5; *Schmidt* StPO II §152, RdNr. 9; *Schroeder* StPO RdNr. 68.
[413] *BGH* 15, 287 (290); 26, 84 (89); zu weiteren ähnlich lautenden Definitionen s. u.a. *Schäfer* LR[24] Einl. 11, RdNr. 6; *Beulke* StPO RdNr. 273.
[414] *Schöch* AK-StPO §152, RdNr. 8; *Müller* KMR §152, RdNr. 3.
[415] *Schöch* AK-StPO §152, RdNr. 8; *Schoreit* KK §152, RdNr. 27; *Meyer-Goßner* K/M-G §152, RdNr. 10; *Schäfer* LR[24] Einl. 13, RdNr. 34; *Rieß* LR[24] §152, RdNr. 30; vgl. auch *Müller* KMR §160, RdNr. 7.
[416] *Rieß* LR[24] §152, RdNr. 30.

sie aber nur von „Verfolgbarkeit" spricht, ist wegen der grds. Trennung von materiellem und prozessualem Recht[417] davon auszugehen, daß die dem materiellen Recht angehörenden Strafausschließungsgründe auf die Verfolgung der Straftat keinen Einfluß haben sollen. Sie tangieren also den prozeßrechtlichen Grundsatz des Legalitätsprinzips nicht.

Folgende Punkte sollen darauf untersucht werden, ob sie die Verfolgbarkeit der Straftat im Ermittlungsverfahren ausschließen[418]:
- Unzuständigkeit der deutschen Gerichtsbarkeit
- Unberührtheit der Sache
- Verjährung
- Antragserfordernis
- Immunität
- Indemnität
- Strafunmündigkeit
- Begrenzte Lebenserwartung
- Tod des Beschuldigten
- Verhandlungsunfähigkeit
- Überlange Dauer des Strafverfahrens
- Straffreiheitsgesetze
- Tatprovokation durch einen Lockspitzel
- Verfolgbarkeit von Privatklagedelikten

*aa. Unzuständigkeit der deutschen Gerichtsbarkeit*
Deutsche Gerichte sind nur zuständig für Straftaten, die nach deutschem Strafrecht zu beurteilen sind. Welche Straftaten dies sind, ergibt sich grds. aus §§3 – 7 StGB. Ausnahmen von dieser Regelung sieht die StPO aber in den §§18 – 20 GVG für sog. Exterritoriale vor. Für diese sowie die von §§3 – 7 StGB nicht erfaßten Fälle ist das deutsche Strafrecht nicht anwendbar, was verfahrensrechtlich zu der Annahme eines Verfahrenshindernisses führt[419]. Sie unterliegen also keiner Verfolgungspflicht nach §152 Abs. 2 StPO.

---

[417] hierzu s.o. S. 24.
[418] zu weiteren anerkannten oder diskutierten Verfahrenshindernissen s. *Schäfer* LR[24] Einl. 12; *Schöch* AK-StPO Vor §158, RdNr. 10 f.
[419] *Schäfer* LR[24] Einl. 12, RdNr. 12.

### bb. Unberührtheit der Sache

Ein Verfahrenshindernis wird angenommen, wenn die Sache anderweitig rechtshängig ist oder aber bereits eine rechtskräftige Entscheidung wegen derselben Tat ergangen ist[420].

### (1). Rechtshängigkeit

Rechtshängigkeit bedeutet, daß die Sache bereits Gegenstand eines gerichtlichen Verfahrens ist[421]. Dieses ist nach einer Ansicht der Fall bei Einreichen der Anklageschrift[422], andere verlangen den Eröffnungsbeschluß[423]. Jedenfalls reicht aber nicht die Behandlung im Vorverfahren. Daß die Rechtshängigkeit ein Verfahrenshindernis[424] ist, ergibt sich aus §12 StPO: Nach dieser Norm kann nur ein Gericht für dieselbe Sache zuständig sein[425]. Da die fehlende Zuständigkeit als Verfahrenshindernis anerkannt ist, muß dies nach der Regelung in §12 StPO dann konsequenterweise auch für die anderweitige Rechtshängigkeit gelten. Insofern ist in diesem Fall die Verfolgbarkeit und somit der Verfolgungszwang ausgeschlossen.

### (2). Rechtskraft

Formelle Rechtskraft tritt ein, wenn die Rechtsmittelfristen der §§314, 319 bzw. der §§341, 349 StPO abgelaufen sind, das Revisionsgericht entschieden hat (§354 Abs. 1 StPO) oder aber auf die Einlegung eines Rechtsmittels nach §302 StPO verzichtet wurde. Materiell-rechtlich hat die Rechtskraft die Bedeutung, daß die Sache nicht erneut Gegenstand eines Verfahrens werden darf[426].
Daß die Rechtskraft ein Verfahrenshindernis ist, wird in der StPO nicht ausdrücklich erwähnt. Dennoch ist der Grundsatz des *ne bis in idem* ein seit jeher anerkannter Grundsatz[427]. Außerdem ist zu bedenken, daß die StPO in den §§359 ff festgelegt hat, daß ein Verfahren nur unter sehr engen Voraussetzungen fortgeführt werden kann. Im Umkehrschluß folgt daraus, daß eine Tat nach Eintritt der Rechtskraft grds. nicht mehr verfolgbar sein soll. Hieraus läßt sich also die Eigenschaft als Verfahrenshindernis ohne Rückgriff auf den *ne bis in idem*-Grundsatz aus der StPO selbst heraus begründen[428].
Demzufolge ist die Straftat nicht verfolgbar, wenn bereits eine rechtskräftige Entscheidung in gleicher Sache ergangen ist, so daß in diesem Fall eine Voraussetzung für die Verfolgungspflicht nach §152 Abs. 2 StPO fehlt. Dennoch ist zu beachten,

---

[420] *Schäfer* LR[24] Einl. 12, RdNr. 14.
[421] *Schäfer* LR[24] Einl. 12, RdNr. 14.
[422] *Roxin* StPO §38 RdNr. 9.
[423] *Beulke* StPO RdNr. 279; *Ranft* StPO RdNr. 1118.
[424] *Schäfer* LR[24] Einl. 12, RdNr. 13; *Ranft* StPO RdNr. 1118; *Beulke* StPO RdNr. 279.
[425] *Schäfer* LR[24] Einl. 12, RdNr. 14.
[426] *Beulke* StPO RdNr. 503; zum Begriff derselben Sache siehe *Schäfer* LR[24] Einl. 12, RdNr. 28 – 39 mwN.
[427] *Schäfer* LR[24] Einl. 12, RdNr. 25.
[428] *Schäfer* LR[24] Einl. 12, RdNr. 25.

daß die Rechtskraft das Legalitätpsrinzip nicht in jedem Fall berührt. Denn wenn bei dem ersten Verfahren alle entscheidungserheblichen Tatumstände bekannt waren und somit Gegenstand der rechtskräftigen Entscheidung geworden sind, ist die gesamte Tat verfolgt worden. Mehr verlangt die strengste Verfolgungspflicht nicht. Etwas anderes gilt nur, wenn sich die rechtskräftige Entscheidung nur auf einen Teil der Tat erstreckt. Hier entzieht die Rechtskraft die nicht in die Entscheidung eingegangenen Teile einer Verfolgung.

*cc. Verjährung*

Nach §78 StGB ist die „Ahndung der Tat und die Anordnung von Maßnahmen" ausgeschlossen, wenn die Tat verjährt ist.

Fraglich ist, ob die Verjährung die Frage nach der Verfolgbarkeit der Tat überhaupt berührt. Dieses ist nach dem oben Ausgeführten nur anzunehmen, wenn sie den Verfahrenshindernissen zugeordnet werden kann. Es ist aber gerade umstritten, ob die Verjährung solch ein Hindernis begründet (so die rein prozessuale und die gemischt materiell-prozessuale Theorie) oder nur rein materiell-rechtliche Wirkung hat und dann einen materiellen Strafaufhebungsgrund darstellt[429]. Der Wortlaut des §78 StGB, der nur vom Ausschluß der Ahndung redet, läßt diese Frage offen. Die ganz herrschende Meinung lehnt die rein materiell-rechtliche Theorie aber ab[430]. Dabei spielt v.a. die Überlegung eine Rolle, daß dann ein Freispruch ergehen müßte, obwohl die Strafwürdigkeit des Verhaltens und der Unrechtsgehalt nicht mit Ablauf der Frist entfallen[431]. Außerdem sei der Grund der Verjährung (zumindest auch[432]) im Beweismittelverlust zu erblicken[433]. Diese Gründe sprechen für eine jedenfalls auch prozessuale Funktion der Verjährung. Somit ist sie ein Verfahrenshindernis.

Für die Frage nach der Geltung des Legalitätsprinzips folgt daraus, daß eine Tat nach Ablauf einer bestimmten, in §78 Abs. 3 StGB näher konkretisierten Zeit nicht mehr verfolgt werden kann. Eine Ausnahme gilt dabei nur für Mord und Völkermord, die nach Abs. 2 des §78 StGB nicht verjähren. Bei diesen – aber auch nur bei diesen – Delikten wird die Verfolgungspflicht also nicht durch Zeitablauf ausgeschlossen.

---

[429] zu diesem Streit allgemein *Beulke* StPO RdNr. 9 ff; *Schäfer* LR[24] Einl. 12, RdNr. 78; *Tröndle* StGB Vor §78, RdNr. 4.
[430] st. Rspr, s. nur *RG* 53, 276 (276); 66, 348 (328); 76, 159 (160); vgl. in der Lit. z.B. *Tröndle* StGB Vor §78, RdNr. 4; *Beulke* StPO RdNr. 10.
[431] *Schäfer* LR[24] Einl. 12, RdNr. 78.
[432] zu anderen Gründen s. z.B. *Schäfer* LR[24] Einl. 12, RdNr. 78; *Stree* Sch/Sch Vorbem. §§78 ff, RdNr. 3; *Jähnke* LK[11] Vor §78, RdNr. 1; *Volk* Prozeßvoraussetzungen S. 226.
[433] *Beulke* StPO RdNr. 10.

*dd. Antragserfordernis*
Die Verfolgung einiger Delikte setzt die Stellung eines Antrages voraus. Dabei unterscheidet das Strafgesetzbuch drei verschiedene Arten von Antragsdelikten, die alle ihre eigenen Auswirkungen auf die Verfolgbarkeit der Straftat haben.

(1). Eine Kategorie stellen die sog. absoluten Antragsdelikte dar. Diese sind nur verfolgbar, wenn der Verletzte einen Antrag stellt (vgl. §77 StGB). Zu diesen gehören z.B. die in §205 StGB genannten Delikte. Die Verfolgung kann innerhalb einer dreimonatigen Frist verlangt werden (§77b StGB). In dieser Zeit besteht ein vorübergehendes Verfahrenshindernis, wenn der Antrag weder gestellt noch seine Stellung eindeutig abgelehnt wurde. Für die Geltung des Legalitätsprinzips bedeutet das folgendes:
Wird der Antrag gestellt, ist die Tat laut §77 StGB verfolgbar, die Einschreitpflicht besteht also[434].
Wird der Antrag in der Dreimonatsfrist des §77b StGB nicht gestellt, ist die Tat endgültig nicht verfolgbar, so daß §152 Abs. 2 StPO nicht eingreift. Gleiches gilt, wenn innerhalb der Frist ausdrücklich auf die Stellung des Antrages verzichtet wurde.
Wenn dies nicht erklärt wird, besteht vor Ablauf der Antragsfrist kein endgültiges Verfahrenshindernis mit der Folge, daß die Tat verfolgt werden muß (s.o. S. 108). Insbesondere hat die Staatsanwaltschaft den Verletzten darauf hinzuweisen, daß die Tat nur weiterverfolgt werden kann, wenn er einen Antrag stellt[435].

(2). Bei anderen Delikten muß entweder ein Antrag gestellt oder aber die Staatsanwaltschaft das öffentliche Interesse an der Strafverfolgung bejahen[436] (vgl. §§303c oder 230 StGB). Diese Voraussetzungen stehen in einem Alternativverhältnis, die Bejahung des öffentlichen Interesses ersetzt also nicht den Antrag, sondern macht ihn überflüssig[437].
Für die Verfolgungspflicht bedeutet dies:
– Wird der Antrag gestellt, gilt das eben Gesagte: die Straftat ist verfolgbar. Gleiches gilt, wenn zwar kein Antrag gestellt, aber das öffentliche Interesse bejaht wird.

---

[434] *Jähnke* LK[11] §77, RdNr. 5.
[435] *Schöch* AK-StPO §152, RdNr. 8; *Rieß* LR[24] §152, RdNr. 30; vgl. auch *Schoreit* KK §152, RdNr. 27; *Meyer-Goßner* K/M-G §152, RdNr. 10.
[436] umstritten ist, ob die Entscheidung der Staatsanwaltschaft über das öffentliche Interesse oder aber das Vorliegen des öffentlichen Interesses die Verfahrensvoraussetzung ist. Dieser Streit wirkt sich allerdings nur im gerichtlichen Verfahren bei der Frage aus, ob das Gericht das Vorliegen des öffentlichen Interesses oder aber nur der Entscheidung hierüber überprüfen kann. Zu dieser Frage s. *Fezer* StPO Fall 1, RdNr. 67 f mwN.; *BayObLG* NJW 91, 1765 (1766).
[437] *Stree* Sch/Sch §77, RdNr. 52.

– Läuft die Dreimonatsfrist ab, ohne daß ein Antrag gestellt wird, oder verzichtet der Berechtigte darauf bereits vor Ablauf dieser Frist und wird außerdem das öffentliche Interesse verneint, fehlt eine nötige Verfahrensvoraussetzung.
– Hat vor Fristablauf weder die Staatsanwaltschaft die Frage nach dem öffentlichen Interesse entschieden noch der Berechtigte erklärt, den Antrag nicht stellen zu wollen, so besteht nur ein vorläufiges Verfahrenshindernis. Die Tat ist also noch verfolgbar iSv. §152 Abs. 2 StPO.

(3). Schließlich gibt es relative Antragsdelikte. Bei diesen gilt das Antragserfordernis nur, wenn bestimmte Personen durch die Tat verletzt wurden. Zu diesen Delikten gehört z.b. der Diebstahl (§247 StGB).
Die Tat ist also ohne weiteres verfolgbar, wenn der Verletzte nicht zum Kreis der in diesen Vorschriften Genannten zählt.
Andernfalls ist die Rechtslage die gleiche wie bei den oben unter (1). beschriebenen absoluten Antragsdelikten: Stellt der Berechtigte den Antrag, greift §152 Abs. 2 StPO ein, stellt er ihn endgültig nicht, entfällt die Verfolgbarkeit und somit die Einschreitpflicht. Vor Stellung des Antrages und vor Ablauf der Antragsfrist ist die Tat verfolgbar, wenn der Berechtigte nicht auf die Möglichkeit der Antragstellung verzichtet hat.

*ee. Immunität*
(1). Zu Begriff und Geltung der Immunität nach Art. 46 (iVm. Art. 60) GG s. oben S. 43 f.
Die Immunität stellt ein Verfahrenshindernis dar[438]. Dies folgt aus dem Wortlaut des Art. 46 GG, der verbietet, die Abgeordneten „zur Verantwortung zu ziehen". Denn damit ist gemeint, daß alle Maßnahmen zu unterlassen sind, die darauf abzielen, nach Feststellung einer strafbaren Handlung den Täter zu ermitteln und zu bestrafen[439].
Auf die Geltung des Legalitätsprinzips hat die Immunität folgende Auswirkungen:
– Im Falle des Art. 46 Abs. 2, 2. HS GG gilt der Schutz der Immunität nicht, so daß die Tat verfolgbar ist.
– In allen anderen Fällen muß die Staatsanwaltschaft versuchen, die Genehmigung des Parlamentes einzuholen[440]. Wird diese verweigert, ist die

---

[438] *Rauball* v.Mü Art. 46, RdNr. 16; *Maunz* M/D Art. 46, Abschn. III, RdNr. 28; *Magiera* BK Art. 46, RdNr. 106; *Bockelmann* Immunitätsrecht S. 28; *Pfeiffer* PfFi §152a, RdNr. 5; *Wolfslast* NStZ 87, 433 (433); *Schöch* AK-StPO §152a, RdNr. 2; *Rieß* LR[24] §152a, RdNr. 44, 46.
[439] RG 24, 205 (209).
[440] *Maunz* M/D Art. 46, Abschn. III, RdNr. 29; *Bockelmann* Immunitätsrecht S. 47; *Rieß* LR[24] §152a, RdNr. 33.

Tat während der Amtszeit[441] nicht verfolgbar iSv. §152 Abs. 2 StPO[442]. Aus der zeitlichen Begrenzung folgt, daß die Verfolgungspflicht nur zeitlich aufgeschoben[443], nicht aber gänzlich ausgeschlossen ist.
Wenn die Immunität dagegen aufgehoben wird, ist die Verfolgungspflicht nicht beschränkt, wenn und solange der Schutz nicht gem. Art. 46 Abs. 4 GG wiederhergestellt ist.

(2). Über den Bereich der grundgesetzlichen Regelung hinaus gilt die Immunität im Rahmen der jeweiligen Landesverfassungen[444] und einzelner einfachgesetzlicher Regelungen[445]. Nach §152a StPO wirkt der Immunitätsschutz aus dem Landesrecht dann im ganzen Bundesgebiet.

*ff. Indemnität*
(1). Zu Begriff und Inhalt der Indemnität nach Art. 46 GG s.o. S. 44.
Genauso wie die Immunität stellt auch die Indemnität ein Verfahrenshindernis dar. Dies folgt aus den Worten „zu keiner Zeit [...] verfolgt oder [...] zur Verantwortung gezogen werden"[446].
Für die Geltung des Legalitätsprinzips bedeutet die Indemnität, daß die Tat außer im Falle der verleumderischen Beleidigung nicht verfolgbar und somit auch nicht verfolgungspflichtig ist.
Für die verleumderische Beleidigung ist aber zu beachten, daß für diese immerhin der Immunitätsgrundsatz gilt[447]. Das Legalitätsprinzip gilt also auch dort nur in den oben für die Immunität genannten Grenzen.

(2). Über den Bereich der grundgesetzlichen Regelung hinaus sehen auch die jeweiligen Landesverfassungen das Institut der Indemnität vor[448], wobei auch hier – genauso wie bei der Immunität – §152a StPO den Schutz auf das gesamte Bundesgebiet erstreckt.

---

[441] zur Begründung der zeitlichen Begrenzung s.o. S. 43 f.
[442] a.A. *Bockelmann* (Immunitätsrecht S. 29), der die Immunität unter den „soweit-nicht"-Vorbehalt subsumiert.
[443] s. *Wolfslast* NStZ 87, 433 (433).
[444] vgl. die Aufstellung der landesverfassungsrechtlichen Vorschriften in BK Art. 46 Abschnitt III.
[445] s. die Auflistung in *Schöch* AK-StPO §152a, RdNr. 5; *Wetterich/Hamann* Strafvollstreckung RdNr. 663; *Müller* KMR Vor §449, RdNr. 30; *Rieß* LR[24] §152a, RdNr. 10 f.
[446] *Maunz* M/D Art. 46, Abschn. III, RdNr. 22; *Magiera* BK Art. 46, RdNr. 52.
[447] *Maunz* M/D Art. 46, Abschn. III, RdNr. 22; *Rauball* v.Mü Art. 46, RdNr. 13.
[448] Aufzählung in BK Art. 46 Abschnitt III.

*gg. Strafunmündigkeit*
Die Strafunmündigkeit iSd. §19 StGB schließt nicht nur materiell-rechtlich gesehen die Schuld aus[449], sondern hat auch prozessuale Bedeutung als Verfahrenshindernis[450]. Die Verfolgung eines Strafunmündigen ist also von dem Zeitpunkt an, in dem sein Alter bekannt ist, unzulässig.

*hh. Begrenzte Lebenserwartung*
Ein Verfahrenshindernis bei begrenzter Lebenserwartung ist im einfachen Recht nicht vorgesehen. Somit könnte dieses nur angenommen werden, wenn verfassungsrechtliche Gründe dies gebieten. Der Streit bzgl. dieser Frage ist oben auf der S. 62 f dargestellt worden, so daß auf die Ausführungen verwiesen werden kann. Dort ist mit der h.L. davon ausgegangen worden, daß einem Verfahren gegen einen Beschuldigten, bei dem anzunehmen ist, daß er das Ende desselben nicht mehr erleben wird, von Verfassungs wegen nichts entgegensteht. Somit ist davon auszugehen, daß die begrenzte Lebenserwartung kein Verfahrenshindernis darstellt.
Nach dem oben zur Bindung an die Rechtsprechung Gesagten kann der mit der Sache befaßte Staatsanwalt hier nach (fast) allen Ansichten seine eigene Meinung zugrundelegen, da die höchstrichterliche Rechtsprechung bisher davon ausgegangen ist, daß die Tat nicht weiter verfolgt werden darf.

*ii. Tod des Beschuldigten*
Umstritten ist, ob der Tod des Beschuldigten ein Verfahrenshindernis darstellt oder aber das Verfahren automatisch endet[451]. Beide Auffassungen führen jedoch dazu, daß die Staatsanwaltschaft die Tat nicht weiter verfolgen kann. Für die Frage nach dem Legalitätsprinzip ist dieser Streit also ohne Bedeutung; jedenfalls endet mit dem Tod die Verfolgungspflicht.

---

[449] s.o. S. 100.
[450] *Tröndle* StGB §19, RdNr. 2; *Beulke* StPO RdNr. 276; *Schaffstein/Beulke* JGG S. 50; *Schäfer* LR[24] Einl. 12, RdNr. 99; *Ranft* StPO RdNr. 1105.
[451] s. zu diesem Streit den Überblick bei *Schäfer* LR[24] Einl. 12, RdNr. 105 ff mwN. und *Laubenthal/Mitsch* NStZ 88, 108 (108 ff).

*jj. Verhandlungsunfähigkeit*
Ein Verfahrenshindernis stellt auch die Verhandlungsunfähigkeit dar[452]. Diese liegt vor, wenn der Beschuldigte aufgrund seiner physischen und psychischen Verfassung – in der Regel nur infolge schwerer körperlicher Mängel oder Krankheiten – nicht in der Lage ist, der Verhandlung zu folgen, die Bedeutung des Verfahrens sowie der einzelner Verfahrensakte zu erkennen und sich sachgemäß[453] zu verteidigen[454]. Eine Ausnahme von dem Grundsatz, daß die Verhandlungsunfähigkeit ein Prozeßhindernis darstellt, ist nach §231a StPO vorgesehen. Da diese Vorschrift aber nur im Hauptverfahren gilt, ist sie an dieser Stelle nicht von Bedeutung.

Für die Frage nach der Geltung des Legalitätsprinzips ist zwischen der vorübergehenden und der nicht behebbaren Verhandlungsunfähigkeit zu unterscheiden: Während bei der zeitweiligen nach Wegfall des Verfahrenshindernisses die Verfolgungspflicht wieder besteht, entfällt sie bei der dauernden für immer.

*kk. Überlange Dauer des Strafverfahrens*
Im ersten Teil dieser Arbeit ist festgestellt worden, daß ein überlanges Verfahren gegen die Verfassung verstößt[455]. Zu beachten ist allerdings, daß diese Verfassungsverstöße nur in Betracht kommen, wenn der Staat, nicht aber der Beschuldigte selbst die Verzögerung zu verantworten hat[456]. Denn nur in diesem Fall ist der Beschuldigte schutzwürdig[457] bzw. iRv. Art. 1 GG nicht Objekt des Verfahrens. Fraglich ist, ob die Überlänge des Verfahrens ein Verfahrenshindernis begründet und somit die Verfolgbarkeit der Tat ausschließen kann. Art. 6 Abs. 1 S. 1 MRK, der den Beschleunigungsgrundsatz enthält, sieht keine Sanktionsmöglichkeit vor. Dies allein spricht aber nicht gegen die Annahme eines Verfahrenshindernisses, da neben Art. 6 MRK auch das Rechtsstaatsprinzip verletzt ist. So bleibt jedenfalls die Frage, ob der Verstoß gegen diesen innerstaatlich geltenden Grundsatz ein Verfahrenshindernis begründet[458].

---

[452] *Schäfer* LR[24] Einl. 12, RdNr. 101; *BGH* bei Dallinger MDR 58, 141 (142); *BGH* NJW 70, 1981 (1981); *Ranft* StPO RdNr. 1106.
[453] hierzu *BGH* 41, 16 (17 ff) mwN.; *Widmaier* NStZ 95, 361 (362).
[454] *BGH* bei Dallinger MDR 1958, 141 (141); *BGH* NJW 1970, 1981 (1981); *BGH* NStZ 83, 280 (280); *Ranft* StPO RdNr. 1106.
[455] s.o. S. 32 ff.
[456] *Schäfer* LR[24] Einl. 12, RdNr. 92; *Roxin* StPO §16 RdNr. 10; *Ulsenheimer* wistra 83, 12 (13 f); vgl. auch *BVerfG* NJW 93, 3254 (3255) („in aller Regel"); *BGH* NJW 95, 1101 (1102).
[457] *Pfeiffer* Baumann-FS S. 332; *LG Frankfurt* JZ 71, 234 (236); *BGH* StV 82, 339 (339 f).
[458] *Ulsenheimer* wistra 83, 12 (13, 14).

(1). Es wird argumentiert, daß Verfahrenshindernisse auf einfach zu bestimmenden Tatsachen beruhen müßten, während es bei der Beurteilung der Überlänge des Verfahrens auf Wertentscheidungen ankäme[459]. Dieser Aussage wird zu Recht entgegengehalten, daß bei Verfahrenshindernissen, die aus der Verfassung folgen, typischerweise sämtliche Umstände gegeneinander abgewogen werden müßten[460]. Aus der Tatsache, daß der Gesetzgeber das Verfahren oft von sehr genau feststellbaren Voraussetzungen abhängig macht (wie z.b. der Fristablauf in §§78 ff StGB), ergibt sich kein Argument dafür, daß dies notwendig und immer so sein müsse. Außerdem ist bewiesen worden, daß es der Rechtsprechung durchaus möglich wäre, feste und eindeutig überprüfbare Kriterien für die Frage aufzustellen, wann das Beschleunigungsgebot in solch einem Maße verletzt ist, daß das Verfahren eingestellt werden muß[461].

(2). *Wohlers* meint, daß die Gesetze die Strafverfolgungsorgane nur über Straf- bzw. Disziplinarverfahren zur ordnungsgemäßen Aufgabenerfüllung zwingen wollen, nicht aber, indem die weitere Verfolgbarkeit durch die Annahme eines Verfahrenshindernisses ausgeschlossen wird[462].
Dieser Feststellung ist nichts entgegenzuhalten. Auch wird niemand etwas dagegen haben, wenn die Strafverfolgungsorgane zu einem zügigen Handeln angehalten werden. Allerdings zeigt schon die Herleitung des Beschleunigungsgebotes aus Art. 6 MRK und dem Rechtsstaatsprinzip, daß der Schutz des Beschuldigten im Vordergrund steht. Wenn also das Verfahren bei einem Verstoß gegen den Beschleunigungsgrundsatz beendet werden muß, dann sollen damit in erster Linie die Rechte des Betroffenen gewahrt werden. Die Disziplinierung der Verfolgungsbehörden ist dann nur ein (gern gesehener) Nebeneffekt. *Wohlers* Begründungsansatz beruht dagegen auf der Auffassung, daß die Disziplinierung der Hauptgrund für die Annahme eines Verfahrenshindernisses wäre. Da dies nicht angenommen werden kann, greift seine Argumentation nicht durch.

(3). *Rieß* führt zu der Frage, ob die Rechtsstaatswidrigkeit ein Verfahrenshindernis begründen kann, aus: „Eine ins Auge springende Gemeinsamkeit dieser traditionell anerkannten Verfahrenshindernisse scheint darin zu liegen, daß sie an einzelne Ereignisse anknüpfen, die schon die Legitimation dafür enthalten [...], daß eine Sachentscheidung nicht ergehen soll [...]. Ausgangspunkt ist die Erkenntnis, daß keine Sachentscheidung zulässig ist; das Verfahren ist gleichsam nur das dogmatische Instrument, das herangezogen wird, *weil* keine Sachentscheidung ergehen soll. Da-

---

[459] *Jähnke* LK[11] Vor 78, RdNr. 18; *Pfeiffer* Baumann-FS S. 339; *Schäfer* LR[24] Einl. 12, RdNr. 91; *BGH* 24, 239 (240); *BGH* NStZ 83, 135 (135); *Wohlers* JR 94, 138 (141).
[460] *Hillenkamp* NJW 89, 2841 (2846).
[461] *I. Roxin* Rechtsstaatsverstöße S. 255 ff; *Stackelberg* Bockelmann-FS S. 769; so auch *Roxin* Bundesgerichtshof S. 85; a.A. *Hanack* JZ 71, 705 (714).
[462] *Wohlers* JR 94, 138 (140).

von unterscheidet sich grundlegend die Stoßrichtung der Argumentation, die das Verfahrenshindernis postuliert, *damit* keine Sachentscheidung ergeht; die Legitimation, warum dies nicht der Fall sein soll, bleibt vielfach im Dunkeln"[463].
Auch bei dem Beschleunigungsgrundsatz soll es – wie soeben ausgeführt – in erster Linie um den Schutz des Betroffenen gehen. Dieser Gedanke liegt bereits dem Beschleunigungsgebot zugrunde. Damit ist auch hier das Verfahrenshindernis nur das prozessuale Mittel, um diesen Gedanken zu realisieren. Dagegen soll die Einstellung selbst keine darüber hinausgehende Wirkung entfalten. Denn nicht die Sachentscheidung verletzt den Beschuldigten in seinen Rechten, sondern die Überlänge des Verfahrens. Somit würde ein Verfahrenshindernis auch hier nicht angenommen, *damit* keine Sachentscheidung ergeht, sondern *weil* keine Sachentscheidung ergehen soll.

(4). Es könnte gegen Art. 20 Abs. 3 GG verstoßen, wenn die Tat in einem ohnehin schon überlangen Verfahren noch weiterverfolgt wird[464]. Hierbei sind zwei Fragen auseinanderzuhalten: 1. Verstößt die *Fortführung* des Verfahrens gegen Art. 20 Abs. 3 GG? und 2. Verstößt die *Einstellung* des Verfahrens gegen Art. 20 Abs. 3 GG? – Werden beide Fragen positiv beantwortet, muß der Gesetzgeber dringend eine Lösung suchen.

(a). Bei der Fortführung des Verfahrens könnte ein Verstoß gegen Art. 20 Abs. 3 GG darin gesehen werden, daß der Staat tätig wird, obwohl er gegen die Verfassung verstößt. Das rechtswidrige Vorgehen würde noch vertieft, während es (da die Behebung des Fehlers ohnehin nicht mehr in Betracht kommt) angebracht wäre, den Verfassungsverstoß zumindest zu beenden[465]. Diese Überlegung versucht *Hanack* zu erschüttern, indem er darauf hinweist, daß ein Verstoß gegen Art. 20 Abs. 3 GG voraussetzt, daß das weitere Prozessieren rechtswidrig ist, daß gerade dies aber in Frage stehe[466]. Dieser Einwand überzeugt jedoch nicht. Richtig ist zwar, daß die Rechtswidrigkeit der Fortführung des Prozesses Gegenstand des dargestellten Streites ist. Einigkeit besteht aber darüber, daß ein überlanges Verfahren als solches gegen das Rechtsstaatsprinzip verstößt. Insofern ist das Verfahren selbst rechtswidrig; die Fortsetzung verstößt somit gegen den Grundsatz der Gesetzesbindung.

(b). Andererseits ist aber auch zu beachten, daß bei der Gesetzesanwendung Wertentscheidungen des Gesetzgebers zu berücksichtigen sind[467]. Nur dann wird iRd.

---

[463] *Rieß* JR 85, 45 (47). Hervorhebungen im Original.
[464] Zum staatsrechtlichen Legalitätsgrundsatz s. ausführlich S. 48 f.
[465] *Schroth* NJW 90, 29 (31); *Schwenk* ZStW 67, 721 (736); *LG Frankfurt* JZ 71, 234 (235).
[466] *Hanack* JZ 71, 705 (709).
[467] *Hanack* JZ 71, 705 (709); allgemein *Heubel* „fair-trial" S. 80; *Hillgruber* JZ 96, 118 (120).

Gesetze gehandelt. Damit stellt sich nun die (zweite) Frage, ob nicht auch die Annahme eines Verfahrenshindernisses verfassungswidrig ist.
Dies wäre der Fall, wenn die Verjährungsvorschriften eine abschließende Regelung enthalten. Die Gefahr, daß die Exekutive oder Judikative sich unzulässigerweise an die Stelle des Gesetzgebers setzt, ist besonders groß, wenn Prozeßhindernisse aus den sehr vagen Verfassungsbestimmungen abgeleitet werden.
Hierbei kann nicht damit argumentiert werden, daß der Gesetzgeber es bei den Beratungen des am 1.1.1975 in Kraft getretenen Strafverfahrensreformgesetz ausdrücklich abgelehnt hat, die Beschleunigung zu regeln[468]. Denn er wollte die Lösung des Problems Rechtsprechung und Wissenschaft überlassen, sich also noch nicht festlegen[469].
Teilweise wird die Ablehnung eines Verfahrenshindernisses damit begründet, daß §78c Abs. 3 S. 3 iVm. §78b Abs. 3 StPO eine abschließende Regelung enthielte. Nach diesen Vorschriften verjährt eine Tat nicht, wenn ein erstinstanzliches Urteil innerhalb der Verjährungsfristen ergangen ist. Die gesetzgeberische Wertung würde umgangen, wenn das Verfahren in diesem Fall nach einem Verstoß gegen den Beschleunigungsgrundsatz dennoch eingestellt werden müßte[470].
Solch eine Argumentation setzt voraus, daß Verjährung und Beschleunigungsgrundsatz die gleichen Sachverhalte erfassen. Auf jeden Fall kann dies angenommen werden, wenn die Verfolgungsorgane das Verfahren nicht durch pflichtwidriges Verhalten verzögert haben[471]. Schwieriger ist dagegen die Frage zu beurteilen, ob die Vorschriften auch abschließend sind, wenn sich das Verfahren durch eine bloße Untätigkeit der Verfolgungsbehörden dermaßen in die Länge zieht, daß ein Verstoß gegen das Rechtsstaatsprinzip angenommen werden muß. Dies wird verneint mit der Begründung, daß die Verjährung die Verfolgung in einem bestimmten Zeitraum verlange, während das Beschleunigungsgebot beinhalte, daß während dieser Frist angemessen schnell gearbeitet werde[472]. Diese Feststellung ist zwar richtig, sie liefert jedoch kein zwingendes Argument. Denn man kann sich auch auf den Standpunkt stellen, daß der Gesetzgeber mit den §§78ff StGB zu erkennen gegeben hat, daß er allein den bloßen Zeitablauf als Verfahrenshindernis zulassen wollte, die Verfolgung sich also auch über diesen gesamten Zeitraum erstrecken darf.
Als Zwischenergebnis kann festgehalten werden, daß nicht eindeutig zu beantworten ist, ob die Verjährungsvorschriften eine abschließende Regelung enthalten. An dieser Stelle kann nun eine weitere Überlegung ansetzen. Gesetze sind – sofern hierfür Platz ist – verfassungskonform auszulegen. Das bedeutet, daß wenn zwei

---

[468] Bt-DrSa 7/551, S. 36.
[469] Bt-DrSa 7/551, S. 37; vgl. auch *Pfeiffer* Baumann-FS S. 337; *Rieß* NJW 75, 81 (81 f).
[470] *Schäfer* LR[24] Einl. 12, RdNr. 92; *Jähnke* LK[11] Vor 78, RdNr. 18; vgl. auch *Hanack* JZ 71, 705 (713 f); a.A. *Hillenkamp* JR 75, 133 (136).
[471] *Schroth* NJW 90, 29 (31); *Hanack* JZ 71, 705 (712).
[472] *Schwenk* ZStW 67, 721 (722).

Auslegungen möglich sind, von denen die eine gegen das Grundgesetz verstößt, die rechtmäßige heranzuziehen ist[473]. Hier gibt es nun zwei Entscheidungsalternativen: Entweder die Regelungen über die Verjährung sind abschließend oder aber es ist noch Platz für die Annahme eines Verfahrenshindernisses. Wenn die Verletzung des Rechtsstaatsprinzips nicht auf andere Weise als durch Einstellung des Verfahrens zu beheben ist[474], dann darf das Verfahren – wie soeben ausgeführt – von Verfassungs wegen nicht weitergeführt werden. Es ergibt sich also, daß nur die Annahme, die Verjährungsvorschriften seien nicht abschließend, zu Ergebnissen führt, die mit der Verfassung vereinbar sind. Nach den Grundsätzen der verfassungskonformen Auslegung müssen die Rechtsanwender deshalb von der Entscheidungsalternative ausgehen, daß für die Annahme eines Verfahrenshindernisses noch Platz ist.

*(5). Ergebnis*
Aus alledem folgt, daß das Verfahren eingestellt werden muß, wenn es durch pflichtwidriges Verhalten der Verfolgungsbehörden so sehr in die Länge gezogen wurde, daß die Weiterführung des Verfahrens gegen die Verfassung verstoßen würde und der Verstoß nicht auf andere Weise vermieden werden könnte. Die Tat ist dann wegen der Überlänge des Verfahrens nicht verfolgbar[475].

---

[473] *Zippelius* Staatsrecht S. 47 mwN.
[474] zu der Berücksichtigung bei der Strafzumessung s. v.a. *Schroth* NJW 90, 29 (30); *I. Roxin* Rechtsstaatsverstöße S. 182 ff; *BGH* 24, 239 (242); *BVerfG* NJW 95, 1277 (1277 f); zu der Annahme einer Verwirkung des staatlichen Strafanspruchs s. v.a. *Pfeiffer* Baumann-FS S. 338 und *Hillenkamp* JR 75, 133 (137); zu der Berücksichtigung iRd. §153 f StPO *BGH* 35, 137 (141 f); *BGH* wistra 90, 65 (65); *Jähnke* LK[11] Vor §78, RdNr. 18; *BGH* NJW 96, 2739 (2739); zur Lösung über §59 StGB s. *BGH* 27, 274 (274 ff) m. Anm. *Peters*; zur Begründung eines Zurückverweisungsverbotes s. *BGH* 35, 137 (142 f); *Rieß* (JR 85, 45 (48)) regt die Diskussion eines „Verfolgungsverbotes" an.
[475] *Roxin* Bundesgerichtshof S. 85 und StPO §16 RdNr. 6; *Ulsenheimer* wistra 83, 12 (13, 14); *Schroth* NJW 90, 29 (31); *Pfeiffer* Baumann-FS S. 346; *Hillenkamp* JR 75, 133 (140); *BVerfG* NJW 93, 3254 (3255); *BVerfG* NJW 95, 1277 (1278); *LG Frankfurt* JZ 71, 234 (235); *OLG Koblenz* NJW 72, 404 (405); *OLG Zweibrücken* NStZ 89, 134 (134); vgl. auch *Stackelberg* Bockelmann-FS S. 769.
a.A. *BGH* StV 82, 339 (340); *BGH* 24, 239 (242); *BGH* NStZ 83, 135 (135); *BGH* wistra 82, 108 (108); *Hanack* JZ 71, 705 (715); *Wohlers* JR 94, 138 (141); *Schäfer* LR[24]Einl. 12, RdNr. 91; *Jähnke* LK[11] Vor §78, RdNr. 18.
s. aber auch *bayObLG* NStZ 89, 283 (284): „grundsätzlich" und *BGH* 35, 137 (140); diskutiert auch vom *BGH* b. Pfeiffer/Miebach NStZ 87, 19 (19).

## ll. Straffreiheitsgesetze

Der Begriff Straffreiheit besagt das gleiche wie der der Amnestie[476]. Hierunter versteht man Rechtsnormen, die für eine unbestimmte Vielzahl von Fällen den Erlaß und (oder) die Milderung rechtskräftig erkannter Strafen und anderer strafrechtlicher und quasi-strafrechlicher Folgen aussprechen sowie die Niederschlagung anhängiger und die Nichteinleitung neuer Verfahren anordnen[477]. Aus dieser Definition folgt zum einen, daß Straffreiheitsgesetze bereits für die Einleitung und Durchführung des Ermittlungsverfahrens ein Hindernis darstellen[478], zum anderen aber auch, daß die Strafbarkeit des Verhaltens nicht berührt wird[479]. Insofern sind Straffreiheitsgesetze als Verfolgungshindernisse einzuordnen[480]; die Tat ist also nicht verfolgbar iSd. §152 Abs. 2 StPO. Das Legalitätsprinzip gilt somit nur bis zu dem Zeitpunkt, in dem beurteilt werden kann, ob die Voraussetzungen der Amnestie vorliegen[481].

Nicht möglich ist dagegen die Niederschlagung einzelner Verfahren[482]. Art. 60 GG und ähnliche Vorschriften in den meisten Landesverfassungen sehen für den Einzelfall gerade nur die Begnadigung vor, die erst nach Eintritt der Rechtskraft möglich ist[483] (dazu s.u. auf der S. 167 f).

## mm. Tatprovokation durch einen Lockspitzel

Insbes. zur Bekämpfung der Organisierten Kriminalität wird teilweise eine Person eingesetzt, „die im Auftrag oder mit Wissen und Billigung staatlicher Strafverfolgungsbehörden Dritte zur Begehung strafbarer Handlungen veranlaßt oder von diesen bereits geplante strafbare Handlungen so beeinflußt oder steuert, daß die Täter gefaßt werden können oder sonst ihre Überführung möglich ist"[484]. Die Problematik bei dieser Verfolgungmaßnahme liegt darin, daß der Staat selbst in die Deliktsbegehung eingebunden ist, es also an der im Strafrecht typischen Gegenüberstellung von Staat und Täter fehlt[485]. Es fragt sich somit, ob die Verfolgbar-

---

[476] *Schätzler* Gnadenrecht S. 208.
[477] *Schätzler* Gnadenrecht S. 208; *Pott* Opportunitätsdenken S. 96.
[478] *Schätzler* Gnadenrecht S. 209; *Wetterich/Hamann* Strafvollstreckung RdNr. 658.
[479] *Schätzler* Gnadenrecht S. 208.
[480] *Schäfer* LR[24] Einl. 12, RdNr. 75; *Ranft* StPO RdNr. 1122; *Pott* Opportunitätsdenken S. 97; *Schätzler* Gnadenrecht S. 209.
[481] *Schäfer* LR[24] Einl. 12, RdNr. 77.
[482] Etwas anderes gilt nur, wenn man mit *Pott* (Opportunitätsdenken S. 101) die §§153 ff StPO unter diesen Begriff faßt. Dagegen spricht aber, daß Straffreiheitsgesetze nur Zeitgesetze sind, während die §§153 ff StPO immer gelten. Auf diesen Unterschied weist *Pott* selbst auf S. 102 hin.
[483] *Ranft* StPO RdNr. 1123; *Herzog* M/D Art. 60, Abschn. V, RdNr. 31.
[484] *Rieß* LR[24] §163, RdNr. 63.
[485] *Seelmann* ZStW 83, 797 (827).

keit von Straftaten, die aufgrund eines Lockspitzeleinsatzes begangen wurden, ausgeschlossen werden muß.
In der Tat nahm die Rechtsprechung in diesen Fällen früher ein Verfolgungshindernis an[486]. Diese Rechtsprechung stützte sich dabei auf das Rechtsstaatsprinzip: der Staat handele arglistig bzw. widersprüchlich, wenn er den Täter auffordert, Straftaten zu begehen, um ihn anschießend zu bestrafen[487].
Gegen die Annahme eines Prozeßhindernisses wird und wurde u.a. vorgebracht, daß Prozeßhindernisse klar erkennbare Tatsachen sein müßten und nicht erst durch umfassende Prüfung festgestellt werden dürften, da ihre Funktion darin bestehe, jede Verfolgung von vornherein auszuschließen[488]. Bis aber feststeht, ob ein Lockspitzel so sehr auf den Täter eingewirkt hat, daß von einem Verfahrenshindernis auszugehen ist, müßte die Hauptverhandlung fast bis zu Ende geführt werden[489]. Hierin unterscheidet sich die Diskussion um ein Verfahrenshindernis beim Lockspitzeleinsatz erheblich von der iRd. Beschleunigungsgebotes, bei der hier vertreten wurde, daß ein Verfahrenshindernis nicht ausgeschlossen ist, obwohl auch dort die Feststellung der Überlänge eine gewisse Wertung voraussetzt[490].
Bedeutsamer erscheint aber das Argument, daß der Lockspitzel nicht durch sein Verhalten den Strafanspruch des Staates ausschließen darf. Denn die Bestrafung ist nicht ein beliebig verfügbares Recht des Staates, sondern seine aus der Justizgewährleistung folgende Pflicht. Wenn also der Gesetzgeber sich dafür entschieden hat, daß ein Verhalten bestraft werden muß, dann dürfen die Verfolgungsorgane nicht durch den Einsatz eines *agent provocateur* ein Verfahrenshindernis begründen können[491].
Somit ist mit der heutigen Rechtsprechung[492] davon auszugehen, daß eine Tat, die durch einen Lockspitzel provoziert wurde, verfolgbar und somit bei Vorliegen der übrigen Voraussetzungen des §152 Abs. StPO auch verfolgungspflichtig ist. Ob das Verhalten des Staates bei der Strafzumessung[493] zu berücksichtigen ist oder gar einen Schuld-[494] bzw. Strafausschließungsgrund[495] darstellen kann, ein Be-

---

[486] *BGH* NJW 81, 1626 (1627); *BGH* NStZ 82, 156 (156); s. auch *OLG Düsseldorf* StV 85, 274 (276); *LG Verden* StV 82, 364 (365).
[487] *BGH* NJW 81, 1626 (1627); *BGH* NStZ 82, 156 (156); *OLG Düsseldorf* StV 83, 450 (451); s. auch *Gössel* NStZ 84, 420 (421).
[488] *Schäfer* LR[24] Einl. 12, RdNr. 95; *BGH* StV 85, 309 (310 f).
[489] *Seelmann* ZStW 83, 797 (831); *BGH* StV 85, 309 (311).
[490] hierzu s.o. S. 117.
[491] *Seelmann* ZStW 83, 797 (825).
[492] endgültig seit *BGH* 32, 345 (350 ff) mit einer Darstellung der Entwicklung in der Rechtsprechung (S. 348 ff); s. auch *BGH* StV 85, 309 (309) (unter ausdrücklicher Aufgabe der bisherigen Rspr. des 2. Senates); *BGH* StV 89, 518 (518).
[493] *Beulke* StPO RdNr. 288; *Rieß* LR[24] §163, RdNr. 73; *BGH* StV 85, 309 (309).
[494] so *Beulke* StV 90, 180 (183) und StPO RdNr. 228 für Extremfälle.
[495] so *I. Roxin* Rechtsstaatsverstöße S. 233 ff, insbes. S. 238; *Roxin* Bundesgerichtshof S. 86 f; *Seelmann* ZStW 83, 797 (831); *Roxin* Bundesgerichtshof S. 86 f.

weiserhebungs- und -verwertungsverbot begründet[496] oder §35 StGB Anwendung findet[497], spielt iRd. Frage nach der Geltung des Legalitätsprinzips keine Rolle. Diejenigen, die die Bindung der Staatsanwaltschaft an die Rechtsprechung bejahen, müssen hier jedenfalls von der Verfolgbarkeit der provozierten Tat ausgehen.

*nn. Verfolgbarkeit von Privatklagedelikten*
Nach §374 StPO können die in dieser Norm genannten Delikte vom Verletzten selbst ohne die Anrufung der Staatsanwaltschaft verfolgt werden. Da dieser selbstverständlich nicht zur Verfolgung verpflichtet ist, gilt die Klage durch einen Privaten seit der Aufnahme des Legalitätsprinzips in die Reichsstrafprozeßordnung als Durchbrechung eben dieses Grundsatzes.
Fraglich ist aber an dieser Stelle, welche Auswirkungen das Vorliegen eines Privatklagedeliktes auf die Geltung des Legalitätsprinzips für die Staatsanwaltschaft im Ermittlungsverfahren hat, also insbesondere, ob die Tat für sie verfolgbar iSd. §152 Abs. 2 StPO ist.
Da eine Privatklage gegen Jugendliche nach §80 Abs. 1 S. 1 JGG nicht erhoben werden kann, soll zunächst einmal nur auf die Verfahren gegen Erwachsene und Heranwachsende und erst anschließend gesondert auf die gegen Jugendliche eingegangen werden.

*(1). Verfahren gegen Erwachsene und Heranwachsende*
Keine Besonderheiten bei der Frage nach der Verfolgbarkeit der Tat sind zu beachten, wenn ein Privatklagedelikt mit einem Offizialdelikt in der Weise zusammentrifft, daß nur eine Tat iSv. §264 StPO vorliegt. Denn hier bewirkt das Offizialdelikt, daß auch das Privatklage*delikt* nicht im Privatklage*verfahren* behandelt wird[498]. Hier hängt die Verfolgbarkeit der Tat also lediglich von den allgemeinen Verfahrensvoraussetzungen ab.
Etwas anderes gilt dagegen, wenn nur Privatklagedelikte begangen wurden. Hier stellt das Gesetz eine zusätzliche Prozeßvoraussetzung auf: das öffentliche Interesse nach §376 StPO[499]. Wenn dieses verneint wird, ist die Tat nicht verfolgbar iSd. §152 Abs. 2 StPO. Dieser Ausschluß der Verfolgungspflicht greift aber erst

---

[496] *Fischer/Maul* NStZ 92, 1 (13); *Franzheim* NJW 79, 2014 (2015); *Lüderssen* Verbrechensprovokation S. 246 ff und Peters-FS S. 361 ff; s. auch *Schumann* JZ 86, 66 (67 f).
[497] BGH StV 85, 309 (310).
[498] *Joachimski* StPO S. 85; *Pelchen* KK §376, RdNr. 7; *Meyer-Goßner* K/M-G §374, RdNr. 3 und K/M-G §376, RdNr. 9 f; *Müller* KMR §374, RdNr. 15; *Stöckel* KMR §376, RdNr. 13.
[499] *Joachimski* StPO S. 85; *Beulke* StPO S. 591; *Ranft* StPO RdNr. 1124; Zweifel am Charakter als Prozeßhindernis haben *Stöckel* (KMR §376, RdNr. 9 f) und *Husmann* (MDR 88, 727 (728 f).

ein, wenn die Ermittlungen ergeben haben, daß ein Privatklageverfahren in Betracht kommt und das öffentliche Interesse verneint wird[500].

*(2). Verfahren gegen Jugendliche*
Nach §80 Abs. 1 S. 1 JGG kann gegen einen Jugendlichen keine Privatklage erhoben werden. Das Alter von 18 Jahren ist also Prozeßvoraussetzung[501]. Damit die Delikte aus §374 StPO nicht immer unverfolgt bleiben müssen, wenn die Prozeßvoraussetzung des §377 StPO fehlt, sind die Taten von Jugendlichen nicht nur bei Bejahung des öffentlichen Interesses verfolgbar, sondern gem. §80 Abs. 1 S. 2 JGG auch, wenn Gründe der Erziehung oder ein berechtigtes Interesse des Verletzten, das dem Erziehungszweck nicht entgegensteht, es erfordern[502]. Im Ergebnis ist die staatliche Verfolgungsmöglichkeit von Privatklagedelikten bei Jugendlichen also weniger stark eingeschränkt als bei Erwachsenen und Heranwachsenden.

*(3). Exkurs*
Auch wenn es an dieser Stelle der Arbeit allein um die Geltung des Legalitätsprinzips im Ermittlungsverfahren geht, so soll doch wegen des engen Zusammenhanges zu den Besonderheiten der Privatklage noch auf ein interessantes Sonderproblem eingegangen werden, das sich bei der Frage nach der Geltung des Legalitätsprinzips im Bereich der Wiederaufnahme des Verfahrens stellt.
Oben ist im Abschnitt über den zeitlichen Anwendungsbereich gesagt worden, daß umstritten ist, ob das Legalitätsprinzip für die evtl. Stellung eines Wiederaufnahmeantrages gilt. Entgegen der hier vertretenen Ansicht wird dieses oft bejaht[503]. Für Anhänger dieser Meinung stellt sich folgendes Problem: Das Legalitätsprinzip kann nur zur Ermittlung und zur Stellung des Wiederaufnahmeantrages verpflichten, wenn überhaupt eine Befugnis zum Tätigwerden besteht. Ob eine solche besteht, ist aber umstritten[504]. Gegen die Annahme einer solchen Befugnis könnte der Wortlaut des §377 Abs. 2 StPO sprechen, wonach die Staatsanwaltschaft nur bis zum Eintritt der Rechtskraft tätig werden kann[505], während die Wiederaufnahme erst nach Eintritt der Rechtskraft Bedeutung erlangt. Diese Ansicht würde dazu führen, daß im Offizialverfahren das Legalitätsprinzip bzgl. der Stellung des Wiederaufnahmeantrages gilt, im Privatklageverfahren aber wegen §377 Abs. 2 S. 1 StPO ausgeschlossen ist. Dem wird zu Recht von *Pentz* entgegengehalten, daß durch die Wiederaufnahme die Rechtskraft gerade durchbrochen wird. Auch bei

---

500 *Meyer-Goßner* K/M-G §376, RdNr. 5 f.
501 *Eisenberg* JGG §80, RdNr. 3; *Schäfer* LR[24] Einl. 12, RdNr. 100.
502 s. *Schaffstein/Beulke* JGG RdNr. 255 f; *Ostendorf* JGG §80, RdNr. 5.
503 s.o. S. 94 f.
504 dagegen: *Meyer-Goßner* K/M-G §377, RdNr. 5; *Pelchen* KK §377, RdNr. 5.
dafür: *Wendisch* LR[24] §377, RdNr. 6; *Pentz* MDR 65, 885 (885 f); *Stöckel* KMR §377, RdNr. 8; *Fischer* PfFi §377, RdNr. 2.
505 *Schmidt* StPO II §377, RdNr. 15.

den Offizialdelikten steht sie einem erneuten Verfahren grds. entgegen und die Wiederaufnahme ist eine Ausnahme von diesem Grundsatz. Gleiches muß auch hier gelten, auch hier stellt die Wiederaufnahme eine Durchbrechung der Rechtskraft und somit der Ausnahme zu der Aussage des §377 Abs. 2 S. 1 StPO dar[506]. Zur Unterstützung dieser These kann noch das Argument von *Wendisch* angeführt werden, daß gerade im Privatklageverfahren, bei dem die Staatsanwaltschaft von der Tat oft erst nach Eintritt der Rechtskraft erfährt, das Bedürfnis nach einer Wiederaufnahmemöglichkeit größer ist als im Offizialverfahren, da nur dort die neuen Erkenntnisse verarbeitet werden könnten. Daraus folgt, daß wenn die Rechtskraft durch einen Wiederaufnahmeantrag der Staatsanwaltschaft schon im Offizialverfahren durchbrochen werden kann, dies erst recht nach rechtskräftigem Abschluß eines Privatklageverfahrens gelten muß[507]. Somit hat die Staatsanwaltschaft die Befugnis zur Wiederaufnahme und diejenigen, die entgegen der hier vertretenen Ansicht von der Geltung des Legalitätsprinzips bzgl. der Stellung des Wiederaufnahmeantrages ausgehen, müssen konsequenterweise auch beim rechtskäftigen Abschluß eines Privatklageverfahrens eine Verfolgungspflicht annehmen.

### d. Zureichende tatsächliche Anhaltspunkte

Die Verfolgungspflicht tritt nur ein, wenn zureichende tatsächliche Anhaltspunkte gegeben sind (sog. Anfangsverdacht). Diese werden bejaht, wenn eine gewisse, auch geringe Wahrscheinlichkeit besteht, daß die Tat begangen wurde, wobei sich die Wahrscheinlichkeit auch allein aus Indizien ergeben kann[508]. Mit anderen Worten: Es reicht zunächst die – nicht nur theoretische[509] – Möglichkeit der Tatbegehung, um eine Einschreitpflicht auszulösen[510]. Bereits aus der Funktion des Ermittlungsverfahrens, den Sachverhalt erst einmal aufzuklären, ergibt sich, daß Zweifel noch überwiegen dürfen[511]. Keine hinreichenden tatsächlichen Anhaltspunkte liegen dagegen bei bloßen Vermutungen oder haltlosen Verdächtigungen vor[512]. Gleiches gilt, wenn von vornherein ausgeschlossen werden kann, daß trotz Ermittlungen in der Sache eine Anklage nie erhoben werden kann[513].

---

[506] *Pentz* MDR 65, 885 (886).
[507] *Wendisch* LR[24] §377, RdNr. 6.
[508] *Meyer-Goßner* K/M-G §152, RdNr. 4 und LR[24] §152, RdNr. 23.
[509] *Rieß* LR[24] §152, RdNr. 23; *Dölling* Polizeiliche Ermittlungstätigkeit S. 269.
[510] *Beulke* StPO RdNr. 114, 311; *Schoreit* KK §152, RdNr. 29; *Hund* ZRP 91, 463 (464).
[511] *Geppert* JURA 82, 139 (142); *Rieß* LR[24] §152, RdNr. 23.
[512] *Geppert* JURA 82, 139 (142); *Schoreit* KK §152, RdNr. 31; *Meyer-Goßner* K/M-G §152, RdNr. 4 und LR[23] §152, RdNr. 19.
[513] str., ob solch eine Prognose zulässig ist, wie hier *Eisenberg/Conen* NJW 98, 2241 (2244); *Dölling* Polizeiliche Ermittlungstätigkeit S. 270 f mwN.

Der unbestimmte Rechtsbegriff der zureichenden tatsächlichen Anhaltspunkte läßt der Staatsanwaltschaft einen gewissen Beurteilungsspielraum, der allerdings nicht so weit reicht, daß Gesichtspunkte wie die Aufklärungswahrscheinlichkeit oder aber das Aufklärungsinteresse über die Einschreitpflicht entscheiden können[514]. Das Erfordernis der zureichenden tatsächlichen Anhaltspunkte wird – in konsequenter Anwendung der hier bevorzugten Ansicht zum Verhältnis von § 170 zu § 152 Abs. 2 StPO[515] – in § 170 Abs. 1 StPO dahingehend konkretisiert, daß für die das Ermittlungsverfahren abschließende Anklageerhebung ein hinreichender Tatverdacht nötig ist. Das bedeutet, daß für die Verfolgungspflicht in diesem Stadium nicht mehr die Möglichkeit der Tatbegehung ausreicht, sondern daß die Wahrscheinlichkeit bestehen muß, daß der Beschuldigte eine strafbare Handlung begangen hat und verurteilt werden wird[516].

*aa. Dunkelfeld*
Das Erfordernis der zureichenden tatsächlichen Anhaltspunkte schränkt die Verfolgungspflicht nicht nur – wie bereits erwähnt[517] – in zeitlicher, sondern auch in sachlicher Hinsicht dahingehend ein, daß das Dunkelfeld nicht erhellt zu werden braucht. Nähere Einzelheiten s.o. auf S. 80, hier gilt Entsprechendes.

*bb. Beweisverwertungsverbote*
Es fragt sich, ob Beweisverwertungsverbote auch den Anfangsverdacht ausschließen können. Problematisch ist nämlich, daß sie grds. erst in einem laufenden Verfahren eine Rolle spielen sollen. Konkret geht es also darum, ob Beweisverwertungsverbote bereits als Ermittlungsverbote einen Anwendungsbereich haben. Da es in dieser Arbeit immer nur um die Frage geht, welchen Einfluß Normen und Grundsätze auf die Geltung des Legalitätsprinzips haben, wird nicht darauf eingegangen, unter welchen Voraussetzungen Verwertungsverbote vorliegen.
Zu unterscheiden sind im folgenden drei Konstellationen: Zum einen fragt sich, ob das Legalitätsprinzip eingreift, wenn nur Anhaltspunkte vorliegen, die unmittelbar von einem Beweisverwertungsverbot erfaßt werden (1. Fallkonstellation). Denkbar ist aber auch, daß nicht nur diese unzulässig erlangten und unverwertbaren Informationen vorliegen, sondern darüber hinaus auch weitere Anhaltspunkte, die entweder unabhängig von den unzulässigen (2. Fallkonstellation) oder aber aufgrund der unzulässigen erlangt wurden (3. Fallkonstellation).

---

514 vgl. hierzu *Schöch* AK-StPO § 152, RdNr. 23 f; *Dölling* Polizeiliche Ermittlungstätigkeit S. 272.
515 s.o. S. 81.
516 *Beulke* StPO RdNr. 114; vgl. auch *Lüttger* GA 57, 193 (193 f).
517 s.o. S. 79 f.

*(1). Unmittelbare Geltung von Beweisverwertungsverboten*
In der ersten Fallkonstellation geht es um die unmittelbare Geltung von Beweisverwertungsverboten bei der Begründung des Tatverdachts. *Reinecke* geht von einer uneingeschränkten Verwertungsmöglichkeit in den Fällen aus, in denen die unverwertbaren Beweismittel außerhalb irgendeines Ermittlungsverfahrens erlangt wurden[518]. Hierbei handele es sich bloß um Zufallsfunde[519]. Auf diese könnten sich die Beweisverwertungsverbote nicht erstrecken, da die Regelungen des Prozeßrechts erst nach Einleitung des Verfahrens eingreifen würden[520]. Außerdem liefe die staatliche Verfolgungspflicht leer, wenn bei diesen Zufallsfunden bereits der Tatverdacht abgelehnt werden müsse[521]. – Wie sich dagegen die Lage darstellt, wenn ein Ermittlungsverfahren wegen einer anderen Tat durchgeführt wird und die Informationen über die neue Tat iSv. §264 StPO bei dieser Gelegenheit gewonnen werden, läßt *Reinecke* ausdrücklich offen[522]. Auch *Fezer* will aus den Beweisverwertungsverboten kein Ermittlungsverbot herleiten. Er meint, „die Einleitung eines Ermittlungsverfahrens erfordert keine Begründung und keinen Nachweis über deren Berechtigung, so daß keine Beweissituation vorliegt, in der ein Beweisverwertungsverbot seine beschränkende Wirkung entfalten könnte"[523].
Gegen *Fezers* und *Reineckes* Ansicht können die Argumente von *Knauth* angeführt werden, der jedenfalls bei aus der Verfassung begründeten Beweisverwertungsverboten den Anfangsverdacht verneinen will. Er meint, daß das Strafprozeßrecht sich an der Verfassung zu orientieren habe. Insofern dürfen Erkenntnisse, die unter Verstoß gegen die Verfassung erlangt worden sind, nicht nur ein laufendes Verfahren beeinträchtigen, sondern sie müßten bereits jedes staatliche Handeln verhindern. Die verfassungsrechtlichen Verwertungsverbote würden nicht „am Ende des Verfahrens, sondern am Anfang stehen". Ferner begründet er die Differenzierung zwischen verfassungsrechtlichen und strafprozessualen Beweisverwertungsverboten damit, daß Verstöße gegen die verfassungsrechtlichen eine höhere Intensität entfalten würden als die strafprozessualen[524].
Bei *Knauths* Auffassung ist zu beachten, daß einige ausdrücklich in der StPO geregelten Verwertungsverbote eine Ausprägung von zwingenden Verfassungsgrundsätzen darstellen. So beruht §136a StPO z.B. auf den *nemo-tenetur*-Grundsatz, der wiederum dem Schutz der Menschenwürde nach Art. 1 GG Rechnung tragen will[525]. Insofern dürfen auch solche Tatsachen keinen Anfangsverdacht begründen,

---

[518] *Reinecke* Beweisverwertungsverbote S. 227.
[519] *Reinecke* Beweisverwertungsverbote S. 224, 227.
[520] *Reinecke* Beweisverwertungsverbote S. 227.
[521] *Reinecke* Beweisverwertungsverbote S. 228.
[522] *Reinecke* Beweisverwertungsverbote S. 227 Fn. 1.
[523] *Fezer* StPO Fall 16, RdNr. 51.
[524] *Knauth* NJW 78, 741 (743).
[525] *Beulke* StPO RdNr. 467; *Nüse* JR 66, 281 (284).

die einem in der StPO geregelten, aber einen Verfassungsgrundsatz konkretisierenden Beweisverwertungsverbot unterliegen.
Fraglich ist jedoch, ob nicht mit *Rogall* davon auszugehen ist, daß sogar jeder Verstoß gegen ein Beweisverwertungsverbot die Annahme von zureichenden tatsächlichen Anhaltspunkten ausschließt[526]. Hierfür spricht auf den ersten Blick, daß ein Beweismittel die gesteigerte Form von Verdachtsgründen darstellt. Insofern könnte man sich auf den Standpunkt stellen, daß Beweisverwertungsverbote auch immer Ermittlungsverbote sein müssen. Dies ist in dieser Allgemeinheit aber nicht richtig. Vielmehr muß im Einzelfall gefragt werden, ob der Schutzbereich der Verbote überhaupt berührt ist[527]. Insofern ist folgendermaßen zu differenzieren:
– Einfachgesetzliche Beweisverwertungsverbote berücksichtigen teilweise aus kriminalpolitischen Gründen die besonderen Umstände und Zwänge, die ein Strafverfahren mit sich bringt. Ihr Schutzbereich ist nur tangiert, wenn die verdachtsbegründenden Informationen in einem – notwendigerweise anderen – Strafverfahren erlangt worden sind. Allein in diesem Fall begründet das unzulässig erlangte Beweismittel also keine zureichenden tatsächlichen Anhaltspunkte.
– Dagegen wirken Beweisverwertungsverbote, die einen Verfassungsgrundsatz konkretisieren oder aber unmittelbar aus der Verfassung abgeleitet werden, immer auch als Ermittlungsverbot. Zu beachten ist allerdings, daß bei der Interessenabwägung iRd. Frage, ob überhaupt ein Beweisverwertungsverbot gegeben ist, berücksichtigt werden muß, ob die entscheidende Information unter den besonderen Umständen eines Strafverfahrens oder aber außerhalb eines solchen erlangt worden ist.

Im Ergebnis ist somit festzuhalten, daß Beweisverwertungsverbote grds. auch als Ermittlungsverbote anzusehen sind. Eine Ausnahme gilt nur, wenn die zureichenden tatsächlichen Anhaltspunkte außerhalb eines Strafverfahrens unter Verstoß gegen ein einfachgesetzliches Verbot, dessen Grund in den besonderen Umständen eines Strafverfahrens liegt, gewonnen wurden. Denn nur in diesem Fall kann das Beweisverwertungsverbot seine Schutzfunktion nicht erfüllen.

*(2). Fortwirkung von Beweisverwertungverboten*
Eindeutig ist die Rechtslage in der 2. Fallvariante: Bei dieser stehen die verbotenen Maßnahmen in keinem Zusammenhang mit dem weiteren Vorgehen der Ermittlungsbehörden und können sich somit auf dieses auch nicht mehr auswirken (Problem der sog. Fortwirkung von Beweisverwertungsverboten)[528]. Eine Verwertung der bei dem weiteren Vorgehen erlangten Beweismittel ist also möglich.

---

[526] *K. Rogall* ZStW 79, 1 (8).
[527] ähnlich *Bachmann* Rechtsschutz S. 63.
[528] *Wolter* NStZ 84, 276 (277); *Meyer-Goßner* K/M-G §136a, RdNr. 30; *Hanack* LR[25] §136a, RdNr. 65; *BGH* 35, 32 (34); *BGH JZ* 87, 936 (937).

*(3). Fernwirkung von Beweisverwertungsverboten*
Problematischer stellt sich die Rechtslage dagegen in der dritten Konstellation dar, bei der es um die Frage geht, ob sich ein Verwertungsverbot auch auf die Beweismittel erstreckt, die aufgrund eines unzulässigen erlangt worden sind. Die Behandlung dieses Falles ist schon im Ausgangspunkt umstritten: *Rieß* behauptet, daß es hierbei im weiteren Sinne um die Frage nach der Fernwirkung von Beweisverwertungsproblemen geht[529]. Dieses verneint allerdings *Reinecke* mit dem oben bereits angeführten Argument, daß es sich bei außerhalb von einem Ermittlungsverfahren erhaltenen Informationen um Zufallsfunde handele, für die die Beweisverwertungsverbote nicht gelten[530]. Diese Ansicht ist aus den unter (1). genannten Gründen abzulehnen.

Fraglich ist also im folgenden, ob auch Kenntnisse unverwertbar sind, die für sich gesehen zwar in zulässiger Weise erlangt wurden, deren Erlangung aber auf einer Information basiert, die selbst nicht verwertet werden darf (Problem der sog. Fernwirkung von Beweisverwertungsverboten, hier übertragen auf das Problem der Fernwirkung von Ermittlungsverboten). Im wesentlichen stehen sich drei Ansichten gegenüber.

(a). Teilweise wird vertreten, daß Erkenntnisse, die nur unter Verwendung eines nicht verwertbaren Beweismittels erlangt werden konnten, im Strafverfahren keine Rolle mehr spielen dürfen. Argumentiert wird, daß die Verbote ansonsten leerlaufen würden, da es für die Verfolgungsorgane unschädlich wäre, auf unzulässige Weise Erkenntnisse zu erlangen, die die Möglichkeit geben, unter Ausnutzung legaler Methoden weitere Beweise zu erheben. Somit kann der Zweck, den Strafverfolgungsbehörden bei ihrem Vorgehen Grenzen zu setzen, nicht erreicht werden[531]. Sinn der Verwertungsverbote sei es gerade, daß die Behörden keine Vorteile aus unzulässigem Vorgehen ziehen dürfen[532].
Dieser Gedankengang knüpft an die in den USA entwickelte *doctrine of the poisonous tree* an. Die amerikanischen Gerichte gehen nämlich im Grundsatz[533] von einer Fernwirkung der Beweisverwertungsverbote aus, um insbes. ihre Polizei zu disziplinieren[534]. Ob solch eine Disziplinierung auch in Deutschland nötig ist, wird unterschiedlich beurteilt[535]. Jedenfalls wird dieser Zweck heute aber allenfalls als gewünschte Nebenwirkung der Beweisverwertungsverbote anerkannt[536]. Die

---

[529] *Rieß* LR[24] §152, RdNr. 27.
[530] *Reinecke* Beweisverwertungsverbote S. 224.
[531] *Kühne* StPO RdNr. 541; *Roxin* StPO §25 RdNr. 47; *Maiwald* JuS 78, 379 (384); *Neuwald* NJW 90, 1221 (1222).
[532] *Müller* Rechtsstaat S. 152 unter Hinweis auf die Gesetzesmaterialien.
[533] zu den Ausnahmen s. v.a. *Beulke* ZStW 91, 657 (666 f).
[534] s. hierzu *Bradley* GA 85, 99 (101); *Harris* StV 91, 313 (321).
[535] vgl. *Reichert-Hammer* JuS 89, 446 (449); *Schroth* JuS 98, 969 (970).
[536] *Schröder* Beweisverwertungsverbote S. 66 f; *Beulke* StV 90, 180 (180); *Nüse* JR 66, 281 (284 f); ablehnend insbes. *K. Rogall* ZStW 79, 1 (16); zweifelnd *Harris* StV 91, 313 (321).

Hauptfunktion liegt dagegen im Schutz des Betroffenen, insbes. in dem aus dem Rechtsstaatsprinzip ableitbaren Grundsatz des *fair-trial* und der Beachtung der Menschenwürde iSv. Art. 1 GG[537]. Insofern kann das amerikanische Disziplinierungsargument nicht als alleiniger Grund für die Annahme einer Fernwirkung anerkannt werden.

(b). Gegen diese Auffassung wird vorgebracht, daß die Anerkennung einer ausnahmslosen Fernwirkung die Justiz lahmlegen würde[538]. Außerdem dürfe die staatliche Aufklärungspflicht nicht zu sehr beschränkt werden[539]. Schließlich würde der Rechtsfrieden zu sehr beeinträchtigt, wenn offenkundige Tatsachen wegen der Annahme einer ausnahmslosen Fernwirkung nicht in einem Prozeß berücksichtigt werden dürften[540]. Teilweise wird deswegen von einer generellen Verwertungsmöglichkeit ausgegangen[541].
Abgesehen davon, daß bereits bezweifelt wird, ob ein umfassendes Verwertungsverbot die Strafverfolgung tatsächlich so sehr beeinträchtigen würde[542], wird dieser Argumentation zu recht entgegengehalten, daß nur der Zustand wiederhergestellt werden soll, der ohne das unzulässige Vorgehen bestehen würde[543]. Außerdem sei es gerade im Wesen der Verwertungsverbote angelegt, daß die Beweislage aus rechtsstaatlichen Überlegungen heraus verschlechtert wird[544].
Die Rechtsprechung lehnt die grds. Annahme einer Fernwirkung auch noch mit dem Argument ab, daß ohnehin schwer feststellbar ist, ob das Beweismittel sich auf ein Ermittlungsergebnis zurückführen läßt, das selbst unverwertbar ist[545]. Gegen diese Begründung spricht aber, daß hiermit eine Beweisfrage, nicht aber eine hier erst einmal grds. zu klärende Rechtsfrage angesprochen wird[546].

(c). Eine dritte Ansicht will nicht grds. von der Verwertbarkeit oder Unverwertbarkeit mittelbarer Beweise ausgehen. Sie nimmt eine Interessenabwägung vor[547]. Hiermit wird der Lehre von den Beweisverwertungsverboten am ehesten Genüge

---

[537] vgl. *Meyer-Goßner* K/M-G Einl., RdNr. 57; *Bradley* GA 85, 99 (102 ff).
[538] BGH JZ 87, 936 (937); BGH 32, 68 (71).
[539] vgl. BGH 35, 32 (34).
[540] *Ranft* Spendel-FS S. 735.
[541] *Meyer-Goßner* K/M-G §136a, RdNr. 31 und K/M-G Einl., RdNr. 57; *Sarstedt* 46. DJT S. F23; *Paulus* KMR §244, RdNr. 542.
[542] *Nüse* JR 66, 281 (285); *Beulke* ZStW 91, 657 (669); *Grünwald* StV 87, 470 (472); s. auch *Lüderssen* Verbrechensprovokation S. 254 f.
[543] *Grünwald* StV 87, 470 (472).
[544] *Grünwald* StV 87, 470 (472); *Fezer* JZ 87, 937 (938).
[545] BGH 32, 68 (71).
[546] *Grünwald* StV 87, 470 (472); im Anschluß an ihn auch *Neuwald* NJW 90, 1221 (1222).
[547] *Wolter* NStZ 84, 276 (277 f); *Lüderssen* Verbrechensprovokation S. 252; *Hanack* LR25 §136a, RdNr. 67; *Boujong* KK §136a, RdNr. 42; *K. Rogall* ZStW 79, 1 (39 f); *Maiwald* JuS 78, 379 (384); s. auch BGH 29, 244 (249 f).

getan. Denn diese selbst ist das Ergebnis eines Ausgleiches zwischen den Interessen der vom Verfahren Betroffenen an einem rechtsstaatlichen Verfahren und der Allgemeinheit an der Strafverfolgung. Zu beachten ist allerdings, daß der Abwägungsvorgang für die Verfolgungsorgane eingeschränkt ist, wenn der Gesetzgeber die widerstreitenden Interessen bereits ausdrücklich gewichtet hat. Denn über den gesetzgeberischen Willen können sich Exekutive und Judikative wegen Art. 20 Abs. 3 GG nicht hinwegsetzen. Deswegen ist mit *Beulke* davon auszugehen, daß die in der StPO geregelten Beweisverwertungsverbote immer auch die mittelbaren Beweismittel erfassen: Hier hat der Gesetzgeber die Interessen des Beschuldigten eindeutig über die der Allgemeinheit gestellt[548]. Raum für eine Abwägung im Einzelfall bleibt demnach nur bei den direkt aus der Verfassung abgeleiteten Verboten[549].

(d). Die Auffassung von *Beulke* wird meistens zu den gleichen Ergebnissen führen wie die Ansicht der uneingeschränkten Fernwirkung. Denn die Frage nach der Fernwirkung setzt zunächst einmal voraus, daß bei dem unmittelbaren Beweismittel überhaupt ein Verwertungsverbot eingreift. Diese Frage ist bei den in der StPO normierten Verboten vom Gesetzgeber beantwortet; in den anderen Fällen ist die Annahme eines Verbotes das Ergebnis eines Abwägungsvorganges. Wenn aber beim unmittelbaren Beweismittel bereits angenommen wurde, daß das Interesse des Betroffenen überwiegt, dann wird der Abwägungsvorgang bei der Frage nach dem mittelbaren Beweismittel selten anders ausfallen[550]. Weiter noch: er darf es nicht einmal. Denn wenn die mittelbar erlangten Beweise verwertet werden, wirken die eigentlich unverwertbaren fort[551]. Es wird indirekt doch zur Grundlage eines Ermittlungsverfahrens bzw. später einer Anklage und Verurteilung. Auf diese Weise würde die Funktion der Verwertungsverbote völlig untergraben. Solch ein Leerlaufen rechtsstaatlicher Sicherungen darf es nicht geben. Diese Argumentation spricht auch gegen die generelle Ablehnung der Fernwirkungen.
Festzuhalten ist somit zum einen, daß eine Fernwirkung nicht generell abgelehnt werden darf. Zum anderen ist aber auch gezeigt worden, daß die Ansicht, die von der Unverwertbarkeit des unmittelbaren Beweismittels automatisch auf die des mittelbaren schließt, zu den gleichen Ergebnissen kommen muß wie die Auffassung, daß bei den ungeschriebenen Verwertungsverboten iRd. Frage nach der Fernwirkung eine erneute Abwägung getroffen werden muß. Welcher Ansicht man hier folgt, wirkt sich also im Ergebnis nicht aus.

---

[548] *Beulke* ZStW 91, 657 (663 f).
[549] *Beulke* ZStW 91, 657 (678 f).
[550] vgl. *Schröder* Beweisverwertungsverbote S. 67, 68, 70.
[551] vgl. hierzu *Grünwald* JZ 66, 489 (500).

*(4). Ergebnis*
Ein Anfangsverdacht darf nicht mit Kenntnissen begründet werden, die unter Verstoß gegen ein verfassungsrechtlich begründetes Beweisverwertungsverbot erlangt worden sind. Gleiches gilt, wenn ein (einfachgesetzliches) Verbot die besonderen Umstände eines Strafverfahrens berücksichtigen soll und der auf unzulässige Weise gewonnene Anfangsverdacht in einem solchen Verfahren geschöpft worden ist.
Ferner darf der Verdacht nicht auf Tatsachen gestützt werden, die für sich gesehen zwar in zulässiger Weise erlangt worden sind, deren Erlangung aber auf einer Information basiert, die selbst nicht verwertet werden darf (Fernwirkung des Beweisverwertungsverbotes).
Dagegen schließt ein Beweisverwertungsverbot nicht aus, ein Ermittlungsverfahren durchzuführen, das auf Anhaltspunkte gestützt wird, die unabhängig von dem unzulässig erlangten Beweismittel gewonnen wurden (Fortwirkung des Beweisverwertungsverbotes).

*cc. Private Kenntniserlangung*
§ 152 Abs. 2 StPO bestimmt nur, daß die Staatsanwaltschaft Kenntnis von einer Straftat erhalten haben muß. Sehr umstritten ist aber, wann eine Person, die Staatsanwalt von Beruf ist, auch als Staatsanwalt iSv. § 152 Abs. 2 StPO die Kenntnis erlangt. Konkret geht es also um die Frage, ob die Bezeichnung „Staatsanwalt" nach dieser Vorschrift an den Beruf oder an die in den Gesetzen näher umschriebene staatsanwaltschaftliche Tätigkeit anknüpft[552]. Hiervon hängt ab, ob ein Staatsanwalt nur an das Legalitätsprinzip gebunden ist, wenn er die Kenntnis bei seiner Tätigkeit in der Funktion als Staatsanwalt erlangt hat, oder ob auch außerdienstlich erlangte Kenntnis die Verfolgungspflicht auslöst[553].

(1). Früher wurde behauptet, daß ein Staatsanwalt immer in dieser Funktion tätig werden müsse[554]. Es wurde also im Ergebnis an seine berufliche Stellung angeknüpft. Danach hätte jeder Verdacht, egal wo und wann er geschöpft wurde, zu einer Einschreitpflicht geführt. Es wird das Privatleben des Staatsanwaltes aber erheblich beeinträchtigt, wenn er jedes ihm erzählte und anvertraute Verhalten verfolgen muß, um sich nicht selbst einer Strafvereitelung im Amt schuldig zu machen[555]. Aus diesen Gründen wird diese strenge Ansicht heute auch nicht mehr vertreten.

---

[552] so i.E. die Frage von *Anterist* Anzeigepflicht S. 68.
[553] zu Einzelheiten s. *Anterist* Anzeigepflicht S. 34 ff; *Geerds* Schröder-GedS S. 395 ff, 400 ff; *Schmidt* StPO I RdNr. 399 f; *Rieß* LR$^{24}$ §160, RdNr. 23 ff.
[554] *Rosenfeld* Reichsstrafprozeß S. 204 mwN.
[555] *Gössel* StPO S. 31 f; *Rieß* LR$^{24}$ §160, RdNr. 29; *Anterist* Anzeigepflicht S. 21 f; *Krause* JZ 84, 548 (549); *Bottke* Meyer-FS S. 51 (auf Polizei bezogen).

(2). Heute stehen sich im wesentlichen zwei Meinungen gegenüber.
(a). Nach einer Extremposition ist privat erlangte Kenntnis keine Kenntnis iSv. §152 Abs. 2 StPO[556]. Danach würde das Legalitätsprinzip bei außerdienstlicher Kenntnis nicht gelten. Teilweise wird zugunsten dieser Ansicht darauf hingewiesen, daß in §152 StPO nur die Staatsanwaltschaft, nicht aber der einzelne Staatsanwalt angesprochen sei. Dieser nehme somit nur behördliche Pflichten wahr[557]. Eine Behörde aber hat kein Privatleben, in dem sie Kenntnisse erlangt. Diese Argumentation, die zunächst sehr einleuchtend erscheint, hat aber eine Schwachstelle: §152 Abs. 2 StPO trifft nämlich keine Aussage darüber, daß eine Kenntnis nur sofort verwertet werden kann. Wenn der Staatsanwalt aber im Dienst ist, besteht der Verdacht genauso wie etwa am Vorabend, als er von der Straftat im privaten Kreise erfuhr. Sobald er aber im Dienst ist, nimmt er behördliche Pflichten wahr, zu denen nach §152 Abs. 2 StPO gehört, einem Tatverdacht nachzugehen. Insofern kann der Hinweis auf den Wortlaut des §152 Abs. 2 StPO allenfalls begründen, daß der Staatsanwalt erst dann tätig werden muß, wenn er wieder im Dienst ist, nicht aber seine Einschreitpflicht gänzlich ausschließen. Aber nicht einmal dies ist anzunehmen. Denn oben ist auf S. 78 begründet worden, daß von §152 Abs. 2 StPO auch die Einzelperson und nicht nur die Behörde „Staatsanwaltschaft" als ganze angesprochen ist.

(b). Andere Stimmen in der Literatur und auch die Rechtsprechung wollen im Einzelfall entscheiden und fragen, ob das Interesse des Staatsanwaltes, ihm anvertraute Informationen nicht zum Anlaß für Ermittlungen nehmen zu müssen, oder der Strafverfolgungsanspruch des Staates überwiegt[558]. Vorausgesetzt wird dabei allerdings, daß der Staatsanwalt sich aufgrund dieses Konfliktes gegen das Einschreiten entschieden hat[559]. Die Rechtsprechung orientiert sich bei der Abwägung an der Deliktsschwere[560].
Diesem Vorgehen wird vorgeworfen, daß die Grenze, welche Interessen im Einzelfall überwiegen, nicht klar gezogen werden könne[561]. Vor dem Hintergrund, daß ein Verstoß gegen das Legalitätsprinzip nach §358a StGB strafbar ist, wird in dieser Ansicht deshalb auch ein Verstoß gegen das Bestimmtheitsgebot gesehen[562].

---

[556] *Meyer-Goßner* K/M-G §160, RdNr. 10; *Müller* KMR §158, RdNr. 11; *Bottke* Meyer-FS S. 51 (auf Polizei bezogen); *Anterist* Anzeigepflicht S. 63 – 70; *Krause* GA 64, 110 (115 ff) und JZ 84, 548 (548 ff); *Geerds* Schröder-GedS S. 399.
[557] *Anterist* Anzeigepflicht S. 64 f; *Krause* GA 64, 110 (115); hiergegen *Geerds* Schröder-GedS S. 399 (dem Wortlaut sei kein Argument zu entnehmen).
[558] s. z.B. *BGH* 12, 277 (281); *Beulke* StPO RdNr. 91; *Kühl* StGB §258a, RdNr. 4; vgl. auch *BGH* 5, 226 (229), die Frage konnte dort aber offenbleiben.
[559] *BGH* 5, 225 (230).
[560] *BGH* 12, 277 (281). In *BGH* 5, 225 (229) nur diskutiert.
[561] *Meyer-Goßner* K/M-G §160, RdNr. 10; *Rieß* LR[24] §160, RdNr. 29; *Müller* KMR §158, RdNr. 11; s. auch *Anterist* Anzeigepflicht S. 29.
[562] *Krause* GA 64, 110 (116).

Deshalb ist verschiedentlich versucht worden, der Abgrenzung klarere Konturen zu geben: *Eb. Schmidt* will die Abwägung an dem Begriff der Geringfügigkeit in §153 StPO orientieren[563], *Kramer* zieht den Katalog des §100a StPO heran[564] und eine Reihe von Autoren bedient sich der Bestimmung des §138 StGB[565]. Nur wenn die Geringfügigkeit verneint wird bzw. Taten nach §100a StPO oder §138 StGB vorliegen, soll der Staatsanwalt auch bei außerdienstlicher Kenntniserlangung zum Einschreiten verpflichtet sein.
Der Hinweis auf die mangelnde Bestimmtheit bei einer Abwägung im Einzelfall ist aber nicht haltbar. Denn dieser Verfassungsgrundsatz richtet sich an den Gesetzgeber[566]. Eine Auslegung der Gesetze verbietet der Bestimmtheitsgrundsatz aber nicht. Somit müßten die Verteter dieses Begründungsansatzes §152 Abs. 2 StPO wegen seiner zu unbestimmten Fassung als verfassungswidrig ansehen. Dieses tun sie aber nicht, und es wäre auch völlig verfehlt, in dem Begriff der Kenntniserlangung einen zu unbestimmten Rechtsbegriff zu sehen. Somit spricht dieses Argument nicht gegen eine Interessenabwägung.
Vielmehr ist zu beachten, daß es nur durch eine Abwägung möglich ist, die beiderseitigen Interessen in angemessener Weise zu berücksichtigen.

(3). Ausgehend von diesem Ergebnis ist fraglich, ob eine Abwägung im Einzelfall erfolgen soll oder aber, wie es die oben zitierten Autoren vorschlagen, anhand von Tatkatalogen oder mit Hilfe des §153 StPO.
Gegen die Heranziehung von Tatkatalogen spricht folgende Überlegung: Ob die Interessen des Staates oder aber des Staatsanwaltes überwiegen, richtet sich danach, wie schwer die Tat das Gemeinschaftsleben gestört hat. Die Bewertung dieser Frage hängt aber nicht von der Art des verwirklichten Tatbestandes ab, sondern von der Tatbegehung im Einzelfall. Somit ist es nicht sachgerecht, die Abwägung der Interessen ohne Rücksicht des Einzelfalles generell an einzelnen Tatkatalogen vornehmen zu wollen[567].
Aber auch die Heranziehung des §153 StPO führt nicht weiter: *Eb. Schmidt* macht damit nämlich das gleiche wie die Rechtsprechung. Denn er muß die Umstände im Einzelfall beurteilen und eine Abwägung vornehmen[568]. Er ersetzt im Ergebnis nur den unbestimmten Rechtsbegriff „Bedeutung der Straftat" durch „Geringfügigkeit"[569].

---

[563] *Schmidt* StPO I RdNr. 398.
[564] Grundbegriffe RdNr. 177.
[565] *Schlüchter* StPO RdNr. 69; *Roxin* StPO §37 RdNr. 3; *Ruß* LK[11] §258a, RdNr. 7; vgl. auch *Stree* Sch/Sch §258a, RdNr. 11.
[566] *Anterist* Anzeigepflicht S. 46 ff, insbes. S. 47.
[567] s. auch *Krause* JZ 84, 548 (550): „willkürlich".
[568] *Krause* JZ 84, 548 (549).
[569] so auch die Kritik von *Anterist* Anzeigepflicht S. 31.

(4). Somit bleibt, daß eine Abwägung im Einzelfall zu erfolgen hat, so wie es die Rechtsprechung tut. Die Unsicherheit, die damit verbunden ist, ist ohne Zweifel sehr mißlich. Dieses Problem ist aber ein rechtspolitisches und richtet sich somit an den Gesetzgeber, muß aber nicht die Auslegung des §152 Abs. 2 StPO beeinflussen. Für die Bedeutung des Legalitätsprinzips folgt daraus, daß der Staatsanwalt bei leichten Delikten den „zureichenden tatsächlichen Anhaltspunkten", die er privat erlangt hat, nicht nachgehen muß. Die Verfolgungspflicht ist hier also von Verfassungs wegen zum Schutz seiner Privatsphäre eingeschränkt.

*dd. Ergebnis*
Zureichende tatsächliche Anhaltspunkte liegen vor, wenn die Staatsanwaltschaft bzw. der Staatsanwalt dienstlich oder bei schweren Straftaten auch privat ohne Verstoß gegen ein Beweisverwertungsverbot oder unter Verstoß gegen ein (einfachgesetzliches) Beweisverwertungsverbot, dessen Schutzbereich nicht berührt ist, von Tatsachen Kenntnis erlangt hat, die es möglich erscheinen lassen, daß eine Straftat begangen worden ist.

**e. „soweit nicht gesetzlich ein anderes bestimmt ist"**

*aa. §153 Abs. 1 StPO*
*(1). Voraussetzungen*
Nach §153 StPO kann die Staatsanwaltschaft „von der Verfolgung" der Tat absehen, wenn
— das Verfahren ein Vergehen zum Gegenstand hat,
— die Schuld des Täters als gering anzusehen wäre,
— kein öffentliches Interesse an der Verfolgung besteht
— und wenn entweder
   *die Zustimmung des für die Eröffnung des Hauptverfahrens zuständigen Gerichts vorliegt oder
   *es um ein Vergehen geht, das nicht mit einer im Mindestmaß erhöhten Strafe bedroht ist und bei dem die durch die Tat verursachten Folgen gering sind.

(a). Für die Reichweite des Legalitätsprinzips ist die Formulierung bedeutsam, daß die Schuld als gering „anzusehen *wäre*". Ursprünglich hieß es dort „anzusehen *ist*". Der Gesetzgeber hat mit der Gesetzesänderung deutlich gemacht, daß die Schuld nicht mehr nachgewiesen werden muß, sondern daß eine hypothetische Schuldbeurteilung reicht[570]. Für die Geltung des Legalitätsprinzips bedeutet dies, daß eine Durchermittlung nicht mehr nötig ist[571], die Verfolgungspflicht also schon in einem relativ frühen Ermittlungsstadium entfallen kann[572].

(b). Die Entscheidung nach §153 Abs. 1 StPO verbraucht die Strafklage nicht[573]. Für die Geltung des Legalitätsprinzips bedeutet dies, daß die Tat weiterhin verfolgbar ist. Sofern also Umstände bekannt werden, die die Einstellungsvoraussetzungen des §153 Abs. 1 StPO entfallen lassen, kann die Staatsanwaltschaft nicht mehr davon ausgehen, daß „etwas anderes bestimmt" ist iSd. §152 Abs. 2 StPO, so daß sie weiter ermitteln und ggf. Anklage erheben muß. Dies wird insbesondere dann relevant, wenn sich im Nachhinein herausstellt, daß es sich bei der Tat doch um ein Verbrechen handelt[574].

*(2). Ermessen*
Der §153 Abs. 1 StPO enthält als Rechtsfolge die Bestimmung, daß die Staatsanwaltschaft von der Verfolgung absehen *kann*. Diese Gesetzesfassung legt die Annahme nahe, daß bei Vorliegen der in §153 Abs. 1 StPO genannten Voraussetzungen die Staatsanwaltschaft frei ist in der Entscheidung, ob sie das Verfahren einstellt oder aber weiter ermittelt und Anklage erhebt.
Ein Argument für die Ansicht, daß §153 Abs. 1 StPO einen Entscheidungsspielraum läßt, ist dem §472 Abs. 2 StPO zu entnehmen, der in Zusammenhang mit den Einstellungsvorschriften von Ermessen spricht. Wenn man mit dieser Begründung grds. davon ausgeht, daß die Staatsanwaltschaft aufgrund einer Ermessensnorm handelt, so ist damit aber noch nicht gesagt, daß sie auch tatsächlich zwischen verschiedenen Rechtsfolgen wählen kann. Denn heute ist im Verwaltungsrecht (und in dieser Frage kann im Strafrecht nichts anderes gelten, da es um Grundlagen des derzeitigen Rechtsverständnisses geht) anerkannt, daß auch ein Ermessen pflichtgemäß ausgeübt werden muß[575]. Damit wird u.a. verlangt, daß die Verwaltung

---

570 *Pfeiffer* PfFi §153, RdNr. 1; *BVerfG* 82, 106 (116); a.A. *Radtke* (Strafklageverbrauch S. 385), der §153a Abs. 1 S. 4 StPO analog anwenden will.
571 *Meyer-Goßner* K/M-G §153, RdNr. 3; *Rieß* LR[24] §153, RdNr. 33; a.A. *Vogler* ZStW 77, 761 (785).
572 hierzu s. *Radtke* Strafklageverbrauch S. 241.
573 *Rieß* NStZ 81, 2 (9) und LR[24] §153, RdNr. 54; *Meyer-Goßner* K/M-G §153, RdNr. 37; *Schäfer* LR[24] Einl. 12, RdNr. 46; *Müller* KMR §153, RdNr. 13.
574 *Rieß* LR[24] §152, RdNr. 18, der allerdings ohne nähere Begründung neue tatsächliche Anhaltspunkte fordert, dies aber in §153, RdNr. 54 wiederum ausdrücklich ablehnt; ähnlich auch *Rieß* NStZ 81, 2 (9): „sachlich einleuchtender Grund".
575 *Maurer* VerwR §7, RdNr. 17; *Weigend* (Anklagepflicht S. 19) lehnt es ab, die Ermessenslehre aus dem Verwaltungsrecht auf das Strafprozeßrecht zu übertragen, da „die Regelungen der StPO aus einer Zeit stammen, in der sowohl der Begriff der Opportunität als auch der des Ermessens noch auf einen mehr oder weniger rechtsfreien Raum verwiesen". Dieser Argumentation ist aber entgegenzuhalten, daß auch die StPO sich dem Anschauungswandel in der Rechtswissenschaft nicht verschließen kann und sich neuen

ihren Entscheidungsspielraum nur im Rahmen der vom Gesetz gesteckten Grenzen ausnutzten darf[576]. Diese Grenzen können sich aus dem Sinn und Zweck der betreffenden Norm oder auch aus höherrangigem Recht ergeben[577]. Wenn die Verwaltung nun bei ihrer Entscheidung im Rahmen dieser Grenzen entscheiden will, kann für die Ausübung ihres Ermessens folgender Sonderfall eintreten: Häufig verwendet das Gesetz sog. Koppelungsvorschriften. D.h., daß auf Tatbestandsseite unbestimmte Rechtsbegriffe geprüft werden müssen und daß erst wenn diese bejaht wurden auf Rechtsfolgenseite Ermessen ausgeübt werden soll. Nun ist es durchaus denkbar, daß bei der Prüfung der unbestimmten Rechtsbegriffe bereits alle entscheidungserheblichen Kriterien einfließen müssen, die auch im Rahmen des pflichtgemäßen Ermessens eine Rolle spielen. In diesem Fall bleibt für eine Entscheidung zwischen verschiedenen Rechtsfolgen kein Raum mehr. Wenn die Staatsanwaltschaft also im Rahmen des tatbestandlichen Beurteilungsspielraumes die von der Norm aufgestellten Voraussetzungen bejaht hat, dann gibt es nur eine richtige Handlungsalternative. Aus einem „kann" wird auf diese Weise in der Rechtswirklichkeit ein „muß" (sog. Ermessensschwund)[578].

Fraglich ist, ob im Rahmen des §153 Abs. 1 StPO neben der Prüfung der unbestimmten Rechtsbegriffe des öffentlichen Interesses und der geringen Schuld noch ein Spielraum bleibt zu entscheiden, die Klage trotz Vorliegen dieser Voraussetzungen nicht zu erheben. Dieses ist unter Zugrundelegung des Zweckes des Strafverfahrens zu verneinen[579]. Denn durch einen Prozeß soll der durch die Tat gestörte Rechtsfrieden wiederhergestellt werden[580]. Eine ermessensfehlerfreie Entscheidung muß also diesem Zweck dienen. Hierbei wiederum sind alle die Umstände zu berücksichtigen, die auf Tatbestandsebene schon im Rahmen des öffentlichen Interesses oder auch der Schuld eine Rolle gespielt haben[581]. Wenn aber diese Tatbestandsvoraussetzungen verneint werden, dann ist auch der Rechtsfrieden nicht gestört, so daß eine Entscheidung, Anklage zu erheben, einen sinnlosen Prozeß einleiten würde. In diesem Fall würde ein Ermessensfehlgebrauch vorliegen. Durch die Bejahung der unbestimmten Rechtsbegriffe ist hier also die Entscheidung über Einstellung oder Anklageerhebung vorgegeben. Das „kann" ist demzufolge ein „muß"[582].

---

Auffassungen anpassen muß. Insofern kann auch die moderne Ermessenslehre aus dem Verwaltungsrecht auf das Strafprozeßrecht übertragen werden.
[576] *Maurer* VerwR §7, RdNr. 17.
[577] *Maurer* VerwR §7, RdNr. 22; *Schwalm* 45. DJT S. D23.
[578] *Maurer* VerwR §7, RdNr. 49; BVerwG 18, 247 (250 f); *Kapahnke* Opportunität S. 78.
[579] *Rieß* LR[24] §153, RdNr. 35; im Anschluß an ihn auch *Radtke* Strafklageverbrauch S. 173.
[580] s. oben S. 53.
[581] *Keller* GA 83, 497 (517); *Rieß* LR[24] §153, RdNr. 35; *Radtke* Strafklageverbrauch S. 173; *Volk* ZStW 85, 871 (909).
[582] so auch *Heinitz* JZ 63, 132 (133); *Hobe* Leferenz-FS S. 646; *Müller* KMR §153, RdNr. 7; *Fezer* StPO Fall 1, RdNr. 35.

*bb. §153a Abs. 1 StPO*
*(1). Voraussetzungen*
Nach §153a Abs. 1 StPO kann die Staatsanwaltschaft vorläufig von der Erhebung der öffentlichen Klage absehen, wenn
- das Verfahren ein Vergehen zum Gegenstand hat,
- die Schwere der Schuld der weiteren Verfolgung nicht entgegensteht,
- das öffentliche Interesse an der Strafverfolgung zwar besteht, aber durch die Auferlegung von Weisungen oder Auflagen beseitigt werden kann,
- wenn der Beschuldigte zustimmt
- und wenn entweder
  * die Zustimmung des für die Eröffnung des Hauptverfahrens zuständigen Gerichts vorliegt oder
  * es um ein Vergehen geht, das nicht mit einer im Mindestmaß erhöhten Strafe bedroht ist und bei dem die durch die Tat verursachten Folgen gering sind (vgl. §153a Abs. 1 S. 6 iVm. §153 Abs. 1 S. 2 StPO).

(a). §153a StPO verlangt, daß die Schuldschwere durch die Staatsanwaltschaft abschließend beurteilt werden kann. Es kann also nicht wie bei §153 StPO nur eine hypothetische Feststellung getroffen werden[583]. Ferner ist zu beachten, daß §153a StPO nur das Absehen von der Anklageerhebung, nicht aber wie §153 StPO allgemein von der Verfolgung zuläßt. Diese beiden Feststellungen bedeuten für die Geltung des Legalitätsprinzips, daß eine Durchermittlung nötig ist: Die Tat muß vollständig ermittelt werden, allein bzgl. der Pflicht zur Anklageerhebung ist „etwas anderes" bestimmt.

(b). Fraglich ist, wie sich die Einstellung gem. §153a StPO auf die Einschreitpflicht auswirkt.
(aa). Sobald die Auflage oder Weisung erfüllt ist, kann die Tat nach §153a Abs. 1 S. 4 nicht mehr als Vergehen verfolgt werden. Dies bedeutet, daß die Entscheidung beschränkt bestandskräftig wird, also die Verfolgungspflicht des §152 Abs.2 StPO bereits mangels Verfolgbarkeit entfällt, sofern die Tat weiterhin als Vergehen bewertet wird.
Stellt sich dagegen heraus, daß die Tat als Verbrechen eingestuft werden muß[584], ist die Tat wegen der Beschränkung der Sperrwirkung in §153a Abs. 1 S. 4 StPO weiterhin trotz vorheriger Einstellung verfolgbar, das Legalitätsprinzip gilt also.
(bb). Steht fest, daß die Auflage oder Weisung endgültig nicht erfüllt wird, kommt eine Einstellung nach §153a StPO nicht in Betracht. Dann muß entweder Anklage

---

[583] ausführlich *Radtke* Strafklageverbrauch S. 249.
[584] neue Tatsachen sind wegen des eindeutigen Wortlauts nicht erforderlich, so *Rieß* LR[24] §153a, RdNr. 69; *Meyer-Goßner* K/M-G §153a, RdNr. 52; *Radtke* Strafklageverbrauch S. 383.

erhoben oder aber, wenn der Beschuldigte bei seiner Weigerung Gründe vorträgt, die Anlaß geben, die Tat anders zu bewerten, weiter ermittelt werden[585]. Das Legalitätsprinzip ist in diesem Fall also nicht eingeschränkt.

(cc). Als dritte Fallkonstellation ist das Stadium zu nennen, in dem dem Beschuldigten die Auflagen und Weisungen auferlegt wurden und er sie noch nicht erfüllt hat, aber noch erfüllen kann. In diesem Schwebezustand stellt die Einstellungsentscheidung (und nicht erst der rein deklaratorisch wirkende Beschluß[586]) ein bedingtes und beschränktes Verfahrenshindernis dar[587]. Die Tat ist also nicht verfolgbar iSv. §152 Abs. 2 StPO, wenn sie sich nicht als Verbrechen erweist[588].

*(2). Ermessen*
Im Rahmen von §153a StPO muß die Staatsanwaltschaft prüfen, ob die Auflage oder Weisung geeignet ist, das bejahte öffentliche Interesse an der Verfolgung zu beseitigen und ob die Schwere der Schuld nicht entgegensteht. Hier müssen also bereits auf Tatbestandsseite die gleichen umfassenden Abwägungen vorgenommen werden wie bei §153 StPO. Insofern gilt für die Bedeutung des „kann" das gleiche wie beim Absehen von der Verfolgung wegen Geringfügigkeit, so daß auf die Ausführungen unter der S. 137 f verwiesen wird[589].

*cc. §153b Abs. 1 StPO*
*(1). Voraussetzungen*
Nach §153b StPO kann die Staatsanwaltschaft von der Erhebung der öffentlichen Klage absehen, wenn
– die Voraussetzungen vorliegen, unter denen das Gericht von der Verfolgung absehen könnte, und
– das Gericht, das für die Hauptverhandlung zuständig wäre, zugestimmt hat.

(a). Umstritten ist, wie weit ermittelt werden muß, bis eine Entscheidung über die Einstellung nach §153b Abs. 1 StPO ergehen kann. *Rieß* tritt dafür ein, daß nur soweit ermittelt werden muß, bis feststeht, daß die Voraussetzungen für das Absehen von Strafe vorliegen. Bis zur Anklagereife bräuchte die Tat nicht aufgeklärt zu werden. Dieses begründet er damit, daß die Vorschrift der Verfahrensökonomie

---

[585] *Meyer-Goßner* K/M-G §153 a, RdNr. 52; *Rieß* LR[24] §153a, RdNr. 84.
[586] *Meyer-Goßner* K/M-G §153a, RdNr. 53; *Rieß* LR[24] §153a, RdNr. 7.
[587] *Meyer-Goßner* K/M-G §153a, RdNr. 3, 52; *Rieß* LR[24] §153a, RdNr. 61, 81; *Müller* KMR §153a, RdNr. 25.
[588] *Rieß* LR[24] §153a, RdNr. 64; *Geppert* JURA 86, 309 (317); *Müller* KMR §153a, RdNr. 25.
[589] auch in der Literatur werden §153 und §153a StPO immer gleich behandelt, vgl. dazu die Angaben in Fn. 582.

dienen soll[590]. Dem Wortlaut der früh in das Gesetz aufgenommenen Vorschrift könne kein Argument entnommen werden[591]. Näher begründet er diese These nicht. Problematisch an dieser vom Ergebnis her vielleicht sehr wünschenswerten Auffassung ist, daß *Rieß* sich über den eindeutigen Wortlaut unter Hinweis auf die angebliche Zielsetzung der Vorschrift hinwegsetzt. Außerdem ist zu berücksichtigen, daß der Beschuldigte grds. schon wegen der Kostenregelung in §467 Abs. 4 StPO ein Interesse daran hat, daß das Verfahren ggf. nach §170 Abs. 2 StPO eingestellt wird. Eine Ausnahme von der Durchermittlung muß also eindeutig vom Gesetz vorgesehen werden, wie dies z.B. in §153 StPO geschehen ist. Somit ist durch §153b StPO nur hinsichtlich der Anklageerhebung, nicht aber hinsichtlich der Ermittlungen etwas anderes iSv. §152 Abs. 2 StPO bestimmt[592].

(b). Die Entscheidung, von der Verfolgung nach §153b StPO abzusehen, entfaltet keine Sperrwirkung[593]. Die Tat ist also auch nach der Einstellung des Verfahrens verfolgbar iSd. Legalitätsprinzips. Demzufolge muß weiter ermittelt werden, wenn Umstände erkennbar werden, unter denen von der Verfolgung nicht hätte abgesehen werden dürfen.

*(2). Ermessen*
Sinn des §153b Abs. 1 StPO ist es, sowohl dem Staat als auch dem Beschuldigten ein gerichtliches Verfahren zu ersparen, wenn ohnehin feststeht, daß von einer Bestrafung abgesehen wird[594]. Die Sicherheit, daß im Prozeß von dieser Möglichkeit Gebrauch gemacht würde und somit der Zweck der Einstellung im Ermittlungsverfahren auch erreicht wird, ergibt sich aus der Zustimmung des für die Hauptverhandlung zuständigen Gerichts. Somit könnte man argumentieren, daß eine Entscheidung der Staatsanwaltschaft dem Sinn des §153b Abs. 1 StPO nur entspricht, wenn das Verfahren eingestellt wird, falls die tatbestandlichen Voraussetzungen vorliegen.
Die Ausgestaltung der Norm als „kann"-Vorschrift deutet aber bereits an, daß der Zweck des §153b StPO nicht in jedem Fall erreicht werden soll. So ist Raum für die Frage, welche Wirkung eine Einstellung und welche eine Anklageerhebung hätte, denn diese Aspekte müssen auf der Tatbestandsseite nicht berücksichtigt werden. Dabei ist zu beachten, daß bei einem gerichtlichen Verfahren die Schuld festgestellt würde und nur eine Sanktionierung der Tat entfiele. Dagegen könnte die Staatsanwaltschaft bei einer Einstellung nach §153b StPO nicht einmal die Schuld feststellen. Allein diese Feststellung hat aber eine eigenständige Bedeutung,

---

[590] *Rieß* LR[24] §153b, RdNr. 9.
[591] *Rieß* LR[24] §153b, RdNr. 9.
[592] so die h.M.: *Pfeiffer* PfFi §153b, RdNr. 1; *Schoreit* KK 153b, RdNr. 4; *Meyer-Goßner* LR[23] 153b, RdNr. 7.
[593] *Meyer-Goßner* K/M-G §153b, RdNr. 2; *Rieß* LR[24] §153b, RdNr. 11.
[594] *Rieß* LR[24] §153b, RdNr. 2.

die bei der Ermessensausübung zu berücksichtigen ist. Insofern hat die Staatsanwaltschaft nach Bejahung der Tatbestandsvoraussetzungen noch die Möglichkeit, sich zwischen der Anklageerhebung und der Einstellung zu entscheiden. Ihr steht also ein Ermessensspielraum zu[595].

#### dd. §153c StPO
*(1). Voraussetzungen*
Nach §153c StPO kann von der Verfolgung von Straftaten abgesehen werden, wenn
- sie im Ausland begangen wurden oder ein Teilnehmer an einer strafbaren Handlung, die im Ausland vorgenommen wurde, vom Inland aus mitgewirkt hat (Abs. 1 Nr. 1) oder wenn
- sie von einem Ausländer im Inland auf einem ausländischen Schiff oder Luftfahrzeug begangen wurden (Abs. 1 Nr. 2) oder wenn
- wegen der Tat im Ausland schon eine Strafe vollstreckt worden ist und die im Inland zu erwartende Strafe nach Anrechnung der ausländischen nicht ins Gewicht fiele (Abs. 1 Nr. 3) oder wenn
- der Beschuldigte im Ausland rechtskräftig freigesprochen worden ist (Abs. 1 Nr. 3) oder wenn
- der Erfolgsort im Inland liegt, der Handlungsort dagegen im Ausland und wenn der Durchführung des Verfahrens überwiegende öffentliche Interessen entgegenstehen, insbes. der Bundesrepublik Deutschland ein schwerer Nachteil droht (Abs. 2).

(a). Sofern der Anwendungsbereich des deutschen Strafrechts nach §§3 ff StGB nicht eröffnet ist, ist die Tat nicht verfolgbar iSv. §152 Abs. 2 StPO. In diesem Fall kann auf §153c als Regelung, die „etwas anderes bestimmt", gar nicht mehr zurückgegriffen werden[596], sondern die Geltung des Legalitätsprinzips scheitert schon an dem Merkmal der Verfolgbarkeit.

(b). §153c Abs. 1 und Abs. 2 StPO erlauben es, bereits von der Verfolgung – mehr noch: von der Aufnahme von Ermittlungen[597] – abzusehen. Der Legalitätsgrundsatz gilt also nur so lange, bis die Voraussetzungen für die Einstellung nach §153c StPO festgestellt worden sind[598]. Eine Durchermittlung ist demnach nicht erforderlich[599].

---

[595] *Bloy* GA 80, 161 (176); zweifelnd *Rieß* LR[24] §153b, RdNr. 4.
[596] *Rieß* LR[24] §153c, RdNr. 3.
[597] *Meyer-Goßner* K/M-G §153c, RdNr. 2; *Rieß* LR[24] §153c, RdNr. 7.
[598] *Rieß* LR[24] §153c, RdNr. 7.
[599] *Rieß* LR[24] §153c, RdNr. 7; *Pfeiffer* PfFi §153c, RdNr. 1.

(c). Die Entscheidung wird nicht bestandskräftig[600], so daß die Tat weiterhin verfolgbar bleibt und auch verfolgt werden muß, sobald sich herausstellt, daß die Voraussetzungen des §153c StPO nicht mehr vorliegen bzw. nie vorgelegen haben. Dann gilt das Legalitätsprinzip also uneingeschränkt.

*(2). Ermessen*
Bei der Frage, ob der Staatsanwaltschaft Ermessen eingeräumt worden ist, muß zwischen den verschiedenen Einstellungsgründen des §153c StPO unterschieden werden.
(a). In den Fällen der Nr. 1 und 2 kann die Staatsanwaltschaft nach Bejahung der Voraussetzungen entscheiden, ob das Verfahren eingestellt oder aber Anklage erhoben wird[601]. Denn §153c StPO enthält keine unbestimmten Rechtsbegriffe und setzt somit keine Würdigung der gesamten Tatumstände voraus, so daß bei der Ermessensausübung noch Raum für die Berücksichtigung zusätzlicher Kriterien ist, die die Entscheidung der Staatsanwaltschaft beeinflussen können[602].
(b). Anders sieht es dagegen bei Abs. 2 des §153c StPO aus. Die Einstellung setzt voraus, daß überwiegende öffentliche Interessen einer Verfolgung entgegenstehen. Durch die Verfolgung darf aber nicht mehr Schaden angerichtet als Nutzen gebracht werden. Da aber bei der Bewertung des Schadens (nämlich der Verletzung öffentlicher Interessen) die gleichen Kriterien berücksichtigt werden müssen wie bei der Frage nach dem Nutzen (nämlich der Schaffung von Rechtsfrieden als Teil des öffentlichen Interesses), hängt die Entscheidung, ob Anklage erhoben oder aber eingestellt werden soll, unmittelbar von der Beurteilung der Voraussetzungen des §153c Abs. 2 StPO ab. Einen Spielraum hat die Staatsanwaltschaft also nicht[603].
(c). Schließlich ist zu klären, ob die Staatsanwaltschaft bei §153c Abs. 1 Nr. 3 StPO nach pflichtgemäßem Ermessen entscheiden kann. Die Vorschrift berücksichtigt, daß das Strafbedürfnis entfallen kann, wenn die Tat bereits im Ausland geahndet wurde[604]. Ob das Strafbedürfnis aber entfallen ist, setzt eine umfassende Würdigung aller Umstände voraus, die §153c Abs. 1 Nr. 3 StPO auf Tatbestandsebene nicht verlangt. Insofern hat die Staatsanwaltschaft hier einen Entscheidungsspielraum bzgl. der Frage, ob sie einstellen oder aber Anklage erheben will[605].

---

[600] *Pfeiffer* PfFi §153c, RdNr. 1; *Rieß* LR[24] §153c, RdNr. 28; *Meyer-Goßner* K/M-G §153c, RdNr. 1; LG Gießen StV 84, 327 (327) (hebt *AG Gießen* StV 84, 238 auf).
[601] *Meyer-Goßner* K/M-G §152, RdNr. 8; *Rieß* LR[24] §153c, RdNr. 8.
[602] *Rieß* LR[24] §153c, RdNr. 8.
[603] *Schroeder* Peters-FS S. 419; offengelassen bei *Rieß* LR[24] §153c, RdNr. 8.
[604] Bt-DrSa 7/550, S. 299; *Rieß* LR[24] §153c, RdNr. 2.
[605] *Schroeder* Peters-FS S. 419; offengelassen bei *Rieß* LR[24] §153c, RdNr. 8; vgl. auch BtDrSa 7/550 S. 299: „freilich ist die Bestimmung unverändert als Kannvorschrift ausgestaltet".

*ee. §153d StPO*
*(1). Voraussetzungen*
Nach §153d Abs. 1 StPO kann der Generalbundesanwalt von der Verfolgung von Straftaten absehen, wenn
- es sich um eine Tat der in §74a Abs. 1 Nr. 2 – 6 und in §120 Abs. 1 Nr. 2 – 7 GVG bezeichneten Art handelt und
- der Verfolgung überwiegende öffentliche Interessen entgegenstehen, insbes. der Bundesrepublik Deutschland ein schwerer Nachteil droht.

Genauso wie bei §153c StPO ist auch hier keine Durchermittlung nötig und die Entscheidung entfaltet keine Sperrwirkung[606]. Zu den Folgen für die Geltung des Legalitätsprinzips wird deshalb auf die Ausführungen zu §153c StPO verwiesen.

*(2). Ermessen*
Für die Frage nach einem Ermessensspielraum gilt das auf den S. 136 f Gesagte entsprechend, da hier wie dort das Entgegenstehen der öffentlichen Interessen die Norm wesentlich prägt.

*ff. §153e StPO*
*(1). Voraussetzungen*
Nach §153e StPO kann der Generalbundesanwalt von der Verfolgung einer Tat absehen, wenn sie
- zu der in §§74a Abs. 1 Nr. 2 – 4 oder 120 Abs. 1 Nr. 2 – 7 GVG genannten Art gehört,
- das nach §120 GVG zuständige OLG zustimmt und
- der Täter entweder
  *nach Begehung der Tat, aber bevor ihm die Entdeckung bekanntgeworden ist, dazu beigetragen hat, eine Gefahr für den Bestand, die Sicherheit oder die verfassungsmäßige Ordnung der Bundesrepublik Deutschland abzuwenden oder wenn
  *er (sofern er weiß, daß die Tat bekanngeworden ist)[607] eine solche Gefahr dadurch abgewendet hat, daß er sein Wissen über Bestrebungen des Hochverrats, der Gefährdung des demokratischen Rechtsstaates oder des Landesverrats und der Gefährdung der äußeren Sicherheit einer Dienststelle offenbart hat.

---

[606] *Rieß* LR[24] §153d, RdNr. 10 a.E.
[607] *Rieß* LR[24] §153e, RdNr. 9.

(a). Die Vorschrift erlaubt einerseits, bereits von der „Verfolgung" abzusehen, spricht andererseits aber von dem „Täter". Dennoch besteht Einigkeit darüber, daß hier nur der mögliche Täter gemeint sein kann, eine Durchermittlung also nicht nötig ist[608]. Somit ist in Bezug auf das Legalitätsprinzip schon „etwas anderes" iSv. §152 Abs. 2 StPO bestimmt, sobald feststeht, daß die Voraussetzungen des §153e StPO vorliegen[609].

(b). Zur Rechtskraft s.o. bei §153c StPO, hier gilt Gleiches[610].

*(2). Ermessen*
Durch §153e StPO wird ein Verhalten belohnt, das dem Staat bei der Aufklärung von Straftaten und bei der Abwehr bestimmter Gefahren zugute gekommen ist[611]. Auf diese Weise soll ein Anreiz für solche Mitwirkungshandlungen geschaffen werden[612]. Ob solch eine Belohnung im Einzelfall aber angebracht ist, hängt von der Bewertung der gesamten Umstände des Einzelfalles ab, insbes. von der Motivation des Täters. Diese mußten aber iRd. Tatbestandes nicht alle gewürdigt werden.
Insofern ist davon auszugehen, daß die Staatsanwaltschaft bei Vorliegen der Voraussetzungen des §153e StPO noch eine sachgerechte Entscheidung zwischen den Rechtsfolgen der Einstellung und der Anklageerhebung treffen muß[613]. Zu beachten ist, daß auch diese Vorschrift den unbestimmten Rechtsbegriff der Gefahrenabwehr enthält, mit dem oben begründet wurde, daß die Staatsanwaltschaft keinen Entscheidungsspielraum hat. Dort ging es aber um eine Abwägung zwischen dem Nutzen und dem Schaden, den ein Verfahren anrichten wird. Hier ist die Sachlage dagegen anders: der Schaden ist bereits durch das Verhalten des Täters abgewendet worden. Der Nutzen kann also nicht mehr bei der Frage eine Rolle spielen, ob ein Verfahren durchgeführt werden soll. Insofern müssen bei der Prüfung des Tatbestandes und bei der Entscheidung für eine Rechtsfolge unterschiedliche Kriterien angewandt werden. Die Bejahung der Gefahr hat bei §153e StPO somit – im Gegensatz zu §153c Abs. II und §153d StPO – keine Auswirkung auf die Entscheidung über die Anklageerhebung.

---

[608] *Rieß* LR$^{24}$ §153e, RdNr. 3; *Pfeiffer* PfFi §153e, RdNr. 1; *Müller* KMR §153e, RdNr. 3.
[609] *Rieß* LR$^{24}$ §153e, RdNr. 3.
[610] *Rieß* LR$^{24}$ §153e, RdNr. 15; *Meyer-Goßner* K/M-G §153e, RdNr. 8.
[611] *Rieß* LR$^{24}$ §153e, RdNr. 1.
[612] *Baumann* Grundbegriffe S. 54.
[613] so auch *Rieß* LR$^{24}$ §153e, RdNr. 12.

*gg. §154 Abs. 1 StPO*
*(1). Voraussetzungen*
Nach §154 Abs. 1 StPO kann die Staatsanwaltschaft von der Verfolgung absehen, wenn
- zwei selbständige Taten im prozessualen Sinne vorliegen
- und wenn entweder
    *die Rechtsfolge, zu der die Verurteilung führen kann, neben der Rechtsfolge, die wegen einer anderen Tat verhängt worden ist oder werden wird, nicht beträchtlich ins Gewicht fällt (Nr. 1) oder wenn
    *ein Urteil wegen dieser Tat in angemessener Frist nicht zu erwarten ist und wenn eine Rechtsfolge, die wegen einer anderen Tat verhängt worden ist oder werden wird, zur Einwirkung auf den Täter und zur Verteidigung der Rechtsordnung ausreichend erscheint (Nr. 2).

(a). §154 StPO läßt bereits ein Absehen von der Verfolgung zu, so daß die Staatsanwaltschaft nur so weit tätig sein muß, bis sie die Einstellungsvoraussetzungen bejahen kann. Eine Durchermittlung ist also nicht nötig[614].

(b). Nach ganz h.M. steht die Einstellung durch die Staatsanwaltschaft einer neuen Ermittlungstätigkeit und ggf. einer Anklage nicht entgegen. Die Abs. 3 und 4, wonach eine erneute Verfolgung nur im Wege der Wiederaufnahme möglich ist, also die Einstellung zunächst bestandskräftig geworden ist, würden nur für das Gericht gelten[615]. Nach dieser Auffassung entfällt die Tätigkeitspflicht der Staatsanwaltschaft also nicht, weil die Tat nicht mehr verfolgbar ist, sondern weil in §154 StPO etwas anderes bestimmt ist. Stellt sich also heraus, daß die Voraussetzungen des §154 StPO nicht oder nicht mehr vorliegen, muß die Staatsanwaltschaft demzufolge wegen §152 Abs. 2 StPO wieder tätig werden[616].
Anders sehen dies *Momberg*[617] und *Niese*[618]. Sie meinen, daß sich die Abs. 3 und 4 auch auf die staatsanwaltschaftliche Tätigkeit erstrecken. Dann würde die Tat nach der Einstellung und bis zur Wiederaufnahme nicht mehr verfolgbar sein, eine Voraussetzung des §152 Abs. 2 StPO also fehlen.
Für diese Ansicht scheint Abs. 5 der Vorschrift zu sprechen, der für die Wiederaufnahme nach der Einstellung durch die Judikative ausdrücklich einen Gerichtsbeschluß verlangt. Aus dieser besonderen Hervorhebung der gerichtlichen Einstellung könnte geschlossen werden, daß es auch eine staatsanwaltschaftliche geben muß,

---

[614] *Rieß* LR[24] §154, RdNr. 27; *Meyer-Goßner* K/M-G §154, RdNr. 6, 15; ausführlich *Kapahnke* Opportunität S. 107 ff.
[615] *Meyer-Goßner* K/M-G §154, RdNr. 15, 21a; *Pfeiffer* PfFi §154, RdNr. 4, 6; *Müller* KMR §154, RdNr. 6, 19; *Rieß* LR[24] §154, RdNr. 33; *BGH* 30, 165 (165 f).
[616] *Rieß* LR[24] §154, RdNr. 34; *Müller* KMR §154, RdNr. 6; *Geppert* JURA 86, 309 (318).
[617] *Momberg* NStZ 84, 535 (537).
[618] *Niese* SJZ 50, Sp. 890 (897 f).

bei der dieser Beschluß gerade nicht nötig ist. Dem Wortlaut dieser Vorschrift ist jedoch kein zwingendes Argument für die eine oder andere Ansicht zu entnehmen. Denn die Bedeutung der Vorschrift kann auch allein darin gesehen werden, die Voraussetzungen der Wiederaufnahme zu regeln. Wenn aber die Abs. 2 und 3 sich auch auf die Staatsanwaltschaft beziehen, dann ist es nicht erklärlich, warum im Gesetz die Wiederaufnahmevoraussetzungen für die gerichtliche, nicht aber für die staatsanwaltschaftliche Einstellung normiert sind. Es ist also davon auszugehen, daß das Gesetz bei der Regelung der Wiederaufnahme nur die gerichtliche Einstellung im Blick hatte.

Außerdem ist *Mombergs* und *Nieses* Auffassung entgegenzuhalten, daß kein Grund dafür ersichtlich ist, nur bei §154 StPO, nicht aber bei den anderen staatsanwaltschaftlichen Einstellungen, die von dem Beschuldigten keine Leistung erfordern, eine Sperrwirkung anzunehmen[619]. Somit ist mit der h.M. davon auszugehen, daß eine Einstellung nach §154 Abs. 1 StPO nicht bestandskräftig wird, die Tat demzufolge weiterhin verfolgbar ist und die Staatsanwaltschaft sogar wieder zum Einschreiten verpflichtet ist, wenn die eingangs genannten Voraussetzungen vorliegen.

*(2). Ermessen*
§154 StPO enthält mehrere unbestimmte Rechtsbegriffe: die Verurteilung wegen einer anderen Tat muß „zur Einwirkung auf den Täter und zur Verteidigung der Rechtsordnung ausreichend" erscheinen bzw. die Tat darf „nicht beträchtlich ins Gewicht" fallen. Teilweise wird angenommen, daß bei Bejahung dieser Voraussetzungen bereits alle möglichen Abwägungskriterien berücksichtigt worden seien, so daß eine pflichtgemäße Ermessensausübung nur noch zur Einstellung führen könne[620]. Dem hält *Schroeder* jedoch für den Fall des §154 Abs. 1 Nr. 1 StPO zu recht entgegen, daß die Geringfügigkeit hier (im Gegensatz zu §153 Abs. 1 StPO) nur relativ zu sehen ist[621], nämlich in Bezug zu der anderen Tat gesetzt und nicht (wie bei §153 StPO) absolut bestimmt werden muß. Es können also auch schwerere Delikte eingestellt werden[622], bei denen die Durchführung eines Strafverfahrens im Einzelfall angebracht sein kann[623]. Für die Beantwortung dieser Frage müssen auch Umstände berücksichtigt werden, die auf Tatbestandsseite außen vor blieben. Insofern hat die Staatsanwaltschaft hier einen Entscheidungsspielraum, innerhalb dessen sie aufgrund von Zweckmäßigkeitserwägungen entscheiden kann[624].

---

[619] *Rieß* LR[24] §154, RdNr. 33.
[620] *Fezer* StPO Fall 1, RdNr. 50 mit dem unzutreffenden Verweis auf *Rieß* LR[24] §154, RdNr. 19.
[621] *Schroeder* Peters-FS S. 419.
[622] *Rieß* LR[24] §154, RdNr. 3.
[623] *Schroeder* Peters-FS S. 419.
[624] so *Rieß* LR[24] §154, RdNr. 19.

Gleiches muß für §154 Abs. 1 Nr. 2 StPO gelten. Im Tatbestand werden nämlich allein die Aspekte der positiven General- und Spezialprävention berücksichtigt. In Teil 1[625] ist aber festgestellt worden, daß der Rechtsfrieden nur hergestellt werden kann, wenn das materielle Strafrecht verwirklicht wird. Das bedeutet, daß bei prozessualen Entscheidungen auch die Strafzwecke berücksichtigt werden müssen. Zu ihnen zählen aber neben der positiven auch die negative General- und Spezialprävention, die auf Tatbestandsseite gerade keine Berücksichtigung finden sollen. Somit gilt also auch hier, daß die Staatsanwaltschaft nicht zwangsläufig einstellen muß, wenn sie die Voraussetzungen des §154 Abs. 1 Nr. 2 StPO bejaht hat. Vielmehr kann sie sich im Einzelfall auch für die Erhebung der Anklage entscheiden[626].

*hh. §154a Abs. 1 StPO*
*(1). Voraussetzungen*
Nach §154a Abs. 1 StPO kann die Verfolgung auf einzelne Teile einer einheitlichen Tat iSv. §264 StPO beschränkt werden, wenn der einzustellende Teil entweder
- nicht erheblich ins Gewicht fällt
  *für die zu erwartende Rechtsfolge dieser einheitlichen Tat oder
  *neben der Rechtsfolge, die gegen den Beschuldigten wegen einer anderen Tat rechtskräftig verhängt worden ist oder werden wird (§154a Abs. 1 S. 1 StPO)
- oder ein Urteil wegen dieser Tat in angemessener Frist nicht zu erwarten ist und eine Rechtsfolge, die wegen einer anderen Tat verhängt worden ist oder werden wird, zur Einwirkung auf den Täter und zur Verteidigung der Rechtsordnung ausreichend erscheint (§154a Abs. 1 S. 2 iVm. §154 Abs. 1 Nr. 2 StPO).

*Meyer* steht auf dem Standpunkt, daß §154a StPO das Legalitätsprinzip nicht berührt, da die Tat iSv. §264 StPO verfolgt werde[627]. Diese Ansicht ist jedoch mit der Regelung der §152 Abs. 2 und §154a StPO nicht vereinbar. Denn §152 Abs. 2 StPO verlangt, daß die gesamte Tat iSv. §264 StPO verfolgt wird, während §154a StPO es unter bestimmten Umständen ermöglicht, die Verfolgung auf einen Teilbereich zu beschränken. Insofern ist davon auszugehen, daß §154a StPO „etwas anderes" iSd. Legalitätsprinzips bestimmt.

(a). Genauso wie §154 StPO läßt auch §154a StPO bereits ein Absehen von der Verfolgung zu, so daß die Staatsanwaltschaft nur so weit tätig sein muß, bis sie die

---

[625] s.o. S. 53.
[626] so auch *Schroeder* Peters-FS S. 419; offengelassen bei *Rieß* LR[24] §154, RdNr. 22.
[627] *Meyer* Freiheit und Verantwortung des Staatsanwaltes S. 64.

Einstellungsvoraussetzungen bejahen kann. Eine Durchermittlung ist also nicht nötig[628].

(b). Ein für die Frage nach der Reichweite des Legalitätsprinzips bedeutsamer Unterschied zu §154 StPO besteht darin, daß der nach §154a StPO eingestellte Teil weiterhin das gleiche prozessuale Schicksal hat wie die restliche Tat. Daraus folgt, daß sobald der andere Tatteil angeklagt und somit rechtshängig wird, auch der eingestellte Tatteil latent rechtshängig ist[629]. Dementsprechend fehlt es in diesem Fall für §152 Abs. 2 StPO an dem Merkmal der Verfolgbarkeit der Tat. Gleiches gilt, wenn eine rechtskräftige Entscheidung bzgl. der anderen Tatteile ergangen ist. Dann ist auch der eingestellte Tatteil nicht mehr verfolgbar, die Verfolgungspflicht also entfallen[630].

Die Einstellung selbst wird nicht bestandskräftig[631]. Wenn die Staatsanwaltschaft noch keine Anklage erhoben, aber einen Tatteil bereits nach §154a StPO eingestellt hat und jetzt feststellt, daß es an einer Einstellungsvoraussetzung fehlte, ist die Tat verfolgbar und es ist nicht „etwas anderes bestimmt" iSv. §152 Abs. 2 StPO. In diesem Fall ist die Staatsanwaltschaft also zur weiteren Verfolgung verpflichtet.

*(2). Ermessen*
Zum Ermessen s. die Ausführungen zu §154 Abs. 1 StPO; hier gilt Entsprechendes[632].

*ii. §154b Abs. 1 – 3 StPO*
*(1). Voraussetzungen*
Nach §154b StPO kann von der Erhebung der öffentlichen Klage abgesehen werden, wenn der Beschuldigte
– wegen der Tat einer ausländischen Regierung ausgeliefert wird (Abs. 1) oder
– wegen einer anderen Tat einer ausländischen Regierung ausgeliefert wird und die Rechtsfolge, zu der die inländische Verfolgung führen kann, neben der, die im Ausland verhängt worden ist oder werden wird, nicht ins Gewicht fällt oder
– wenn er aus dem Geltungsbereich der StPO ausgewiesen wird.

---

[628] *Rieß* LR[24] §154a, RdNr. 18; *Meyer-Goßner* K/M-G §154a, RdNr. 18; *Pfeiffer* PfFi §154a, RdNr. 5.
[629] *Meyer-Goßner* K/M-G §154a, RdNr. 5; *Rieß* LR[24] §154a, RdNr. 2.
[630] *Meyer-Goßner* K/M-G §154a, RdNr. 28; *Rieß* LR[24] §154a, RdNr. 2, 43; *Müller* KMR §154a, RdNr. 18; *Berz* NJW 82, 729 (732).
[631] *Meyer-Goßner* K/M-G §154a, RdNr. 19.
[632] *Rieß* LR[24] §154a, RdNr. 17; *Schroeder* Peters-FS S. 419.

(a). Dem Wortlaut nach kann nur von der Anklage abgesehen werden, nicht aber von der Verfolgung als ganzer. Ermittlungen müßten demnach also durchgeführt werden. Dieses ist aber mit dem Gedanken der Vorschrift, daß das Verfolgungsinteresse entfallen sein kann, wenn der Beschuldigte sich nicht mehr im Bundesgebiet aufhält[633], nicht zu vereinbaren. Vielmehr ist davon auszugehen, daß der Staat, wenn er kein Interesse an der Verfolgung geltend machen kann, grds. auch keine Berechtigung hierzu hat. Insofern bestimmt §154b StPO bereits im Ermittlungsstadium „etwas anderes" iSv. §152 Abs. 2 StPO[634].

(b). Die Entscheidung entfaltet keine Sperrwirkung[635]. Zwar erklärt der Abs. 4 S. 2 des §154b StPO den §154 Abs. 3 bis 5 StPO für anwendbar, doch ist aufgrund der systematischen Stellung des Verweises hier eindeutig davon auszugehen, daß er nur bei einer Einstellung durch das Gericht Bedeutung erlangen soll. Der Streit iRd. §154, ob auch bei einer staatsanwaltschaftlichen Entscheidung Strafklageverbrauch eintritt (dazu s.o.[636]), spielt hier somit keine Rolle.

*(2). Ermessen*
Wie bereits erwähnt, beruht die Vorschrift auf dem Gedanken, daß das Strafverfolgungsinteresse fehlen kann, wenn der Beschuldigte sich nicht mehr im Bundesgebiet aufhält. Allerdings fehlt dieses nicht zwangsläufig, wenn die Voraussetzungen des §154b StPO vorliegen. So können z.B. Gründe der Prävention durchaus auch in den Fällen des §154b StPO die Notwendigkeit einer Verfolgung begründen. Da dieser und andere denkbare Aspekte aber nicht auf Tatbestandsseite geprüft werden müssen, ist hier davon auszugehen, daß der Staatsanwaltschaft bei §154b StPO ein Ermessensspielraum zusteht[637].

*jj. §154c StPO*
*(1). Voraussetzungen*
Nach §154c StPO kann die Staatsanwaltschaft von der Verfolgung der Tat absehen, wenn
- mit der Offenbarung dieser Straftat gedroht worden ist,
- die Drohung Teil einer Nötigung oder Erpressung iSv. §§240, 253 StGB ist und wenn
- nicht wegen der Schwere der Tat die Sühne unerläßlich ist.

---

[633] *Rieß* LR[24] §154b, RdNr. 1.
[634] *Rieß* LR[24] §154b, RdNr. 9; *Schoreit* KK §154b, RdNr. 4.
[635] *Meyer-Goßner* K/M-G §154b, RdNr. 2.
[636] S. 145 f.
[637] so auch *Rieß* LR[24] §154b, RdNr. 9; *Schroeder* Peters-FS S. 419.

(a). Wie sich bereits aus dem Wortlaut ergibt ist eine Durchermittlung nicht nötig. Die Verfolgungspflicht ist also in dem Moment eingeschränkt, in dem feststeht, daß die Voraussetzungen des §154c StPO vorliegen.

(b). Die Entscheidung erwächst nicht in Bestandskraft[638]. Demzufolge ist die Tat weiterhin verfolgbar und muß verfolgt werden, sobald zu erkennen ist, daß die Einstellungsvoraussetzungen nicht gegeben sind[639]. Teilweise wird die Fortsetzung des Verfahrens allerdings davon abhängig gemacht, daß sich die Sachlage geändert hat. Dieses wird mit dem Sinn der Vorschrift begründet[640]. Sachgerechter wird es dagegen sein, nicht einmal solch einen beschränkten Strafklageverbrauch anzunehmen. Denn §154c StPO will dem Betroffenen nur unter ganz engen Voraussetzungen entgegenkommen. Stellt sich heraus, daß die Umstände falsch bewertet wurden und somit gar nicht vorlagen, ist der Betroffene auch nicht schutzwürdig. Dem Sinn des §154c StPO kann auch dadurch Genüge getan werden, daß die Fortführung des Verfahrens auf Ausnahmefälle beschränkt wird[641]. Für das Legalitätsprinzip folgt daraus, daß die Tat weiterhin verfolgbar ist und somit auch verfolgt werden muß, sobald sich herausstellt, daß die Voraussetzungen des §154c StPO nicht vorliegen und dementsprechend nicht „etwas anderes" iSd. §152 Abs. 2 StPO bestimmt ist.

*(2). Ermessen*
Durch den §154c StPO soll die Bereitschaft des Genötigten bzw. Erpreßten geweckt werden, die gegen ihn gerichtete Tat anzuzeigen und zu ihrer Aufklärung beizutragen. Dadurch sollen besondere Formen der Erpressung, die sog. Chantage, stärker bekämpft werden können. Ein weiterer Zweck der Vorschrift wird darin gesehen, dem Opfer die Möglichkeit zu geben, der Erpressung bzw. Nötigung ein Ende zu setzen[642]. Diese Zwecke müssen bei der Ermessensausübung berücksichtigt werden. Dabei muß im Einzelfall insbes. geklärt werden, ob das Opfer wirklich auf staatliche Hilfe angewiesen ist – nur dann könnte auch das Ziel der Einstellung erreicht werden – oder aber vielleicht nur Anzeige erstattet, um den Täter in seinem beruflichen Fortkommen erheblich zu schädigen. Hierbei sind auch Aspekte zu berücksichtigen, die nicht zu den Tatbestandsvoraussetzungen zählen. Denn nicht einmal bei den unbestimmten Rechtsbegriffen der Schwere der Tat und der unerläßlichen Sühne spielen diese Gesichtspunkte eine Rolle. Insofern ist davon auszugehen, daß die Staatsanwaltschaft bei §154c StPO grds. einen Ermessensspielraum

---

[638] *Rieß* LR[24] §154c, RdNr. 12; *Pfeiffer* PfFi §154c, RdNr. 2; *Meyer-Goßner* K/M-G §154c, RdNr. 4; a.A. *Radtke* (Strafklageverbrauch S. 386 f), der das Vorliegen neuer Tatsachen für nötig erachtet.
[639] *Rieß* LR[24] §154c, RdNr. 12.
[640] *Rieß* LR[24] §154c, RdNr. 12; so i.E. auch *Meyer-Goßner* K/M-G §154c, RdNr. 4.
[641] so iE. *Pfeiffer* PfFi §154c, RdNr. 2; *Schoreit* KK §154c, RdNr. 5.
[642] *Rieß* LR[24] §154c, RdNr. 1.

hat[643]. Dabei ist nicht ausgeschlossen, daß dieser im Einzelfall auf Null reduziert ist. Es kann nur nicht generell davon ausgegangen werden, daß die Staatsanwaltschaft bei Vorliegen der Voraussetzungen des §154c StPO nur noch eine richtige Entscheidung, nämlich die der Einstellung, treffen kann.

*kk. §154d StPO*
*(1). Voraussetzungen*
Nach §154d StPO kann die Staatsanwaltschaft das Verfahren einstellen, wenn
– es um ein Vergehen geht,
– die Anklageerhebung von einer Frage abhängt, die nach bürgerlichem Recht oder Verwaltungsrecht zu beurteilen ist,
– die Staatsanwaltschaft zur Durchführung eines bürgerlichen oder verwaltungsrechtlichen Verfahrens eine Frist bestimmt hat und
– diese Frist abgelaufen ist.

(a). Aus dem Wortlaut der Norm, die allgemein das Absehen von der Verfolgung ermöglicht, ergibt sich, daß nicht durchermittelt werden muß. §154d StPO greift also ein, sobald die Voraussetzungen der Norm festgestellt worden sind[644].

(b). Bei der Frage, welche Bedeutung die Entscheidungen nach §154d StPO auf die Geltung des Legalitätsprinzips haben, ist folgendermaßen zu differenzieren:
(aa). Satz 1 ermöglicht der Staatsanwaltschaft, eine Frist zu bestimmen, bis wann das Zivil- oder Verwaltungsverfahren einzuleiten ist. Dadurch wird die Verfolgungspflicht der Staatsanwaltschaft nur in zeitlicher Hinsicht berührt[645]. Denn grds. muß sie mit Erlangung des Tatverdachts ununterbrochen ermitteln und ggf. gleich Anklage erheben, wenn und sobald die Ermittlungen abgeschlossen sind. Durch §154d S. 1 StPO wird diese Pflicht bis zum Ablauf der Frist ausgesetzt.
(bb). Satz 3 bestimmt, daß nach Ablauf der Frist das Verfahren eingestellt werden kann, wenn kein anderes Verfahren eingeleitet worden ist. In diesem Fall kann die Staatsanwaltschaft ein weiteres Tätigwerden nicht mehr aufschieben, sondern muß prüfen, ob das Ermittlungsverfahren weiterbetrieben oder nach §154d StPO eingestellt wird[646].
(cc). Nicht geregelt ist der Fall, daß der Anzeigende bereits ein Verfahren eingeleitet hat, so daß eine Fristsetzung nicht mehr nötig ist. §154d StPO erlaubt es gerade, einen anderen Rechtsstreit austragen zu lassen und währenddessen keine Ermittlungen anzustellen. Dies bedeutet, daß die Norm auch in diesen Fällen die Befugnis zu einer vorläufigen Einstellung beinhalten muß[647]; die Verfolgungspflicht

---
643 so auch *Rieß* LR[24] §154c, RdNr. 9; *Radtke* Strafklageverbrauch S. 253 f.
644 *Rieß* LR[24] §154d, RdNr. 10.
645 *Rieß* LR[24] §154d, RdNr. 12.
646 *Rieß* LR[24] §154d, RdNr. 15.
647 *Rieß* LR[24] §154d, RdNr. 13; *Schmidt* StPO II §154a, RdNr. 6.

greift also erst nach der Entscheidung des Zivil- oder Verwaltungsgerichts wieder ein.
(dd). Die Entscheidungen iRd. §154d StPO schließen nicht die weitere Verfolgbarkeit der Tat aus[648]. Sobald also Anhaltspunkte dafür vorliegen, daß die Voraussetzungen des §154d StPO nicht gegeben sind, muß die Staatsanwaltschaft aufgrund des Legalitätsprinzips tätig werden. Dieses gilt insbes. für den Fall, daß ein Verfahren innerhalb der Frist eingeleitet und mittlerweile rechtskräftig entschieden worden ist[649]. Denn nach Satz 1 wurde die Ermittlungspflicht nur zeitweise aufgehoben und die Einstellung nach Satz 3 setzt voraus, daß kein Verfahren durchgeführt wurde.

*(2). Ermessen*
Wenn im Tatbestand festgestellt wurde, daß in der Sache auch ein Rechtsstreit vor einem Zivil- oder Verwaltungsgericht möglich ist, dann ist damit noch nicht gesagt, ob nicht andere gewichtige Gründe dafür sprechen, das Strafverfahren durchzuführen. Bei §154d StPO steht der Staatsanwaltschaft also ein Entscheidungsspielraum zu[650].

*II. §154e Abs. 1 StPO*
*(1). Voraussetzungen*
Nach §154e Abs. 1 StPO kann die Staatsanwaltschaft von der Erhebung der öffentlichen Klage absehen, wenn
- die Tat eine Beleidigung oder falsche Verdächtigung gem. §§164, 185 – 187a StGB darstellt und
- Inhalt der Beleidigung oder der falschen Verdächtigung eine Handlung ist, die Gegenstand eines anhängigen Straf- oder Disziplinarverfahrens ist.

(a). Für die Frage nach der Geltung des Legalitätsprinzips ist die Formulierung „solange [...] ein Straf- oder Disziplinarverfahren anhängig ist" von Interesse. Denn die Verfolgung kann nur vorübergehend aufgeschoben werden. Deshalb wird behauptet, daß §154e StPO das Legalitätsprinzip gar nicht tangiere, sondern nur den Beschleunigungsgrundsatz einschränke[651] bzw. eine Sonderregelung zu §205 StPO[652] darstelle. Aus §152 Abs. 2 StPO ergibt sich jedoch, daß die grds. Verfolgungspflicht mit Erlangung des Tatverdachts eintritt. Demzufolge muß nach der Konzeption der StPO bereits ein zeitlicher Aufschub unter die „soweit nicht"-Klausel fallen. §154e StPO berührt also das Legalitätsprinzip iSd. §152 Abs. 2 StPO.

---

[648] *Rieß* LR[24] §154d, RdNr. 12, 14, 18.
[649] *Rieß* LR[24] §154d, RdNr. 14.
[650] so auch *Rieß* LR[24] 154d, RdNr. 10.
[651] *Peters* StPO S. 177.
[652] *Rieß* LR[24] §154e, RdNr. 2; *Wolter* SK-StPO Vor §151, RdNr. 15.

(b). Nach dem Wortlaut des §154e StPO soll die Staatsanwaltschaft nur von der Anklageerhebung absehen, nicht aber von den Ermittlungen. Dies ist mit dem Sinn und Zweck der Vorschrift, wonach gerade die Parallelermittlung bzgl. des gleichen Sachverhaltes vermieden werden soll, jedoch nicht vereinbar. Deshalb ist davon auszugehen, daß die Staatsanwaltschaft bereits von den Ermittlungen absehen kann[653]; schon in diesem Stadium ist also „etwas anderes bestimmt" iSv. §152 Abs. 2 StPO.

(c). Die Entscheidung, bis zum Abschluß des anhängigen Verfahrens zu warten, schließt die Verfolgbarkeit der Tat für diesen Zeitraum nicht aus[654]. Wenn sich also herausstellt, daß die Voraussetzungen des §154e StPO nicht gegeben sind, muß die Staatsanwaltschaft wegen des Legalitätsprinzips tätig werden.
Nach rechtskräftigem Abschluß des anhängigen Straf- oder Disziplinarverfahrens sieht §154e StPO keine Möglichkeit vor, von der Verfolgung abzusehen. Von diesem Zeitpunkt an ist sie also wieder aus §152 Abs. 2 StPO verpflichtet, sofern nicht andere Gründe die Verfolgungspflicht ausschließen[655].

*(2). Ermessen*
Im Gegensatz zu den anderen Einstellungsmöglichkeiten nach den §§153 ff StPO schreibt §154e StPO vor, daß die Staatsanwaltschaft das Verfahren einstellen *soll*, wenn die aufgeführten Voraussetzungen vorliegen. Damit hat der Gesetzgeber deutlich gemacht, daß die Staatsanwaltschaft in der Regel verpflichtet ist, von der Erhebung der Klage vorläufig abzusehen. Ausnahmen werden nur anerkannt, wenn Gründe, die auf Tatbestandsseite nicht berücksichtigt wurden, die sofortige Durchführung des Verfahrens zwingend gebieten. Der Staatsanwaltschaft steht hier also ein sehr enger, auf begründete Ausnahmefälle beschränkter Entscheidungsspielraum zu[656].

*mm. §31a BtMG*
*(1). Voraussetzungen*
Nach §31a BtMG kann die Staatsanwaltschaft von der Verfolgung absehen, wenn
– eine Tat nach §29 Abs. 1, 2 oder 4 BtMG vorliegt,
– die Schuld des Täters als gering anzusehen wäre,
– kein öffentliches Interesse an der Verfolgung besteht und

---

[653] *Rieß* LR[24] §154e, RdNr. 10; *Meyer-Goßner* K/M-G §154e, RdNr. 5.
[654] *Meyer-Goßner* K/M-G §154e, RdNr. 9; *Rieß* LR[24] §154e, RdNr. 11, 19 (verlangt aber besondere Gründe).
[655] *Rieß* LR[24] §154e, RdNr. 19.
[656] allgemein hierzu *Maurer* VerwR §7, RdNr. 11; s. auch *Meyer-Goßner* K/M-G §154e, RdNr. 9; *Rieß* LR[24] §154e, RdNr. 11; *Müller* KMR §154e, RdNr. 3.

- der Täter sich das Betäubungsmittel in geringer Menge und zum Eigenverbrauch verschafft oder besitzt.

(a). Für die Frage nach der Geltung des Legalitätsprinzips ist darauf hinzuweisen, daß es bei §31a BtMG – genauso wie in der Parallelvorschrift des §153 StPO – reicht, daß die Schuld als gering anzusehen *wäre*, also nicht durchermittelt werden muß.

(b). Zur Sperrwirkung der Einstellungsverfügung s.o. bei §153 StPO, hier gilt Entsprechendes[657].

*(2). Ermessen*
Obwohl dem Gesetzgeber daran gelegen ist, daß in der Praxis häufiger nach §31a BtMG eingestellt wird, hat er die Vorschrift nicht als „soll"-Vorschrift ausgestaltet[658]. Dem ist zu entnehmen, daß das Absehen von der Verfolgung im pflichtgemäßen Ermessen der Staatsanwaltschaft liegen soll[659]. Allerdings gilt hier genauso wie im Rahmen des §153 Abs. 1 StPO, daß bei einer Verneinung der Tatbestandsvoraussetzung „fehlendes öffentliches Interesse an der Strafverfolgung" ein Verfahren sinnlos, eine Anklageerhebung damit ermessensfehlerhaft wäre. Hieran kann auch der Wille des Gesetzgebers, beim Vorliegen aller Voraussetzungen des §31a BtMG noch eine Anklageerhebung zu ermöglichen, nichts ändern. Auch die Befürchtung, daß durch eine Ausweitung der Vorschrift der Impuls des Strafrechts, den Betäubungsmittelkonsum als sozialschädlich anzusehen, immer mehr verlorenginge[660], mag rechtspolitisch beachtlich sein, wirkt sich aber auf die bestehende Rechtslage nicht aus. Insofern muß hier entsprechend den Erläuterungen zu §153a StPO davon ausgegangen werden, daß das „kann" in der Rechtswirklichkeit ein „muß" darstellt[661]. Näher hierzu s.o. S. 136 f.

*nn. §37 Abs. 1 BtMG*
*(1). Voraussetzungen*
§37 BtMG sieht eine vorläufige Einstellungsmöglichkeit vor, wenn
- der Verdacht besteht, daß eine Straftat aufgrund einer Betäubungsmittelabhängigkeit begangen wurde,
- keine höhere Strafe als Freiheitsstrafe von zwei Jahren zu erwarten ist,
- der Beschuldigte nachweist, daß er sich wegen seiner Abhängigkeit der in §35 Abs. 1 BtMG bezeichneten Behandlung unterzieht,

---

[657] *Franke* BtMG §31a, RdNr. 7.
[658] Bt-DrSa 12/934, S. 7.
[659] *Winkler* BtMG §31a, RdNr. 7; *Wagner* Betäubungsmittelstrafrecht S. 58.
[660] *Winkler* BtMG §31a, RdNr. 7; *Katholnigg* GA 1990, 193 (194).
[661] so auch *BVerfG* 90, 145 (190).

- seine Resozialisierung zu erwarten ist und
- das für die Eröffnung des Hauptverfahrens zuständige Gericht zustimmt.

Zu beachten ist, daß §37 BtMG im Gegensatz zu §31a BtMG nicht nur für Verstöße gegen das Betäubungsmittelrecht gilt, sondern für alle Taten, die im Zusammenhang mit einer Betäubungsmittelabhängigkeit stehen.

(a). §37 BtMG ist dem §153a StPO nachgebildet. Genauso wie dieser sieht er nur ein Absehen von der Anklageerhebung vor, d.h. es muß durchermittelt werden[662].

(b). Die Einstellung nach §37 BtMG ist – ebenso wie §153a StPO – nur eine vorläufige. Unter welchen Voraussetzungen das Verfahren fortgeführt werden muß, ergibt sich aus §37 Abs. 1 S. 3 BtMG. Allerdings legt Satz 5 fest, daß die Tat nach zwei Jahren nicht mehr verfolgt werden darf. Satz 4 sieht wiederum eine Möglichkeit vor, von der Verfolgung erneut abzusehen. Da der Gesetzgeber ausdrücklich eine abschließende Aufzählung der Gründe genannt hat, die die Fortsetzung des Verfahrens gebieten, andere Gründe die Bestandskraft der Einstellungsverfügung also nicht berühren, ist davon auszugehen, daß die Entscheidung in beschränkte Rechtskraft erwächst.

Für die Frage nach der Geltung des Legalitätsprinzips folgt daraus:
- Durch §37 Abs. 1 S. 1 BtMG ist „etwas anderes bestimmt" iSd. §152 Abs. 2 StPO.
- Liegen die Voraussetzungen aus Satz 3 vor, muß die Staatsanwaltschaft trotz der vorherigen Einstellung des Verfahrens tätig werden.
- Diese Tätigkeitspflicht ist aber durch Satz 4, der unter den „soweit nicht"-Vorbehalt des §152 Abs. 2 StPO fällt, für die Fälle des §37 Abs. 1 S. 3 Nr. 1 und 2 BtMG wiederum eingeschränkt.
- Sind die zwei Jahre aus Satz 5 der Vorschrift abgelaufen, steht der Verfolgung ein Hindernis entgegen[663]; die Tätigkeitspflicht scheitert also bereits an der Verfolgbarkeit.
- Gleiches gilt, wenn nach Satz 1 vorläufig eingestellt wurde und kein Fortsetzungsgrund aus Satz 3 vorliegt, da die Verfügung in diesem Fall rechtskräftig geworden ist.
- Schließlich wird die endgültige Einstellung bestandskräftig, begründet also ein Verfahrenshindernis, das die Verfolgbarkeit ausschließt.

---

[662] *Winkler* BtMG §37, RdNr. 2.1; *Franke* BtMG §37, RdNr. 2.
[663] *Franke* BtMG §37, RdNr. 22; *Winkler* BtMG §37, RdNr. 4.2; *Schiwy* Betäubungsmittelrecht §37, S. 3.

*(2). Ermessen*
Nach h.M. räumt §37 BtMG der Staatsanwaltschaft Ermessen ein[664]: Sinn der Vorschrift ist es, einen zu erwartenden Resozialisierungserfolg nicht durch die Durchführung eines Strafverfahrens zu gefährden und somit von staatlicher Seite aus die Wahrscheinlichkeit zu erhöhen, daß der Beschuldigte den Rechtsfrieden erneut stört, weil er wegen seiner Abhängigkeit weiterhin Straftaten begeht[665]. Ob diese Gefahr besteht, spielte aber auf Tatbestandsseite keine Rolle. Insofern müssen beim Ermessen noch neue Gesichtspunkte berücksichtigt werden. Erst diese erlauben dann eine Entscheidung darüber, ob im Einzelfall Anklage erhoben oder eingestellt wird.

*oo. Art. 4 §1 und Art. 5 KronzG*
*(1). Voraussetzungen*
Nach Art. 4 §1 KronzG kann der Generalbundesanwalt von der Verfolgung einer Straftat absehen, wenn
- es sich um eine Tat nach §129a StGB oder um eine mit dieser zusammenhängende Straftat handelt
- nicht die Tatbestände der §§220a, 211, 212 StGB verwirklicht wurden (Art. 4 §3 KronzG)
- der Beteiligte selbst oder durch einen Dritten gegenüber der Strafverfolgungsbehörde Wissen offenbart, welches geeignet ist,
  *die Begehung einer solchen Straftat zu verhindern,
  *die Aufklärung einer solchen Straftat, falls er daran beteiligt war, über seinen Tatbeitrag hinaus zu fördern
  *oder zur Ergreifung eines Beteiligten einer solchen Straftat zu führen,
- die Bedeutung des Offenbarten im Verhältnis zur eigenen Tat – insbes. in Hinblick auf die Verhinderung künftiger Straftaten – das Absehen der Verfolgung rechtfertigt,
- ein Strafsenat des BGH der Einstellung des Verfahrens zustimmt und wenn
- die Vorschrift nach Art. 4 §5 KronzG noch anwendbar ist.

Art. 5 des Gesetzes erweitert den Anwendungsbereich dieser Einstellungsmöglichkeit auf das Delikt des §129 StGB und auf mit diesem zusammenhängende Taten, wenn die Zwecke oder die Tätigkeit der Vereinigung auf die Begehung von Taten gerichtet ist, bei denen der erweiterte Verfall nach §73d StGB angeordnet werden kann. Im Gegensatz zu Art. 4 §1 KronzG kann hier die Staatsanwaltschaft einstel-

---

[664] *Franke* BtMG §37, RdNr. 10; *Winkler* BtMG §37, RdNr. 2.1, 3 mwN.
[665] vgl. *Franke* BtMG §37, RdNr. 1; *Schiwy* Betäubungsmittelrecht §37 S. 2; vgl. aber auch BtDrSa 12/934, S. 7; 11/7585, S. 7.

len und die Zustimmung muß das Gericht erteilen, das für die Hauptverhandlung zuständig wäre.
Erfaßt werden von dieser Vorschrift folgende Delikte:
- die Geldfälschung (§126 Abs. 1, 152a Abs. 1 Nr. 1 StGB),
- der schwere Menschenhandel (§181 StGB),
- die räuberische Erpressung (§255 StGB),
- die gewerbsmäßige Bandenhehlerei nach §260a StGB,
- BtM-Straftaten nach §§29 a, 30, 30a BtMG,
- das gewerbs- und bandenmäßige Einschleusen von Ausländern nach §92b AuslG,
- die gewerbs- und bandenmäßigige Verleitung zur mißbräuchlichen Asylantragstellung nach §84a AsylVfG,
- Straftaten nach §§19 Abs. 1 und 2, 20 Abs. 1, 20a Abs. 1 KWKG,
- Straftaten nach §52a Abs. 1 WaffenG und
- Straftaten nach §34 Abs. 4 AWG.

Die Einstellungsverfügung nach beiden Vorschriften erwächst nicht in Bestandskraft[666]. Die Staatsanwaltschaft kann die Tat also zu einem späteren Zeitpunkt wieder verfolgen bzw. sie ist zu einer erneuten Verfolgung aufgrund des Legalitätsprinzips sogar verpflichtet, sobald sich herausstellt, daß die Einstellungsvoraussetzungen nicht vorlagen.

*(2). Ermessen*
Die Entscheidung liegt im pflichtgemäßen Ermessen der zuständigen Strafverfolgungsbehörden[667].

*pp. Besonderheiten im Jugendstrafverfahren*
Das JGG enthält für das Jugendstrafverfahren Vorschriften, die ein Absehen von der Strafverfolgung erlauben. Im Ermittlungsverfahren spielt §45 JGG eine große Rolle. Da die einzelnen Absätze dieser Vorschrift sehr unterschiedlich strukturierte Einstellungsgründe enthalten, sollen sie im folgenden einzeln dargestellt werden.

---

[666] *Meyer-Goßner* K/M-G Art. 4 §1 KronzG, RdNr. 13 und K/M-G Art. 5, RdNr. 4.
[667] *Meyer-Goßner* K/M-G Vorbem. zum KronzG, RdNr. 9 und K/M-G Art. 4 §1 KronzG, RdNr. 8.

*(1). §45 Abs. 1 JGG (iVm. §109 Abs. 2 JGG[668])*
*(a). Voraussetzungen*
Nach §45 Abs. 1 kann der Staatsanwalt auch ohne richterliche Zustimmung von der Verfolgung absehen, wenn die Voraussetzungen des §153 Abs. 1 S. 1 StPO vorliegen.

(aa). Eine Durchermittlung ist nicht nötig, da die Vorschrift auf §153 Abs. 1 S. 1 verweist und es dort reicht, daß die Schuld als gering anzusehen wäre. Es ist also bereits für einen sehr frühen Zeitpunkt „etwas anderes bestimmt" iSd. §152 Abs. 2 StPO. Genaueres s.o. auf den S. 135 f.

(bb). Die Entscheidung verbraucht die Strafklage nicht. Dies folgt zum einen daraus, daß die Vorschrift dem §153 Abs. 1 StPO nachgebildet ist und eine Entscheidung aufgrund dieser Norm auch nicht bestandskräftig wird (s.o.[669]), zum anderen aber auch, daß in Abs. 3 S. 4 des §45 JGG mit dem Verweis auf §47 Abs. 3 JGG ausdrücklich eine Aussage über eine Sperrwirkung getroffen wird, während dies im Abs. 1 der Vorschrift nicht geschehen ist. Daraus ist zu schließen, daß die Bestandskraft vom Gesetzgeber nicht vorgesehen war. Die Tat ist also auch nach der Einstellung weiterhin verfolgbar und muß nach §152 Abs. 2 StPO auch weiterhin verfolgt werden, wenn sich herausstellt, daß die Voraussetzungen des §45 Abs. 1 JGG nicht vorlagen, für den Fall also entgegen der ursprünglichen Auffassung der Staatsanwaltschaft „nicht ein anderes bestimmt" ist.

*(b). Ermessen*
§45 Abs. 1 JGG ist eine „kann"-Vorschrift. Sie räumt der Staatsanwaltschaft also Ermessen ein. In der Literatur besteht Einigkeit darüber, daß bei dieser Norm die Staatsanwaltschaft trotz Bejahung der Tatbestandsvoraussetzungen noch entscheiden kann, ob sie einstellen will oder nicht[670].
Auf den ersten Blick sieht es so aus, daß hier ein Widerspruch zu dem oben bei §153 Abs. 1 StPO gefundenen Ergebnis besteht. Dort ist nämlich ausgeführt worden, daß das „kann" in der Rechtswirklichkeit ein „muß" ist, da iRd. unbestimmten Rechtsbegriffe bereits alle Kriterien in die Bewertung einflossen, die auch bei der Ermessensentscheidung eine Rolle spielten. Fraglich ist, wie dieser Unterschied zu begründen ist, da doch §153 Abs. 1 StPO und §45 Abs. 1 JGG sich nur bzgl. des richterlichen Zustimmungserfordernisses unterscheiden.
Die Begründung ist in den Zwecken der Strafverfolgung, die bei der Ermessensausübung berücksichtigt werden müssen, zu suchen. Denn Zweck des Erwachsenenstrafverfahrens ist es, Rechtsfrieden zu schaffen durch die Verwirklichung des

---

668 entgegen dem Wortlaut gilt die Vorschrift auch im Ermittlungsverfahren gegen Heranwachsende, s. *Eisenberg* JGG §109, RdNr. 15.
669 S. 136.
670 *Meyer-Goßner* K/M-G §152, RdNr. 8.

materiellen Rechts. Dieser Zweck kann aber nach dem oben Gesagten nicht erfüllt werden, wenn ein öffentliches Interesse an der Verfolgung fehlt. Insofern ist durch die Bejahung des Tatbestandes die Rechtsfolge zwangsläufig vorgegeben. Anders liegt es aber im Jugendstrafrecht. Hier spielt der Erziehungsgedanke eine große Rolle[671]. Wenn der Staatsanwalt also zu dem Schluß kommt, daß die Schuld als gering anzusehen wäre und kein öffentliches Interesse an der Verfolgung besteht, dann ist damit noch nicht gesagt, daß nicht erzieherische, und somit noch nicht berücksichtigte Gesichtspunkte dafür sprechen, die Tat dennoch zu verfolgen. Insofern muß bei §45 Abs. 1 JGG gelten, daß der Staatsanwalt trotz Bejahung der Tatbestandsvoraussetzungen noch entscheiden kann, ob er Anklage erhebt oder das Verfahren einstellt.

Anders als im Erwachsenenstrafrecht hat der Staatsanwalt dann aber aus denselben Gründen bei den §§153 ff StPO einen Entscheidungsspielraum bzgl. der Frage, ob er Anklage erhebt oder einstellt (sofern man denn von seiner Anwendbarkeit auf Jugendliche ausgeht[672]). Jede andere Ansicht würde sich in Widerspruch zu den eben gefundenen Ergebnissen setzen.

*(2). §45 Abs. 2 JGG*
*(a). Voraussetzungen*
Nach Abs. 2 des §45 JGG muß der Staatsanwalt von der Verfolgung absehen,
- wenn entweder
    * eine erzieherische Maßnahme bereits durchgeführt oder eingeleitet ist oder
    * der Jugendliche sich bemüht hat, einen Ausgleich mit dem Verletzten zu erreichen
- und wenn er weder
    * eine Beteiligung des Richters nach Abs. 3 noch
    * die Erhebung der Anklage für erforderlich hält.

(aa). Die Vorschrift greift bereits im Stadium der Ermittlungen ein, nicht erst, wenn es um die Anklageerhebung geht.

(bb). Bei einer Entscheidung nach §45 Abs. 2 JGG tritt kein Strafklageverbrauch ein[673]. Hierfür spricht, wie oben[674] für §45 Abs. 1 JGG näher begründet wurde, daß Abs. 2 im Gegensatz zu Abs. 3 nicht auf §47 Abs. 3 JGG verweist.

---

[671] s. z.B. *Schaffstein/Beulke* JGG S. 1 ff.
[672] vgl. hierzu *Schaffstein/Beulke* JGG S. 221 f; *Nothacker* JZ 82, 57 (60 ff). Diese Frage muß hier nicht geklärt werden, da §45 Abs. 1 JGG in Hinblick auf das Legalitätsprinzip ohnehin weiter ist als §153 StPO.
[673] *Schaffstein/Beulke* JGG S. 233; *Geppert* JURA 86, 309 (313).

Dementsprechend ist die Tat also weiterhin verfolgbar und muß wegen §152 Abs. 2 StPO auch weiterhin verfolgt werden, wenn sich im Nachhinein herausstellt, daß die Voraussetzungen des §45 Abs. 2 JGG nicht vorgelegen haben[675], also in Wirklichkeit „nichts anderes bestimmt" ist.

*(b). Ermessen*
In §45 Abs. 2 JGG steht der Staatsanwaltschaft dem Wortlaut nach („stellt ein") kein Ermessen zu. Sie muß also einstellen, wenn die Voraussetzungen vorliegen. Wegen der Stringenz dieser Ausnahmevorschrift wird hier auch von der Subsidiarität des Legalitätsprinzips gegenüber dem Erziehungsgedanken gesprochen[676].
Teilweise wird angenommen, daß der Staatsanwalt die erzieherischen Maßnahmen selbst anregen kann[677]. In diesem Fall steht ihm dann ein gewisser Entscheidungsspielraum zu, da es ihm in den Fällen, in denen nicht bereits aufgrund fremder Initiative die Voraussetzungen für §45 Abs. 2 JGG gegeben sind, freisteht, die Grundlage für die Einstellungspflicht zu schaffen. Indirekt schlägt dann also eine Ermessensentscheidung auf die Einstellung durch.

*(3). §45 Abs. 3 JGG*
*(a). Voraussetzungen*
Nach Abs. 3 sieht der Staatsanwalt von der Verfolgung ab, wenn
- der Jugendliche geständig ist,
- der Staatsanwalt die Erhebung der öffentlichen Klage nicht für geboten hält,
- er die Anordnung einer richterlichen Maßnahme für erforderlich hält,
- er die Verhängung einer der in der Vorschrift genannten Rechtsfolgen beim Jugendrichter angeregt hat,
- der Jugendrichter der Anregung entspricht und
- der Jugendliche im Falle der Erteilung einer Weisung oder Auflage ihnen nachgekommen ist. Hierfür ist §47 Abs. 1 S. 2 JGG analog anwendbar, so daß eine Frist von bis zu sechs Monaten bestimmt werden kann[678].

§45 Abs. 3 JGG ist dem §153a StPO nachgebildet und ermöglicht wie dieser eine zunächst vorläufige Einstellung. Ebenfalls vergleichbare Regelungen enthalten die Vorschriften bzgl. der Sperrwirkung. Denn §45 Abs. 3 S. 4 JGG erklärt den §47 Abs. 3 JGG für anwendbar. Daraus folgt, daß die Entscheidung, genauso wie die

---

[674] s.o. S. 158.
[675] *Schaffstein/Beulke* JGG S. 233.
[676] *Schaffstein/Beulke* JGG S. 221; *Brunner/Dölling* JGG §45, RdNr. 9; *Eisenberg* JGG §45, RdNr. 9.
[677] Streitdarstellung bei *Schaffstein/Beulke* JGG S. 232.
[678] s. *Schaffstein/Beulke* JGG S. 235.

nach §153a StPO, beschränkt bestandskräftig wird. Zu der Bedeutung des §45 Abs. 3 JGG für die Geltung des Legalitätsprinzips sei deshalb auf die Ausführungen zu §153a StPO verwiesen[679]; hier gilt Entsprechendes. Ein Unterschied besteht nur insofern, als daß §47 Abs. 3 JGG bereits das Absehen von der Verfolgung als ganzer, also auch von den Ermittlungen ermöglicht, während §153a StPO nur für die Pflicht zur Anklageerhebung „etwas anderes" iSd. §152 Abs. 2 StPO bestimmt.

*(b). Ermessen*
Es heißt im Gesetz, daß der „Staatsanwalt von der Verfolgung absieht". Ihm steht also kein Ermessen zu. Anders ist die Rechtslage bzgl. der Entscheidung des Richters: er kann nach pflichtgemäßer Prüfung der Sachlage entscheiden, ob er der Anregung des Staatsanwaltes nachkommen will[680]. Insofern wirkt sich im Rahmen des §45 Abs. 3 JGG eine Ermessensentscheidung auf die Frage über die Einstellung aus.

*qq. Ungeschriebene Ausnahmen*
In Zusammenhang mit dem Legalitätsprinzip wird vielfach die Frage aufgeworfen, ob Ermittlungsmaßnahmen aus Gründen der Verhältnismäßigkeit[681], unter Notstandsgesichtspunkten[682] oder allgemein wegen einer nötigen Interessenabwägung[683] unterbleiben können. Indes kann diese Frage – wie immer wieder betont wird – nicht das generelle „ob", sondern nur das konkrete „wie" der Strafverfolgung betreffen[684], d.h. die Verfolgungspflicht kann durch übergeordnete Gesichtspunkte nicht eingeschränkt werden. Dies ist damit zu begründen, daß §152 Abs. 2 StPO bei der von ihm allein geregelten Frage, ob die Staatsanwaltschaft einschreiten muß[685], keinen Entscheidungs- oder Beurteilungsspielraum läßt, bei dessen

---

[679] s.o. S. 138 f.
[680] *Schaffstein/Beulke* JGG S. 234.
[681] *Schmidt-Jortzig* NJW 89, 129 (134 f); *Krey/Pföhler* NStZ 85, 145 (150); *Rieß* LR[24] §152, RdNr. 19; *Jeutter* Grenzen des Legalitätsprinzips S. 155 ff; *Meyer-Goßner* K/M-G §160, RdNr. 21und K/M-G §152, RdNr. 6; *Thiel* Verdeckte Ermittlungen S. 48 ff; vgl. auch *S. Rogall* Verdeckte Ermittler S. 74.
[682] *Schöch* AK-StPO §152, RdNr. 20; *Rieß* LR[24] §152, RdNr. 20; *Thiel* Verdeckte Ermittlungen S. 94 ff; *Schmidt-Jortzig* NJW 89, 129 (134).
[683] *Rieß* Dünnebier-FS. S. 156 f, 159.
[684] besonders deutlich bei *Rieß* LR[24] §152, RdNr. 19 f und LR[24] §160, RdNr. 40; *Thiel* Verdeckte Ermittlungen S. 47, 51, 53; s. aber auch *Schöch* AK-StPO §152, RdNr. 20; *Meyer-Goßner* K/M-G §152, RdNr. 6; *Steffen* DRiZ 72, 153 (154); *Haas* V-Leute S. 114; *Degenhart* JuS 82, 330 (335).
[685] Die Unterscheidung zwischen dem „ob" und dem „wie" wird in der Literatur nicht immer so streng durchgeführt (vgl. *Schmidt-Jorzig* NJW 89, 129 (135); *Bottke* Meyer-FS S. 54; *Jeutter* Grenzen des Legalitätsprinzips S. 155 ff, insbes. S. 164), was wohl damit zu erklären ist, daß das Unterlassen bestimmter Ermittlungsmaßnahmen im Ergebnis oft die endgültige Nichtverfolgung bedeutet (*Thiel* Verdeckte Ermittlungen S. 47).

Ausübung übergeordnete Gesichtspunkte berücksichtigt werden könnten[686]. In dieser Feststellung liegt der wesentliche Unterschied zu der Frage, welche Rolle Beweisverwertungsverbote für das Legalitätsprinzip spielen. Auch diese tangieren nämlich das „wie" der Strafverfolgung. Dennoch können sie das Legalitätsprinzip einschränken, da bei der Auslegung der „zureichenden tatsächlichen Anhaltspunkte" Raum für ihre Berücksichtigung ist.

---

[686] vgl. *Thiel* Verdeckte Ermittlungen S. 47; s. auch *BVerfG* 46, 214 (223); *Haas* V-Leute S. 115; *Erfurth* Verdeckte Ermittlungen S. 118 f.
a.A. *Rieß* Dünnebier-FS S. 162 f (enge Grenze).

## 2. Das Legalitätsprinzip als allgemeiner Grundsatz im Vollstreckungsverfahren

Der Legalitätsgrundsatz ist, wie oben ausführlich dargelegt wurde, im Vollstreckungsverfahren nicht in einer bestimmten Norm verankert, sondern liegt als allgemeiner Grundsatz den Vorschriften über die Vollstreckung zugrunde[687]. Fraglich ist aber, was genau die Strafprozeßordnung im Vollstreckungsverfahren unter diesem Begriff versteht.

Umschrieben ist der Grundsatz im Gesetz nur in §152 Abs. 2 StPO für das Ermittlungsverfahren. Es ist aber nicht davon auszugehen, daß die StPO im Ermittlungs- und im Vollstreckungsverfahren unter dem Begriff „Legalitätsprinzip" Unterschiedliches versteht. Demzufolge ist der allgemeine Grundsatz für das Vollstreckungsverfahren in Anlehnung an §152 Abs. 2 StPO zu bestimmen.

§152 Abs. 2 StPO knüpft an eine Straftat an. Hieraus ist zum einen zu entnehmen, daß die StPO das Legalitätsprinzip nur auf ein tatbestandliches, rechtswidriges und schuldhaftes Verhalten erstreckt. Gleiches muß auch für den allgemeinen Grundsatz im Vollstreckungsverfahren gelten. Zum anderen ist aus dieser Voraussetzung abzuleiten, daß auch die Vollstreckungspflicht an einen bestimmten Sachverhalt anknüpfen muß. §449 StPO bestimmt als solchen das Vorliegen eines Urteils. Erste Voraussetzung für eine Vollstreckungspflicht ist also ein Urteil, mit dem auf schuldhaftes Unrecht reagiert wird.

Ferner setzt §152 Abs. 2 StPO voraus, daß zureichende tatsächliche Anhaltspunkte vorliegen. Wie oben gesehen, wird die Verfolgungspflicht damit in zeitlicher und sachlicher Hinsicht eingeschränkt. Eine Entsprechung stellt im Vollstreckungsverfahren nach §449 StPO die Rechtskraft und gem. §451 StPO die Vollstreckungsbescheinigung dar.

Außerdem muß die Straftat im Ermittlungsverfahren verfolgbar, dementsprechend also das Urteil im Vollstreckungsverfahren vollstreckbar sein.

Schließlich ist der „soweit-nicht"-Vorbehalt aus dem §152 Abs. 2 StPO auch auf das allgemeine Legalitätsprinzip im Vollstreckungsverfahren zu übertragen.

Auf das Stadium der Vollstreckung bezogen ist das Legalitätsprinzip deshalb folgendermaßen zu formulieren:

> *Die Staatsanwaltschaft ist, soweit nicht gesetzlich ein anderes bestimmt ist, verpflichtet, alle vollstreckbaren Urteile, mit denen auf schuldhaftes Unrecht reagiert wurde, zu vollstrecken, sofern diese rechtskräftig sind und eine Vollstreckungsbescheinigung iSd. §451 StPO vorliegt.*

---

[687] s.o. S. 92 f.

### a. Urteil, mit dem auf schuldhaftes Unrecht reagiert wurde

Ein Urteil ist die formgebundene und mit besonderen Wirkungen versehene Entscheidung des erkennenden Gerichts, die aufgrund einer Hauptverhandlung ergeht und den Verfahrensabschnitt oder Verfahrensteil abschließt[688]. Die Klassifikation erfolgt aufgrund des Inhaltes und der Funktion, nicht aber aufgrund der Bezeichnung des gerichtlichen Ausspruchs[689].

aa. Kein Urteil liegt vor, wenn die Entscheidung an einem so großen Mangel leidet, daß das Urteil in keiner Weise den Vorschriften und dem Geist der Rechtsordnung entspricht. Wann diese Voraussetzungen erfüllt sind, ist weitgehend ungeklärt[690]. Sicher dürfte nur sein, daß Fehler, für die das Gesetz Rechtsbehelfe vorsieht, mit denen die Aufhebung von Urteilen geltend gemacht werden kann (z.B. die Revision oder die Verfassungsbeschwerde), nicht hierunter fallen. Denn diese Rechtsschutzmöglichkeiten setzten ein Urteil voraus, während die unter die Definition fallenden Urteile nichtig sind[691].

bb. Eine Besonderheit ist bei der Ersatzfreiheitsstrafe zu beachten. Diese wird nicht im Urteil angeordnet, rückt aber kraft Gesetzes an die Stelle der im Urteil ausgesprochenen Geld- bzw. Vermögensstrafe (vgl. §§43, 43a Abs. 3 StGB). Insofern unterliegt auch sie dem Legalitätsprinzip[692].

cc. Die Beschränkung des Legalitätsprinzips auf Urteile, die eine Reaktion auf eine schuldhaft begangene Straftat vorsehen, wirkt sich auf die Geltung des Legalitätsprinzips im Rahmen der Vollstreckung von Maßnahmen iSd. §61 StGB aus. Denn diese knüpfen an die Gefährlichkeit und nicht an die Schuld des Täters an, auch wenn dieser im Einzelfall schuldhaft gehandelt hat (vgl. z.B. §63 iVm. §21 StGB). Allerdings ist zu beachten, daß die Staatsanwaltschaft aufgrund des Vollstreckungsbefehls im Urteil tätig werden muß.
Ähnliches gilt für die Einziehung, den Verfall und die Unbrauchbarmachung. Es geht hier um strafähnliche Maßnahmen, bei denen nicht die Bestrafung, sondern die Enteignung bezweckt wird[693].

---

[688] *Peters* StPO S. 469.
[689] *Gollwitzer* LR[24] §260, RdNr. 10; *Hürxthal* KK §260, RdNr. 15.
[690] vgl. die Übersicht bei *Schäfer* LR[24] Einl. 16.
[691] *Schäfer* LR[24] Einl. 16, RdNr. 6, 17a.
[692] *Wendisch* LR[25] §459e, RdNr. 2.
[693] vgl. *Horn* SK-StGB §74, RdNr. 11 und SK-StGB §73, RdNr. 3 f.

### b. Rechtskraft

Nach §449 StPO kann ein Urteil nur vollstreckt werden, wenn es rechtskräftig ist. Ausnahmen von diesem Grundsatz sind nur in §319 Abs. 2 S. 2 und §346 Abs. 2 S. 2 StPO vorgesehen. Zum Begriff der Rechtskraft s.o. S. 110.

### c. Vollstreckbarkeitsbescheinigung

Nach §451 Abs. 1 StPO kann die Vollstreckung nicht beginnen, wenn keine „aufgrund einer von dem Urkundsbeamten der Geschäftsstelle zu erteilende, mit der Bescheidung der Vollstreckbarkeit versehene, beglaubigte Abschrift der Urteilsformel", die sog. Vollstreckbarkeitbescheinigung, vorliegt.

Wenn später erkennbar wird, daß die Bescheinigung fälschlicherweise erteilt wurde, ist sie zu widerrufen[694]. In diesem Fall fehlt eine wichtige Voraussetzung der Vollstreckung, so daß die Tätigkeitspflicht der Staatsanwaltschaft entfällt. Gleiches gilt, wenn die Bescheinigung erfolgreich angefochten wurde[695].

### d. Vollstreckbarkeit

Vollstreckt werden können aus rein tatsächlichen Gründen nur Strafen, die nicht automatisch mit der Rechtskraft des Urteils eintreten. Zu diesen gehören im Erwachsenenstrafrecht:
- die Freiheitsstrafe,
- die Geldstrafe und
- die Ersatzfreiheitsstrafe.

Im Jugendstrafrecht gibt es weitere Rechtsfolgen, die der Vollstreckung bedürfen. Dort ist aber im Normalfall der Richter nach §62 Abs. 1 JGG Vollstreckungsleiter, so daß die Besonderheiten des JGG erst im Zusammenhang mit der Frage, inwieweit das Legalitätsprinzip auch für Richter und Gerichte gilt, dargestellt werden. Hier soll deshalb der Hinweis genügen, daß der Jugendrichter unter den in §85 Abs. 6 JGG oder §§89a iVm. 85 Abs. 6 JGG genannten Voraussetzungen die Vollstreckung an die nach den allgemeinen Vorschriften zuständige Staatsanwaltschaft abgeben kann. In diesem Fall wird aber materiell-rechtlich gesehen weiterhin eine jugendstrafrechtliche Maßnahme vollstreckt[696], so daß für die Geltung des Legalitätsprinzips die gleichen Besonderheiten gelten wie wenn der Jugendrichter Vollstreckungsleiter ist.

---

[694] *Fischer* PfFi §451, RdNr. 8 und KK §451, RdNr. 22; *Meyer-Goßner* K/M-G §451, RdNr. 16; *Wendisch* LR$^{25}$ §451, RdNr. 39.
[695] vgl. *Fischer* PfFi §451, RdNr. 9; *Meyer-Goßner* K/M-G §451, RdNr. 17; *Fischer* KK §451, RdNr. 13; *Wendisch* LR$^{25}$ §451, RdNr. 39.
[696] *Schaffstein/Beulke* JGG S. 266.

Die oben genannten Rechtsfolgen sind nicht vollstreckbar, wenn ein Vollstreckungshindernis vorliegt. Dieses kann sich direkt aus dem Gesetz ergeben oder aber dadurch entstehen, daß die Staatsanwaltschaft an die Entscheidung einer anderen Stelle gebunden ist, wonach das Urteil nicht vollstreckt werden darf.

Da das Gesetz die Reichweite der Vollstreckungspflicht für die jeweiligen Rechtsfolgen unterschiedlich bestimmt hat, wird jede Rechtsfolge einzeln auf Vollstreckungshindernisse untersucht.

### aa. Freiheitsstrafe
### (1). Straf(rest)aussetzung
### (a). Voraussetzungen

Das StGB enthält drei Vorschriften, die die Aussetzung zur Bewährung regeln:
- §56 StGB betrifft den Fall, daß die Vollstreckung einer Freiheitsstrafe bereits bei der Verurteilung ausgesetzt wird,
- §57 StGB regelt die Aussetzung des Restes einer zeitigen Freiheitsstrafe. Sie setzt also voraus, daß ein Teil der Strafe schon vollstreckt ist und
- §57a StGB greift bei einer bereits teilweise vollstreckten lebenslangen Freiheitsstrafe ein.

Ferner sieht §36 Abs. 2 BtMG eine Straf- und eine Strafrestaussetzung zur Bewährung vor.

Die Straf(rest)aussetzung stellt ein Vollstreckungshindernis dar[697]. Für die Geltung des Legalitätsprinzips im Vollstreckungsverfahren ergibt sich aus den §§56 ff StGB folgendes:
- Von dem Aussetzungszeitpunkt an besteht ein zunächst vorübergehendes Vollstreckungshindernis.
- Gleiches gilt beim Straferlaß nach §56g Abs. 1 (iVm. §57 Abs. 3 S. 1 bzw. 57a Abs. 3) StGB.
- Wird die Aussetzung nach §56f (iVm. §57 Abs. 3 S. 1 bzw. 57a Abs. 3) StGB widerrufen, ist das Urteil wieder vollstreckbar.
- Gleiches gilt, wenn der Straferlaß nach §56g Abs. 2 (iVm. §57 Abs. 3 S. 1 bzw. 57a Abs. 3) StGB widerrufen wird.
- Endgültig ist die Staatsanwaltschaft nach §56g Abs. 2 S. 2 (iVm. §57 Abs. 3 S. 1 bzw. 57a Abs. 3) StGB an der Vollstreckung gehindert, wenn die Bewährungszeit seit einem Jahr abgelaufen und die Verurteilung seit sechs Monaten rechtskräftig ist.

---

[697] vgl. *Tröndle* StGB §56, RdNr. 1a.

*(b). Ermessen*
Über die Strafaussetzung nach §56 Abs. 1 StGB und §36 Abs. 2 BtMG und über die Strafrestaussetzung nach §§57, 57a StGB und 36 Abs. 2 BtMG kann das Gericht nicht nach seinem Ermessen entscheiden. Anders ist es dagegen bei der Aussetzungsentscheidung nach §56 Abs. 2 StGB: Auch wenn auf Tatbestandsseite die Gesamtwürdigung von Tat und Täter für eine Strafaussetzung spricht, muß die Staatsanwaltschaft noch prüfen, ob nicht eine Vollstreckung aus anderen Gründen geboten ist.

*(2). Begnadigung*
(a). Nach Art. 60 Abs. 2 GG übt der Bundespräsident im Einzelfalle für den Bund das Begnadigungsrecht aus. Nach Abs. 3 der Vorschrift ist es möglich, die Befugnis auf andere Behörden zu übertragen. Durch die Begnadigung kann die Vollstreckbarkeit im ganzen, aber auch nur in Teilen aufgehoben werden[698]. Da das Begnadigungsrecht einen Eingriff der Exekutive in die Unabhängigkeit der Rechtsprechung darstellt, darf nicht in das laufende Ermittlungs- oder Gerichtsverfahren (sog. Niederschlagung oder Abolition) eingegriffen werden, sondern es kann erst nach Eintritt der Rechtskraft ausgeübt werden[699]. Die Begnadigung betrifft das Legalitätsprinzip also nur im Stadium der Vollstreckung.
Mit der Formulierung „für den Bund" ist nicht nur gemeint, daß der Präsident in dessen Namen tätig wird, sondern auch, daß der Bundespräsident nur bei Urteilen zuständig ist, die in erster Instanz vor einem Bundesgericht entschieden wurden[700]. Dieses ist nur bei Verfahren vor den Oberlandesgerichten der Fall, die zwar Landesgerichte sind, aber in den Fällen der Staatsschutzdelikte und des Art. 26 Abs. 1 GG nach Art. 96 Abs. 5 GG für den Bund in Form der Organleihe[701] tätig werden. In den anderen Fällen obliegt das Begnadigungsrecht den Ländern. Dort ist es in den Stadtstaaten den Senaten, im Saarland der Landesregierung und in den übrigen Bundesländern den Ministerpräsidenten zugewiesen, wobei auch hier die Befugnis anderen Behörden übertragen werden kann. Diese Zuständigkeitsverteilung stellt auch §452 StPO fest.
Gnade kann nur im Einzelfall gewährt werden. Hierdurch unterscheidet sie sich von der Amnestie und der Straffreierklärung[702].

---

[698] *Hemmrich* v.Mü Art. 60, RdNr. 17; *Pott* Opportunitätsdenken S. 94.
[699] *Hemmrich* v.Mü Art. 60, RdNr. 18; *Menzel* BK Art. 60, B.1.; *Herzog* M/D Art. 60, Abschn. V, RdNr. 26; *Klein* GG Art. 60, RdNr. 2.
[700] *Hemmrich* v.Mü Art. 60, RdNr. 19; *Menzel* BK Art. 60, B.2.; *Herzog* M/D Art. 60, Abschn. V, RdNr. 33.
[701] *Wendisch* LR$^{25}$ §452, RdNr. 1; *Herzog* M/D Art. 96, RdNr. 51; *Paulus* KMR §452, RdNr. 8.
[702] *Hemmrich* v.Mü Art. 60, RdNr. 17; *Menzel* BK Art. 60, B.1.; *Herzog* M/D Art. 60, Abschn. V, RdNr. 32.

(b). Die Ausübung der Gnade steht im pflichtgemäßen Ermessen des Berechtigten[703].
Ist das Begnadigungsrecht jedoch ausgeübt worden, stellt es ein Vollstreckungshindernis dar[704], so daß die Vollstreckungspflicht zwingend entfällt.

*(3). Straffreiheitsgesetze*
Zum Begriff s. ausführlich S. 121.
Wenn in solch einem Gesetz eine rechtskräftig erkannte Strafe erlassen wird, darf – sobald feststeht, daß das Gesetz im konkreten Einzelfall Anwendung findet – nicht weiter vollstreckt werden[705].

*(4). Vollstreckungsverjährung*
Die Vollstreckungsverjährung ist in §§79 ff StGB geregelt. Nach nunmehr unbestrittener Auffassung hat sie prozessualen Charakter, ist also ein Vollstreckungshindernis[706]. Nur die Vollstreckung von Strafen wegen Völkermordes und von lebenslangen Freiheitsstrafen (nicht nur die wegen Mordes, auf den sich §78 Abs. 2 StGB beschränkt!) ist zeitlich unbegrenzt möglich.

*(5). Aufschub der Vollstreckung*
Aufschub bedeutet die vorübergehende Unterbrechung der Vollstreckung vor Vollzugsbeginn[707]. Das Legalitätsprinzip ist hier also in zeitlicher Hinsicht tangiert, indem die Pflicht, sofort zu vollstrecken, aufgehoben wird.
Das Gesetz sieht für den Aufschub zwei mögliche Grundlagen vor: Entweder folgt er aus einer gerichtlicher Anordnung oder aber unmittelbar aus dem Gesetz.

*(a). Aufschub aufgrund gerichtlicher Anordnung*
(aa). §47 Abs. 2 StPO bestimmt, daß das Gericht den Aufschub der Vollstreckung anordnen kann, wenn ein Antrag auf Wiedereinsetzung in den vorherigen Stand gestellt wurde. Hierdurch wird die Regelung des §47 Abs. 1 StPO, wonach solch ein Antrag die Vollstreckung grds. nicht hemmt, durchbrochen und bewirkt, daß

---

[703] *Herzog* M/D Art. 60, Abschn. V, RdNr. 38.
[704] *Fischer* KK §452, RdNr. 5; *Pott* Opportunitätsdenken S. 94.
[705] *Pott* Opportunitätsdenken S. 97; *Schätzler* Gnadenrecht S. 209; *Wetterich/Hamann* Strafvollstreckung RdNr. 658 f.
[706] *Stree* Sch/Sch §79 RdNr. 1; *Lackner* StGB §79, RdNr. 1; a.A. *Jescheck* StGB-AT S. 816 f bis zur 4. Aufl., in der 5. Aufl. nehmen *Jescheck/Weigend* zu der Einordnung keine Stellung mehr.
[707] *Fischer* KK §455, RdNr. 2; *Wendisch* LR[25] §455, RdNr. 3; *Wetterich/Hamann* Strafvollstreckung RdNr. 673.

die Staatsanwaltschaft vorübergehend gehindert ist, mit der Vollstreckung zu beginnen.
Für die Geltung des Legalitätsprinzip ergibt sich daraus folgendes:
- Die Vollstreckungspflicht entfällt nicht mit der Stellung des Antrags auf Wiedereinsetzung in den vorherigen Stand.
- Sie entfällt vorübergehend, wenn das Gericht den Aufschub der Vollstreckung angeordnet hat.
- Sobald über den Antrag entschieden worden ist, entfaltet die Anordnung keine Wirkung mehr. Vielmehr richtet sich die Vollstreckbarkeit jetzt nach den allgemeinen Vorschriften, die entweder bei der Fortführung des Verfahrens (so wenn dem Antrag stattgegeben wurde) oder aber bei dessen Beendigung gelten.

(bb). Dem §47 Abs. 2 StPO entsprechende Regelungen enthalten §307 Abs. 2 StPO für die Beschwerde, §360 Abs. 2 StPO für den Wiederaufnahmeantrag und §458 Abs. 3 S. 1 StPO für den Antrag auf gerichtliche Entscheidung nach §458 StPO. Deren Bedeutung für die Geltung des Legalitätsprinzips ist ähnlich wie die des §47 StPO.

*(b). Aufschub aufgrund Gesetzes*
Die Abs. 1 - 3 des §455 StPO sehen die Möglichkeit vor, die Vollstreckung aufzuschieben.
Während §455 Abs. 3 StPO der Staatsanwaltschaft einen Ermessensspielraum gibt[708], ist sie nach §455 Abs. 1 StPO verpflichtet, die Vollstreckung einer Freiheitsstrafe aufzuschieben, wenn
- der Verurteilte in Geisteskrankheit verfällt oder
- eine andere Krankheit vorliegt, die dazu führt, daß die Vollstreckung für ihn lebensgefährlich ist.

In der Literatur wird der §455 StPO pauschal als Vollstreckungshindernis eingeordnet[709]. Dieser Ansicht steht aber entgegen, daß solch ein Hindernis nur gegeben ist, wenn die Vollstreckung beim Vorliegen bestimmter Voraussetzungen zwingend ausgeschlossen ist. Hängt die Entscheidung dagegen von Zweckmäßigkeitserwägungen ab, dann ist in diesen Fällen nur „etwas anderes bestimmt" iSd. Legalitätsprinzips, nicht aber die Vollstreckbarkeit ausgeschlossen. Daraus folgt, daß nur die Absätze 1 und 2 des §455 StPO als Vollstreckungshindernis einzuordnen sind, wohingegen durch Abs. 3 „etwas anderes bestimmt" ist.
Demzufolge darf mit der Vollstreckung nicht begonnen werden, wenn die in §455 Abs. 1 und 2 StPO genannten Voraussetzungen vorliegen.

---

[708] *Wendisch* LR$^{25}$ §455, RdNr. 5.
[709] *Wendisch* LR$^{25}$ §455, RdNr. 13.

*(6). Unterbrechung der Vollstreckung*
Unterbrechung bedeutet die vorläufige Strafaussetzung nach Vollzugsbeginn[710]. Wie bei dem Aufschub ist hier das Legalitätsprinzip also nur in zeitlicher Hinsicht berührt. Auch bei der Unterbrechung muß danach unterschieden werden, ob sie unmittelbar im Gesetz oder in einer gerichtlichen Anordnung begründet ist.

*(a). Unterbrechung aufgrund gerichtlicher Anordnung*
Nach Vollzugsbeginn ist das Urteil nicht weiter vollstreckbar, wenn die Unterbrechung nach den §§307 Abs. 2, 360 Abs. 2 oder 458 Abs. 3 S. 1 StPO vom Gericht angeordnet wurde und über die Beschwerde bzw. den Antrag auf Wiederaufnahme noch nicht entschieden oder die gerichtliche Entscheidung nach §458 StPO noch nicht ergangen ist.

*(b). Unterbrechung aufgrund Gesetzes*
§454b Abs. 2 StPO spricht davon, daß die Strafvollstreckung unterbrochen werden muß, wenn mehrere freiheitsentziehende Maßnahmen zu vollstrecken sind. Durch diese Vorschrift wird die Verfolgungspflicht allerdings nicht berührt, da es bei ihr nicht darum geht, gegen den Verurteilten zunächst gar keine Strafe zu vollstrecken; vielmehr muß zunächst eine andere Strafe vollstreckt werden.
Die Entscheidung über die übrigen aus dem Gesetz folgenden Unterbrechungsmöglichkeiten stehen im Ermessen der Vollstreckungsbehörde, so daß sie nicht die Vollstreckbarkeit berühren, sondern „etwas anderes" bestimmen. Insofern wird auf sie erst auf den S. 177 f eingegangen.


*(7). Immunität*
Zum Begriff der Immunität s.o. S. 43 f.
Im Rahmen der Immunitätsvorschriften sind zwei Stadien des Strafverfahrens zu unterscheiden: Das vor und das nach Eintritt der Rechtskraft. Die Immunität nach Art. 46 Abs. 2 GG (dazu s.o.[711]) betrifft nämlich nur das Verfahren bis zur Rechtskraft des Urteils, berührt die Vollstreckung also nicht[712]. Dagegen schreibt Abs. 3 des Art. 46 GG vor, daß bei freiheitsbeschränkenden und somit erst recht bei freiheitsentziehenden[713] Maßnahmen die Genehmigung des Bundestages nötig ist. Ähnliches wird auch in den jeweiligen landesrechtlichen Vorschriften bestimmt. Die Trennung der Verfahrensabschnitte bedeutet, daß für die Vollstreckung eine gesonderte Genehmigung erforderlich ist; die Genehmigung zur Strafverfolgung umfaßt also nicht auch die zur Vollstreckung der Strafe[714].

---

[710] *Wendisch* LR[25] §455, RdNr. 3; *Fischer* KK §455, RdNr. 2.
[711] S. 113 f.
[712] *Rieß* LR[24] §152a, RdNr. 17.
[713] vgl. *Rieß* LR[24] §152a, RdNr. 17.
[714] *Rieß* LR[24] §152a, RdNr. 18; *Wetterich/Hamann* Strafvollstreckung RdNr. 661.

Für die Geltung des Legalitätsprinzips im Vollstreckungverfahren folgt aus den gelungen über die Immunität:
- Das Urteil ist vollstreckbar, wenn die Genehmigung iSd. Art. 46 Abs. 3 GG vorliegt.
- Ansonsten muß die Staatsanwaltschaft versuchen, diese einzuholen. Wird sie verweigert, besteht während der Amtszeit[715] ein Vollstreckungshindernis. Es entfällt also (nur) die Pflicht zur sofortigen Vollstreckung.
- Verlangt das Parlament nach Art. 46 Abs. 4 GG, die Vollstreckung trotz vorheriger Genehmigung auszusetzen, lebt das Vollstreckungshindernis der Immunität wieder auf, das Urteil ist also nicht mehr vollstreckbar.

*(8). Tod des Verurteilten*
Wegen des höchstpersönlichen Charakters der Freiheitsstrafe verhindert der Tod die Vollstreckung, d.h. daß mit Todeseintritt die Vollstreckungspflicht entfällt.

### bb. Geldstrafe
*(1). §459c Abs. 1 StPO*
Die Geldstrafe wird grds. mit der Rechtskraft des Urteils fällig. In diesem Zeitpunkt beginnt die Vollstreckungspflicht. Nun bestimmt aber §459c Abs. 1 StPO, daß erst zwei Wochen nach Ablauf der Fälligkeit die Geldstrafe beigetrieben werden darf, wenn nicht aufgrund bestimmter Tatsachen erkennbar ist, daß der Verurteilte die Vollstreckung vereiteln will. Für die Geltung des Legalitätsprinzips folgt daraus, daß der Vollstreckung grds. zwei Wochen lang ein Hindernis entgegensteht (vgl. §459 StPO iVm. §5 Abs. 1 S. 1 JBeitrO)[716]. Es ist also in zeitlicher Hinsicht tangiert. Uneingeschränkt gilt es dagegen, wenn Anhaltspunkte für eine Vollstreckungsvereitelung vorliegen.

*(2). Zahlungserleichterungen*
Länger als zwei Wochen besteht ein Verfahrenshindernis, wenn Zahlungserleichterungen gewährt wurden. Dieses kann vor und nach Eintritt der Rechtskraft geschehen.

---

[715] zur zeitlichen Begrenzung s.o. S. 43 f.
[716] zu weiteren Vollstreckungshindernissen vgl. §5 Abs. 1 S. 2 und 3 JBeitrO.

*(a). Vor Eintritt der Rechtskraft*
Vor Eintritt der Rechtskraft kann das Gericht nach §42 S. 1 StGB eine Zahlungsfrist oder Ratenzahlung bewilligen. Für die Tätigkeit der Staatsanwaltschaft hat diese Bewilligung die Wirkung eines vorläufigen Vollstreckungshindernisses. Dieses Hindernis entfällt mit Ablauf der Zeit, für die die Vollstreckbarkeit hinausgeschoben wurde.
Außerdem entfällt es automatisch[717] und verschuldensunabhängig[718] nach §42 S. 2 StGB, wenn das Gericht in das Urteil eine sog. Verfallsklausel aufgenommen hat und der Verurteilte mit der Zahlung einer Rate in Verzug kommt.
Außerdem wird das Urteil trotz vorheriger Bewilligung von Zahlungserleichterungen vollstreckbar, wenn neue Tatsachen und Beweismittel auftauchen und die Staatsanwaltschaft deshalb gem. §459a StPO die Entscheidung nachträglich aufhebt.

*(b). Nach Eintritt der Rechtskraft*
Nach Eintritt der Rechtskraft muß die Vollstreckungsbehörde Zahlungserleichterungen gewähren, wenn die Voraussetzungen des §42 StGB vorliegen (vgl. §459a Abs. 1 S. 1 StPO). In diesem Fall ist die Staatsanwaltschaft an der Vollstreckung vorübergehend gehindert. Das Hindernis entfällt aus den gleichen Gründen wie bei der richterlichen Gewährung[719].

Im Gegensatz zu der Bewilligung von Ratenzahlung oder einer Zahlungsfrist nach §459a Abs. 1 S. 1 StPO steht die Entscheidung gem. Abs. 1 S. 2[720] und Abs. 3 im Ermessen der Staatsanwaltschaft, so daß hier durch das Gesetz „etwas anderes bestimmt" ist, nicht aber ein Vollstreckungshindernis vorliegt.

*(3). §459d StPO*
(a). Das Gericht kann anordnen, daß die Vollsteckung ganz oder zum Teil unterbleibt, wenn
– entweder
*in demselben Verfahren Freiheitsstrafe vollstreckt oder zur Bewährung ausgesetzt worden ist oder
*in einem anderen Verfahren Freiheitsstrafe verhängt ist und die Voraussetzungen des §55 StGB nicht vorliegen
– und die Vollstreckung die Wiedereingliederung des Verurteilten erschweren kann.

---

[717] *Stree* Sch/Sch §42, RdNr. 7.
[718] *Wendisch* LR[25] §459a, RdNr. 12.
[719] s.o. unter (a).
[720] *Wendisch* LR[25] §459a, RdNr. 8.

An die Entscheidung des Gerichts ist die Staatsanwaltschaft gebunden, so daß sie aus ihrer Sicht ein Vollstreckungshindernis darstellt. Dabei kann das Hindernis nach §459d StPO die gesamte Strafe oder nur einen Teil betreffen. In letzterem Fall wird die Vollstreckungspflicht also nicht gänzlich aufgehoben, sondern nur auf eine bestimmte Summe beschränkt.

(b). Die Entscheidung steht im Ermessen des Gerichtes.

*(4). Tod des Verurteilten*
Nach §459c Abs. 3 StPO verhindert der Tod des Verurteilten die Vollstreckung seiner Strafe. Damit ist klargestellt, daß auch die Geldstrafe eine höchstpersönliche Schuld ist.

*(5). Verwarnung mit Strafvorbehalt*
*(a). Voraussetzungen*
Unter den in §59 StGB genannten Voraussetzungen kann das Gericht den Täter, der eine Geldstrafe verwirkt hat, im Urteil neben dem Strafausspruch verwarnen, die Strafe bestimmen und die Verurteilung zu dieser Strafe vorbehalten. Auch wenn die genaue Einordnung der Verwarnung mit Strafvorbehalt sehr umstritten ist, so besteht doch Einigkeit darüber, daß solange, wie der Täter nicht nach §59b Abs. 1 StGB iVm. §453 StPO verurteilt ist, noch keine Strafe verhängt wurde[721]. Nach §449 StPO kann aber nur ein „Straf'urteil vollstreckt werden. Somit ist die Verwarnung mit Strafvorbehalt prozessual als (ggf. nur vorübergehendes) Vollstreckungshindernis einzuordnen[722].
Für das Legalitätsprinzip gilt in diesen Fällen folgendes:
– Bevor ein Beschluß über die Verurteilung ergangen ist, besteht ein vorläufiges Vollstreckungshindernis.
– Wenn der Täter nach §59b Abs. 1 StGB iVm. §453 StPO verurteilt worden ist, ist das Urteil vollstreckbar[723].
– Andernfalls wird nach §59b Abs. 2 StGB iVm. §453 StPO festgestellt, daß es bei der Verwarnung bleibt. In diesem Fall fehlt es endgültig an der Vollstreckbarkeit.

---

[721] *Stree* Sch/Sch §59, RdNr. 1, 3; *Tröndle* StGB Vor §59, RdNr. 3; *Gribbohm* LK[11] Vor §§59 bis 59c, RdNr. 3.
[722] *Tröndle* StGB Vor §59, RdNr. 3; *Gribbohm* LK[11] §59b, RdNr. 1. Wohl nur irrtümlich meint *Gribbohm* in LK[11] Vor §§59 bis 59c, RdNr. 2, daß „lediglich der *Vollzug* der erkannten Strafe ausgesetzt wird".
[723] *Gribbohm* LK[11] §59b, 1.

*(b). Ermessen*
Dem Wortlaut nach ist §59 StGB eine „kann"-Vorschrift. Bei der Prüfung der Tatbestandsvoraussetzungen sind jedoch bereits alle die Umstände zu berücksichtigen, die auch in die Ermessensentscheidung einfließen müßten. Insofern ist §59 StGB in der Rechtswirklichkeit eine „muß"-Vorschrift[724].

*(6). Sonstige Vollstreckungshindernisse*
Weitere Vollstreckungshindernisse sind – genauso wie bei der Freiheitsstrafe – die Begnadigung, die Straffreierklärung durch entsprechende Gesetze, die Vollstreckungsverjährung und die Gerichtsentscheidung nach den §§47 Abs. 2, 307 Abs. 2, §360 Abs. 2 oder §458 Abs. 3 S. 1 StPO. Hierzu s.o. S. 167 ff.

*cc. Ersatzfreiheitsstrafe iSv. §43 StGB*
*(1). Vollstreckbarkeitsvoraussetzungen nach §459e Abs. 1 – 3 StPO*
Nach §459e Abs. 1 bis 3 StPO darf die Ersatzfreiheitsstrafe nur vollstreckt werden,
– wenn entweder
  *die Geldstrafe nicht eingebracht werden kann oder
  *eine Vollstreckung wegen Aussichtslosigkeit nach §459c Abs. 2 StPO unterbleibt (Abs. 2),
– wenn die noch zu vollstreckende Geldstrafe mindestens einem Tag Freiheitsstrafe entspricht (Abs. 3)
– und wenn eine Vollstreckungsanordnung vorliegt (Abs. 1).

Fehlt eine dieser Voraussetzungen, ist die Staatsanwaltschaft an der Vollstreckung der Ersatzfreiheitsstrafe gehindert. Für die Frage nach der Geltung des Legalitätsprinzips ist aber folgendes zu beachten:
– Die Vollstreckungsbehörde kann die Vollstreckung selbst iSd. §459e Abs. 3 StPO anordnen: diese Voraussetzung stellt also kein wirkliches Hindernis dar.
– Die Einschränkungen aus Abs. 2 beruhen auf der Ersatzfunktion der Strafe: In erster Linie soll die Geldstrafe vollstreckt werden und nur wenn dies nicht möglich ist, tritt die Ersatzfreiheitsstrafe an ihre Stelle. Anders ausgedrückt bedeutet dies: Fehlen die Voraussetzungen des Abs. 2, wird die Geldstrafe vollstreckt und die Tat somit verfolgt. Insofern stellt §459e Abs. 2 keine Ausnahme von der Verfolgungspflicht dar.
– Anders sieht dies nur im Falle des Abs. 3 aus: An die Stelle der Geldstrafe ist die Ersatzfreiheitsstrafe getreten. Deren Vollstreckung steht aber für

---

[724] so auch *Horn* SK-StGB §59, RdNr. 14; *Stree* Sch/Sch §59, RdNr. 6; a.A. *Gribbohm* LK[11] §59, RdNr. 18; *Tröndle* StGB §59, RdNr. 2.

den Teil, der einer Geldstrafe von unter einem Tagessatz entspricht, ein Hindernis entgegen. Die Tat bleibt also in diesem Bereich unverfolgt.

*(2). §459e Abs. 4 StPO*
Der Vollstreckung einer Ersatzfreiheitsstrafe steht nach §459e Abs. 4 StPO ein Hindernis entgegen, wenn die Geldstrafe nachträglich beigetrieben oder entrichtet worden ist oder nach §459d StPO von der Vollstreckung der Geldstrafe abgesehen worden ist. Dieses Vollstreckungshindernis ergibt sich daraus, daß die Ersatzfreiheitsstrafe an die Stelle einer nicht erbrachten Geldstrafe tritt. Wenn aber die Geldstrafe beigetrieben oder entrichtet ist, dann ist die wegen einer Tat verhängte Strafe vollstreckt worden. Mehr verlangt die strengste Verfolgungspflicht nicht. Insofern wird das Legalitätsprinzip durch §459e Abs. 4 StPO gar nicht berührt.

*(3). §459f StPO*
Die Anordnung des Gerichts nach §459f StPO, wonach die Vollstreckung der Ersatzfreiheitsstrafe unterbleibt, weil sie eine unbillige Härte für den Verurteilten wäre, bedeutet für die Tätigkeit der Staatsanwaltschaft, daß sie an der Vollstreckung gehindert ist.
Die Tatsachen, die die unbillige Härte begründen, können dauerhaft oder nur zeitweise bestehen. Insofern ist zwischen einem vorübergehenden und einem dauernden Vollstreckungshindernis zu unterscheiden.
Sobald die unbillige Härte in letzterem Fall nicht mehr besteht, fehlt der Unterbleibensanordnung die Grundlage[725]. Die Staatsanwaltschaft muß dann mangels Vorliegens eines Vollstreckungshindernisses wieder tätig werden.
Außerdem kann die Unterbleibensanordnung jederzeit widerrufen werden. In diesem Falle lebt die Vollstreckungspflicht wieder auf.

*(4). Sonstige Vollstreckungshindernisse*
Da die Ersatzfreiheitsstrafe an die Stelle einer nichteinbringlichen Geldstrafe tritt, ist sie nicht vollstreckbar, wenn der Vollstreckung der Geldstrafe ein Hindernis entgegensteht. Zu diesen s.o. S. 171 ff.
Darüber hinaus steht die Immunität nach Art. 46 Abs. 3 GG unter den oben auf S. 171 genannten Voraussetzungen der Vollstreckung dieser freiheitsentziehenden Maßnahme entgegen.

---

[725] *Wendisch* LR[25] §459f, RdNr. 7.

e. „soweit nicht gesetzlich ein anderes bestimmt ist"

*aa. Freiheitsstrafe*
*(1). §456a StPO*
(a). Nach §456a StPO kann die Vollstreckungsbehörde von der Vollstreckung einer Freiheitsstrafe absehen, wenn der Verurteilte entweder
- wegen einer anderen Tat einer ausländischen Regierung ausgeliefert wird oder
- wenn er aus dem Geltungsbereich der StPO ausgewiesen wird.

Nach Abs. 2 der Vorschrift kann die Vollstreckung nachgeholt werden, wenn der Ausgelieferte oder Ausgewiesene zurückkehrt.
Aus dieser Vorschrift folgt im Umkehrschluß aber auch, daß die Vollstreckung trotz der Entscheidung nach Abs. 1, von der Vollstreckung abzusehen, *nur* bei der Rückkehr möglich sein soll. Demzufolge steht der Vollstreckung des Urteils in allen von Abs. 2 S. 1 nicht erfaßten Fällen ein Hindernis entgegen, so z.B. wenn die Staatsanwaltschaft im Rahmen der Ermessensausübung entgegen ihrer früheren Ansicht zu dem Schluß kommt, vollstrecken zu wollen[726].

(b). Die Möglichkeit, von der Vollstreckung „abzusehen", bedeutet, daß die Tätigkeitspflicht der Staatsanwaltschaft vor Beginn, aber auch während einer bereits begonnenen Vollstreckung entfallen kann.

(c). Die Vorschrift räumt der Staatsanwaltschaft in beiden Absätzen einen Ermessensspielraum ein. Es besteht also keine Vollstreckungspflicht, wenn gewichtige Gründe die Vollstreckung als unangebracht erscheinen lassen[727].

*(2). §455 Abs. 3 StPO*
Nach §455 Abs. 3 StPO kann die Vollstreckung aufgeschoben werden, wenn sich der Verurteilte in einem körperlichen Zustand befindet, bei dem eine sofortige Vollstreckung mit der Einrichtung der Strafanstalt unverträglich ist.
Für die Geltung des Legalitätsprinzips im Vollstreckungverfahren bedeutet dies, daß der Beginn der Vollstreckung auf einen späteren Zeitpunkt verschoben wird. Sind allerdings die Voraussetzungen entfallen, greift die Vollstreckungspflicht ein. Das Legalitätsprinzip ist also nur in zeitlicher Hinsicht berührt.

---

[726] *Paulus* KMR §456a, RdNr. 16, 18.
[727] *Wendisch* LR$^{25}$ §456a, RdNr. 9.

*(3). §456 StPO*
Auch §456 StPO räumt der Staatsanwaltschaft einen Ermessensspielraum[728] ein, wenn er bestimmt, daß die Vollstreckung bis zu vier Monaten aufgeschoben werden kann, sofern
- ein Antrag des Verurteilten vorliegt und
- durch die sofortige Vollstreckung dem Verurteilten oder seiner Familie erhebliche, außerhalb des Strafzwecks liegende Nachteile erwachsen.

*(4). §455a StPO*
Schließlich bestimmt §455a StPO, daß die Vollstreckung aufgeschoben werden kann, wenn dies aus Gründen der Vollzugsorganisation erforderlich ist und überwiegende Gründe der öffentlichen Sicherheit nicht entgegenstehen. Darüber hinaus ermöglicht er aber unter den gleichen Voraussetzungen auch die Unterbrechung einer bereits begonnenen Vollstreckung. In beiden Fällen wird die Tätigkeitspflicht der Staatsanwaltschaft nicht ganz aufgehoben, sondern nur solange ausgesetzt, bis die Voraussetzungen der Norm entfallen sind. Das Legalitätsprinzip ist also auch hier lediglich in zeitlicher Hinsicht tangiert.

*(5). §455 Abs. 4 StPO*
Genauso wie in §455a Abs. 1, 2. Alt. StPO ist auch in §455 Abs. 4 StPO eine Möglichkeit vorgesehen, die Vollstreckung zu unterbrechen. Während §455a Abs. 1, 2. Alt. StPO aber Gründe außerhalb der Person des Verurteilten betrifft, stützt sich §455 Abs. 4 StPO auf solche in der Person des Verurteilten, wenn er verlangt, daß
- der Verurteilte
  * in Geisteskrankheit verfallen ist,
  *eine Krankheit vorliegt, die dazu führt, daß die Vollstreckung für ihn lebensgefährlich ist oder
  *eine sonstige schwere Erkrankung in einer Vollzugsanstalt oder einem Anstaltskrankenhaus nicht erkannt oder nicht behandelt werden kann,
- zu erwarten ist, daß die Krankheit voraussichtlich für eine erhebliche Zeit fortbestehen wird und
- keine überwiegenden Gründe, besonders die öffentliche Sicherheit, entgegenstehen.

Wie oben bei §455a Abs. 1 StPO ausgeführt, betrifft die Unterbrechung die Tätigkeitspflicht der Staatsanwaltschaft erst, wenn mit der Vollstreckung bereits begonnen wurde. Außerdem wird die Pflicht nur für den Zeitraum ausgeschlossen, in

---

[728] *Wendisch* LR[25] §455, RdNr. 5.

dem die Voraussetzungen vorliegen. Zu bedenken ist hier allerdings, daß die Unterbrechung nur möglich ist, wenn prognostiziert werden kann, daß sie für eine erhebliche Zeit nötig ist[729]. Insofern ist das Legalitätsprinzip durch §455 Abs. 4 StPO zwar nur in zeitlicher Hinsicht, aber im Regelfall für einen langen Zeitraum betroffen.

*(6). §35 BtMG*
Nach §35 BtMG kann die Staatsanwaltschaft die Vollstreckung für längstens zwei Jahre zurückstellen, wenn
- die Freiheitsstrafe nicht länger als zwei Jahre beträgt,
- feststeht, daß die Tat aufgrund einer Betäubungsmittelabhängigkeit begangen wurde,
- der Verurteilte
  *entweder zusagt, daß er sich wegen seiner Abhängigkeit in einer seiner Rehabilitation dienenden Behandlung oder einer staatlich anerkannten Einrichtung, die dazu dient, die Abhängigkeit zu beheben oder einer erneuten Abhängigkeit entgegenzuwirken, befindet,
  *oder zusagt, sich einer solchen Behandlung zu unterziehen oder in eine Einrichtung der eben beschriebenen Art zu begeben, und der Beginn dieser Maßnahme gewährleistet ist
- und wenn das Gericht des ersten Rechtszuges zustimmt.

Die Staatsanwaltschaft muß unter den in §35 Abs. 5 und 6 genannten Voraussetzungen die Zurückstellung grds. widerrufen. Eine Ausnahme von dieser Pflicht ist nur in Abs. 5 S. 2 vorgesehen, wo der Widerruf in das pflichtgemäße Ermessen der Vollstreckungsbehörde gestellt wird. Trotz des Widerrufes kann die Vollstreckung in den Fällen des Abs. 5 erneut zurückgestellt werden (§35 Abs. 5 S. 3 BtMG).

Diese Vorschriften sind nach §35 Abs. 3 BtMG ebenfalls anzuwenden,
- wenn eine Gesamtfreiheitsstrafe von nicht mehr als zwei Jahren verhängt wurde oder ein noch zu vollstreckender Rest einer mehr als zwei Jahre dauernden Freiheits- oder Gesamtfreiheitsstrafe zwei Jahre nicht übersteigt und
- wenn die Voraussetzungen des §35 Abs. 1 BtMG für den seiner Bedeutung nach überwiegenden Teil der abgeurteilten Straftaten erfüllt sind.

---

[729] *Wendisch* LR[25] §455, RdNr. 19.

Für die Geltung des Legalitätsprinzips im Vollstreckungsverfahren ergibt sich aus dieser Vorschrift folgendes:
- §35 BtMG bestimmt für näher bezeichnete Fälle „etwas anderes" iSd. Legalitätsprinzips.
- Hat die Staatsanwaltschaft sich für die Vollstreckung entschieden, steht einer sofortigen Vollstreckung ein Hindernis entgegen. Dies ergibt sich aus §35 Abs. 5 und 6 BtMG, wonach bei einer Änderung der Sachlage erst ein Widerruf ergehen muß, bevor vollstreckt werden kann.
- Das Hindernis kann aber für höchstens zwei Jahre bestehen, so daß die Vollstreckungspflicht spätestens nach Ablauf dieser Zeit wieder auflebt.
- Da der Widerruf nur unter bestimmten Voraussetzungen ergehen kann, ist die Entscheidung in allen von Abs. 5 und 6 nicht erfaßten Fällen während der Zeit, für die die Vollstreckung zurückgestellt wurde, bestandskräftig.
- Wird die Zurückstellung widerrufen, verliert die Zurückstellungsanordnung ihre Wirkung. Die Staatsanwaltschaft muß also tätig werden. Dabei ist sie in den Fällen des §35 Abs. 5 BtMG nicht zur Vollstreckung verpflichtet, sondern sie kann sich erneut dafür entscheiden, die Vollstreckung zurückzustellen.

§35 BtMG berührt – wie die meisten Vorschriften, die im Vollstreckungsverfahren „etwas anderes" bestimmen – das Legalitätsprinzip nur in zeitlicher Hinsicht und dies auch begrenzt auf den Zeitraum von zwei Jahren.

*(7). Urlaub nach dem StVollzG*
Nach §§13, 15, 35 und 36 StVollzG kann dem Gefangenen Urlaub gewährt werden. §13 Abs. 5, auf den auch §15 Abs. 4 S. 2, §35 Abs. 1 S. 2 und §36 Abs. 1 S. 2 StVollzG verweisen, bestimmt aber, daß dadurch die Vollstreckung nicht unterbrochen wird. Insofern wird die Vollstreckungspflicht der Staatsanwaltschaft durch die Entscheidung der Vollzugsbehörde, Urlaub zu gewähren, nicht berührt.

### bb. Geldstrafe
*(1). §459a StPO*
Wie bereits erwähnt[730], bestimmen §459a Abs. 1 S. 2 und Abs. 3 StPO „etwas anderes" im Sinne des Legalitätsprinzips.
Nach §459a Abs. 1 S. 2 StPO kann die Staatsanwaltschaft Zahlungserleichterungen gewähren, wenn die Vollstreckung der Geldstrafe die Wiedergutmachung des durch die Straftat verursachten Schadens durch den Verurteilten erheblich gefähr-

---

[730] S. 172.

den würde. Diese Entscheidung kann nach Abs. 2 der Vorschrift (nur) aufgrund neuer Tatsachen oder Beweismittel wieder aufgehoben werden.
Ferner kann die Staatsanwaltschaft Ratenzahlung oder eine Zahlungsfrist bewilligen, wenn eine zuvor vom Gericht gewährte Zahlungserleichterung nach §42 S. 2 StGB entfallen ist.
Die Vollstreckungspflicht der Staatsanwaltschaft besteht in diesen Fällen nur, wenn entweder die Zahlungserleichterung widerrufen wurde oder aber die eingeräumte Frist abgelaufen oder der festgesetzte Zeitpunkt für die Ratenzahlung eingetreten ist.

*(2). §459c Abs. 2 StPO*
Der Vollstreckungspflicht ist nach dem Legalitätsprinzip nur Genüge getan, wenn die Strafe entweder beigetrieben wird oder aber die Vollstreckung solange versucht wird, bis feststeht, daß die zu zahlende Summe uneinbringlich ist. Von dieser Regel sieht §459c Abs. 2 StPO eine Ausnahme vor: Danach kann die Vollstreckung auch ohne vorherige Beitreibungsversuche unterbleiben, wenn zu erwarten ist, daß die Vollstreckung in absehbarer Zeit zu keinem Erfolg führen wird. Durch diese Unterbleibensanordnung wird der Bestand der Strafe nicht berührt[731]. Das bedeutet für die Geltung des Legalitätsprinzips, daß die Staatsanwaltschaft wieder tätig werden muß, wenn sich später herausstellt, daß die Vollstreckung doch zum Erfolg führen wird und noch keine Ersatzfreiheitsstrafe vollstreckt ist. In diesem Fall fehlt es nämlich an den Voraussetzungen für den Ausnahmetatbestand des §459c Abs. 2 StPO.
Wenn die Geldstrafe wegen §459c Abs. 2 StPO nicht vollstreckt wird, tritt an ihre Stelle nach §43 StGB (iVm. §459e Abs. 2 StPO) die Ersatzfreiheitsstrafe, zu deren Vollstreckung die Staatsanwaltschaft grds. verpflichtet ist[732]. Die Tat wird also im Ergebnis verfolgt. Somit wird das Legalitätsprinzip durch die Vorschrift des §459c Abs. 2 StPO allenfalls modifiziert, nicht aber eingeschränkt.

*(3). §456 StPO*
Die Möglichkeit, die Vollstreckung nach §456 StPO aufzuschieben[733], erfaßt auch die Geldstrafe. Diese Vorschrift hat aber wegen §459a StPO keine Bedeutung.

**cc. Ersatzfreiheitsstrafe**
§456 StPO ist auch auf die Ersatzfreiheitsstrafe anwendbar, wird aber durch §459f StPO (hierzu s.o. S. 175) verdrängt.

---
[731] *Wendisch* LR$^{25}$ §459c, RdNr. 11.
[732] *Wendisch* LR$^{25}$ §459e, RdNr. 2.
[733] hierzu s.o. S. 177.

## B. Polizei

Im Zusammenhang mit der Frage nach einem polizeilichen Legalitätsprinzip wird der §163 StPO genannt[734], teilweise gleichzeitig mit dem §161 StPO[735]. §163 StPO und sein Verhältnis zu §161 StPO sollen in Hinblick auf die Frage, ob das Strafverfahren vom Legalitätsprinzip beherrscht ist, näher untersucht werden.

### I. Persönlicher Anwendungsbereich

1. Nach §163 Abs. 1 StPO haben die Behörden und Beamten des Polizeidienstes Straftaten zu erforschen und alle keinen Aufschub gestattenden Anordnungen zu treffen, um die Verdunkelung der Sache zu verhüten. Diese Vorschrift enthält eine Tätigkeitspflicht für die Polizei. Daraus wird fast[736] übereinstimmend die Geltung des Legalitätsprinzips für die Polizei hergeleitet[737].
Anderer Ansicht ist allerdings *Gössel*. Er führt aus: „Es liegt nahe, aufgrund des §163 StPO auch die Polizei zur Ermittlung strafbarer Handlungen für verpflichtet zu halten. Hier ist jedoch eine Präzisierung notwendig: §163 StPO räumt der Polizei nach weit überwiegender Auffassung lediglich eine Eilzuständigkeit ein, die indessen die allgemeine Ermittlungszuständigkeit der Staatsanwaltschaft unberührt läßt: Auch in Fällen des §163 StPO bleibt die Staatsanwaltschaft Herrin des Ermittlungsverfahrens, wie sich aus §163 Abs. 2 StPO ergibt. Daraus folgt, daß die für die Staatsanwaltschaft bestehende Ermittlungspflicht in der Tat, wenn auch nur *mittelbar* in abgeleiteter Form, auch für die Polizei gilt."[738] Seiner Ansicht nach folgt das Legalitätsprinzip für die Polizei also nicht unmittelbar aus §163 StPO, sondern mittelbar („abgeleitet") aus §152 Abs. 2 StPO.
a. *Gössel* begründet seine Ansicht der nur mittelbaren Geltung mit der Verfahrensherrschaft der Staatsanwaltschaft[739]. Hier ist aber zu beachten, daß die Staatsan-

---

[734] *Pott* Opportunitätsdenken S. 11; *Achenbach* AK-StPO §163, RdNr. 2; *Rieß* LR[24] §152, RdNr. 13 und LR[24] §163, RdNr. 1.
[735] *Geppert* JURA 82, 139 (140).
[736] *Weigend* (Anklagepflicht S. 17) meint, die Polizei sei in dem Stadium, in dem der Staatsanwaltschaft der Anfangsverdacht noch fehlt, über §152 GVG „strikt an das Legalitätsprinzip gebunden". Dieses kann aber nicht richtig sein, denn zum einen erfaßt §152 GVG nur bestimmte Polizisten und zum anderen ergibt sich die Tätigkeitspflicht im Rahmen dieser Vorschrift aus einer Anordnung und nicht aus dem Legalitätsprinzip. Außerdem ist zu bedenken, daß die Staatsanwaltschaft in der von *Weigend* angesprochenen Situation mangels Kenntnis von der Straftat nicht einmal eine Anordnung iSd. §152 GVG erteilen kann.
[737] vgl. statt aller: *Rieß* LR[24] §163, RdNr. 1; *Achenbach* AK-StPO §163, RdNr. 2; *Wacke* KK §163, RdNr. 1; *Krey* StPO I RdNr. 469.
[738] *Gössel* Dünnebier-FS S. 133 (Hervorhebung im Original).
[739] *Gössel* Dünnebier-FS S. 133.

waltschaft zumeist auf die Mithilfe der Polizei, die durch Anzeige oder aber eigene Wahrnehmung als erste von einer Straftat erfährt, angewiesen ist, um überhaupt den Verdacht einer Straftat zu schöpfen. Daraus folgt, daß die Staatsanwaltschaft ihre zunächst einmal unterstellte Verfahrensherrschaft, auf die im nächsten Absatz näher einzugehen sein wird, überhaupt nur ausüben kann, wenn die Polizei zunächst ermittelt und die Akten weiterleitet.
b. Ferner fragt sich, ob sich *Gössels* Ansicht dogmatisch überhaupt begründen läßt. Die Polizei kann das Legalitätsprinzip nämlich nur von der Staatsanwaltschaft ableiten, wenn es für sie gilt. Dieses beginnt aber, wie sich aus den §§152 Abs. 2, 160 StPO ergibt, erst mit Kenntniserlangung[740]. §163 Abs. 1 StPO soll dagegen bereits früher eingreifen: Für den Fall, daß die Staatsanwaltschaft von der möglichen Straftatbegehung noch nichts erfahren hat und somit selbst noch nicht tätig werden konnte, soll §163 StPO ermöglichen, daß die Polizei aus eigenem Entschluß handelt, damit sich die Beweislage nicht verschlechtert oder mögliche Täter nicht entkommen können. Zu diesem Zeitpunkt weiß die Staatsanwaltschaft oft noch nichts von der Straftat, so daß §152 Abs. 2 StPO – wie oben ausführlich begründet – noch nicht eingreift. Nach dieser Argumentation wäre also eine Ableitung des Prinzips mangels Geltung desselben nicht möglich. – Bei den soeben angestellten Überlegungen wurde vorausgesetzt, daß es dem Gesetz für das Eingreifen des §152 Abs. 2 StPO allein auf die Kenntnis der Staatsanwaltschaft ankommt. Es fragt sich, ob diese Annahme zwingend ist.
Es wird nämlich teilweise vertreten, daß §163 StPO den Charakter eines gesetzlichen Mandates habe[741]. Danach hätte das Gesetz der Polizei die Aufgaben der Staatsanwaltschaft zur Besorgung in deren Namen übertragen[742]. Die Polizei würde also nicht aus eigenem Recht, sondern aus fremdem Recht und in fremdem Namen tätig. Wenn davon ausgegangen wird, daß die Polizei damit nicht nur das Recht, sondern auch die Pflicht zur Straftatenerforschung nach den §§152 Abs. 2, 160 StPO wahrnehmen soll[743], so könnte man davon ausgehen, daß es iRd. §163 StPO darauf ankommt, daß die Polizei als zuständige Behörde den Anfangsverdacht schöpft. Unter diesen Voraussetzungen würde für die Polizei dann tatsächlich das Legalitätsprinzip aus §152 Abs. 2 StPO gelten können.
Damit ist also klargestellt, daß sich die Ansicht von *Gössel* nicht unbedingt mit dem Argument widerlegen läßt, daß die Ableitung des staatsanwaltschaftlichen Legalitätsprinzips mangels dessen Geltung nicht möglich ist. Sie ist *konstruktiv* viel-

---

[740] s.o. S. 79 f.
[741] *Görgen* Organisationsrechtliche Stellung der Staatsanwaltschaft S. 88 f; *Meyer-Goßner* K/M-G §163, RdNr. 1; *Krey* StPO I RdNr. 470; *Rüping* StPO S. 35.
[742] *Görgen* Organisationsrechtliche Stellung der Staatsanwaltschaft S. 78; *Nelles* Ausnahmekompetenzen S. 63.
[743] Dieses ist nicht zwingend: so kann man auch davon ausgehen, daß nur die Befugnis zur Straftatenerforschung übertragen worden ist, während die Pflicht zur Wahrnehmung dieser Befugnis aus §163 StPO folgt; so *Krey* StPO I RdNr. 470 einerseits und RdNr. 469 andererseits.

mehr begründbar. Zweifelhaft erscheint nur, ob das Gesetz tatsächlich von der für seine Ansicht notwendigen Konstruktion des gesetzlichen Mandates ausgeht.
*Görgen* führt aus, daß nur die Annahme eines Mandates die Befugnis der Polizei zur Erforschung von Straftaten rechtfertigen könnte, da nur derjenige eine eigene Kompetenz habe, der auch eine eigene Abschlußentscheidung treffen könne[744]. Dieses Argument scheint recht zweifelhaft. So müßte er dann konsequenterweise z.B. auch davon ausgehen, daß das Recht der Staatsanwaltschaft, in der Hauptverhandlung das Wort erteilt zu bekommen, kein eigenes, sondern nur ein abgeleitetes Recht ist, da in diesem Verfahrensabschnitt nur das Gericht eine endgültige Entscheidung treffen kann.
Zumeist wird die Theorie des gesetzlichen Mandates allerdings mit der Stellung der Staatsanwaltschaft als Herrin des Vorverfahrens begründet[745]. Die Polizei könne deswegen nur als „verlängerter Arm agieren"[746]. Diese Bedeutung der Staatsanwaltschaft im Ermittlungsverfahren wird wiederum daraus abgeleitet, daß die Staatsanwaltschaft allein die abschließenden Entscheidungen (Einstellung des Verfahrens oder Anklageerhebung) treffen kann, ferner daß ihr in §161 StPO die Möglichkeit gegeben worden ist, die Polizei anzuweisen, und daß die Polizei nach §163 Abs. 3 StPO die Staatsanwaltschaft unverzüglich über ihre Ermittlungen unterrichten muß[747]. Es ist unbestritten, daß der Staatsanwaltschaft in diesen Bereichen weitreichende Kompetenzen zustehen. Dagegen ist nicht ersichtlich, warum das Gesetz mit diesen Einzelvorschriften zum Ausdruck gebracht haben soll, daß allein die Staatsanwaltschaft im Ermittlungsverfahren eigene Kompetenzen haben soll[748]. Vielmehr hat das Gesetz die Verfahrensherrschaft gerade auf einige näher bestimmte Bereiche begrenzt. Insbesondere durch §161 StPO wird deutlich, daß die Staatsanwaltschaft die Tätigkeit der Polizei nur beeinflussen kann, wenn sie tatsächlich die Sache an sich zieht[749]. Insofern ist davon auszugehen, daß das Gesetz zwei Behörden sich überschneidende Kompetenzen zugewiesen hat[750]. Demzufolge ist anzunehmen, daß die Polizei aus eigenem Recht, und nicht aufgrund eines gesetzlichen Mandates aus dem Recht der Staatsanwaltschaft tätig wird[751].
Mit der Ablehnung der Mandatstheorie entfällt aber auch die Grundlage für *Gössels* Ansicht, die Polizei wäre nur mittelbar und abgeleitet an das Legalitätsprinzip gebunden.

---

[744] *Görgen* Organisationsrechtliche Stellung der Staatsanwaltschaft S. 87, 88 f und ZRP 76, 59 (61).
[745] *Achenbach* AK-StPO §163, RdNr. 3; *Merten* NStZ 87, 11 (12).
[746] BVerwG 47, 255 (263).
[747] *Krey* StPO RdNr. 471 f; *Schöch* AK-StPO Vor §158, RdNr. 25.
[748] *Rieß* LR[24] §160, RdNr. 2.
[749] vgl. *Knemeyer* Krause-FS S. 474.
[750] *Knemeyer* Krause-FS S. 475, 476.
[751] *Knemeyer* Krause-FS S. 473.

c. Damit muß man mit der ganz h.A. zu dem Ergebnis kommen, daß das Legalitätsprinzip für die Polizei unmittelbar aus §163 Abs. 1 StPO folgt.

2. Nachdem somit festgestellt worden ist, daß §163 StPO das Legalitätsprinzip für die Polizei festschreibt, muß noch geklärt werden, was die „Behörden und Beamten des Polizeidienstes" überhaupt sind. Aus dem Wortlaut ergibt sich bereits, daß sowohl die Behörde als ganze, als auch der einzelne Beamte angesprochen sind.

a. Polizeibehörden sind auf Bundes- und Landesebene eingerichtet. Auf Landesebene werden die Schutz-[752] und die Kriminalpolizei repressiv tätig.
Während die Schutzpolizei für alle Aufgaben zuständig ist, die nicht anderen Teilen der Polizei zugewiesen sind[753], ist die Kriminalpolizei als fachlich stark verselbständigter Bereich in erster Linie mit der Verfolgung schwererer Straftaten befaßt[754]. Diese beiden Untergliederungen sind – entgegen der Auffassung, daß in erster Linie die Kriminalpolizei angesprochen sei[755] – dem Wortlaut nach rechtlich gesehen gleichermaßen an das Legalitätsprinzip aus §163 StPO gebunden[756].
Auf Bundesebene dürfen Polizeien nach Art. 87 Abs. 1 S. 2 GG eingerichtet werden. Im repressiven Bereich hat der Gesetzgeber von dieser Ermächtigung mit dem Bundesgrenzschutz-[757] und dem Bundeskriminalamtgesetz[758] Gebrauch gemacht.

b. Es sei an dieser Stelle besonders darauf hingewiesen, daß auch der Verdeckte Ermittler nach §110a Abs. 2 S. 1 StPO zum Polizeidienst gehört. Somit ist auch er wegen §163 StPO dem Legalitätsprinzip verpflichtet. Zwar wird diskutiert, inwiefern er aus Gründen der Verhältnismäßigkeit oder unter Notstandsgesichtspunkten von bestimmten Verfolgungsmaßnahmen absehen darf. Wie aber bereits für die Staatsanwaltschaft erörtert, betrifft diese Diskussion nur die Art und Weise des Tätigwerdens. Die Geltung des Legalitätsprinzips wird dagegen auch für den Verdeckten Ermittler *de lege lata* nicht in Frage gestellt[759].
Dagegen hat der Begriff des Hilfsbeamten der Staatsanwaltschaft für den perönlichen Anwendungsbereich des §163 StPO keine Bedeutung[760]. Die Vorschrift wendet sich an alle Polizeibeamten und nicht nur an diejenige, die mit besonderen Befugnissen ausgestattet sind.

---

[752] in Bayern und Baden-Württemberg wird sie Landespolizei genannt (vgl. §§56, 58, 59 bwPG, Art. 4 bayPOG).
[753] vgl. die einzelnen Landesgesetze, z.B. Art. 4 bayPOG.
[754] *Vogel* Gefahrenabwehr S. 60.
[755] *Wacke* KK §163, RdNr. 1, 5.
[756] *Büchler* Kriminalistik RdNr. 48; *Rieß* LR[24] §163, RdNr. 11; *Geppert* JURA 82, 139 (141).
[757] vgl. Art. 12 BGSG (BGBl. I 1994, 2978).
[758] vgl. Art. 5 BKAG (BGBl. I 1973, 704).
[759] s. hierzu S. 161 f.
[760] *Geppert* JURA 82, 139 (140).

c. Auch Private werden oft in Bereichen tätig, die der Aufklärung von Straftaten dienen. Als solche kommen insbesondere in Betracht:
- abhängige private Sicherheitsorgane wie der Werkschutz, Sicherheitsdienste u.ä., die Unternehmen und Institutionen zur Sicherung ihres Bereiches geschaffen haben[761],
- unabhängige Sicherheitsorgane wie Wachdienste, Auskunfteien, Detekteien und Privatdetektive[762],
- sog. Hilfsbeamte, wie sie in einigen Ländern vorgesehen sind[763].

§163 StPO kann das Legalitätsprinzip auf diese Personen nur erstrecken, wenn sie als Teil des Polizeidienstes angesehen werden können. Dieses ist jedenfalls in den beiden erstgenannten Gruppen zu verneinen: Sie werden aufgrund eines privatrechtlichen Vertrages tätig[764]. Allenfalls aus diesem können sie verpflichtet werden, jedem Verdacht nachzugehen. Ähnliches muß aber auch für die sog. Hilfspolizeien gelten. Sie sind Privatpersonen, die die Polizei unterstützen und teilweise auch polizeiliche Befugnisse wahrnehmen[765]. Damit werden sie aber nicht zu Beamten im staatsrechtlichen Sinne[766], wie es die Polizisten wegen Art. 33 Abs. IV GG sein müssen[767], sondern sie handeln allein aufgrund der Bestellung zum Hilfsbeamten[768].
§163 StPO bezieht sich also nicht auf Private, die somit – mangels anderweitiger Regelung – nicht an das Legalitätsprinzip gebunden sind[769].

## II. Zeitlicher Anwendungsbereich

### 1. Beginn der Geltung des polizeilichen Legalitätsprinzips
a. Während §152 Abs. 2 StPO den Beginn der Verfolgungspflicht auf den Zeitpunkt festlegt, in dem die Staatsanwaltschaft zureichende tatsächliche Anhaltspunkte für das Vorliegen einer Straftat hat, enthält der Wortlaut des §163 Abs. 1 StPO keine solche Beschränkung. Dennoch besteht heute Einigkeit darüber, daß

---

[761] *Geerds* Kriminalistik S. 478.
[762] *Geerds* Kriminalistik S. 479.
[763] s. z.B. §29 SOG-Hamburg oder §84 PolG-Saarland.
[764] *Geerds* Kriminalistik S. 479, 480.
[765] *Honigl* Tätigwerden von Privaten S. 74.
[766] *Honigl* Tätigwerden von Privaten S. 74.
[767] *Rupprecht* Privatisierung S. 45; a.A. *Rieß* LR[24] §163, RdNr. 13.
[768] *Honigl* Tätigwerden von Privaten S. 74; *Vogel* Gefahrenabwehr S. 19; *Schäfer/Boll* LR[24] §152 GVG, RdNr. 16.
[769] so im Ergebnis unbestrittene Ansicht in der Literatur, vgl. nur *Wacke* KK §163, RdNr. 7.

auch das polizeiliche Legalitätsprinzip nicht eingreift, bevor ein Anfangsverdacht gegeben ist[770]. Zum einen ist die Aufhellung des absoluten Dunkelfeldes rein faktisch unmöglich und es darf von Rechts wegen nichts Unmögliches gefordert werden[771]. Zum anderen ist die unbeschränkte Aufklärungspflicht auch nur mit den absoluten Straftheorien erklärbar, während heute auch die präventiven Aspekte der relativen Straftheorien den Zweck des Verfahrens bestimmen[772]. Zur Prävention reicht es aber, daß die hinreichende Möglichkeit besteht, daß die Tat entdeckt und verfolgt wird[773].

Fraglich ist nur, ob das Gesetz Raum für die Erwägung läßt, das polizeiliche Legalitätsprinzip erst mit dem Anfangsverdacht eingreifen zu lassen. Teilweise wird davon ausgegangen, daß §163 StPO im Zusammenhang mit den §§152 Abs 2, 160 StPO zu sehen sei und deswegen das polizeiliche und das staatsanwaltschaftliche Legalitätsprinzip den gleichen Einschränkungen unterliegen müßten[774]. Diese Begründung deckt sich mit der oben bei der Herleitung des allgemeinen Legalitätsprinzips im Vollstreckungsverfahren getroffenen Aussage, daß der Gesetzgeber unter dem Begriff „Legalitätsprinzip" immer Ähnliches verstanden hat. Und auch der Wortlaut des §163 Abs. 1 StPO ist offen für diese Auslegung: Denn im Gegensatz zu §152 Abs. 2 StPO verlangt er nicht die Verfolgung *aller* Straftaten, sondern nur von „Straftaten". Nach welchen Kriterien die Auswahl dann getroffen wird, ist eine Auslegungsfrage, in die die soeben angestellten Überlegungen miteinfließen können.

Fest steht somit, daß das polizeiliche Legalitätsprinzip eingreift, sobald zureichende tatsächliche Anhaltspunkte vorliegen. Da in dieser Frage somit das gleiche gilt, wie bei der Staatsanwaltschaft, wird an dieser Stelle auf die Erläuterungen der S. 80 f verwiesen.

b. Im Zusammenhang mit dem Anfangsverdacht wird diskutiert, ob informatorische Ermittlungen, mit denen geklärt werden soll, ob überhaupt ein Anfangsverdacht besteht, in den Anwendungsbereich von §163 StPO fallen[775]. Bedeutsam ist diese Frage vor allem deshalb, weil man dann nach dem eindeutigen Wortlaut der Vorschrift die Polizei für verpflichtet halten müßte, die Ergebnisse der Staatsanwaltschaft zu übermitteln (vgl. §163 Abs. 2 StPO)[776].

---

[770] *Wacke* KK §163, RdNr. 1, 8; *Achenbach* AK-StPO §163, RdNr. 16; *Rieß* LR[24] §163, RdNr. 17; *Pfeiffer* PfFi §163, RdNr. 3; *Meyer-Goßner* K/M-G §163, RdNr. 9; *Bottke* JuS 90, 81 (83); *Kapahnke* Opportunität S. 34.
[771] *Bottke* JuS 90, 81 (83); *Dölling* Polizeiliche Ermittlungstätigkeit S. 273.
[772] *Bottke* JuS 90, 81 (83).
[773] *Bottke* JuS 90, 81 (84).
[774] *Rieß* LR[24] §163, RdNr. 17; *Dölling* Polizeiliche Ermittlungstätigkeit S. 275.
[775] s. u.a. *Rieß* LR[24] §163, RdNr. 18; *Wacke* KK §163, RdNr. 8; *Meyer-Goßner* K/M-G §163, RdNr. 9; *Marxen* S. 371.
[776] anders *Rieß* (LR[24] §163, RdNr. 18), der die Frage nach der Geltung des §163 Abs. 1 StPO offenläßt, aber jedenfalls die Pflicht zur Weiterleitung nach §163 Abs. 2 StPO verneint.

In erster Linie ist diese Frage ein Problem der Befugnis. Aber selbst wenn man diese bejaht, dann ist doch davon auszugehen, daß aus §163 Abs. 1 StPO keine Pflicht zu solchen Ermittlungen herzuleiten ist. Denn die Norm greift nach dem eben Gesagten erst ein, sobald ein Anfangsverdacht besteht. Solange aber keine zureichenden Anhaltspunkte für eine Straftat vorliegen, fehlt es an einer Voraussetzung des polizeilichen Legalitätsprinzips.

Insofern muß in konsequenter Fortführung der Ansicht, daß §163 Abs. 1 StPO einen Anfangsverdacht iSd. §152 Abs. 2 StPO voraussetzt, davon ausgegangen werden, daß informatorische Ermittlungen noch nicht von §163 Abs. 1 StPO erfaßt werden[777].

*2. Dauer der Geltung des polizeilichen Legalitätsprinzips*

Sehr uneinheitlich wird beurteilt, wie lange die Polizei der Tätigkeitspflicht aus §163 StPO unterliegt. Die Schwierigkeiten entstehen daraus, daß das Gesetz sowohl der Staatsanwaltschaft als auch der Polizei die Aufgabe zuweist, Straftaten zu erforschen, dabei aber nicht umfassend das Verhältnis dieser Behörden zueinander regelt.

Da die Pflicht zum Tätigwerden das Recht hierzu voraussetzt, soll hier zunächst die Frage geklärt werden, wie lange die Polizei überhaupt berechtigt ist, Straftaten selbständig zu erforschen.

*a. Berechtigung zum Tätigwerden*

aa. Einigkeit besteht insofern, als daß ein Ersuchen oder ein Auftrag nach §161 S. 2 StPO eigene Ermittlungen der Polizei in dem Bereich, auf den sich die Anweisung bezieht, ausschließt[778]. Dies folgt bereits aus dem Wortlaut des §161 S. 2 StPO, der die Polizei für verpflichtet erklärt, dem Ersuchen oder Auftrag Folge zu leisten.

bb. Ebenfalls unbestritten ist, daß der Polizei grds. das Recht zum ersten Zugriff zusteht, sie also das Recht hat zu ermitteln, bevor die Verhandlungen nach §163 Abs. 2 StPO weitergegeben werden müssen[779].

cc. Ausführlicher wird über die Frage diskutiert, wann das Recht zum eigenen Tätigwerden ein Ende findet. Das Gesetz bestimmt, daß die Polizei die Ergebnisse der Ermittlungen unverzüglich der Staatsanwaltschaft zu übersenden hat. Bis zu die-

---

[777] so auch *Wacke* KK §163, RdNr. 1, 8; *Meyer-Goßner* K/M-G §163, RdNr. 9; *Kramer* Grundbegriffe S. 172.
[778] *Geißer* GA 83, 385 (393); *Knemeyer* Krause-FS S. 474, 477; *Wacke* KK §163, RdNr. 3; *Rieß* LR24 §163, RdNr. 7.
[779] so auch *Görgen* Organisationsrechtliche Stellung der Staatsanwaltschaft S. 98; *Knemeyer* Krause-FS S. 473.

sem Zeitpunkt soll das eigene Recht der Polizei dauern. Wie lange die Polizei allerdings ermitteln darf, ohne in Verzug zu geraten, ist eine Frage des Einzelfalles. Die Berechtigung aus §163 Abs. 1 StPO besteht also unterschiedlich lange. Nichts anderes meint auch *Rieß*, wenn er davon ausgeht, daß in §163 Abs. 2 S. 1 StPO nicht bestimmt sei, „*wann* die polizeiliche Ermittlungstätigkeit zu beenden ist"[780]. Die Berechtigung aus §163 StPO endet in dem Zeitpunkt, in dem die Verhandlungen nach Abs. 2 der Vorschrift übermittelt werden müssen.
Hiermit ist auch die allgemeine Ansicht zu vereinbaren, daß der Polizei auch noch nach diesem Zeitpunkt die Notzuständigkeit verbleibt[781]. §163 Abs. 2 S. 1 StPO soll gewährleisten, daß die Staatsanwaltschaft genügend Informationen erhält, um selbst eigene Ermittlungen einleiten zu können[782]. Daraus folgt, daß §163 StPO nur für den Bereich ausgeschlossen ist, in dem aufgrund der polizeilichen Ermittlungsergebnisse ein weiteres Vorgehen geplant werden kann. Unerwartete Situationen dagegen beruhen auf Sachverhalten, die nicht übermittelt wurden, denn sie konnten aufgrund der weitergeleiteten Informationen von der Staatsanwaltschaft nicht eingeplant werden. Hier sind also noch keine Verhandlungen weitergeleitet worden, so daß die zeitliche Grenze des §163 StPO noch nicht erreicht ist. Insofern steht der Polizei die Notzuständigkeit auch dann zu, wenn in der Sache die Staatsanwaltschaft bereits aufgrund früherer Ermittlungsergebnisse tätig geworden ist.

dd. Schließlich ist folgende Frage zu klären: Darf die Staatsanwaltschaft das Verfahren nach §161 StPO übernehmen, bevor die Polizei die Verhandlungen nach §163 Abs. 2 StPO weiterleiten mußte? Wenn dies bejaht wird, steht der Polizei nämlich bereits in diesem Stadium kein eigenes Ermittlungsrecht zu, wenn die Staatsanwaltschaft das Verfahren an sich zieht.
Diese Frage stellt sich, weil das Gesetz hier sowohl der Polizei (§163 StPO) als auch der Staatsanwaltschaft (§160 StPO) eine eigene Aufgabe zur Straftatenerforschung zuweist[783]. Teilweise wird der Staatsanwaltschaft ohne Einschränkungen das Recht zugestanden, das Verfahren in diesem Fall an sich zu ziehen. Begründet wird diese Ansicht mit dem Hinweis auf die Stellung der Staatsanwaltschaft als Herrin des Ermittlungsverfahrens, wobei in diesem Zusammenhang besonders die Rolle des §161 S. 2 StPO hervorgehoben wird[784]. Zuzustimmen ist dieser Ansicht in dem Punkt, daß §161 S. 2 StPO das Recht der Polizei zu eigenem Tätigwerden

---

[780] *Rieß* LR[24] §163, RdNr. 24 (Hervorhebung im Original). So auch die Interpretation von *Achenbach* AK-StPO §163, RdNr. 4.
[781] vgl. *Görgen* Organisationsrechtliche Stellung der Staatsanwaltschaft S. 98; *Wacke* KK §163, RdNr. 3; *Meyer-Goßner* K/M-G §163, RdNr. 5.
[782] *Görgen* Organisationsrechtliche Stellung der Staatsanwaltschaft S. 69.
[783] *Knemeyer* Krause-FS S. 476.
[784] *Geißer* GA 83, 385 (389); *Wacke* KK §163, RdNr. 3; *Meyer-Goßner* K/M-G §163, RdNr. 3, 5; iE. auch *Rieß* LR[24] §163, RdNr. 8.

ausschließt. Wie eben bereits gesagt, ergibt sich dies aus dem Wortlaut der Vorschrift. Dagegen stellen die Vertreter dieser Auffassung nicht die vorgelagerte Frage, in welchen Fällen die Staatsanwaltschaft überhaupt von ihrem Recht aus §161 S. 2 StPO Gebrauch machen darf. Sie gehen davon aus, daß die Staatsanwaltschaft unter allen Umständen das Recht hat, das Verfahren an sich zu ziehen. Genau dieser Ansatz erscheint aber zweifelhaft. Denn die Abgrenzung, welche der beiden für die Verfolgung zuständigen Behörden im Einzelfall ihr Recht ausüben darf, ist im Gesetz nicht ausdrücklich geregelt.

*Knemeyer* schlägt deshalb vor, die Lösung im Verhältnismäßigkeitsgrundsatz zu suchen: Wenn die Polizei bereits mit den Ermittlungen begonnen hat, soll eine Übernahme nur zulässig sein, wenn sie erforderlich ist[785]. Er sieht dabei aber auch, daß dieser Vorschlag dann problematisch ist, wenn Polizei und Staatsanwaltschaft gleichzeitig von der Straftat Kenntnis erlangen und somit zeitgleich mit den Ermittlungen anfangen würden[786]. Zweifelhaft ist auch, ob der Verhältnismäßigkeitsgrundsatz überhaupt zwischen zwei Behörden Geltung beanspruchen kann[787].

*Knemeyer* bejaht dies ohne nähere Begründung. In die Argumentation einzubeziehen ist jedoch, daß der Verhältnismäßigkeitsgrundsatz aus dem Rechtsstaatsprinzip folgt. Dieses soll aber dazu dienen, die staatliche Macht einzuschränken, um die Freiheit der Bürger so weit wie möglich zu gewährleisten[788]. Hieraus geht hervor, daß der Staat und somit seine Behörden untereinander nicht durch das Rechtsstaatsprinzip geschützt werden sollen. Der Verhältnismäßigkeitsgrundsatz kann also zwischen einzelnen staatlichen Stellen nicht gelten.

Dennoch soll der grundlegende Gedanke von *Knemeyers* Aussage hier weitergeführt werden. Sein Lösungsvorschlag basiert nämlich auf der Annahme, daß „die Selbständigkeit der Aufgabenzuweisung [...] die Feststellung verlangt, daß zur Entscheidung über die Anklageerhebung die derzeit vorgenommenen Ermittlungen der Polizei nicht ausreichen"[789]. Dieses bedeutet nichts anderes, als daß das Gesetz der Staatsanwaltschaft nicht die Aufgabe zugewiesen hat, blind Straftaten zu erforschen. Vielmehr besteht ihre Aufgabe darin, genug Informationen zu bekommen, um eine Abschlußentscheidung (also Einstellung oder Anklageerhebung) treffen zu können[790]. Bekommt sie diese Informationen aber bereits durch die Polizei, so entfällt der Zweck für ihr eigenes Tätigwerden und somit im Wege der teleologischen Auslegung des §160 StPO auch das Recht, selbst zu ermitteln. Gleiches gilt aber auch für die Polizei: Wenn diese feststellt, daß die Staatsanwaltschaft hinreichend ermittelt, entfällt ihr Recht zum Tätigwerden aus den gleichen Gründen. Im Ergebnis ist also der Konflikt, der daraus entsteht, daß das Gesetz zwei Behörden

---

[785] *Knemeyer* Krause-FS S. 479.
[786] *Knemeyer* Krause-FS S. 479.
[787] zweifelnd auch *Bohnert* Abschlußentscheidung S. 101.
[788] s.o. S. 21.
[789] *Knemeyer* Krause-FS S. 478 f.
[790] *Wacke* KK §160, RdNr. 19; *Meyer-Goßner* K/M-G §160, RdNr. 11.

die gleichen Rechte zugesteht, nicht dadurch zu lösen, daß der Staatsanwaltschaft unter allen Umständen das Recht eingeräumt wird, das Verfahren an sich zu ziehen. Vielmehr muß davon ausgegangen werden, daß die Ausübung dieses Rechts sich danach richtet, ob es zweckmäßig ist, daß die Staatsanwaltschaft und nicht die Polizei die Ermittlungen durchführt. Bejaht die Staatsanwaltschaft allerdings die Zweckmäßigkeit eigenen Vorgehens, dann kann sie sich ihrer Befugnis aus §161 iVm. §160 StPO bedienen mit der Folge, daß das Recht der Polizei zu eigenen Ermittlungen bereits vor Ende des nach §163 Abs. 2 StPO vorgesehenen Zeitraumes ausgeschlossen ist.

Die Antwort auf die oben gestellte Frage lautet also: Die Staatsanwaltschaft darf das Verfahren nach §161 StPO unter der Voraussetzung, daß die Übernahme in Hinblick auf die Aufgabe der Staatsanwaltschaft, eine Abschlußentscheidung zu treffen, zweckmäßig ist, bereits dann übernehmen, wenn die Polizei die Verhandlungen noch nicht weiterleiten mußte. Das Recht der Polizei zum eigenen Tätigwerden entfällt also ggf. sehr früh.

ee. Im Ergebnis ist die Polizei also zu eigenen Ermittlungen solange berechtigt, wie sie die Verhandlungen nicht nach §163 Abs. 2 StPO weiterleiten mußte und die Staatsanwaltschaft das Verfahren nicht an sich gezogen hat.

*b. Pflicht zum eigenen Tätigwerden*
Mit der Feststellung, wann die Polizei zu eigenem Tätigwerden berechtigt ist, ist aber noch nichts darüber gesagt, ob sie hierzu auch verpflichtet ist.
*Rieß* meint, daß §163 Abs. 1 StPO auch so ausgelegt werden könne, daß die Pflicht zum Tätigwerden nur auf die Maßnahmen des ersten Zugriffs beschränkt sei, die Polizei zu weiteren Ermittlungsmaßnahmen aber befugt sei[791]. Solch ein Auseinanderfallen von der Berechtigung und der Verpflichtung zum Tätigwerden ist dem Gesetz aber nicht zu entnehmen. Denn wie *Rieß* unter der gleichen Randnummer selbst in Bezug auf die Frage nach einer Ermittlungsbefugnis argumentiert, stehen die Erforschung von Straftaten und die Maßnahmen des ersten Zugriffs selbständig nebeneinander. So bezieht sich das „hat", das die Pflicht zum Tätigwerden zum Ausdruck bringt, eindeutig auf beide Tatbestandsalternativen, also auch auf die Straftatenerforschung. Gleiches gilt für die zeitliche Beschränkung aus §163 Abs. 2 StPO. Somit ist die Polizei also in den Fällen, in denen sie nach §163 Abs. 2 StPO berechtigt ist, tätig zu werden, hierzu auch verpflichtet.

---

[791] *Rieß* LR[24] §163, RdNr. 24.

## III. Sachlicher Anwendungsbereich

§ 163 Abs. 1 StPO enthält zwei Tatbestandsalternativen: Die der Straftaterforschung und die der unaufschiebbaren Anordnungen. Während sich die erste mit dem „ob" des Tätigwerdens beschäftigt, geht es bei der zweiten bereits um konkrete Maßnahmen, die im Falle einer Verfolgungspflicht ergriffen werden müssen. Insofern folgt die Geltung des Legalitätsprinzips allein aus § 163 Abs. 1, 1. Alt. StPO. Danach muß die Polizei Straftaten erforschen. Oben ist aber bereits festgestellt worden, daß diese Pflicht in zeitlicher Hinsicht durch § 163 Abs. 2 StPO und das Vorliegen von zureichenden tatsächlichen Anhaltspunkten iSv. § 152 Abs. 2 StPO begrenzt ist. Es fragt sich somit, was § 163 StPO unter einer Straftat versteht und inwiefern sich die zeitlichen Beschränkungen der Verfolgungspflicht auch auf den sachlichen Anwendungsbereich auswirken.

### 1. Straftat
Zum Begriff der Straftat s.o. S. 99. Hier gilt Entsprechendes.

### 2. Zureichende tatsächliche Anhaltspunkte
Zum Begriff der zureichenden tatsächlichen Anhaltspunkte s.o. auf den S. 125. Hier gilt Entsprechendes.

#### a. Dunkelfeld und Vorermittlungen
Das Erfordernis der zureichenden tatsächlichen Anhaltspunkte schränkt die Verfolgungspflicht nicht nur – wie bereits erwähnt[792] – in zeitlicher, sondern auch in sachlicher Hinsicht dahingehend ein, daß weder das Dunkelfeld erhellt noch Vorermittlungen bzgl. der Frage, ob ein Anfangsverdacht vorliegt, angestellt werden müssen. Nähere Einzelheiten s.o. auf S. 125 f; hier gilt Entsprechendes.

#### b. Kenntniserlangung
Zu dem Problem der privaten Kenntniserlangung kann auf die Ausführungen zur Staatsanwaltschaft auf den S. 132 ff verwiesen werden; die Frage wird bei der Polizei nicht anders behandelt[793].

Von der Frage der privaten Kenntniserlangung ist die zu unterscheiden, daß der Beamte zur Gefahrenabwehr tätig ist und hierbei den Verdacht schöpft, daß Straftaten begangen werden. In diesem Fall unterliegt er einschränkungslos dem Legalitätsprinzip[794]. Denn zum einen knüpft § 163 Abs. 1 StPO nur an die Eigenschaft „Polizist" an, nicht aber an das Tätigwerden in einem bestimmten Aufgabenbereich.

---

[792] s.o. S. 79 f.
[793] *Achenbach* AK-StPO § 163, RdNr. 16; *Meyer-Goßner* K/M-G § 163, RdNr. 10; *Rieß* LR[24] § 163, RdNr. 22.
[794] *Rieß* LR[24] § 163, RdNr. 21; *Geerds* Schröder-GedS S. 396 f.

Außerdem sind präventives und repressives Tätigwerden kaum zu trennen, so daß sich die Frage, ob der Polizist dem Legalitätsprinzip verpflichtet ist, wenn er für präventive Aufgaben eingesetzt wird, in dieser Klarheit gar nicht stellen kann.

*c. Beurteilungsspielraum*

aa. Nach §158 Abs 1 StPO ist die Polizei verpflichtet, Anzeigen entgegenzunehmen[795]. Diese Norm kann als Konkretisierung der allgemeinen Einschreitpflicht angesehen werden. Wenn sie aber erst einmal eine Anzeige aufgenommen hat, ist auch die Möglichkeit erkennbar, daß eine Straftat begangen wurde. Demzufolge darf die Polizei den Anfangsverdacht nur in den Fällen verneinen, in denen ihr auch das Recht zugestanden wird, von einer Anzeige abzusehen[796]. Dieses Recht steht ihr wiederum nur in ganz begrenztem Maße zu, nämlich nur dann, wenn sofort erkennbar ist, daß der angezeigte Sachverhalt überhaupt keine Straftat darstellen kann und – darüber hinaus – der Anzeigende nicht nach einem Hinweis auf die Rechtslage auf der Anzeige besteht. Weiterhin ist anerkannt, daß die Polizei eine Anzeige nicht aufnehmen muß, wenn es ausgeschlossen ist, daß ein nötiger Strafantrag gestellt wird[797]. Durch diese fast ausnahmslose Pflicht zur Entgegennahme von Anzeigen soll gewährleistet werden, daß die Polizei nicht über die weitere Verfolgung der Tat entscheidet. Dieses ist allein der Staatsanwaltschaft vorbehalten, die ggf. das Verfahren wegen eines Verfahrenshindernisses oder weil sich der Verdacht nicht erhärtet hat einstellen muß.

bb. Ein etwas größerer Beurteilungsspielraum steht der Polizei dagegen bei der weniger juristischen als vielmehr tatsächlichen Wertung des Begriffes „zureichend" zu[798]. Überschritten ist allerdings auch dieser, wenn die Polizei nicht tätig wird, obwohl es auf der Hand liegt, daß Straftaten begangen wurden[799]. Für eine Unterscheidung zwischen mehr und weniger schweren Delikten läßt der Anfangsverdacht nämlich keinen Raum. Gleiches gilt für Überlegungen hinsichtlich der Aufklärungswahrscheinlichkeit[800]. Diese spielt allenfalls bei der Art und Weise der Ermittlungen eine Rolle, nicht aber bei der hier interessierenden Frage, ob überhaupt eingeschritten werden muß.

---

[795] *Rieß* LR[24] §158, RdNr. 6, 18.
[796] *Wacke* KK §163, RdNr. 10; *Rieß* LR[24] §163, RdNr. 19.
[797] *Rieß* LR[24] §158, RdNr. 18; s. auch *Müller* KMR §160, RdNr. 2.
[798] *Bottke* JuS 90, 81 (83).
[799] *Bottke* JuS 90, 81 (83); *Kühne* StPO RdNr. 139.
[800] vgl. *Rieß* LR[24] §160, RdNr. 44 (bzgl. Staatsanwaltschaft): Differenzierung nach Deliktsschwere bei der Frage des „wie" möglich.

## 3. Keine Weiterleitungspflicht

§ 163 Abs. 1 StPO greift nicht mehr ein, wenn die sachlichen Voraussetzungen für die Pflicht zur unverzüglichen Weiterleitung der Verhandlungen nach Abs. 2 der Vorschrift gegeben sind. § 163 Abs. 2 StPO enthält also nicht nur eine zeitliche Beschränkung, sondern wirkt sich auch auf den sachlichen Anwendungbereich aus. Unterschiedliches wird unter dem Begriff „ohne Verzug" verstanden. Teilweise wird auf die Legaldefinition des § 121 Abs. 1 BGB verwiesen, wonach „unverzüglich" ohne schuldhaftes Zögern bedeutet[801]. Spezieller auf die Aufgaben der Polizei bezogen ist dagegen die Definition von *Meyer-Goßner*, wonach die Polizei „ohne Verzug" handelt, wenn sie die Verhandlungen nach der unaufschiebbaren Beweissicherung und den gebotenen Untersuchungshandlungen in sachgemäßer Berücksichtigung der Grundsätze der engen Zusammenarbeit zwischen Polizei und Staatsanwaltschaft weiterleitet[802].

a. Diese Definition berücksichtigt, daß die Polizei dazu beitragen soll, daß die Staatsanwaltschaft ihre Aufgaben im Ermittlungsverfahren erfüllen kann. Zweck des staatsanwaltschaftlichen Handelns ist aber nicht zu klären, ob eine Straftat begangen wurde, sondern wie von staatlicher Seite auf einen Verdacht reagiert wird. Sobald dies geklärt ist, ist jede weitere Ermittlungstätigkeit unverhältnismäßig, da sie nicht geeignet ist, einem legitimen Zweck zu dienen[803]. Hieraus folgt, daß die Polizei nicht verpflichtet ist, weiter zu ermitteln, wenn eindeutig feststeht, daß entweder keine Straftat vorliegt, weil der Täter rechtmäßig oder schuldlos handelte oder sich herausgestellt hat, daß die Tat nicht verfolgbar ist oder aber die Staatsanwaltschaft einstellen kann, weil „gesetzlich etwas anderes bestimmt ist". In diesen Fällen genügt die Polizei ihrer Verfolgungspflicht, wenn sie die Verhandlungen an die Staatsanwaltschaft weiterleitet, ohne die Tat in allen Einzelheiten aufgeklärt zu haben[804]. Je größer allerdings die Gefahr ist, daß Beweise verloren gehen, weil die Staatsanwaltschaft selbst nicht rechtzeitig handeln kann, umso eher muß die Polizei im Zweifelsfall davon ausgehen, daß ihr Handeln zweckmäßig und geboten ist; ansonsten würde entgegen der gesetzlichen Regelung doch die Polizei darüber entscheiden, ob das Verfahren weitergeführt werden soll. Insgesamt zeigt sich also, daß – entgegen einer häufig anzutreffenden Aussage[805] – das Legalitätsprinzip für die Polizei vom rechtlichen Standpunkt aus keine strengere Tätigkeitspflicht festschreibt als das der Staatsanwaltschaft. Denn beide Verfolgungsbehörden sind

---

[801] *Achenbach* AK-StPO §163, RdNr. 3.
[802] *Meyer-Goßner* K/M-G §163, RdNr. 23; ähnlich *Pfeiffer* PfFi §163, RdNr. 9; *Görgen* Organisationsrechtliche Stellung der Staatsanwaltschaft S. 67.
[803] so iE. *Rieß* LR[24] §163, RdNr. 27.
[804] so iE. auch *Geppert* JURA 82, 139 (143); *Weigend* Anklagepflicht S. 42; *Meyer-Goßner* K/M-G §153, RdNr. 9 und K/M-G §153c, RdNr. 2 und K/M-G §163, RdNr. 2; *Wacke* KK §163, RdNr. 10 und KK §158, RdNr. 10; *Rieß* LR[24] §163, RdNr. 27, 29; *Müller* KMR §153, RdNr. 8; s. auch *Bockelmann* Immunitätsrecht S. 30.
[805] *Gössel* Dünnebier-FS S. 133; *Haas* V-Leute S. 114.

zunächst verpflichtet zu ermitteln, ob die Voraussetzungen für eine Anklage oder aber eine Einstellung gegeben sind. Wenn sich herausstellt, daß keine Straftat vorliegt, ein Verfolgungshindernis besteht oder etwas anderes bestimmt ist iSv. §152 Abs. 2 StPO, besteht auch für beide keine Verfolgungspflicht mehr. Ein Unterschied ist nur, daß die Staatsanwaltschaft in diesem Fall eine Abschlußentscheidung trifft, die Polizei dagegen die Ermittlungsergebnisse weiterleitet.

b. Die Tätigkeitspflicht reicht aber allenfalls so weit, wie eben beschrieben. Denn das Gesetz zeigt durch §161 StPO deutlich, daß die Polizei der Staatsanwaltschaft nicht fertige Ermittlungen zu präsentieren braucht. Die unverzügliche Weiterleitung setzt nämlich nach der oben zitierten Definition nur voraus, daß die erforderlichen Ermittlungen angestellt wurden, was sich wiederum nach dem Verhältnis zwischen Staatsanwaltschaft und Polizei richten soll[806]. Dieses Verhältnis kann nicht – wie bereits ausgeführt[807] – durch den pauschalen Hinweis auf die Stellung der Staatsanwaltschaft als Herrin des Vorverfahrens bestimmt werden[808]. Vielmehr haben sowohl sie als auch die Polizei durch die StPO das Recht und die Pflicht, Straftaten aufzuklären[809]. Gekennzeichnet ist das Verhältnis dieser beiden Behörden aber durch die unterschiedliche Ausbildung: die Polizeibeamten bringen eher kriminalistische Fähigkeiten, die Staatsanwälte eher juristische mit[810]. Insofern erfolgt die Weiterleitung bei juristisch komplizierten Sachverhalten nur unverzüglich, wenn sie nach den allerersten Ermittlungen vollzogen wird. Hier ist es Aufgabe der Staatsanwaltschaft, die Ermittlungen in die Richtung zu lenken, die die nötigen Beweise erbringen kann. Solch eine Lenkung ist dagegen bei juristisch einfachen Sachverhalten, die vielleicht eher vom kriminalistischen Standpunkt her als schwierig einzustufen sind, nicht erforderlich. Somit kann die Polizei die Ermittlungen hier bis zu deren Abschluß durchführen. Erst anschließend ist die Weiterleitung „geboten" im Sinne der oben genannten Definition. Hier ist es nicht nötig, daß die Staatsanwaltschaft die Polizei anweist, in einer bestimmten Richtung zu ermitteln[811].

---

[806] *Achenbach* AK-StPO §163, RdNr. 20; *Meyer-Goßner* K/M-G §163, RdNr. 23.
[807] S. 183, 188.
[808] so iE. aber *Schöch* AK-StPO Vor §158, RdNr. 26; *Thiel* Verdeckte Ermittlungen S. 89.
[809] *Rieß* LR[24] §163, RdNr. 23.
[810] *Rieß* LR[24] §161, RdNr. 41, 45; *Sarstedt* NJW 64, 1752 (1754); vgl. auch *Erfurth* Verdeckte Ermittlungen S. 148; *Lilie* ZStW 94, 625 (630 ff); *Kapahnke* Opportunität S. 48; *Eisenberg/Conen* NJW 98, 2241 (2245, 2246).
[811] vgl. *Dölling* Polizeiliche Ermittlungstätigkeit S. 299; so differenziert iE. auch *Achenbach* AK-StPO §163, RdNr. 4, 20; vgl. auch *Ambos* JURA 98, 281 (284): Weiterleitung, wenn die Ermittlungen der Staatsanwaltschaft als Entscheidungsgrundlage dienen können; a.A. *Erfurth* Verdeckte Ermittlungen S. 148; *Eisenberg/Conen* NJW 98, 2241 (2245). *Lilie* (ZStW 94, 625 (640)) bezweifelt aus der rein faktischen Erwägung heraus, daß die Polizei aufgrund der modernen Ermittlungstechniken einen erheblichen Informationsvorsprung hat, daß die Staatsanwaltschaft auf die polizeiliche Tätigkeit überhaupt Einfluß nehmen kann.

c. Festzuhalten ist also, daß durch § 162 Abs. 2 StPO die Tätigkeitspflicht der Polizei in sachlicher Hinsicht jedenfalls auf die Ermittlung derjenigen Fakten beschränkt wird, die die Staatsanwaltschaft für ihre Abschlußentscheidung benötigt. Weiter eingeschränkt wird die Pflicht in juristisch komplizierten Sachverhalten, da die Erforderlichkeit der Ermittlungen durch das Verhältnis der Behörden untereinander bestimmt wird und hier die Staatsanwaltschaft die Möglichkeit haben muß, die Ermittlungen in die Richtung zu lenken, die es ermöglicht, die nötigen Beweise zu erlangen.

## D. Richter und Gerichte

Nach dem Gesetz wird der Richter in drei verschiedenen Funktionen als Verfolgungsorgan tätig: als Spruchkörper, als sog. Notstaatsanwalt und nach §82 Abs. 1 JGG als Vollstreckungsleiter im Jugendstrafrecht. Hierbei könnte er an das Legalitätsprinzip gebunden sein. Darüber hinaus fragt sich, ob die Pflicht nach §183 GVG, bei einer in der Sitzung begangenen Straftat den Tatbestand festzustellen und der zuständigen Behörde das darüber aufgenommene Protokoll mitzuteilen, Teil des Legalitätsprinzips ist.

### I. Der Richter als Spruchkörper

**1. Persönlicher Anwendungsbereich**

Eine Vorschrift, die die Geltung des Legalitätsprinzips im gerichtlichen Verfahren so eindeutig ausspricht wie §152 Abs. 2 StPO es für die Staatsanwaltschaft im Ermittlungsverfahren tut, enthält die StPO nicht. Dennoch kann kein Zweifel daran bestehen, daß es dem geltenden Recht auch für diesen Verfahrensabschnitt zugrundeliegt. Denn wie oben bereits ausgeführt basiert der Begriff des Legalitätsprinzips auf dem Gedanken, daß eine Straftat einer Sanktion zugeführt werden muß. Genau dies, nämlich die Reaktion auf begangenes Unrecht, ist die Aufgabe der rechtsprechenden Gewalt.

Fraglich ist aber, ob sich über diese allgemeine Erklärung hinaus Anhaltspunkte für die Geltung des Legalitätsprinzips im Gesetz finden lassen.

Teilweise wird hier auf Art. 20 Abs. 3 GG oder die §§1 GVG und 25 DRiG verwiesen[812]. Diese Vorschriften bestimmen, daß die rechtsprechende Gewalt (nur) den Gesetzen unterworfen ist. Einige dieser Gesetze bestimmen wiederum, daß die Gerichte bei der Verwirklichung eines näher umschriebenen Straftatbestandes eine Sanktion zu verhängen haben. Durch Art. 20 Abs. 3 GG und die §§1 GVG und 25 DRiG wird aber nur das staatsrechtliche Legalitätsprinzip angesprochen[813]. Das strafrechtliche ist dagegen enger: Es verlangt nicht nur die Beachtung und Befolgung von Gesetzen, sondern bezieht sich speziell auf die Ahndung von Straftaten mit den im Gesetz vorgesehenen Sanktionen[814]. Aus den §§1 GVG, 25 DRiG und Art. 20 Abs. 3 GG ergibt sich also nicht die Geltung des Legalitätsprinzips im gerichtlichen Verfahren.

---

[812] *Schöch* AK-StPO §152, RdNr. 7; *Kühne* StPO RdNr. 137.
[813] *Mühl* DRiG §25, RdNr. 20.
[814] *Pott* Opportunitätsdenken S. 11.

Sie könnte aber auf §155 Abs. 2 StPO gestützt werden[815]. §155 Abs. 2 StPO bestimmt, daß die Gerichte verpflichtet sind, die in der Anklage bezeichnete Tat selbständig zu untersuchen und einer Entscheidung zuzuführen. Diese Vorschrift spricht in der Tat von einer Pflicht des Gerichts, tätig zu werden. Dieses ist allerdings nicht ihr eigentlicher Aussagegehalt: in erster Linie normiert sie nämlich den Amtsermittlungsgrundsatz. Die Betonung liegt also auf dem „selbständig". Zu beachten ist aber, daß die Pflicht, *selbständig* tätig zu werden, erst einmal die Pflicht voraussetzt, *überhaupt* tätig zu werden. Im Ergebnis ist §155 Abs. 2 StPO also eine Konkretisierung des allgemeinen Legalitätsprinzips. Ähnlich verhält es sich mit §244 Abs. 2 StPO[816]. Er enthält spezielle Vorgaben allein für den Bereich der Beweisaufnahme. Da auch er nur einen Teilbereich regelt, kann auch er nur als Ausfluß, nicht aber als Normierung des Legalitätsprinzips verstanden werden.
Die Geltung des Legalitätsprinzips im gerichtlichen Verfahren setzt das Gesetz ferner in den §§153 ff StPO voraus. Denn in den Absätzen, die für die Staatsanwaltschaft im Ermittlungsverfahren gelten, stellen sie allein aufgrund ihrer systematischen Stellung eine Ausnahme zu dem in §152 Abs. 2 StPO verankerten Legalitätsprinzip dar. Dann kann für das Gericht nichts anderes gelten.
Festzuhalten ist somit, daß die Richter und Gerichte an einen allgemeinen Legalitätsgrundsatz gebunden sind[817], der in der StPO zwar nicht ausdrücklich genannt ist, der aber aus der Aufgabe der Gerichte, das materielle Recht zu verwirklichen, folgt und der der StPO als dem Gesetz, das das Verfahren für die Umsetzung dieser Aufgabe festschreibt, zugrundeliegt.

b. Das Legalitätsprinzip bindet das Gericht nicht in seiner Gesamtheit, sondern jeden einzelnen Richter. Dies folgt aus den Art. 92 und 97 GG, die die Eigenständigkeit der Richter als einzelne Person besonders hervorheben.
Das Legalitätsprinzip erstreckt sich während der Verhandlung auch auf Schöffen, da sie den Berufsrichtern nach §30 GVG während dieser Zeit gleichstehen.

## 2. Zeitlicher Anwendungsbereich
Die Gerichte sind während des ganzen gerichtlichen Verfahrens an das Legalitätsprinzip gebunden. Diese Aussage wird vor allem durch die §§153, 153c, 154, 154a StPO untermauert. Denn diese schreiben ausdrücklich fest, daß in „jeder Lage des Verfahrens" eingestellt werden kann. Im Umkehrschluß folgt daraus, daß das

---

[815] so *Gössel* Dünnebier-FS S. 133; *Schäfer* LR[24] Einl. 13, RdNr. 33; *Geppert* JURA 82, 139 (141).
[816] vgl. *Schöch* AK-StPO §152, RdNr. 7; *Wacke* KK §160, RdNr. 3; *Gössel* Dünnebier-FS S. 133.
[817] so auch *Schöch* AK-StPO §152, RdNr. 7; *Geppert* GA 79, 281 (300); *Rieß* LR[24] §152, RdNr. 16; vgl. auch *Hoyer* JZ 94, 233 (235).

Legalitätsprinzip dann in jeder Lage des Verfahren dem Grundsatz nach gelten muß.
Fraglich ist jedoch, wann das gerichtliche Verfahren und somit die Geltung des Legalitätsprinzips beginnt und endet. Hier ist zwischen den einzelnen Instanzen zu unterscheiden. Besonderheiten sind außerdem bei der Zurückverweisung nach §354 Abs. 2 StPO und im Rahmen der Wiederaufnahme des Verfahrens zu beachten.
a. Das erstinstanzliche Verfahren beginnt grds. mit der Klageerhebung nach §170 Abs. 2 StPO[818]. Es endet bereits im Zwischenverfahren, wenn die Eröffnung des Hauptverfahrens abgelehnt wird (vgl. §204 StPO), oder wenn die Staatsanwaltschaft die Klage nach §156 oder §153c Abs. 3 StPO zurücknimmt. Das Hauptverfahren ist abgeschlossen, wenn die endgültige Einstellung beschlossen oder ein Endurteil ergangen ist. Bei einer vorläufigen Einstellung nach §205 StPO ruht die Geltung des Legalitätsprinzips nur, bis das Hindernis weggefallen ist.
b. In der Berufungsinstanz ist das Gericht an das Legalitätsprinzip gebunden, sobald die Berufung eingelegt worden ist. Diese Bindung endet, wenn das Gericht die Berufung durch Beschluß verworfen hat, das Verfahren eingestellt wurde oder aber ein Endurteil ergangen ist.
c. Die Geltung des Legalitätsprinzips in der Revisionsinstanz hängt davon ab, daß eine Revision eingelegt wurde und die Revision weder durch Beschluß verworfen, noch die Einstellung beschlossen oder aber ein Endurteil ergangen ist.
d. Im Falle des §354 Abs. 2 StPO unterliegt das Gericht, an das verwiesen wurde, dem Legalitätsprinzip, sobald die Verweisung beschlossen wurde. Da das Verfahren sich dann wieder in der Berufungsinstanz bzw. bei der Sprungrevision wieder in der erstinstanzlichen Hauptverhandlung befindet, endet diese Bindung aus den oben unter a. und b. genannten Gründen.
e. Im Falle der Wiederaufnahme gilt das Legalitätsprinzip von dem Moment an, indem der Wiederaufnahmeantrag gestellt wird. Ein Beendigungsgrund ist die Verwerfung dieses Antrages. Wenn das Verfahren dagegen wiederaufgenommen wurde, gilt das Legalitätsprinzip so lange, bis entschieden wurde, das frühere Urteil aufrechtzuerhalten, oder aber anderweitig in der Sache erkannt worden ist (§373 Abs. 2 StPO).

### 3. Sachlicher Anwendungsbereich
Wie das allgemeine Legalitätsprinzip, das im gerichtlichen Verfahren gelten soll, nach der Konzeption der StPO aussieht, blieb bisher offen.
Es ist bereits begründet worden, daß im gesamten Strafverfahren von einem einheitlichen Begriff „Legalitätsprinzip" auszugehen ist[819]. Deswegen muß der

---

[818] Auf die Sonderbestimmungen der besonderen Verfahrensarten wird im Rahmen dieser Arbeit nicht näher eingegangen.
[819] s. oben S. 163.

Grundsatz für das Gericht – genauso wie bei der Staatsanwaltschaft im Vollstreckungsverfahren – in Anlehnung an die Normierung in §152 Abs. 2 StPO bestimmt werden. Dementsprechend ist das Gericht nur zum Tätigwerden verpflichtet, wenn eine verfolgbare Straftat vorliegt und nicht etwas anderes bestimmt ist. Allein die Begrenzung durch den Anfangsverdacht muß bei dem Gericht ein anderer tätigkeitsbegründender Akt sein.

Insofern ist das Legalitätsprinzip für das gerichtliche Verfahren wie folgt zu formulieren:

> Das Gericht ist, soweit nicht gesetzlich ein anderes bestimmt ist, verpflichtet, wegen aller verfolgbaren Straftaten einzuschreiten, sofern ein tätigkeitsbegründender Akt vorliegt.

**a. Straftat**
Zum Begriff der Straftat s.o. S. 99.
Wie sicher das Vorliegen einer Straftat sein muß, ist je nach Verfahrensabschnitt unterschiedlich zu beurteilen. So reicht für die Eröffnung des Hauptverfahrens ein hinreichender Tatverdacht (vgl. §203 StPO). Es muß also die Wahrscheinlichkeit bestehen, daß der Beschuldigte sich strafbar gemacht hat und verurteilt werden wird[820]. Dagegen setzt ein Strafausspruch voraus, daß das Gericht davon überzeugt ist, daß die Tat begangen wurde (vgl. §261 StPO).

**b. Verfolgbarkeit**
Zum Begriff der Verfolgbarkeit s.o. S. 108 f; hier gilt Entsprechendes.
Da einmal bestehende Verfahrenshindernisse während des gesamten Verfahrens berücksichtigt werden müssen, ist die Verfolgbarkeit für das Gericht grds. aus den gleichen Gründen ausgeschlossen wie für die Staatsanwaltschaft. Insofern kann auf die dortigen Ausführungen verwiesen werden. Deshalb sollen hier nur einige Besonderheiten, die das Gesetz für das gerichtliche Verfahren vorsieht, näher erläutert werden.

*aa. Sachliche Zuständigkeit*
Im gerichtlichen Verfahren kommt der sachlichen Zuständigkeit wegen Art. 101 Abs. 1 S. 2 GG, wonach niemand seinem gesetzlichen Richter entzogen werden

---

[820] *Beulke* StPO RdNr. 114.

darf, besondere Bedeutung zu[821]. Deshalb stellt die fehlende sachliche Zuständigkeit in diesem Verfahrensabschnitt auch ein Prozeßhindernis dar (vgl. §6 StPO)[822]. Für die Geltung des Legalitätsprinzips bedeutet dies, daß ein Gericht in der Sache nicht tätig werden muß, sobald feststeht, daß es unzuständig ist[823]. Grds. müßte in diesem Fall das Verfahren eingestellt werden. Von dieser Folge sieht das Gesetz aber zahlreiche Ausnahmen vor, die im einzelnen dargestellt werden sollen[824].

*(1). §209 StPO*
Wenn das Gericht im Zwischenverfahren feststellt, daß es unzuständig ist, hat es nach §209 StPO die Pflicht, das Verfahren vor dem zuständigen Gericht niedrigerer Ordnung zu eröffnen (Abs. 1) bzw. dem zuständigen Gericht höherer Ordnung die Akten durch Vermittlung der Staatsanwaltschaft vorzulegen (Abs. 2). Demzufolge ist die Tat für das Gericht, vor dem ursprünglich Anklage erhoben wurde, zwar nicht verfolgbar, das Gericht ist aber verpflichtet, die Voraussetzungen dafür zu schaffen, daß die Hauptverhandlung vor dem zuständigen Gericht eröffnet und die Tat somit weiterhin verfolgt wird[825].

*(2). §§269, 270 StPO*
Die §§269, 270 StPO enthalten Regelungen, wie zu entscheiden ist, wenn erst während der Hauptverhandlung die sachliche Unzuständigkeit festgestellt wird.
Nach §269 StGB darf sich ein Gericht in der Hauptverhandlung nicht mit der Begründung, daß die Sache vor ein Gericht niedrigerer Ordnung gehöre, für unzuständig erklären. Die Tat muß also trotz der dem Grundsatz nach gegebenen Unzuständigkeit von diesem Gericht verfolgt werden[826].
Im Gegensatz dazu verpflichtet §270 StPO ein Gericht zu niedriger Ordnung, die Sache an das zuständige (höhere) Gericht zu verweisen. Für eine eigene Sachverhaltsaufklärung und anschließende Entscheidung in der Sache besteht also ein Verfahrenshindernis, sobald der Angeklagte hinreichend verdächtig ist, eine Tat begangen zu haben, die die Zuständigkeit eines höheren Gerichtes begründet[827].

---

821 vgl. *Schäfer* LR[24] Einl. 12, RdNr. 134; *BGH* NJW 93, 1607 (1607); *BGH* 38, 212 (212).
822 *Meyer-Goßner* K/M-G §6, RdNr. 1 und K/M-G §270, RdNr. 5; *Wendisch* LR[25] §6, RdNr. 3; *Rieß* LR[24] §209, RdNr. 1; *Gollwitzer* LR[24] §269, RdNr. 4; *Schäfer* LR[24] Einl. 12, RdNr. 134; zweifelnd *BGH* NJW 93, 1607 (1608); gegen diese Entscheidung *BGH* 40, 120 (123 f).
823 *Wendisch* LR[25] §6, RdNr. 9.
824 Auf die Sonderbestimmungen der besonderen Verfahrensarten wird im Rahmen dieser Arbeit nicht eingegangen.
825 *Meyer-Goßner* K/M-G §209, RdNr. 1; *Rieß* LR[24] §209, RdNr. 19.
826 *Gollwitzer* LR[24] §269, RdNr. 4.
827 *Meyer-Goßner* K/M-G §270, RdNr. 8 f mwN.; *Engelhardt* KK §270, RdNr. 7; *Gollwitzer* LR[24] §270, RdNr. 8, 10, 11 mwN.

*(3). §225a StPO*
Wenn die Hauptverhandlung vor einem Gericht zu niedriger Ordnung eröffnet wurde, ist das weitere Vorgehen dieses Gerichts außerhalb der Hauptverhandlung[828] durch §225a StPO, der eine dem §209 Abs. 2 StPO entsprechende Regelung enthält, normiert. Über den Wortlaut hinaus gilt die Vorschrift auch im Berufungsverfahren[829].
Dagegen enthält das Gesetz für diesen Zeitraum keine Regelung, wenn das Verfahren vor einem Gericht zu hoher Ordnung eröffnet wurde. Daraus wird geschlossen, daß der gesamte Zeitraum ab Eröffnung des Hauptverfahrens von §269 StPO erfaßt wird (zu diesem s.o. unter (2).)[830].

*(4). §348 StPO*
Nicht einheitlich beantwortet wird die Frage, ob die Unzuständigkeit im Revisionsverfahren eine sachliche oder eine funktionelle ist[831]. Anerkannt ist aber, daß sie ein Verfahrenshindernis darstellt[832].
Im Gegensatz zur Berufungsinstanz, wo es nur ein zuständiges Gericht, nämlich das Landgericht, gibt, sieht das GVG mehrere Revisionsgerichte vor. Deshalb bietet sich auch hier eine Verweisungsnorm, wie sie das Gesetz für die erste Instanz vorsieht, an. Die StPO enthält solch eine Sonderregelung denn auch in §348 StPO, wonach das unzuständige Gericht die Sache an das seiner Meinung nach zuständige Gericht verweist.

*(5). Auswirkungen der sachlichen Unzuständigkeit auf die Geltung des Legalitätsprinzips*
Die Darstellung dieser Sonderregelungen hat gezeigt, daß die Verfolgungspflicht im Falle der sachlichen Unzuständigkeit nicht völlig aufgehoben ist. Zwar darf das unzuständige Gericht nicht selbst entscheiden. Es muß jedoch dafür sorgen, daß die Tat an das Gericht verwiesen wird, das den Sachverhalt aufklären und die Tat ggf. aburteilen muß.
Etwas anderes gilt nur bei willkürlichen Entscheidungen über die Zuständigkeitsfrage[833]. In diesem Fall liegt ein Verfahrenshindernis vor, allerdings ein behebbares. Dies bedeutet, daß die Staatsanwaltschaft verpflichtet ist, die Tat vor einem zuständigen Gericht anzuklagen. Im Ergebnis wird also nur die Verfolgungspflicht des Gerichts eingeschränkt.

---

[828] *Meyer-Goßner* K/M-G §225a, RdNr. 4; *Hohendorf* NStZ 87, 389 (393).
[829] *Gollwitzer* LR$^{25}$ §225a, RdNr. 6; *Treier* KK §225a, RdNr. 4.
[830] *Engelhardt* KK §269, RdNr. 2; *Meyer-Goßner* K/M-G §269, RdNr. 2; *Gollwitzer* LR$^{24}$ §269, RdNr. 2; *Meyer-Goßner* K/M-G §225a, RdNr. 2.
[831] für funktionelle: *Beulke* StPO RdNr. 38; *Pfeiffer* KK §1, RdNr. 4; *Meyer-Goßner* K/M-G Vor §1, RdNr. 9.
für sachliche: *Wendisch* LR$^{25}$ Vor §1, RdNr. 7; vgl. auch *Wendisch* LR$^{25}$ §6, RdNr. 3.
[832] vgl. *Wendisch* LR$^{25}$ Vor §1, RdNr. 10.
[833] BGH NJW 93, 1607 (1608); BGH 40, 120 (122).

*bb. Zuständigkeit besonderer Strafkammern*
Grds. stellt die Zuständigkeit besonderer Strafkammern iSd. §6a StPO nur eine funktionelle dar[834]. In §209a StPO ist sie aber bis zur Eröffnung des Hauptverfahrens der sachlichen gleichgestellt[835]. Deshalb kann sie in dieser Zeit auch als (vorübergehendes) Verfahrenshindernis bezeichnet werden[836]. §209a StPO bestimmt, daß die besonderen Strafkammern im Vergleich zu den allgemeinen Strafkammern gleicher Ordnung als höherrangig anzusehen sind[837]. Für die besonderen Strafkammern untereinander gilt die Reihenfolge des §74e GVG. Im übrigen kann auf die Ausführungen zu §209 StPO verwiesen werden[838].

*cc. Zuständigkeit der Jugendgerichte*
Für die sachliche Zuständigkeit der Jugendgerichte untereinander gelten die §§39 ff JGG. Die auf den S. 200 f genannten Sonderregelungen gelten über die §§39 Abs. 1 S. 3, 40 Abs. 1 S. 2 JGG auch hier mit der Folge, daß die fehlende Zuständigkeit die Verfolgungspflicht nicht berührt.
Das Verhältnis der Jugendgerichte zu den Erwachsenengerichten ist dagegen grds. nur eine Frage der funktionellen Zuständigkeit, da diese Spruchkörper Abteilungen der Amts- bzw. Landgerichte sind[839]. Allerdings stellt das Gesetz die funktionelle Zuständigkeit der sachlichen in verschiedenen Vorschriften gleich[840]. Im einzelnen bestimmt das Gesetz:
- Bis zur Eröffnung des Hauptverfahrens findet §209 StPO über §209a StPO mit der Maßgabe Anwendung, daß die Jugendgerichte gegenüber den Erwachsenengerichten gleicher Ordnung als höherrangig gelten. Im übrigen kann auf die Erklärungen zur §209 StPO verwiesen werden; hier gilt Entsprechendes.
- Nach Abschluß des Zwischenverfahrens gilt §47a JGG, wenn das Verfahren vor einem Jugendgericht statt vor einem Erwachsenengericht gleicher oder niedrigerer Ordnung eröffnet wurde. Nach dieser Vorschrift begründet die Unzuständigkeit kein Verfahrenshindernis.
Wurde das Verfahren dagegen vor einem Jugendgericht eröffnet, das nach der Regelung des §209a Nr. 2a als zu niedrig im Rang anzusehen ist, so gilt vor Beginn der Hauptverhandlung §225a, danach §270 StPO (vgl.

---

[834] *Schäfer* LR[24] Einl. 12, RdNr. 138; *Wendisch* LR[25] Vor §1, RdNr. 12.
[835] *Meyer-Goßner* K/M-G §209a, RdNr. 4 und K/M-G §6a, RdNr. 1.
[836] *Wendisch* LR[25] §6a, RdNr. 3 („auf jeden Fall *wie* eine vorübergehende Prozeßvoraussetzung").
[837] vgl. *Meyer-Goßner* K/M-G §209a, RdNr. 2, 4.
[838] Einzelheiten s. bei *Meyer-Goßner* NStZ 81, 168 (168 ff).
[839] *Schaffstein/Beulke* JGG S. 182.
[840] *Schaffstein/Beulke* JGG S. 182.

§225a Abs. 1 S. 1., 1. HS und §270 Abs. 1 S. 1, 1. HS StPO). Diese Vorschriften wurden bereits auf S. 200 f erläutert; siehe dort[841].

Für die Geltung des Legalitätsprinzips folgt hieraus, daß das Verhältnis der Jugend- zu den Erwachsenengerichten zwar grds. wie eine sachliche Zuständigkeit zu behandeln ist und somit bei Unzuständigkeit ein Verfahrenshindernis anzunehmen wäre, daß diese Rechtsfolge aber wie im Erwachsenenstrafrecht durch die §§209, 225a, 270 StPO und den §47a JGG, der dem §269 StPO entspricht, ausgeschlossen ist. Im Ergebnis berührt die Unzuständigkeit im Verhältnis Erwachsenen- / Jugendstrafgerichte das Legalitätsprinzip also nicht. Etwas anderes gilt nur bei willkürlichen Entscheidungen (hierzu s.o. S. 201).

### dd. Örtliche Zuständigkeit

Die örtliche Unzuständigkeit (§§7 ff StPO, 42 JGG) ist genauso wie die nach §6a StPO ein vorübergehendes, nur bis zur Eröffnung des Hauptverfahrens geltendes Verfahrenshindernis (vgl. §16 StPO)[842]. Auch hier gilt, daß die Verfolgungspflicht nicht beeinträchtigt wird, da die Staatsanwaltschaft bei dem zuständigen Gericht Anklage erheben muß, im Ergebnis also ein Gericht mit der Sache befaßt wird.

### ee. Klageerhebung

Ein gerichtliches Verfahren setzt eine wirksame Klage voraus[843].
Eine Klage fehlt, wenn sie gem. §156 StPO im Zwischenverfahren oder nach §153c Abs. 3 StPO in jeder Lage des Verfahrens zurückgenommen worden ist.
Unwirksam ist sie nur, wenn wesentliche Mängel vorliegen[844], also wenn Tat oder Beschuldigter sich nicht identifizieren lassen[845] und es somit nicht ersichtlich ist, wie weit die Rechtskraft reichen würde, wenn ein Urteil erginge[846]. Ob[847] bzw. inwieweit[848] darüber hinaus auch Mängel in der Informationsfunktion zur Unwirk-

---

[841] Einzelheiten s. bei *Meyer-Goßner* NStZ 81, 168 (168 ff).
[842] *Wendisch* LR$^{25}$ §16, RdNr. 4.
[843] Auf die Sonderbestimmungen der besonderen Verfahrensarten wird im Rahmen dieser Arbeit nicht näher eingegangen.
[844] *Treier* KK §200, RdNr. 23; *OLG Düsseldorf* JR 98, 37 (37).
[845] *Rieß* LR$^{24}$ §200, RdNr. 57; *Meyer-Goßner* K/M-G §200, RdNr. 26; *Treier* KK §200, RdNr. 23; *BGH* 40, 44 (45); *OLG Düsseldorf* JR 98, 37 (38).
[846] *OLG Karlsruhe* NStZ 93, 147 (147); *BGH* GA 80, 108 (109); *Schäfer* LR$^{24}$ Einl. 12, RdNr. 1 (Abgrenzungsfunktion); *Treier* KK §200, RdNr. 23; s. auch *BGH* NJW 98, 3788 (3789).
[847] keine Auswirkung: *Fezer* NStZ 95, 297 (298); *Rieß* JR 98, 38 (39 f) und LR$^{24}$ §200, RdNr. 58 (ggf. Ablehnung des Eröffnungsbeschlusses).
[848] differenzierend: *BGH* 40, 390 (392 f); *BGH* NJW 98, 3788 (3789); vgl. auch *OLG Düsseldorf* JR 98, 37 (37).

samkeit der Anklage führen, wird nicht einheitlich beantwortet. Während des Zwischenverfahrens kann das Gericht die Anklageschrift der Staatsanwaltschaft zur Nachbesserung zurückgeben[849]. Lehnt diese es ab, den Mangel zu beheben, darf das Gericht die Tat nicht weiter verfolgen.
Umstritten ist, ob die Verbesserung einer unwirksamen Anklageschrift auch noch während der erstinstanzlichen Hauptverhandlung erfolgen kann. Hiergegen spricht die Funktion der Anklage. Sie soll zum einen dem Beschuldigten ermöglichen, sich verteidigen zu können[850]. Dies setzt voraus, daß er bereits vor der Hauptverhandlung genau weiß, was ihm vorgeworfen wird. Zum anderen wird aber durch die Anklage auch die Reichweite der Rechtshängigkeit bestimmt und der Umfang begrenzt, in dem Rechtskraft eintreten kann[851]. Selbst wenn man davon ausgeht, daß diese Funktionen auch noch während des Hauptverfahrens erfüllt werden können[852], so spricht gegen die Nachholbarkeit der Wille des Gesetzes: Dieses legt dem Verfahren nämlich die Anklage zugrunde und hat sich somit dafür entschieden, daß die Funktionen der Anklage bereits vor der Hauptverhandlung und nicht erst in deren Verlauf erfüllt werden sollen[853]. Gegen die Nachholbarkeit spricht auch, daß selbst die Änderung einer wirksamen Anklage sowohl im Zwischen- als auch im Hauptverfahren nur unter engen Voraussetzungen möglich ist (vgl. §207 und §§265, 266 StPO). Es ist nicht einsehbar, warum dann eine unwirksame Anklage im Hauptverfahren so sehr geändert werden kann, daß sie wirksam wird. Insofern ist davon auszugehen, daß ein Verfahren eingestellt werden muß, wenn die Anklage unwirksam ist und somit eine Prozeßvoraussetzung fehlt[854]. Die Verfolgungspflicht ist in diesem Falle also für das Gericht ausgeschlossen. Allerdings wird durch die Einstellung die Strafklage nicht verbraucht[855], so daß die Staatsanwaltschaft wegen §152 Abs. 2 StPO erneut Anklage erheben muß.

*ff. Eröffnungsbeschluß*
Ebenfalls Verfahrensvoraussetzung und somit in jeder Lage des Verfahrens zu beachten ist das Vorliegen eines wirksamen Eröffnungsbeschlusses[856]. Dieser ist un-

---

[849] *Rieß* LR[24] §200, RdNr. 56.
[850] *Schlüchter* JR 90, 10 (12); *Krause/Thon* StV 85, 252 (253); *OLG Düsseldorf* JR 98, 37 (38).
[851] *Schlüchter* JR 90, 10 (12).
[852] vgl. hierzu *Schlüchter* JR 90, 10 (15).
[853] *Rieß* JR 98, 38 (41).
[854] ebenso *Krause/Thon* StV 85, 252 (255); *Schmidt* StPO Nachtr. §243, RdNr. 28; differenzierend *Schlüchter* JR 90, 10 (14 f); *BGH* 40, 44 (45); a.A. *Treier* KK §243, RdNr. 33; *Gollwitzer* LR[24] §243, RdNr. 58.
[855] *Treier* KK §200, RdNr. 24.
[856] *Roxin* StPO §40 RdNr. 12; *Beulke* StPO RdNr. 284; *Schäfer* LR[24] Einl. 12, RdNr. 3; *Schlüchter* StPO RdNr. 387; *Treier* KK §203, RdNr. 2.

wirksam, wenn er an wesentlichen Mängeln leidet[857]. Was wesentlich ist, ist bisher nicht einheitlich beantwortet worden, sondern im Wege zahlreicher Entscheidungen für den Einzelfall festgestellt worden[858]. Eine grobe Orientierung gibt aber die Frage, ob der fehlerhafte Eröffnungsbeschluß seine Funktion als Verfahrensvoraussetzung erfüllen kann[859]. Dieses ist zu verneinen, wenn er gar nicht oder nicht in gesetzlich vorgesehener Form ergangen ist[860]. Jedenfalls unwirksam ist er auch in den Fällen, in denen eine unwirksame Anklage vorliegt, da der Eröffnungsbeschluß die Anklage zuläßt und sie somit zu seinem Bestandteil geworden ist[861].

Wenn das Gericht das Fehlen oder die Unwirksamkeit des Eröffnungsbeschlusses vor der ersten Hauptverhandlung bemerkt, muß es dafür sorgen, daß dieser in wirksamer Form gestellt wird[862], denn es fehlt in diesem Fall an einer nachholbaren Prozeßvoraussetzung, während §206a StPO nur die Einstellung wegen eines unbehebbaren Verfahrenshindernisses[863] verlangt.

Nicht abschließend geklärt ist, ob der Eröffnungsbeschluß auch noch während der erstinstanzlichen Hauptverhandlung nachholbar ist.

Wenn man mit der oben vertretenen Ansicht davon ausgeht, daß wesentliche Mängel in der Anklage zu diesem Zeitpunkt nicht mehr heilbar sind, dann muß die Verbesserung eines Eröffnungsbeschlusses, dessen Unwirksamkeit auf der Unwirksamkeit der zugrundeliegenden Anklage beruht, konsequenterweise ausgeschlossen sein.

Für die übrigen Fälle stellt sich jedoch die Frage, ob der Eröffnungsbeschluß auch noch während der Hauptverhandlung nachholbar ist. In Rechtsprechung und Lehre wird dies überwiegend bejaht[864]. Begründet wird diese Auffassung damit, daß der Eröffnungsbeschluß eine reine Formalie wäre, die leicht nachgeholt werden könne[865]. Gegen diese Aussage ist aber einzuwenden, daß Formalien oft dazu dienen, die Rechtslage leichter zu erkennen und somit dem rechtsstaatlichen Gedanken der Rechtssicherheit zur Wirksamkeit verhelfen[866]. Ferner soll dem Erlaß des Eröffnungsbeschlusses die Prüfung des Tatverdachtes vorausgehen. Dadurch soll gewährleistet werden, daß der Beschuldigte nicht unnötig einer Hauptverhandlung ausgesetzt wird. Diese Funktion kann aber nach Beginn einer Hauptverhandlung

---

[857] *Meyer-Goßner* K/M-G §207, RdNr. 11; *Treier* KK §207, RdNr. 16; *Beulke* StPO RdNr. 284; *Schäfer* LR$^{24}$ Einl. 13, RdNr. 5.
[858] vgl. die Zusammenstellung in *Meyer-Goßner* K/M-G §207, RdNr. 11; *Treier* KK §207, RdNr. 16; *Rieß* LR$^{24}$ §207, RdNr. 47 ff.
[859] *Schlüchter* StPO RdNr. 387; *Nelles* NStZ 82, 96 (101); *Rieß* LR$^{24}$ §207, RdNr. 38.
[860] *Rieß* LR$^{24}$ §207, RdNr. 38.
[861] *Schäfer* LR$^{24}$ Einl. 12, RdNr. 5; *Treier* KK §207, RdNr. 16; *Rieß* LR$^{24}$ §207, RdNr. 37.
[862] *Rieß* LR$^{24}$ §207, RdNr. 44; *Beulke* StPO RdNr. 284.
[863] *Rieß* LR$^{24}$ §207, RdNr. 44.
[864] *Schäfer* LR$^{24}$ Einl. 12, RdNr. 6; *OLG Köln* JR 81, 213 (214); *Rieß* LR$^{24}$ §207, RdNr. 45 f, 64; *Treier* KK §203, RdNr. 2; *BGH* 29, 224 (228).
[865] BayObLG VRS 56, 351 (356).
[866] *Meyer-Goßner* JR 81, 214 (217); *Beulke* StPO RdNr. 284.

nicht mehr in vollem Umfang erfüllt werden[867]. Gegen die Nachholbarkeit des Eröffnungsbeschlusses in der Hauptverhandlung spricht aber vor allem, daß nach dem Gesetz die Hauptverhandlung durch den Beschluß erst eröffnet wird (§207 StPO). Wenn dieser Beschluß fehlt, findet also noch gar keine Hauptverhandlung statt, so daß er auch nicht in einer solchen nachgeholt werden kann[868]. Es ist also davon auszugehen, daß einem Verfahren eine Prozeßvoraussetzung fehlt, wenn kein wirksamer Eröffnungsbeschluß vorliegt[869]. Für die Geltung des Legalitätsprinzips bedeutet dies, daß die Tat in diesem Fall vom Gericht nicht verfolgt werden muß.

### gg. Verhandlungsunfähigkeit

Zu der Verfahrensvoraussetzung der Verhandlungsunfähigkeit s.o. auf S. 116. Im Grundsatz gilt hier Entsprechendes.

Eine Besonderheit gegenüber dem Ermittlungsverfahren ist jedoch in §231a StPO für das Hauptverfahren vorgesehen. Nach dieser Vorschrift kann die Verhandlung auch in Abwesenheit des Angeklageten durchgeführt oder fortgesetzt werden, wenn der Angeklagte

- sich vorsätzlich und schuldhaft in einen seine Verhandlungsfähigkeit ausschließenden Zustand versetzt hat,
- er dadurch wissentlich die Durchführung oder Fortsetzung der Hauptverhandlung in seiner Gegenwart verhindert,
- er noch nicht zur Anklage vernommen worden ist,
- das Gericht seine Anwesenheit nicht für unerläßlich hält und
- er nach Eröffnung des Hauptverfahrens Gelegenheit gehabt hat, sich vor dem Gericht oder einem beauftragten Richter zur Anklage zu äußern.

Unter diesen Voraussetzungen ist die Tat also trotz der Abwesenheit des Beschuldigten verfolgbar.

### hh. Abwesenheit und Ausbleiben von Verfahrensbeteiligten

Die Strafprozeßordnung unterscheidet zwischen der Abwesenheit (vgl. §276 ff StPO) und dem Ausbleiben (§230 StPO) von Verfahrensbeteiligten.

---

[867] *Meyer-Goßner* JR 81, 214 (217); a.A. BayObLG VRS 56, 351 (354 f).
[868] *Meyer-Goßner* JR 81, 214 (217) und LR$^{23}$ §207, RdNr. 28.
[869] so auch *Dencker* NStZ 82, 152 (154); *Schlüchter* StPO RdNr. 387, Fn. 15b; zu weiteren Argumenten s. *Meyer-Goßner* JR 81, 214 (217 f) und LR$^{23}$ §207, RdNr. 28; *Beulke* StPO RdNr. 284.

*(1). Abwesenheit des Beschuldigten*
Der Beschuldigte gilt als abwesend, wenn
- sein Aufenthalt unbekannt ist oder wenn
- er sich im Ausland aufhält und seine Gestellung vor das zuständige Gericht nicht ausführbar oder nicht angemessen ist.

Nach §285 Abs. 1 S. 1 StPO steht einer Hauptverhandlung in diesem Fall ein (vorläufiges) Hindernis entgegen[870]. Allerdings müssen auch in der Zeit, in der der Beschuldigte abwesend ist, Beweise gesichert werden (§285 Abs. 1 S. 2 StPO). Es entfällt also lediglich die aus dem Legalitätsprinzip folgende Pflicht zur umfassenden Sachverhaltsaufklärung und zur Aburteilung.
Sobald aber die Voraussetzungen des §276 StPO nicht mehr vorliegen, das Verfahrenshindernis also weggefallen ist, ist das Gericht wieder uneingeschränkt zur Tätigkeit verpflichtet.

*(2). Ausbleiben des Angeklagten*
Das vorübergehende, nach h.M. aber auch das dauerhafte[871] Ausbleiben des Angeklagten gem. §230 StPO stellt kein Verfahrenshindernis dar. Danach wäre die Tat zwar verfolgbar, es ist aber „etwas anderes" bestimmt iSd. Legalitätsprinzips. Deshalb wird die Vorschrift auch erst auf S. 214 näher erläutert.

*ii. §154e Abs. 2 StPO*
Zu §154e s.o. S. 152 f.
In Abs. 2 dieser Vorschrift ist der Abschluß des Straf- oder Disziplinarverfahrens für das Gericht als Verfahrensvoraussetzung ausgestaltet[872]. Durch seinen zwingenden Charakter unterscheidet sich Abs. 2 wesentlich von Abs. 1, der nur eine „soll"-Vorschrift darstellt und demzufolge für die Staatsanwaltschaft nur „etwas anderes" bestimmt, nicht aber ein Verfolgungshindernis begründet[873]. Genauso wie bei §16 und §6a StPO ist also auch hier die Besonderheit zu beobachten, daß das Hindernis nicht während des ganzen Verfahrens, sondern nur in einzelnen Abschnitten besteht.
Die beiden Absätze des §154e StPO ähneln sich aber in dem Umfang, in dem sie die Verfolgungspflicht tangieren: Denn §154e Abs. 1 läßt nur das Absehen von der Anklageerhebung zu; die Staatsanwaltschaft muß also vollständig ermitteln. Entsprechendes gilt auch für das Gericht: es darf nur keine Sachentscheidung ergehen.

---

[870] *Schäfer* LR[24] Einl. 12, RdNr. 106.
[871] so auch *Schäfer* LR[24] Einl. 12, RdNr. 110; *Gollwitzer* LR[25] §230, RdNr. 6; *BGH* 26, 84 (85 ff); a.A. *Roxin* StPO §21, RdNr. 15.
[872] *Rieß* LR[24] §154e, RdNr. 13; *Meyer-Goßner* K/M-G §154e, RdNr. 11; *Schäfer* LR[24] Einl. 12, RdNr. 131.
[873] hierzu s.o. S. 153.

Dagegen sind alle die Aufgaben, die das Gericht im Normalfall vor der abschließenden Entscheidung zu erledigen hat, auch im Anwendungsbereich des §154e Abs. 2 StPO nicht unzulässig und somit wegen der Geltung des Legalitätsprinzips zu erfüllen. Denn durch §154e StPO soll nur vermieden werden, daß der gleiche Sachverhalt unterschiedlich gewürdigt wird, nicht dagegen die Verfolgung der Tat im ganzen beeinträchtigt werden[874].
Die Verfolgungspflicht entfällt also lediglich in Hinblick auf eine Abschlußentscheidung und nur für den Zeitraum der Anhängigkeit des Straf- oder Disziplinarverfahrens.

*jj. Entscheidungskonzentration*
Nach Art. 100 Abs. 1 GG, Art. 126 GG iVm. §13 Nr. 14, 86 ff BVerfGG und §121 Abs. 2 GVG muß das Gericht die Sache zur Klärung einer konkreten Rechtsfrage einem anderen Gericht vorlegen, bevor es selbst weiterverhandeln darf. Bis zur Vorabentscheidung dieses anderen Gerichtes besteht für die eigene Tätigkeit ein Verfahrenshindernis[875], die aus dem Legalitätsprinzip abzuleitende Verfolgungspflicht ist also zeitweise aufgehoben.
Zur Vorlagepflicht wegen völker- und europarechtlicher Normen s. *Gollwitzer* LR$^{24}$ §262, RdNr. 51, 60 ff.

*kk. Rechtskraft*
Zur Rechtskraft s.o. S. 110.
Auch für das gerichtliche Verfahren gilt, daß die Tat nicht mehr verfolgbar ist, wenn sie rechtskräftig abgeurteilt wurde. Etwas anderes ist nur anzunehmen, wenn das Verfahren nach den §§359 ff StPO wiederaufgenommen wird. In diesem Fall ist die Rechtskraft durchbrochen mit der Folge, daß das Gericht aufgrund des Legalitätsprinzips zur weiteren Tätigkeit verpflichtet ist.

**c. Tätigkeitsbegründender Akt**
Die Tätigkeitspflicht des Gerichts setzt einen Akt voraus, der überhaupt erst die Befugnis des Gerichts begründet, Handlungen vorzunehmen. Wie dieser Akt auszusehen hat, hängt von den jeweiligen Verfahrensabschnitten ab. So wird das Zwischenverfahren grds. mit der Erhebung der Anklage[876] eingeleitet, das Hauptverfahren mit dem Eröffnungsbeschluß des Gerichts, die Berufungs- und Revisions-

---

[874] *Rieß* LR$^{24}$ §154e, RdNr. 15; *Meyer-Goßner* K/M-G §154e, RdNr. 12.
[875] *Rieß* LR$^{24}$ Einl. 12, RdNr. 132.
[876] Auf die Sonderbestimmungen der besonderen Verfahrensarten wird im Rahmen dieser Arbeit nicht eingegangen.

verhandlung setzen die Rechtsmitteleinlegung voraus. Im Wiederaufnahmeverfahren wird das Gericht nur tätig, wenn diesbezüglich ein Antrag gestellt wurde. Genauso wie bei der Staatsanwaltschaft der Umfang der Tätigkeitspflicht durch die zureichenden tatsächlichen Anhaltspunkte bestimmt wird, so wird er auch im gerichtlichen Verfahren durch den tätigkeitsbegründenden Akt eingegrenzt (vgl. §155 iVm. §207 und §264 StPO für die Anklage, §318 StPO für die Berufung und §344 StPO für die Revision).

### d. „soweit nicht gesetzlich ein anderes bestimmt ist"

*aa. §153 ff StPO*
Von den §§153 ff StPO bestimmen nur die §§153, 153a, 153b, 153e, 154, 154a und 154b etwas anderes iSd. gerichtlichen Legalitätsprinzips. Die §§153c und d und §154c richten sich dagegen nur an die Staatsanwaltschaft; §154e schließt für das Gericht bereits die Verfolgbarkeit aus.

*(1). Voraussetzungen*
Zum Inhalt der einzelnen Vorschriften s.o. auf den S. 135 ff. Zu beachten sind allerdings zwei Besonderheiten: zum einen hängt die Einstellung durch das Gericht von der Zustimmung oder bei den §§154 und 154b StPO von einem Antrag der Staatsanwaltschaft ab. Wenn diese den Antrag nicht stellt oder die Zustimmung nicht erteilt, fehlt es an einer Einstellungsvoraussetzung mit der Folge, daß das Gericht aufgrund des Legalitätsprinzips weiterhin tätig werden muß. Zum anderen soll hier noch darauf hingewiesen werden, daß eine Einstellung nach §153e Abs. 2 StPO nur durch das Oberlandesgericht bzw. über den Wortlaut hinaus durch den BGH[877] (mit Zustimmung des Generalbundesanwaltes) erfolgen kann. Dies gilt auch bei Taten, bei denen die Hauptverhandlung nach §74a Abs. 1 Nr. 2 – 4 GVG vor dem Landgericht durchgeführt wird[878].
Ein Sonderproblem stellt sich noch iRd. §153 Abs. 2 StPO. Bei diesem reicht es, wenn die Schuld als gering anzusehen *wäre*. Dies bedeutet, daß der Beschuldigte die Kosten des Verfahrens zu tragen hat, ohne daß geprüft wurde, ob er nicht unschuldig ist und somit nichts zu bezahlen braucht. Deshalb ist umstritten, ob zumindest soweit ermittelt werden muß, bis feststeht, daß eine für den Beschuldigten günstigere Erledigungsart nicht erwartet werden kann[879]. Dieses ist zu verneinen. Denn §153 Abs. 2 StPO verzichtet gerade auf eine abschließende Klärung der Schuldfrage. Die andere Ansicht würde doch wieder zu einem erhöhten Ermitt-

---

[877] *Rieß* LR[24] §153e, RdNr. 21.
[878] vgl. hierzu *Rieß* LR[24] §153e, RdNr. 19.
[879] gegen die Durchermittlung: Bt-DtSa 7/550, 298; *Rieß* LR[24] §160, RdNr. 33; *Ranft* StPO RdNr. 1148; a.A. *Vogler* ZStW 77, 761 (785); *Rieß* LR[24] §153, RdNr. 33; *Kühne* StPO RdNr. 298.

lungsaufwand führen, den §153 StPO durch die jetzige Fassung gerade vermeiden will[880]. Da keine Entscheidung über die Schuld getroffen wird, liegt in dieser Auffassung auch kein Verstoß gegen die Unschuldsvermutung[881]. Daß den Beschuldigten dann die ungünstige Kostenfolge aus §467 Abs. 4 StPO treffen kann, liegt im Wesen des §153 StPO[882].

*(2). Anwendungbereich*
Von den Einstellungsmöglichkeiten der §§153 ff StPO kann grds. in allen Verfahrensstadien Gebrauch gemacht werden. Dieses gilt auch für §153e StPO: Zwar sieht er dem Wortlaut nach nur die Einstellung durch das OLG vor. Wie bereits erwähnt ist aber anerkannt, daß auch der BGH als Revisionsgericht nach dieser Vorschrift einstellen kann[883].
Etwas anderes gilt nur für §153a StPO, der ausdrücklich von einer Einstellungsmöglichkeit des Tatrichters spricht. Er ist also in der Revisionsinstanz nicht mehr anwendbar[884].

*(3). Bedeutung der Einstellung für das gerichtliche Legalitätsprinzip*
Wenn das Gericht das Verfahren nach den §§153 ff StPO eingestellt hat, endet grds. die Rechtshängigkeit[885]. Für die Verfolgungspflicht des Gerichts fehlt es dann an einer Verfahrensvoraussetzung[886].
Eine Ausnahme hiervon gilt im Falle des §154a StPO. Danach kann das Gericht in jeder Lage des Verfahrens die ausgeschiedenen Teile wieder einbeziehen. Falls die Staatsanwaltschaft dies beantragt, ist die Staatsanwaltschaft dazu sogar verpflichtet (§154a Abs. 3 S. 2 StPO)[887]. Sobald die ursprünglich ausgeschiedenen Teile wieder einbezogen sind, erstreckt sich auch auf sie wieder die Verfolgungspflicht.
Eine weitere Sonderregelung enthalten die §§154 Abs. 3 – 5 und 154b Abs. 4 S. 2 iVm. 154 StPO. Zwar ist das Verfahren nach einer Einstellung aufgrund dieser Vorschriften nicht mehr anhängig[888], aber das Gericht kann das Verfahren unter den in diesen Vorschriften genannten Voraussetzungen von sich aus wieder aufnehmen. Hat es die Wiederaufnahme beschlossen, ist die Tat weiterhin verfolgbar und muß aufgrund des Legalitätsprinzips auch weiterhin verfolgt werden.

---

[880] *Radtke* Strafklageverbrauch S. 170.
[881] *Rieß* LR[24] §153, RdNr. 33; *BVerfG* 82, 106 (117, 119).
[882] *Rieß* LR[24] §153, RdNr. 33; zum Zusammenhang von §153 und §467 Abs. 4 StPO s. ausführlich *Kühl* JR 78, 94 (94 ff).
[883] s.o. (1).
[884] *Rieß* LR[24] §153a, RdNr. 91.
[885] *Rieß* LR[24] §153b, RdNr. 17; a.A. bzgl. §154 Abs. 2 StPO: *Dörr/Taschke* NStZ 88, 329 (330) im Gegensatz zu *OLG Frankfurt* NStZ 88, 328 (329).
[886] *Meyer-Goßner* K/M-G §154, RdNr. 17.
[887] *Rieß* LR[24] §154a, RdNr. 31.
[888] *Meyer-Goßner* K/M-G §154, RdNr. 17; *OLG Frankfurt* NStZ 88, 328 (329); *BGH* 30, 197 (198); *HansOLG Hamburg* MDR 83 252 (252).

*(4). Bedeutung der Einstellung für das staatsanwaltschaftliche Legalitätsprinzip*
Fraglich ist, ob die Staatsanwaltschaft die Tat weiter verfolgen darf und wegen §152 Abs. 2 StPO auch muß, wenn das Gericht das Verfahren eingestellt hat. Eindeutig zu verneinen ist dies bei §154a StPO, da die Rechtshängigkeit erhalten bleibt.
Bei den übrigen Einstellungen endet dagegen die Rechtshängigkeit. Fraglich ist aber, ob die gerichtlichen Entscheidungen in Rechtskraft erwachsen und aus diesem Grund ein Verfolgungshindernis besteht.
Gesetzlich geregelt ist diese Frage lediglich in §153a Abs. 2 S. 3 iVm. Abs. 1 S. 4. Danach darf die Staatsanwaltschaft nur wieder tätig werden, wenn sich nachträglich herausstellt, daß die Tat sich als ein Verbrechen darstellt.
Wenn ein Verfahren nach §154 oder §154b StPO durch das Gericht eingestellt wurde, kann das gerichtliche Verfahren nur fortgeführt werden, wenn es wiederaufgenommen wurde. Hier gibt das Gesetz zu erkennen, daß die Einstellung grds. eine endgültige Entscheidung darstellen sollte, also als Verfahrenshindernis[889] einzuordnen ist. Insofern darf auch die Staatsanwaltschaft mangels Verfolgbarkeit der Tat nicht wieder tätig werden.
Umstritten ist dagegen der Umfang der Rechtskraftwirkung bei §153[890] und den gleich zu behandelnden §§153b[891] und 153e[892] StPO. Teilweise wird auf die Regelung in §153a Abs. 1 S. 4 StPO zurückgegriffen und gefordert, daß sich die Tat für eine weitere Verfolgung als Verbrechen darstellen müsse[893]. Weitergehende Möglichkeiten der Durchbrechung würden den Rechtsfrieden des Betroffenen zu sehr beeinträchtigen[894]. Eine analoge Anwendung einer Vorschrift setzt voraus, daß die Sachverhalte vergleichbar sind. Dies ist aber bei §153 und §153a StPO nicht der Fall, da nach §153 StPO folgenlos eingestellt wird, der Beschuldigte dagegen bei §153a StPO eine Leistung zu erbringen hat, die nur gerechtfertigt ist, wenn er sich darauf verlassen kann, daß damit das öffentliche Interesse an der Verfolgung auch tatsächlich nicht mehr besteht[895]. Anders sieht dies allerdings *Loos*, der darauf hinweist, daß zwischen der Rechtskraft einer Verurteilung und eines Freispruchs auch kein Unterschied gemacht werde, obwohl die Folgen für den Betroffenen sehr unterschiedlich sind[896]. Auch wenn dieses Argument auf den ersten Blick sehr einleuchtend erscheint, überzeugt es nicht. Denn die Gleichbehandlung

---

[889] *Rieß* LR24 §154, RdNr. 50 und LR24 §154b, RdNr. 12; *Meyer-Goßner* K/M-G §154, RdNr. 17.
[890] vgl. ausführlich *Rieß* LR24 §153, RdNr. 85 ff.
[891] *Meyer-Goßner* K/M-G §153b, RdNr. 3; *Rieß* LR24 §153b, RdNr. 17.
[892] *Rieß* LR24 §153e, RdNr. 15.
[893] *Loos* JZ 78, 592 (598); *Schoreit* KK §153, RdNr. 63 ff; *Radtke* Strafklageverbrauch S. 350, *Geppert* JURA 86, 309 (318); zu diesem Gedanken vgl. schon *RG* 65, 291 (294).
[894] *Schoreit* KK §153, RdNr. 65.
[895] so i.E. *Beulke* StPO RdNr. 336 (die Gleichbehandlung erscheine nicht „sachgemäß"); *Kleinknecht* Bruns-FS S. 482.
[896] *Loos* JZ 78, 592 (598).

von Freispruch und Verurteilung beruht darauf, daß der zwar ungeschriebene aber doch allgemein anerkannte Grundsatz des *ne bis in idem* beide Konstellationen gleichermaßen *erfaßt*. Bei der Analogie geht es aber darum, einen Gedanken auf eine parallele Konstellation zu *erstrecken*. Die analoge Anwendung des §153a Abs. 1 S. 4 StPO soll also eine Rechtslücke füllen, während die Gleichbehandlung von Verurteilung und Freispruch auf einem bestehenden Rechtsgrundsatz beruht. Dieser Unterschied rechtfertigt es, die analoge Anwendung der Vorschrift davon abhängig zu machen, daß die Belastungen für den Betroffenen, die von einer Einstellung nach §153a und von der nach §153 StPO ausgehen, vergleichbar sind. Da dies nicht der Fall ist, muß die analoge Anwendung des §153a Abs. 1 S. 4 StPO abgelehnt werden.

Dennoch ist zu beachten, daß die Interessen des Beschuldigten an einer endgültigen Entscheidung nicht vernachlässigt werden dürfen. Dieses spricht für eine beschränkte Bestandskraft der Entscheidung. Gleichzeitig darf aber auch der Unterschied zwischen dem §153a und dem §153 StPO nicht außer acht gelassen werden; d.h., daß die Sperrwirkung nicht weiter reichen darf als in §153a Abs. 1 S. 4 StPO vorgesehen[897]. Dementsprechend ist davon auszugehen, daß die Tat nicht nur weiterhin verfolgbar ist, wenn sie sich als Verbrechen darstellt, sondern auch schon dann, wenn neue Tatsachen oder Beweismittel vorliegen, aufgrund derer die Staatsanwaltschaft zu dem Schluß kommt, daß die Voraussetzungen des §153 StPO nicht gegeben waren[898]. In diesem Fall muß sie dann trotz einer vorherigen Einstellung durch das Gericht die Tat aufgrund des Legalitätsprinzips weiterhin verfolgen.

### bb. *§262 Abs. 2 StPO*
*(1). Voraussetzungen*
Nach §262 Abs. 2 StPO kann das Gericht „die Untersuchung aussetzen und einem der Beteiligten zur Erhebung der Zivilklage eine Frist bestimmen oder das Urteil des Zivilgerichts abwarten".

(a). Entgegen dem Wortlaut gilt die Vorschrift auch für öffentlich-rechtliche Klagen[899], nicht dagegen für eine vor dem Bundesverfassungsgericht, da die Art. 100 und 126 GG hier Sonderregelungen treffen[900].

---

[897] *Rieß* LR[24] §153, RdNr. 87.
[898] so auch *Beulke* StPO RdNr. 336; *Meyer-Goßner* K/M-G §153, RdNr. 37 f; *Pfeiffer* PfFi §153, RdNr. 9; *Roxin* StPO §14 RdNr. 29; *Rieß* LR[24] §153, RdNr. 87 ff.
[899] *Gollwitzer* LR[24] §262, RdNr. 26; *Meyer-Goßner* K/M-G §262, RdNr. 10.
[900] *Gollwitzer* LR[24] §262, RdNr. 48.

(b). Der Aussetzungsbeschluß nach §262 Abs. 2 StPO bindet das Gericht nicht. Es ist also nicht daran gehindert, das Verfahren jederzeit fortzuführen[901].(c). Fraglich ist, in welchen Verfahrensstadien das Gericht von der Norm Gebrauch machen kann. Sie befindet sich in dem Abschnitt über die Hauptverhandlung, ist in dieser also anwendbar. Über §332 StPO kann auch das Berufungsgericht nach §262 Abs. 2 StPO entscheiden. Da die Regelung der Prozeßökonomie dienen soll, erscheint es sinnlos, das Verfahren erst in der Hauptverhandlung auszusetzen. Deshalb wird der Anwendungsbereich der Vorschrift auch auf die Zeit davor erstreckt[902]. Dagegen gilt sie nach h.M. nicht im Revisionsverfahren, da die StPO für diesen Abschnitt den §262 Abs. 2 StPO nicht für anwendbar erklärt[903]. Auch eine analoge Anwendung scheitert wohl an der Voraussetzung der planwidrigen Regelungslücke, da das Gesetz für die Berufung auf diese Vorschrift verweist, der Gesetzgeber die Relevanz der Aussetzung im Rechtsmittelverfahren also durchaus erkannt hat.

(d). Für die Geltung des Legalitätsprinzips bedeutet §262 Abs. 2 StPO folgendes:
- Ist der Aussetzungsbeschluß ergangen, muß das Gericht vorläufig nicht mehr tätig werden.
- Einem weiteren Tätigwerden steht aber, da der Beschluß nicht bindend ist, kein Verfolgungshindernis entgegen.
- Ist die Frist abgelaufen, ohne daß die Klage erhoben wurde, oder ist das Urteil des anderen Gerichts ergangen, greift die Verfolgungspflicht wieder ein[904].

Im Ergebnis berührt §262 Abs. 2 StPO das Legalitätsprinzip also nur in zeitlicher Hinsicht, indem es dem Gericht ermöglicht, die Sache vorübergehend nicht weiter untersuchen zu müssen.

*(2). Ermessen*
Die Aussetzung steht im pflichtgemäßen Ermessen des Gerichts. Dieses ist aber auf Null reduziert, wenn Sondergesetze vorsehen, daß die Vorfrage nur durch eine andere Stelle geklärt werden kann und das Strafgericht somit auf dessen Entscheidung angewiesen ist[905].

---

[901] *Gollwitzer* LR[24] §262, RdNr. 44; *Meyer-Goßner* K/M-G §262, RdNr. 13.
[902] *Gollwitzer* LR[24] §262, RdNr. 27; *Hürxthal* KK §262, RdNr. 12; *Meyer-Goßner* K/M-G §262, RdNr. 9.
[903] *Hürxthal* KK §262, RdNr. 12; *Gollwitzer* LR[24] §262, RdNr. 27; a.A. *Meyer-Goßner* K/M-G §262, RdNr. 9.
[904] *Meyer-Goßner* K/M-G §262, RdNr. 12.
[905] *Gollwitzer* LR[24] §262, RdNr. 34 ff; *Hürxthal* KK §262, RdNr. 8; *Meyer-Goßner* K/M-G §262, RdNr. 11.

*cc. §31a Abs. 2 BtMG*
Nach § 31a Abs. 2 BtMG kann das Gericht unter den gleichen Voraussetzungen wie die Staatsanwaltschaft, für die Abs. 1 gilt, von der Verfolgung absehen. Insofern kann auf die Ausführungen der S. 153 f verwiesen werden. Erforderlich ist allerdings die Zustimmung der Staatsanwaltschaft, wenn nicht einer der in Satz 2 genannten Ausnahmefälle vorliegt.

*dd. §37 Abs. 2 BtMG*
Eine weitere Einstellungsmöglichkeit ist in §37 Abs. 2 BtMG vorgesehen. Auch wenn Satz 3 der Vorschrift nur auf die Sätze 2 – 5 des Absatzes 1 verweist, so ist doch davon auszugehen, daß für die Einstellung die Voraussetzungen des Abs. 1 S. 1 vorliegen müssen. Insofern kann auf die Ausführungen der S. 154 f zu §37 Abs. 1 BtMG verwiesen werden; hier gilt Entsprechendes. Zusätzliche Voraussetzung ist allein die Zustimmung der Staatsanwaltschaft.
Zu beachten ist jedoch, daß die Vorschrift dem eindeutigen Wortlaut nach nur in den Tatsacheninstanzen gilt. Dagegen ist sie im Revisionsverfahren nicht anwendbar, so daß dort in Hinblick auf die Tätigkeitspflicht des Gerichts nicht „etwas anderes bestimmt" ist.

*ee. Ausbleiben des Angeklagten nach §230 StPO*
Der Angeklagte ist ausgeblieben, wenn er in der Verhandlung nicht anwesend ist. Grds. findet nach §230 StPO in diesem Fall keine Hauptverhandlung statt. Da dem Gericht also die Befugnis fehlt, eine Hauptverhandlung durchzuführen, kann es für die Dauer des Ausbleibens auch nicht aufgrund des Legalitätsprinzips zu einem Tätigwerden verpflichtet sein.
Dieser Grundsatz ist allerdings durch zahlreiche Ausnahmevorschriften durchbrochen (vgl. z.B. §§231 Abs. 2, 231 a, 231b, 231 c, 232, 233, 247, 387). Greifen diese Vorschriften ein, ist die Verfolgungspflicht nicht eingeschränkt.

*ff. Zuständigkeitsrügen*
Gerügt werden können sowohl die örtliche Unzuständigkeit als auch die nach §6a StPO vom Beginn des Hauptverfahrens bis zur Vernehmung des Angeklagten. Macht der Beschuldigte von diesem Recht Gebrauch, darf das Gericht nicht mehr tätig werden. Im Sinne des Legalitätsprinzips ist für dieses Gericht also etwas anderes bestimmt. Dagegen muß die Staatsanwaltschaft, da es sich um ein behebbares Hindernis handelt, nach §152 Abs. 2 StPO wieder tätig werden. Im Ergebnis ist die Verfolgungspflicht nur für das unzuständige Gericht, nicht aber insgesamt ausgeschlossen.

*gg. Besonderheiten im Jugendstrafverfahren: §47 (iVm. §109 Abs. 2) JGG*
Nach §47 Abs. 1 JGG kann das Gericht das Verfahren einstellen,
- wenn entweder
    *die Voraussetzungen des §153 StPO vorliegen (Nr. 1) oder
    *eine erzieherische Maßnahme iSd. §45 Abs. 3 S. 1 JGG, die eine Entscheidung durch Urteil entbehrlich macht, bereits durchgeführt oder eingeleitet ist (Nr. 2) oder
    *der Richter eine Entscheidung durch Urteil für entbehrlich hält, der Jugendliche geständig ist und eine in §45 Abs. 3 S. 1 JGG bezeichnete Maßnahme angeordnet wurde (Nr. 3) oder
    *der Jugendliche mangels Reife strafrechtlich nicht verantwortlich ist (Nr. 4)
- und wenn die Staatsanwaltschaft zustimmt.

(1). In den Fällen der Nr. 1 und 4 wird das Verfahren endgültig eingestellt mit der Folge, daß es nicht mehr rechtshängig ist und die Verfolgungspflicht für das Gericht somit entfällt.
Dagegen hat die Einstellung nach den Nr. 2 und 3 nur vorläufigen Charakter. Die Verfolgungspflicht entfällt also zunächst bis zum Ablauf der nach §47 Abs. 1 S. 2 JGG gesetzten Frist. Ist der Beschuldigte den Auflagen, Weisungen oder erzieherischen Maßnahmen nachgekommen, wird das Verfahren nach §47 Abs. 1 S. 5 endgültig eingestellt. Andernfalls ist das Gericht aufgrund des Legalitätsprinzips verpflichtet, weiterhin tätig zu werden.

(2). Das Verfahren kann nach §47 JGG in allen Stadien eingestellt werden. Mit der Einstellung endet die Rechtshängigkeit, das Gericht kann danach also nicht wieder tätig werden. Aber auch die Staatsanwaltschaft ist wegen §47 Abs. 3 JGG an der erneuten Verfolgung gehindert, wenn sie die Anklage nicht auf neue Tatsachen oder Beweismittel stützen kann. Dem Einstellungsbeschluß nach §47 Abs. 3 JGG kommt also eine beschränkte Rechtskraftwirkung zu.

(3). Die Einstellung steht im Ermessen des Gerichts.

## II. Der Richter als Notstaatsanwalt

**1. Persönlicher Anwendungsbereich**
Während Richter nach §162 StPO nur auf Antrag der Staatsanwaltschaft tätig werden können, sich ihre Ermittlungspflicht nach §162 Abs. 3 StPO also allein aus der Anordnung ergibt, sieht §165 StPO vor, daß Richter auch aus eigenem Entschluß, also allein aufgrund Gesetzes Untersuchungen anstellen dürfen.
Es fragt sich somit, ob diese Vorschrift das Legalitätsprinzip auf die sog. Notstaatsanwälte erstreckt. Auch wenn es so aussieht, als ob die Vorschrift dem Richter Ermessen einräumt, so geht die ganz h.M. doch davon aus, daß das „kann" nur die Zuständigkeit bezeichnet, der Richter also verpflichtet ist einzuschreiten, wenn die Voraussetzungen des §165 StPO vorliegen[906]. Wie aber bereits gesehen, bedeutet nicht jede im Gesetz angeordnete Tätigkeitspflicht, daß das Legalitätsprinzip in diesem Bereich gilt. Hier ist jedoch zu bedenken, daß §165 (iVm. §169) StPO eine Notzuständigkeit für Richter in dem staatsanwaltschaftlichen Aufgabenbereich nach den §§152 Abs. 2, 160 StPO begründet: Der Richter wird quasi als Ersatz tätig, weil die Staatsanwaltschaft nicht erreichbar ist, um ihrer Pflicht nachzukommen. Da die Staatsanwaltschaft in diesem Bereich unproblematisch an das Legalitätsprinzip gebunden ist, kann für den Richter nichts anderes gelten.
Insofern findet dieser Grundsatz auf den sog. Notstaatsanwalt wegen §165 (iVm. §169) StPO Anwendung[907].

**2. Zeitlicher Anwendungsbereich**
*a. Beginn der Ermittlungspflicht*
Da §165 StPO den Richter nur anstelle der Staatsanwaltschaft handeln läßt, kann das Legalitätsprinzip für ihn auch erst eingreifen, wenn es für die Staatsanwaltschaft gilt. §152 Abs. 2 StPO enthält als zeitliche Begrenzung die zureichenden tatsächlichen Anhaltspunkte. Gleiches muß dann auch im Bereich des §165 StPO gelten.
Aus dem Charakter als Notzuständigkeit folgt allerdings noch eine weitere Einschränkung: der Richter darf erst tätig werden, nachdem sichergestellt ist, daß der Staatsanwalt nicht erreichbar ist[908].

---

[906] *Rieß* LR[24] §165, RdNr. 8; *Geppert* JURA 82, 139 (141); *Wacke* KK §165, RdNr. 1; *Pfeiffer* PfFi §165, RdNr. 1; vgl. auch *Müller* KMR §165, RdNr. 7; a.A. wohl *Nelles* (Ausnahmekompetenzen S. 61): „Die nach Zweckmäßigkeitserwägungen zu treffende Entscheidung über das ‚ob'[...]".
[907] so iE. auch *Geppert* JURA 82, 139 (141) und *Rieß* (LR[24] §152, RdNr. 16), der jedoch §152 Abs. 2 StPO entgegen dessen Wortlaut unmittelbar auf den Richter anwenden will.
[908] *Rieß* LR[24] §165, RdNr. 10.

*b. Ende der Ermittlungspflicht*
Die Befugnis und somit auch die Pflicht des Richters, in der Sache selbst zu ermitteln, ist nur eine vorübergehende. Dies ergibt sich zum einen aus §167 StPO, zum anderen aber wiederum aus dem Zweck des §165 StPO, für Richter nur eine Notzuständigkeit zu begründen[909]. Somit endet die Geltung des Legalitätsprinzips für ihn, sobald der Staatsanwalt erreichbar ist und selbst schnell genug Entscheidungen über das weitere Vorgehen treffen kann[910].

### 3. Sachlicher Anwendungsbereich
§165 stellt für die Tätigkeitspflicht des Richters folgende Voraussetzungen auf:
– Unerreichbarkeit des Staatsanwaltes
– Gefahr im Verzug
– Erforderlichkeit der Untersuchungshandlungen

*a. Unerreichbarkeit des Staatsanwaltes*
Der Staatsanwalt ist unerreichbar, wenn er entweder überhaupt nicht davon unterrichtet werden kann, daß er dringend tätig werden muß[911], oder aber, wenn er zwar unterrichtet werden kann, er aber aufgrund der Umstände des Einzelfalles nicht in der Lage ist, die Ermittlungen zu leiten[912].

*b. Gefahr im Verzug*
Gefahr im Verzug ist gegeben, wenn zu befürchten ist, daß der Aufschub der Ermittlungen bis zu einer Antragstellung der Staatsanwaltschaft die Untersuchung nicht nur unerheblich beeinträchtigen oder ganz unmöglich machen würde[913]. Sobald der Richter genügend ermittelt hat, um sicherzustellen, daß die Vereitelung der Tataufklärung nicht mehr droht bis ein Staatsanwalt über das weitere Vorgehen entscheiden kann, liegt keine Gefahr im Verzug mehr vor. Dann ist der Richter nicht mehr befugt und somit auch nicht mehr verpflichtet, nach §165 StPO aus eigenem Entschluß tätig zu werden.

*c. Erforderlichkeit der Untersuchung*
Bei der Voraussetzung der Erforderlichkeit kommt zum Ausdruck, daß der Richter nur eine Notzuständigkeit hat. Daß der Richter tätig wird, ist deshalb nur erforder-

---
909 *Wacke* KK §165, RdNr. 1.
910 *Pfeiffer* PfFi §165, RdNr. 1.
911 *Rieß* LR[24] §165, RdNr. 10; *Wacke* KK §165, RdNr. 3.
912 *Rieß* LR[24] §165, RdNr. 10, 11; *Wacke* KK §165, RdNr. 3.
913 vgl. *Rieß* LR[24] §165, RdNr. 9; *Wacke* KK §165, RdNr. 2; *Pfeiffer* PfFi §165, RdNr. 1.

lich, wenn kein anderes Verfolgungsorgan ausreichende Ermittlungen anstellt oder anstellen kann. §165 StPO greift also vor allem dann nicht ein, wenn die Polizei aufgrund von §163 StPO den Sachverhalt bereits erforscht oder aber die Einschaltung der Polizei rechtzeitig möglich ist[914].

Zum anderen ist der Richter auch nur zum Tätigwerden verpflichtet, wenn die Staatsanwaltschaft im Falle ihrer Erreichbarkeit nach §152 Abs. 2 StPO einschreiten müßte[915]. Wenn also klar erkennbar ist, daß kein Anfangsverdacht besteht, es nicht möglich ist, daß eine Straftat vorliegt, ersichtlich ist, daß die Straftat nicht verfolgt werden kann oder eindeutig genügend Informationen vorliegen, die die Annahme begründen, daß etwas anderes iSd. §152 Abs. 2 StPO bestimmt ist, dann ist eine weitere Untersuchung des Sachverhaltes durch den Richter nicht erforderlich. Demzufolge ist er mangels Berechtigung zum Tätigwerden hierzu auch nicht aus §165 StPO verpflichtet.

Im Zweifel muß aber davon ausgegangen werden, daß die Untersuchung erforderlich ist. Denn wenn die einzigen Beweise, auf die eine Anklage gestützt werden könnte, nur verloren gehen, weil der Richter nicht nach §165 StPO eingeschritten ist, dann hätte er faktisch darüber entschieden, ob ein Verfahren betrieben wird, während Abschlußentscheidungen vom rechtlichen Standpunkt her allein der Staatsanwaltschaft zustehen. Diese Kompetenzzuordnung muß bei der Auslegung des Begriffes „Erforderlichkeit" berücksichtigt werden.

---

[914] *Rieß* LR[24] §165, RdNr. 13; *Wacke* KK §165, RdNr. 4.
[915] *Rieß* LR[24] §165, RdNr. 13.

## III. §183 GVG

*Schäfer* ist 1979 davon ausgegangen, daß §183 GVG Teil des Legalitätsprinzips ist[916]. Diese Ansicht ist jedoch mit der h.M. abzulehnen. Denn §183 GVG enthält keine Verpflichtung, eine Straftat zu erforschen und zu verfolgen, sondern lediglich Beweise in begrenztem Umfang zu sichern, indem der Tatbestand in das Protokoll aufgenommen und an die zuständige Verfolgungsbehörde übersandt wird[917]. Durch die Aufgabe der Beweissicherung umfaßt die Pflicht nach §183 GVG zwar mehr als die allgemeine Anzeigepflicht Privater. Trotzdem kann man noch nicht davon ausgehen, daß die Gerichte bei dieser Aufgabe strafverfolgend tätig werden.
Außerdem will es nicht einleuchten, das Legalitätsprinzip nur in einem so begrenzten Umfang wie dem des §183 GVG auf die Gerichte zu erweitern[918]. Denn §183 GVG begründet nur die Pflicht, während der Verhandlung bei der Straftatverfolgung mitzuhelfen, ist also situationsbezogen. Das Legalitätsprinzip ist dagegen tatbezogen.
Schließlich ist zu beachten, daß §183 GVG nicht nur im Strafprozeßrecht Anwendung findet, sondern zumindest auch auf Zivilgerichte[919]. Ein Zivilrichter kann aber nicht als Strafverfolgungsorgan angesehen werden[920].
Insofern begründet §183 GVG nur eine Mithilfepflicht bei der Strafverfolgung, ist aber nicht Teil der eigentlichen Strafverfolgung. Demzufolge wird durch §183 GVG das Legalitätsprinzip in dem von dieser Norm erfaßten Bereich nicht auf die Gerichte erstreckt.

---

[916] *Schäfer* LR[23] §183 GVG, RdNr. 2.
[917] *Nierwetberg* NJW 96, 432 (433).
[918] *Nierwetberg* NJW 96, 432 (433).
[919] *Schäfer/Wickern* LR[24] §183 GVG, RdNr. 2; ob die Pflicht auch für die Gerichte uneingeschränkt gilt, in deren Verfahrensordnungen auf §183 GVG verwiesen wird, ist str., vgl. hierzu *Schäfer/Wickern* LR[24] §183 GVG, RdNr. 2.
[920] s. hierzu *Nierwetberg* NJW 96, 432 (433).

## IV. Der Jugendrichter als Vollstreckungsleiter

### 1. Persönlicher und zeitlicher Anwendungsbereich

Nach §82 Abs. 1 JGG ist der Jugendrichter Vollstreckungsleiter, wenn Urteile vollstreckt werden, die gegen Jugendliche erlassen wurden. Gleiches gilt bei Urteilen gegen Heranwachsende, wenn Jugendstrafrecht angewandt und nach dem JGG zulässige Maßnahmen oder Jugendstrafe verhängt wurden (§82 iVm. §110 Abs. 1 JGG). Seine Zuständigkeit endet allerdings, wenn und sobald die Vollstreckung nach §85 Abs. 6 JGG oder nach §89a iVm. §85 Abs. 6 JGG an die Staatsanwaltschaft abgegeben wurde.

Solange aber, wie der Jugendrichter Vollstreckungsleiter ist, gilt für ihn das Legalitätsprinzip im Grundsatz genauso wie für die Staatsanwaltschaft in diesem Verfahrensabschnitt. Insofern sei auf die Ausführungen der S. 163 ff verwiesen.

### 2. Sachlicher Anwendungsbereich

Auch in sachlicher Hinsicht gilt wegen §2 JGG nichts anderes als im Erwachsenenstrafrecht, es sei denn, das Jugendgerichtsgesetz enthält Spezialvorschriften. Deshalb sollen an dieser Stelle auch nur die Besonderheiten des Jugendstrafrechts dargestellt werden.

#### a. Urteil, mit dem auf schuldhaftes Unrecht reagiert wurde

Das Jugendgerichtsgesetz unterscheidet drei Arten von Rechtsfolgen: die Erziehungsmaßregeln, die Zuchtmittel und die Jugendstrafe. Fraglich ist, ob diese Maßnahmen alle den Zweck verfolgen, auf schuldhaftes Unrecht zu reagieren. Denn nur dann unterliegt die Vollstreckung dem Legalitätsprinzip (s.o. S. 163).
Für die Erziehungsmaßregeln ist dies eindeutig zu verneinen. Aus §5 Abs. 1 JGG ergibt sich, daß sie nur aus Anlaß einer Straftat, nicht aber wegen einer solchen verhängt werden. Sie dienen der Erziehung[921].
Die Jugendstrafe kann zwar auch nicht losgelöst vom Erziehungsgedanken gesehen werden. Dennoch soll sie primär eine Reaktion auf eine begangene Straftat darstellen. Dementsprechend ist sie auch als echte Kriminalstrafe[922] einzuordnen mit der Folge, daß ihre Vollstreckung dem Legalitätsprinzip unterliegt.
Schwieriger zu beurteilen ist, ob auch die Zuchtmittel eine wirkliche Strafe darstellen. In materieller Hinsicht erscheint dies zweifelhaft, v.a. weil in §5 Abs. 2 JGG die Zuchtmittel neben der Jugendstrafe als Maßnahme zur *Ahndung* einer Straftat genannt sind[923]. Indessen ist dieser Streit für die Frage nach der Geltung des Legalitätsprinzips irrelevant, da §13 Abs. 3 JGG klarstellt, daß Zuchtmittel nicht die Rechtswirkungen einer Strafe haben. Dies bedeutet, daß alle die Rechtsfolgen, die

---

[921] vgl. *Brunner/Dölling* JGG §17, RdNr. 1; zweifelnd *Bohnert* JZ 83, 517 (521 ff).
[922] *Diemer/Schoreit/Sonnen* JGG §17, RdNr. 4; *Brunner/Dölling* JGG §2, RdNr. 4 und §17, RdNr. 1; *Schaffstein/Beulke* JGG S. 139.
[923] vgl. *Gössel/Zipf* StGB-AT II §72, RdNr. 4 mwN.

nicht nur in Zusammenhang mit einer Straftat stehen (wie z.B. die Aussetzung zur Bewährung), sondern die auf Tatbestandsseite das Vorliegen einer Strafe zur Voraussetzung haben, nicht eintreten oder verhängt werden dürfen[924]. Der Anwendungsbereich des Legalitätsprinzips hängt gerade davon ab, daß eine Strafe vollstreckt werden soll. Die Strafe ist also (ungeschriebene) Tatbestandsvoraussetzung. Insofern gilt das Legalitätsprinzip für die Zuchtmittel – unabhängig von ihrem materiellen Gehalt – nicht.

Im Ergebnis ist somit festzuhalten, daß nur die Vollstreckung der Jugendstrafe dem Legalitätsprinzip unterliegt. Daß die Vollstreckung auch in den anderen Fällen nicht im Belieben des Richters steht, folgt allein aus dem Vollstreckungsbefehl des Urteils iVm. den gesetzlichen Vorgaben.

### b. Vollstreckbarkeit

Wegen §2 JGG gelten hier die gleichen Hindernisse wie bei der Vollstreckung der Freiheitsstrafe, wenn das JGG nicht Spezialregelungen vorsieht. Genauso wie im Erwachsenenstrafrecht können sich die Hindernisse auch hier aus dem Gesetz direkt ergeben oder aber durch die Entscheidung einer anderen Stelle begründet werden. Zu beachten ist in diesem Zusammenhang, daß der Vollstreckungsleiter nach §83 Abs. 1 JGG auch jugendrichterliche Entscheidungen treffen kann. Diese sind Rechtsprechungsakte[925], während die Vollstreckung Verwaltungstätigkeit ist. Daraus folgt, daß in diesen Fällen nicht die Vorschrift selbst für die Vollstreckung „etwas anderes" bestimmt, sondern erst die Entscheidung des Vollstreckungsleiters in seiner Funktion als Richter ein Vollstreckungshindernis begründet.

#### aa. Straf(rest)aussetzung zur Bewährung

Für die Aussetzung zur Bewährung enthält das JGG Sonderregelungen in den §§21 ff (iVm. 105), 57 (iVm. 109 Abs. 2) und 88 JGG (iVm. 110 Abs. 1).

(1). Die §§21 ff JGG betreffen die Aussetzung bei Erlaß des Urteils, §88 JGG die Aussetzung nach Beginn der Vollstreckung.

Für die Geltung des Legalitätsprinzips folgt aus diesen Vorschriften, daß der Vollstreckung ein Hindernis entgegensteht, wenn die Strafe zur Bewährung ausgesetzt ist. Dieses Hindernis entfällt, wenn die Aussetzung nach §26 (iVm. §88 Abs. 6) JGG widerrufen wird. Es wird dagegen zu einem endgültigen, wenn die Strafe gem. §26a (iVm. §88 Abs. 6) JGG erlassen wird. Einen Widerruf dieses Erlasses, der die Vollstreckbarkeit wiederherstellen würde, sieht das JGG im Gegensatz zum StGB nicht vor.

---

[924] *Diemer/Schoreit/Sonnen* JGG §13, RdNr. 8, 9.
[925] *Schaffstein/Beulke* JGG S. 267.

(2). §57 JGG betrifft den Fall, daß die Aussetzung nicht bereits im Urteil, sondern nach dessen Erlaß und vor Beginn des Vollzuges ausgesprochen worden ist. Wenn im Urteil nicht ausdrücklich die Möglichkeit vorbehalten wurde, die Aussetzung iSd. §57 JGG nachträglich zu beschließen, ist das Urteil auf jeden Fall zunächst vollstreckbar und somit auch vollstreckungspflichtig iSd. Legalitätsprinzips. Diese Pflicht entfällt erst, wenn die Aussetzung nach §57 JGG beschlossen wurde, wodurch der Vollstreckung ein Hindernis entgegensteht.

Fraglich ist aber, ob sich an dieser Rechtslage etwas ändert, wenn das Gericht im Urteil ausdrücklich erklärt hat, daß eine Entscheidung über die Aussetzung erst nachträglich getroffen werden soll (Institut der umstrittenen Vorbewährung[926]). Teilweise wird dies bejaht: Das Urteil dürfe in diesem Fall nicht vollstreckbar sein, bis über die Aussetzung entschieden worden ist, da sich der Vollstreckungsleiter ansonsten über die Erkenntnis des Tatrichters stellen könnte[927]. Gegen diese Auffassung spricht allerdings der Wortlaut des §57 Abs. 1 JGG, dessen Begrenzung auf die Zeit bis zum Beginn des Vollzuges überflüssig wäre, wenn wegen des Aussetzungsvorbehaltes die Vollstreckung und somit der Vollzug ohnehin nicht beginnen dürfte[928]. Diesem Argument wird wiederum entgegengehalten, daß die Worte „solange der Strafvollzug noch nicht begonnen hat" nur die Bedeutung hätten, die Strafaussetzung von der Straf*rest*aussetzung abzugrenzen. Diese Auslegung sei historisch begründet, da §11 S. 2 JGG 1923 beide Aussetzungsarten gleichbehandelte[929]. Dieses Argument geht jedoch ins Leere. Denn die Abgrenzung zwischen der Strafaussetzung und der Strafrestaussetzung ergibt sich im geltenden Recht zum einen aus dem Wortlaut der §§21 ff, 57 und 88 JGG, zum anderen aber aus der systematischen Stellung der Vorschriften. Denn §88 JGG befindet sich im dritten Hauptstück des Zweiten Teiles, in dem es um die Vollstreckung und den Vollzug geht, während §57 JGG im zweiten Hauptstück, das die Zeit davor betrifft, steht. Insofern ist dem Wortlaut des §57 Abs. 1 JGG zu entnehmen, daß der Aussetzungsvorbehalt kein Vollstreckunghindernis begründet[930], die Strafe also genauso wie eingangs erläutert solange vollstreckbar und wegen des Legalitätprinzips auch vollstreckungspflichtig ist, bis die Aussetzung beschlossen worden ist.

---

[926] vgl. zu diesem Streit *Schaffstein/Beulke* JGG S. 166 ff.
[927] *KG* NStZ 88, 182 (182 f); so iE. auch *Eisenberg* JGG §57 RdNr. 20 f.
[928] *Schaffstein/Beulke* JGG S. 259.
[929] *Eisenberg/Wolski* NStZ 86, 220 (221).
[930] so iE. *Schaffstein/Beulke* JGG S. 259; *OLG Düsseldorf* NStZ 86, 219 (220).

*bb. Vollstreckungsverjährung*
Auch wenn die Verjährungsfristen aus Erziehungsgründen als zu lang angesehen werden[931], so gelten sie über §4[932] bzw. nach a.A. über §2 JGG[933] *de lege lata* ohne jugendstrafrechtliche Besonderheiten auch für die Jugendstrafe.

*cc. §27 (iVm. §105) JGG*
Nach §27 JGG kann der Richter lediglich die Schuld feststellen, die Entscheidung über die Verhängung der Jugendstrafe aber für eine von ihm zu bestimmende Bewährungszeit aussetzen, wenn nach Erschöpfung der Ermittlungsmöglichkeiten nicht mit Sicherheit beurteilt werden kann, ob in der Straftat schädliche Neigungen in einem solchen Umfange hervorgetreten sind, daß eine Jugendstrafe erforderlich ist.
Im Zusammenhang mit diesem Institut wird oft von einer bedingten Strafe geredet. Rechtlich gesehen wird aber nicht eine bedingte Strafe ausgesprochen, sondern bereits die Verhängung der Strafe ist abhängig vom weiteren Verhalten des Jugendlichen: entweder die schädlichen Neigungen können sicher festgestellt werden, so daß die Strafe dann ausgesprochen wird (§30 Abs. 1 JGG), oder aber der Jugendliche bewährt sich und der Schuldspruch wird getilgt (§30 Abs. 2 JGG). In diesem Punkt ist die Rechtslage vergleichbar mit der bei der Verwarnung mit Strafvorbehalt nach §59 StGB. Demzufolge gilt auch für die Frage nach der Geltung des Legalitätsprinzips Entsprechendes, so daß auf die obigen Ausführungen der S. 173 verwiesen werden kann.

*dd. §89a (iVm. §110 Abs. 1) JGG*
Unter den in §89a Abs. 1 JGG genannten Voraussetzungen kann bzw. muß der Vollstreckungsleiter (in seiner Funktion als Jugendrichter, vgl. §83 Abs. 1 JGG) die Unterbrechung der Vollstreckung anordnen. Hat er dies getan, besteht ein vorübergehendes Vollstreckungshindernis. In dieser Zeit wird allerdings die andere Strafe vollstreckt. Insofern ist die Verfolgungspflicht im Ergebnis durch §89a Abs. 1 JGG nicht berührt.
§89a Abs. 2 S. 1 JGG behindert dagegen unmittelbar die Vollstreckung der Jugendstrafe, wenn außerdem eine lebenslange Freiheitsstrafe zu vollstrecken ist und die letzte Verurteilung eine Tat betrifft, die bereits vor der früheren Verurteilung begangen wurde. Wird die lebenslange Freiheitsstrafe zur Bewährung ausgesetzt, wird auch die Jugendstrafe für erledigt erklärt. In diesem Fall besteht dann ein endgültiges Vollstreckungshindernis.

---

931 *Ostendorf* JGG §4, RdNr. 5; *Diemer/Schoreit/Sonnen* JGG §4, RdNr. 4.
932 *Ostendorf* JGG §4, RdNr. 5.
933 *Diemer/Schoreit/Sonnen* JGG §4, RdNr. 4.

*c. „soweit nicht gesetzlich ein anderes bestimmt ist"*
§35 BtMG gilt laut §38 Abs. 1 dieses Gesetzes auch für Jugendliche und Heranwachsende. Die Entscheidungen werden vom Jugendrichter getroffen[934].

---

[934] *Eisenberg* JGG §82, RdNr. 5a.

## E. Sonstige Personen

### I. Aufgabenübertragung auf Nicht-Verfolgungsorgane
In mehreren Gesetzen ist vorgesehen, daß einzelne Personen, die nicht zu den Strafverfolgungsorganen gehören, mit der selbständigen Erledigung von Aufgaben im Bereich der Strafverfolgung betraut werden können bzw. durch das Gesetz unmittelbar betraut werden.
Dies gilt für Referendare iRv. §142 Abs. 3 GVG und §2 Abs. 5 RPflG, für Rechtspfleger nach dem Rechtspflegegesetz iVm. der Begrenzungsverordnung und nach §8 RPflAnpG iVm. den dort genannten Vorschriften aus dem Einigungsvertrag für Rechtspraktikanten, Richter- und Staatsanwaltschaftsassistenten und einzuarbeitende Diplomjuristen im dort umschriebenen Umfang.
Wenn diesen Personen eine Aufgabe übertragen wurde, handeln sie selbständig[935]. Es wird also die Zuständigkeit in dem jeweiligen Bereich auf die betraute Person erweitert. Das bedeutet, daß sich ihre Rechte und Pflichten nicht aus einem Auftrag, einer Weisung oder ähnlichem ergeben, sondern unmittelbar aus dem Gesetz[936]. Demzufolge sind sie, solange und soweit auf sie eine Strafverfolgungsaufgabe übertragen wurde, im gleichen Maße an das Legalitätsprinzip gebunden wie das Organ, das ohne eine solche Übertragung zuständig wäre. Zur zeitlichen und sachlichen Anwendbarkeit kann somit auf die Ausführungen zu Staatsanwaltschaft bzw. Gericht verwiesen werden.

### II. Spezielle Verfolgungsbehörden
Teilweise wird im Gesetz angeordnet, daß §163 oder §152 Abs. 2 StPO auch auf andere Behörden als die der Polizei oder Staatsanwaltschaft Anwendung finden sollen. Dies ist z.B. in den §§385, 399, 402, 404 AO oder §147 Bundesberggesetz vorgesehen[937].
Andere Gesetze bestimmen, daß Fachbehörden als Hilfsbeamte der Staatsanwaltschaft polizeiliche Aufgaben wahrnehmen können[938]. Für diese gilt aber, daß sie nicht aufgrund Gesetzes, sondern aufgrund einer Anordnung der Staatsanwaltschaft nach §152 Abs. 1 GVG verpflichtet sind, tätig zu werden. Insofern gilt für sie das Legalitätsprinzip aus §163 StPO nicht[939].

---

[935] *Schäfer/Boll* LR[24] §142 GVG, RdNr. 40 f.
[936] *Landau/Globschütz* NStZ 92, 68 (69).
[937] BGBl. I 1980, S. 1310.
[938] s. hierzu ausführlich *Vogel* Gefahrenabwehr S. 48 f.
[939] so iE. *Rieß* LR[24] §152, RdNr. 15.

## F. Zusammenfassung der Ergebnisse aus Teil 2

### I. Zeitlicher und persönlicher Anwendungsbereich
Der zeitliche und persönliche Anwendungsbereich des Legalitätsprinzips im einfachen Recht läßt sich graphisch wie folgt darstellen und zusammenfassen:

|  | Ermittlungs-verfahren | gerichtliches Verfahren | Vollstreckungs-verfahren |
|---|---|---|---|
| Staatsanwaltschaft | ——————— |  | ——————— |
| Polizei | ——————— |  |  |
| Richter als Spruchkörper |  | ——————— |  |
| Notstaatsanwalt | ——————— |  |  |
| Jugendrichter als Vollstreckungsleiter |  |  | ——————— |

Diese Übersicht zeigt, daß von der Erlangung des Anfangsverdachtes bis zur Vollstreckung des Urteils – also während des gesamten Verfahrens – ununterbrochen eine staatliche Strafverfolgungsbehörde dem Legalitätsprinzip unterliegt.

### II. Sachlicher Anwendungsbereich
Dagegen haben die Untersuchungen ergeben, daß die StPO in sachlicher Hinsicht verschiedenartige Ausnahmen von der Verfolgungspflicht vorsieht. Hingewiesen werden soll an dieser Stelle allerdings darauf, daß die Einschränkungen des Legalitätsprinzips bei dem sog. Notstaatsanwalt keine wirklichen Ausnahmen von der staatlichen Verfolgungspflicht darstellen. Denn durch die Tätigkeitsvoraussetzungen wird nur die Einschreitpflicht des Notstaatsanwaltes auf die Fälle beschränkt, in denen die Staatsanwaltschaft nicht nach §152 Abs. 2 StPO tätig werden kann. Ist also die richterliche Verfolgungspflicht nach §165 StPO ausgeschlossen, besteht die der Staatsanwaltschaft. Im Ergebnis bedeutet dies, daß durch die Voraussetzungen des §165 StPO zwar der sachliche Anwendungsbereich des richterlichen Legalitätsprinzips im Ermittlungsverfahren bestimmt, nicht aber das staatliche Legalitätsprinzip, verstanden als die Pflicht des Staates zur Strafverfolgung, eingeschränkt wird.
Bei den sachlichen Einschränkungen der Verfolgungspflicht unterscheidet die StPO zwischen solchen, die der Verfolgungsbehörde einen Ermessensspielraum lassen und solchen, die zwingend ausgestaltet sind. Ferner zeigte sich, daß einige der in Teil 2 näher beleuchteten Vorschriften die Verfolgungspflicht dauernd, andere nur vorübergehend ausschließen.

## 1. Vorübergehender Ausschluß der Verfolgungspflicht
Durch folgende Regelungen wird die Verfolgungspflicht nur vorübergehend ausgeschlossen:
- Immunität
- vorübergehende Verhandlungsunfähigkeit
- Aufschub der Vollstreckung
- Unterbrechung der Vollstreckung
- Gewährung von Zahlungserleichterungen gem. §42 StGB und §459a Abs. 1 S. 1 StPO iVm. §42 StGG
- §459c StPO (Beitreibung einer Geldstrafe)
- Zurückstellung nach §35 BtMG
- §154e Abs. 2 StPO (Einstellung bis zum Abschluß eines anhängigen Straf- oder Disziplinarverfahrens)
- Vorschriften bzgl. einer Entscheidungskonzentration
- §262 Abs. 2 StPO (Aussetzung der Untersuchung bei zivilrechtlichen Vorfragen)

## 2. Ermessensentscheidungen
Zu den Ermessensentscheidungen zählen:
- §153b StPO
- §153c Abs. 1 Nr. 1 und 2, Abs. 3 StPO (Nichtverfolgung von Auslandstaten)
- §153e StPO (Absehen von der Strafverfolgung bei tätiger Reue)
- §154a – d StPO
- §154e Abs. 1 StPO
- §45 Abs. 1 JGG
- §37 BtMG
- Art. 4 und 5 KronzG
- §456a StPO (Absehen von der Vollstreckung bei Auslieferung oder Landesverweisung)
- §459a Abs. 1 S. 2 und Abs. 3 StPO (Zahlungserleichterungen)
- §459d StPO (Absehen von der Vollstreckung einer Geldstrafe)
- §47 JGG
- Aussetzung der Vollstreckung der Jugendstrafe nach §88 JGG.

Von diesen Vorschriften zu unterscheiden sind diejenigen Verfahrens- und Vollstreckungshindernisse, die die Verfolgung insgesamt in das Ermessen des

Staates stellen, weil sie von der Ermessensentscheidung einer anderen staatlichen Stelle als der für die jeweilige Verfolgungshandlung zuständigen Behörde abhängig sind. Dies ist der Fall bei:
- der Begnadigung
- den Straffreiheitsgesetzen
- der Strafaussetzung zur Bewährung nach §56 Abs. 2 JGG
- der Aussetzung der Verhängung der Jugendstrafe nach §27 JGG
- der Einstellung des Verfahrens nach §45 Abs. 3 JGG.

Nicht in diese Kategorie gehören dagegen die Einschränkungen der Verfolgungspflicht, die von der freien Entscheidung einer Privatperson abhängen (z.B. der Antrag bei den Antragsdelikten), da der Staat in diesen Fällen an eine fremde Entscheidung gebunden ist und somit nicht selbst entscheiden kann, ob die Tat verfolgt wird oder nicht.

### 3. Zwingende Ausnahmen
Von den obigen Auflistungen noch nicht erfaßt sind zwingende Vorschriften und Grundsätze, die die Verfolgungspflicht nicht nur zeitweise ausschließen. Zu diesen zählen folgende Tätigkeitsvoraussetzungen und -hindernisse:
- Unzuständigkeit der deutschen Gerichtsbarkeit
- rechtswidrige und schuldhaft begangene Straftat
- Rechtshängigkeit
- Rechtskraft als Verfahrenshindernis
- Verfolgungs- und Vollstreckungsverjährung
- besondere Voraussetzungen bei den Privatklagedelikten
- Voraussetzungen bei den Antragsdelikten
- Indemnität
- Strafunmündigkeit
- Tod als Verfahrenshindernis
- dauernde Verhandlungsunfähigkeit
- überlange Dauer von Strafverfahren
- Anfangsverdacht
- §153 StPO
- §153a StPO
- §153c Abs. 2 StPO
- §153d StPO
- §45 Abs. 2 JGG
- §31a BtMG
- Zuständigkeit der Gerichte
- Rechtskraft als Vollstreckungsvoraussetzung
- Verwarnung mit Strafvorbehalt nach §59 StGB

- Strafaussetzung zur Bewährung (§§56 Abs. 1 StGB, 36 Abs. 2 BtMG, 21, 57 JGG)
- Strafrestaussetzung zur Bewährung (§§57, 57 a StGB, 36 Abs. 2 BtMG, 88 JGG)
- Tod als Vollstreckungshindernis
- §459e Abs. 3 StPO (Vollstreckungshindernisse bei der Ersatzfreiheitsstrafe)
- §459f StPO (Absehen von der Vollstreckung der Ersatzfreiheitsstrafe)
- dauernde Abwesenheit gem. §§276 ff StPO
- dauerndes Ausbleiben iSv. §230 StPO
- Tätigkeitsbegründende Akte: wirksame Klage, Eröffnungsbeschluß, Rechtsmitteleinlegung, Wiederaufnahmeantrag, Urteil als Vollstreckungsvoraussetzung, Vollstreckbarkeitsbescheinigung.

# Teil 3

## *Ist das Strafverfahren vom Legalitätsprinzip beherrscht?*

### I. Auswertung der Ergebnisse des 1. und 2. Teiles

In Hinblick auf den persönlichen und zeitlichen Anwendungsbereich gilt das Legalitätsprinzip ohne Ausnahmen. Daß dabei je nach Verfahrensabschnitt unterschiedliche Strafverfolgungsorgane an diesen Grundsatz gebunden sind, spielt keine Rolle, da das Legalitätsprinzip als die Verfolgungspflicht des Staates in seiner Gesamtheit verstanden wurde. Was den persönlichen und zeitlichen Anwendungsbereich anbelangt, kann also unproblematisch davon gesprochen werden, daß das Strafverfahren vom Legalitätsprinzip beherrscht ist.

Schwieriger ist die Frage bzgl des sachlichen Anwendungsbereichs zu beantworten. Hier ist in Teil 2 festgestellt worden, daß die Verfolgungspflicht durch zahlreiche Ausnahmen durchbrochen ist.

Um die Frage, ob das Strafverfahren vom Legalitätsprinzip beherrscht ist, abschließend beantworten zu können, muß deshalb untersucht werden, ob die soeben aufgezählten Ausnahmen von einer umfassenden Verfolgungspflicht nicht nur scheinbare Ausnahmen, in Wirklichkeit aber Bestandteile des Legalitätsprinzips sind. Grundlage der Untersuchung ist dabei das in Teil 1 vor dem Hintergrund des Verfassungsrechts bestimmte Legalitätsprinzip. Es lautet:

Die Strafverfolgungsbehörden müssen jede Straftat verfolgen, wenn sie
- sie schuldhaft begangen wurde,
- die Verfolgung schuldangemessen ist,
- der Beschuldigte nicht dem Schutz des Art. 46 GG unterliegt,
- der Beschuldigte sich verteidigen kann,
- die Tat bemerkt wurde,
- die Tat den Rechtsfrieden mehr als nur unerheblich stört,
- der Verfolgung nicht die notwendige zeitliche Begrenzung entgegensteht und
- die Vollstreckung einer lebenslangen Freiheitsstrafe nicht die Menschenwürde des Inhaftierten verletzt,

es sei denn, die Strafverfolgungsbehörden sind durch diese umfassende Verfolgungspflicht so überlastet,
- daß durch die Verfolgung der Tat gegen den Beschleunigungsgrundsatz verstoßen würde
- oder eine funktionstüchtige Rechtspflege nicht mehr gewährleistet wäre.

In dieser Definition sind alle die Ausnahmen von einer strengen Verfolgungspflicht aufgezählt, die von Verfassungs wegen zwingend erforderlich sind. Da auch die

StPO nur von einem Legalitätsprinzip ausgehen kann, das mit dem Grundgesetz in Einklang steht, müssen diese Ausnahmen als begriffsimmanent angesehen werden. Demzufolge ist davon auszugehen, daß die StPO nur bei den Regelungen, die sich nicht unter die anhand von verfassungsrechtlichen Vorgaben hergeleitete Definition subsumieren lassen, eine Ausnahme vom Legalitätsprinzip vorsieht. Bei welchen Regelungen dies der Fall ist, soll im folgenden geklärt werden. Dabei geht es nicht um die Frage, ob die Vorschriften und Grundsätze kriminalpolitisch sinnvoll sind, sondern nur, ob die Verfassung sie zwingend vorschreibt. Konkret wird also die Frage gestellt: Wäre das Strafverfahrensrecht ohne die scheinbaren Ausnahmevorschriften verfassungswidrig?

### *1. Beschränkung der Untersuchung auf das deutsche Strafprozeßrecht*
Da die Frage nach der Geltung des Legalitätsprinzips von vornherein auf das Strafprozeßrecht in Deutschland beschränkt wurde, stellen das Verfahrenshindernis der Unzuständigkeit der deutschen Gerichtsbarkeit und die Voraussetzung, daß ein Straftatbestand verwirklicht wurde, keine Ausnahmen von dem hier bestimmten Legalitätsprinzip dar.

### *2. Keine Pflicht zu sofortigem Einschreiten*
Aus dem allgemeinen Begriff des Legalitätsprinzips folgt nicht, daß die Strafverfolgungsbehörden sofort einzuschreiten hätten. Es besteht nur die Pflicht, die Straftat im Rahmen der aufgezeigten zeitlichen Grenzen überhaupt zu verfolgen. Demzufolge sind alle auf S. 227 unter 1. genannten Regelungen, die die Verfolgungspflicht lediglich in zeitlicher Hinsicht tangieren, nicht als Ausnahme vom Legalitätsprinzip einzustufen.

### *3. Verfolgungspflicht*
Das allgemeine Legalitätsprinzip verlangt, daß die Strafverfolgungsbehörden bei Vorliegen bestimmter Voraussetzungen die Straftat verfolgen *müssen*. Das bedeutet, daß Vorschriften, die es den Verfolgungsorganen ermöglichen, auf der Rechtsfolgenseite zwischen mehreren Möglichkeiten zu wählen, nicht Teil des Legalitätsprinzips sein können. Demzufolge sind alle auf den S. 227 f unter 2. aufgeführten Regelungen (§153b, §153c Abs. 1 Nr. 1 und 2 und Abs. 3, §153e, §§154a – 154e Abs. 1, §456a, §459a Abs. 1 S. 2 und Abs. 3, §459d StPO, §45 Abs. 1, §47, §88 JGG, §37 BtMG, Art. 4 und 5 KronzG) als Ausnahmen dieses Grundsatzes anzusehen.

### *4. Adressat der Verfolgungspflicht: „Der Staat"*
Als Adressat der Verfolgungspflicht ist der Staat genannt worden. Zwar muß er aus Gründen der Gewaltenteilung die Aufgabe auf die im einzelnen zuständigen Gewalten verteilen. Dennoch ist die Verfolgungspflicht eine einheitliche Aufgabe,

eben die des Staates. Daraus folgt, daß solche Voraussetzungen wie die Zuständigkeit der Gerichte, die Anklageerhebung, der Eröffnungsbeschluß, die Vollstreckbarkeitsbescheinigung oder das Urteil, ohne die eine Vollstreckung nicht stattfinden darf, nicht das „ob", sondern nur das „wie" der Strafverfolgung betreffen. Denn diese Formalien kann der Staat schaffen. Es steht also nicht die Möglichkeit in Frage, überhaupt handeln zu können. Vielmehr muß der Staat selbst dafür sorgen, daß die Verfolgung nicht an diesen formalen Voraussetzungen scheitert. Damit unterscheiden sich die Anklageerhebung etc. z.B. von der Voraussetzung, daß eine Straftat begangen wurde: diese wird von außen vorgegeben, sie hängt von dem Verhalten eines Bürgers ab. Hier darf der Staat also überhaupt nicht handeln, wenn kein Delikt begangen wurde. Somit ist festzuhalten, daß die soeben aufgezählten tätigkeitsbegründenden Akte und die Zuständigkeit der Gerichte das allgemein bestimmte Legalitätsprinzip nicht berühren; sie betreffen nur das „wie" der Strafverfolgung.

### 5. „Schuldhaft begangene Straftat"
#### a. Rechtswidrigkeit der Straftat und Schuld des Täters
Aus dem Schuldgrundsatz ist in Teil 1 abgeleitet worden, daß eine Tat nur verfolgt werden kann, wenn sie rechtswidrig und schuldhaft begangen wurde[940]. Somit enthält §152 Abs. 2 StPO nur eine begriffsimmanente, weil verfassungsrechtlich gebotene Einschränkung der Verfolgungspflicht, wenn er eine rechtswidrige und schuldhaft begangene Straftat voraussetzt.

#### b. Rechtskraft (als Verfolgungshindernis)
Man könnte argumentieren, daß eine schuldangemessene Strafe nur einmal verhängt werden kann und die verfahrenshindernde Wirkung der Rechtskraft somit Ausfluß des Schuldgrundsatzes ist. Dieses kann allerdings nur gelten, wenn bei der Bestrafung auch alle Umstände der Tat bekannt waren und somit tatsächlich eine angemessene Strafe verhängt worden ist. Sind dagegen Umstände bei der Strafzumessung unberücksichtigt geblieben, die eine höhere Strafe erforderlich gemacht hätten, so ist nicht auf die volle Schuld reagiert worden. Nur diese Konstellation berührt aber – wie oben begründet wurde[941] – das Legalitätsprinzip. Insofern ist davon auszugehen, daß der Schuldgrundsatz einem erneuten Verfahren in dem hier relevanten Fall nicht entgegenstehen muß.

#### c. Strafunmündigkeit
Wie in Teil 2 gesehen hat die Strafunmündigkeit für die Geltung des Legalitätsprinzips zwei Bedeutungen: Zum einen schließt sie die Schuld aus. So gesehen fehlt es bereits an der schuldhaft begangenen Straftat. Zum anderen begründet sie aber auch ein Verfolgungshindernis. Für die Frage nach der Geltung des Legali-

---

[940] s.o. S. 61.
[941] s.o. S. 111.

tätsprinzips muß beachtet werden, daß diese zwei Wirkungen in unmittelbarem Zusammenhang stehen: Wenn nämlich die Schuld ausgeschlossen ist, greift die Verfolgungspflicht ohnehin nicht ein, so daß dem Prozeßhindernis keine eigenständige Bedeutung zukommt. Gleiches gilt auch in anderer Richtung: Wenn die Verfolgbarkeit ausgeschlossen ist, darf die Tat nicht verfolgt werden, so daß es für die Frage nach der Verfolgungspflicht gleichgültig ist, ob sie schuldlos begangen worden ist. Wenn also eine der beiden Wirkungen von der Verfassung zwingend vorgegeben ist, sind die Rechtsfolgen der Strafunmündigkeit insgesamt als Teil des Legalitätsprinzips anzusehen.

Die schuldausschließende Wirkung des §19 StGB beruht auf folgendem Gedanken: Die Schuld im Strafrecht setzt voraus, daß sich der Beschuldigte entsprechend den Verhaltensnormen hätte verhalten können[942]. Während diese Fähigkeit bei Erwachsenen vermutet wird, geht das Gesetz davon aus, daß Kinder sie nicht besitzen[943]. Sie sind noch nicht reif genug, um zu erkennen, was verboten ist und sich dementsprechend zu verhalten[944]. Insofern konkretisiert §19 StGB den Schuldgrundsatz, ist also von seiner materiellen Wirkung her eine verfassungsrechtlich gebotenene Einschränkung der Verfolgungspflicht und somit keine Ausnahme vom Legalitätsprinzip. Wenn aber die Tat schuldlos begangen wurde, dann greift die Verfolgungspflicht schon nicht ein, weil es an einer Straftat fehlt. Insofern kommt in Hinblick auf die Frage nach der Geltung des Legalitätsprinzips der prozessualen Wirkung der Strafunmündigkeit keine zusätzliche Bedeutung zu. Im Ergebnis kann deshalb davon ausgegangen werden, daß die Folgen der Strafunmündigkeit Teil des Legalitätsprinzips sind.

*d. Tod als Vollstreckungshindernis*

Da die Strafe an die Schuld des Täters anknüpft, kann sie nur gegen diesen persönlich vollstreckt werden. Insofern liegt es auf der Hand, daß der Tod des Verurteilten die Vollstreckung einer gegen ihn verhängten Strafe ausschließt.

*e. Rechtskraft als Vollstreckungsvoraussetzung*

In Teil 1 ist ausgeführt worden, daß ein Urteil nur vollstreckt werden darf, wenn der Betroffene schuldhaft gehandelt hat und die Schuld in einem justizförmigen Verfahren festgestellt worden ist[945]. Nach dem Gesetz soll der Verurteilte bis zum Eintritt der Rechtskraft als unschuldig gelten. Diese einfach-gesetzliche Regelung ändert aber nichts daran, daß die Anforderungen des Schuldgrundsatzes bereits mit der Verkündung des Urteils erfüllt sind. Dementsprechend ist davon auszugehen,

---

[942] vgl. zu der Diskussion um den Schuldbegriff im Strafrecht *Schöch* Kriminologie Fall 3 RdNr. 8 ff.
[943] s. hierzu *Bohnert* JZ 83, 517 (517 f).
[944] vgl. *Ostendorf* JZ 86, 664 (665).
[945] s.o. S. 61.

daß die Rechtskraft als Vollstreckungsvoraussetzung durch den Schuldgrundsatz nicht zwingend vorgeschrieben ist[946].

### 6. Schuldangemessene Reaktion auf die Straftat
#### a. §459f StPO
Strafe muß schuldangemessen sein. Zur Bestrafung gehört der Rechtsfolgenausspruch und – je nach Art der Rechtsfolge – die Vollstreckung der Strafe. Nun ist es durchaus denkbar, daß die Verhängung der Strafe noch schuldangemessen ist, hierbei aber Umstände nicht berücksichtigt werden konnten, die bewirken, daß die Vollstreckung nicht ein typischerweise mit ihr verbundenes Übel, sondern darüber hinaus eine außerhalb des Strafzweckes liegende Härte bedeutet. In diesen Fällen ist die Vollstreckung nicht mehr schuldangemessen und verstößt somit gegen den auf Art. 1 GG basierenden Schuldgrundsatz. Diesen Fall berücksichtigt §459f StPO[947]. Er konkretisiert also den Schuldgrundsatz und ist somit eine begriffsimmanente Begrenzung des Legalitätsprinzips.

#### b. Straf(rest)aussetzung zur Bewährung
Ähnliche Überlegungen könnte man bei der Strafaussetzung zur Bewährung anstellen. Wenn nämlich die Schuld bereits durch den Strafausspruch ausgeglichen ist, wäre die Vollstreckung der Strafe in diesen Fällen schuldunangemessen. Dies kann indes nicht so gesehen werden: Die Strafe wird vollstreckt, wenn der Beschuldigte sich nicht bewährt. Dabei darf die Vollstreckung nur an die Schuld, die der Täter bei der Begehung der abgeurteilten Tat auf sich geladen hat, anknüpfen, nicht aber an ein schuldhaftes Verhalten nach der Verurteilung. Hier zeigt sich also, daß die Vollstreckung im Zeitpunkt der Verurteilung schuldangemessen gewesen wäre. – Von der Vollstreckung der Strafe oder des Strafrestes kann aus einem anderen Grund abgesehen werden: Der Gedanke der Resozialisierung steht hier im Vordergrund. Bei der Strafaussetzung nach §56 StGB, §36 Abs. 2 BtMG, §§21, 57 JGG wollte der Gesetzgeber insbes. die schädlichen Folgen kurzer Freiheitsstrafen vermeiden[948]. Dieses ist ein kriminalpolitisches Anliegen, das nicht zwingend von der Verfassung vorgegeben ist. Insofern sind die Regeln über die Straf(rest)aussetzung zur Bewährung nach §§56, 57 StGB, 21, 57 JGG als Ausnahme vom Legalitätsprinzip anzusehen. Nichts anderes kann dann im Ergebnis auch für §89a Abs. 2 JGG gelten. Mit dieser Vorschrift wird erreicht, daß die Aussetzung des Strafrestes bei einer lebenslangen Freiheitsstrafe auf eine noch ausstehende Jugendstrafe erstreckt wird.

---

[946] a.A. *Paulus* KMR §449, RdNr. 2.
[947] vgl. *Wendisch* LR$^{25}$ §459f, RdNr. 5 f; *Tröndle* LK$^{10}$ §43, RdNr. 14.
[948] *Schaffstein/Beulke* JGG S. 156; *Stree* Sch/Sch §56, RdNr. 1, 3.

Erst recht gilt das gefundene Ergebnis bei §36 Abs. 2 BtMG, mit dem der Gesetzgeber die Chance auf einen Behandlungserfolg erhöhen wollte und somit ein rein kriminalpolitisches Ziel verfolgt hat.

Um nochmals darauf hinzuweisen: Mit dieser Einordnung wird nichts über den kriminalpolitischen Wert der Regelungen gesagt. Die Aussage ist allein, daß sie von der Verfassung nicht zwingend vorgegeben sind, d.h. eine Rechtsordnung ohne diese Vorschriften mit dem Grundgesetz durchaus vereinbar wäre. Nur unter den hier bestimmten Begriff des Legalitätsprinzips, der von einer möglichst strengen Verfolgungspflicht ausgeht, lassen sich diese Normen nicht mehr subsumieren.

*c. Verwarnung mit Strafvorbehalt*
Unter den Voraussetzungen des §59 StGB muß nach den obigen Ausführungen[949] bereits von der Verhängung der Strafe – und nicht wie bei der Strafaussetzung zur Bewährung erst von der Vollstreckung – abgesehen werden.
Entsprechend der Argumentation bei den soeben untersuchten Bewährungsvorschriften ist auch bei der Verwarnung mit Strafvorbehalt davon auszugehen, daß die Verhängung einer Strafe schuldangemessen wäre.
Die Funktion des §59 StGB liegt in der Verwirklichung eines kriminalpolitischen Zieles: Dem Täter soll auf der einen Seite deutlich gemacht werden, daß er sich strafbar gemacht hat, andererseits sollen ihm aber die Folgen einer Verurteilung, insbes. die damit verbundene Stigmatisierung, erspart werden[950]. Selbst dieser Zweck wird mittlerweile in Frage gestellt, da das Gesetz nunmehr vorsieht, daß sich ein bis zu 90 Tagessätzen Verurteilter als unbestraft bezeichnen darf[951]. Für den Bereich zwischen 90 und 180 Tagessätzen hat die Vorschrift aber durchaus noch ihre ursprüngliche Bedeutung behalten.
Wenn also das Institut der Verwarnung mit Strafvorbehalt durchaus seine kriminalpolitische Berechtigung haben mag, so ist für die Frage nach der Reichweite des Legalitätsprinzips dennoch festzuhalten, daß die Vorschrift nicht aus verfassungsrechtlichen Gründen Eingang in die Strafgesetze finden mußte. Sie stellt also eine Ausnahme vom Legalitätsprinzip dar.

*d. §459e Abs. 3 StPO*
Nach dem Gesetz entsprechen die Belastungen eines Tagessatzes Geldstrafe einem Tag Freiheitsentzug. Insofern darf statt des Teiles eines Tagessatzes auch nicht die Vollstreckung von einem vollen Tag Ersatzfreiheitsstrafe angeordnet werden. Denn ansonsten würde eine höhere Strafe vollstreckt als in dem rechtskräftig gewordenen Urteil vorgesehen ist. Die Folgen aber, die mit einem Freiheitsentzug von nur wenigen Stunden für den Verurteilten verbunden sind, gehen aber über die Wir-

---
[949] s.o. S. 173.
[950] *Stree* Sch/Sch §59 RdNr. 2; *Gribbohm* LK[11] §59, RdNr. 1; *Wiss* JURA 89, 622 (623).
[951] *Cremer* NStZ 82, 449 (452).

kung hinaus, die mit der Strafe erzielt werden soll. Insofern würde die Vollstreckung der Freiheitsstrafe in diesem Fall das Schuldmaß überschreiten. Diese Überlegungen berücksichtigt §459e Abs. 3 StPO. Er sieht also eine verfassungsrechtlich gebotene Ausnahme von der Verfolgungspflicht vor.

### 7. Unfähigkeit, Einfluß auf das Verfahren zu nehmen
*a. Dauernde Verhandlungsunfähigkeit*
Es wird befürchtet, daß bei einem Verfahren gegen einen Verhandlungsunfähigen zu leicht fehlerhafte Entscheidungen ergehen können[952]. Ferner wird darauf hingewiesen, daß ein Verfahren gegen einen Verhandlungsunfähigen den Anspruch auf rechtliches Gehör verletzen würde[953]. Schließlich ist zu beachten, daß ein Verhandlungsunfähiger nur noch Objekt des Verfahrens sein kann und er somit durch eine Strafverfolgung in Art. 1 GG verletzt würde[954]. Das Verfahrenshindernis der Verhandlungsunfähigkeit ist also verfassungsrechtlich zwingend geboten.

*b. Dauernde Abwesenheit oder dauerndes Ausbleiben*
Bei dauernder Abwesenheit oder dauerndem Ausbleiben des Beschuldigten könnte nur eine Verhandlung ohne ihn stattfinden. Es würde über ihn entschieden, ohne daß er Einfluß auf das Verfahren nehmen kann. Wenn er diesen Zustand nicht selbst beeinflussen konnte und ihm allein deshalb Subjektsqualität zuzusprechen ist, würde er zum Objekt des Verfahrens. Aus diesen Gründen wird der Ausschluß der Verfolgung im Falle des dauernden Ausbleibens oder der dauernden Abwesenheit von Art. 1 GG zwingend gefordert. Wenn §276 und §230 StPO also die Verfolgungspflicht in diesen Fällen einschränken, dann stellen sie begriffsimmanente Schranken des Legalitätsprinzips dar.

*c. Tod als Verfahrenshindernis*
*Laubenthal/Mitsch* meinen, daß das Ziel des Strafverfahrens, die Strafbarkeit einer bestimmten Person festzustellen und eine Rechtsfolge zu verhängen, nicht mehr erreichbar sei, wenn der Beschuldigte bereits gestorben ist. Ferner könnten die general- und spezialpräventiven Aufgaben der Strafverfolgung nicht mehr erreicht werden[955]. Danach wäre die Verfolgung von Delikten eines Toten ungeeignet, den Zweck des Verfahrens zu erreichen und somit unverhältnismäßig.
Darüber hinaus ist aber auch zu beachten, daß ein Toter sich nicht mehr verteidigen kann[956]. Er ist also verhandlungsunfähig, so daß ein dennoch durchgeführtes Verfahren gegen Art. 1 GG verstoßen müßte. Auch das Verfahrenshindernis des Todes

---

[952] *Schäfer* LR[24] Einl. 12, RdNr. 101.
[953] *Schäfer* LR[24] Einl. 12, RdNr. 101.
[954] BVerfG NJW 95, 1951 (1951).
[955] *Laubenthal/Mitsch* NStZ 88, 108 (108).
[956] BVerfG, zitiert nach *Schäfer* LR[24] Einl. 12, RdNr. 105d.

steht also nicht außerhalb des Legalitätsprinzips, sondern ist als dessen Bestandteil einzuordnen.

## 8. Indemnitätsschutz
Daß Indemnität die Verfolgungspflicht ausschließt, ist bereits in der Verfassung selbst vorgesehen (Art. 46 GG) und kann somit nicht als Ausnahme vom Legalitätsprinzip begriffen werden.

## 9. Die Tat wurde nicht bemerkt
Die Beschränkung der Verfolgungspflicht auf Taten, von denen die Staatsanwaltschaft bzw. die Polizei zureichende tatsächliche Anhaltspunkte hat, könnte durch den Verhältnismäßigkeitsgrundsatz zwingend gefordert sein. Denn dieser verbietet nach den obigen Ausführungen[957] eine Strafverfolgung, wenn die Tat überhaupt nicht bemerkt, der Rechtsfrieden also nicht gestört wurde. Hiermit wird aber nur das absolute Dunkelfeld angesprochen. Das Erfordernis des Anfangsverdachtes geht hingegen darüber hinaus: es verlangt nicht nur, daß eine Tat überhaupt bemerkt wurde, sondern daß speziell die im Ermittlungsverfahren zuständigen Strafverfolgungsorgane hiervon Kenntnis erhalten haben. In diesem Fall kann die Tat durchaus bemerkt und somit der Rechtsfrieden beeinträchtigt worden sein. Insofern verlangt der Verhältnismäßigkeitsgrundsatz nicht zwingend, daß die Verfolgungsorgane einen Anfangsverdacht haben.

## 10. Der Rechtsfrieden wurde nur unerheblich gestört
### a. Antragsdelikte
Bei den Antragdelikten wird davon ausgegangen, daß der Rechtsfrieden erst dann mehr als nur unerheblich gestört ist, wenn die Straftat den Verletzten so sehr berührt hat, daß dieser eine Strafverfolgung verlangt[958]. Da die Strafverfolgung aber nach dem oben Dargestellten[959] nur verhältnismäßig ist, wenn der Rechtsfrieden nicht nur unerheblich gestört wurde, müßte die Beschränkung der Verfolgungspflicht iRd. Antragdelikte als von der Verfassung vorgegeben angesehen werden, und wäre somit keine Ausnahme vom Legalitätsprinzip. Solch eine Aussage ist jedoch in dieser Allgemeinheit nicht richtig. Vielmehr ist folgendermaßen zu differenzieren:
- Wenn der Antrag nur bei geringfügigen Schäden erforderlich ist, dann werden nur Taten erfaßt, die den Rechtsfrieden grds. nur unerheblich beeinträchtigen. Hier ist es aus Gründen der Verhältnismäßigkeit erforder-

---
[957] S. 55.
[958] s. *Schmidhäuser* Schmidt-FS S. 524.
[959] S. 55 f.

lich, daß das Gegenteil im Einzelfall geltend gemacht wird. Dies geschieht durch die Stellung des Antrages. Insofern ist die Verfahrensvoraussetzung in dieser Konstellation Teil des Legalitätsprinzips.
- Gleiches ist anzunehmen, wenn die Staatsanwaltschaft die Möglichkeit hat, ohne einen Antrag tätig zu werden, weil sie ein öffentliches Interesse an der Verfolgung bejaht hat. Denn ein Antrag verhindert das Tätigwerden in diesen Fällen nur, wenn ohnehin kein öffentliches Interesse an der Verfolgung besteht, der Rechtsfrieden also nicht gestört ist.
- Eine Ausnahme vom Legalitätsprinzip ist allerdings gegeben, wenn das Antragserfordernis nicht auf die soeben genannten Fälle beschränkt ist, sondern generell bei einer bestimmten Deliktsart vorausgesetzt wird. Denn jedes Delikt kann in einer Art begangen werden, daß der Rechtsfrieden erheblich gestört ist und eine Strafverfolgung somit nicht unangemessen wäre. Bei diesen Delikten wird mit dem Verfahrenshindernis nur ein kriminalpolitischer Zweck verfolgt.

*b. Privatklagedelikte*
Ähnlich stellt sich die Rechtslage bei den Privatklagedelikten dar. Der Rechtsfrieden wird nur als mehr als unerheblich gestört angesehen, wenn ein öffentliches Interesse an der Strafverfolgung besteht oder wenn die Privatklageberechtigten durch die Straftat so erregt sind, daß sie ein staatliches Einschreiten für nötig halten. Dieses können sie durch die Stellung des Antrages zu erkennen geben.
In den übrigen Fällen geht die StPO dagegen davon aus, daß die in §374 StPO aufgelisteten Straftaten grds. nur die unmittelbar Beteiligten berühren und somit der Rechtsfrieden nur unerheblich beeinträchtigen[960]. Hier könnte die Strafverfolgung nicht ihrem Ziel dienen, den durch eine Straftat gestörten Rechtsfrieden wiederherzustellen und wäre somit unverhältnismäßig.
Insgesamt kann also festgestellt werden, daß die §§374 ff StPO die Strafverfolgung auf ein verhältnismäßiges Maß begrenzen und somit durchaus als begriffsimmanente Begrenzung des Legalitätsprinzips anerkannt werden können.

*c. §153 StPO*
Teilweise wird behauptet, daß ein Verfahren nach §153 StPO eingestellt werden kann, weil das Interesse des Staates an der Verfolgung wegen der Geringfügigkeit der Delikte *reduziert* ist[961]. Wenn dies der alleinige Grund für die Einführung des §153 StPO wäre, dann müßte er als Ausnahme vom Legalitätsprinzip gesehen werden, da die Verfassung bei einem bloß verminderten Verfolgungsinteresse eine Einstellung noch nicht gebietet. Der Zweck dieser Vorschrift geht aber weiter.

---

[960] vgl. *Stöckel* KMR Vor §374, RdNr. 5.
[961] *Kühne* StPO S. 302.

§153 StPO ist aus prozeßökonomischen Gründen eingeführt worden[962]. Die Justiz soll von der Aufgabe entlastet werden, die massenweise Kleinkriminalität verfolgen zu müssen[963]. Insofern dient §153 StPO der Gewährung eines effektiven Rechtsschutzes und der Beschleunigung von Verfahren, indem die Verfolgungsbehörden ihre Kraft auf schwerere Delikte konzentrieren können[964]. Mittlerweile wird der Grundgedanke der Vorschrift aber noch in einem anderen Zweck gesehen. Der Anwendungsbereich des §153 StPO wurde nämlich erweitert, nachdem einige Übertretungstatbestände in Vergehen umgewandelt worden waren. Hier wird der zweite Zweck des §153 StPO deutlich: er soll eine Ausuferung des materiellen Rechts auf prozessualer Ebene ausgleichen[965] und somit einer Entkriminalisierung im Bereich der Bagatellkriminalität dienen[966]. Es greift in den Fällen ein, in denen der Wortlaut, nicht aber der Sinn der materiellen Vorschrift eine Bestrafung verlangt[967]. Damit dient §153 StPO der Wahrung des Verhältnismäßigkeitsgrundsatzes. Denn dieser verbietet es, Straftaten zu verfolgen, die den Rechtsfrieden nicht gestört haben. Wenn aber kein öffentliches Interesse an der Verfolgung besteht – und dies ist Voraussetzung des §153 StPO – dann ist der Rechtsfrieden nicht genügend gestört, um eine Verurteilung zu rechtfertigen[968]. Unter diesem Aspekt kann §153 StPO also als eine verfassungsrechtlich gebotene Ausnahme von der Verfolgungspflicht anerkannt werden. Dies bedeutet: Eine Verfolgungspflicht, bei der nicht die Möglichkeit besteht, das Verfahren in den Fällen des §153 StPO einzustellen, wäre unverhältnismäßig. Da die StPO aber nur von einem Legalitätsprinzip ausgehen kann, das mit der Verfassung in Einklang steht, muß §153 StPO als begriffsimmanenter Teil des Legalitätsprinzips verstanden werden.

### d. §31a BtMG

§31a BtMG entspricht im wesentlichen dem §153 StPO. Die Zwecke dieser Vorschrift sind die gleichen wie bei dem soeben dargestellten §153 StPO[969]. Für die von §31a BtMG erfaßten Delikte hat sogar das BVerfG entschieden, daß die Strafandrohung im BtMG nur mit dem Grundgesetz vereinbar ist, weil §29 Abs. 5 BtMG ein Absehen von der Bestrafung und die §§153ff, 31a BtMG ein Absehen

---

[962] RG 65, 291 (293).
[963] *Schäfer* Praxis des Strafverfahrens RdNr. 206; *Rieß* LR[24] §153, RdNr. 1; *Schäfer* LR[24] Einl. 13, RdNr. 30.
[964] Bt-DrSa 7/550, S. 297; *Grauhan* GA 76, 225 (231).
[965] *Schäfer* Praxis des Strafverfahrens RdNr. 206.
[966] *Rieß* LR[24] §153, RdNr. 1.
[967] *Grauhan* GA 76, 225 (229 f); vgl. auch *Jeutter* Grenzen des Legalitätsprinzips S. 110.
[968] vgl. *Meyer* Freiheit und Verantwortung des Staatsanwaltes S. 64; *Niese* SJZ 50, Sp. 890 (891).
[969] s. hierzu *Schiwy* Betäubungsmittelrecht §31a, S. 1; Zweifel am Entlastungseffekt äußert *Franke* BtMG §31a, RdNr. 9.

von der Verfolgung ermöglichen[970]. §31a BtMG schränkt also die Verfolgungspflicht ein, ist aber keine Ausnahme vom Legalitätsprinzip.

e. *§153a StPO*
§153a StPO soll ähnlichen Zwecken dienen wie der §153 StPO[971]. Zu beachten ist allerdings, daß in den Fällen des §153a StPO im Gegensatz zu denen des §153 StPO ein öffentliches Interesse an der Strafverfolgung besteht, das durch die Erfüllung von Auflagen oder Weisungen erst beseitigt werden muß. Eine Sanktionierung wird also für erforderlich gehalten, nur eine Verurteilung soll vermieden werden. Wenn aber bei diesen Taten das öffentliche Interesse geweckt worden ist, ist davon auszugehen, daß der Rechtsfrieden mehr als nur unerheblich gestört ist. Demzufolge fordert der Verhältnismäßigkeitsgrundsatz die Einstellungsmöglichkeit des §153a StPO nicht zwingend[972].

*f. §45 Abs. 2 JGG*
Auch §45 Abs. 2 JGG verfolgt ähnliche Zwecke wie die §§153, 153a StPO[973]. Darüber hinaus berücksichtigt er die Besonderheiten des Jugendstrafverfahrens. Dementsprechend läßt er Raum für die Verwirklichung des Erziehungsgedanken und trägt der Erkenntnis Rechnung, daß Jugendkriminalität ubiquitär und episodenhaft ist[974].
Das Ziel des Jugendstrafverfahrens, erzieherisch auf den Jugendlichen einzuwirken, ist nach dem oben Ausgeführten[975] kein durch die Verfassung zwingend vorgegebenes Ziel. Hiermit kann also nicht begründet werden, daß §45 Abs. 2 JGG Teil des Legalitätsprinzips ist. Zum gleichen Ergebnis kommt man, wenn man fragt, ob durch §45 Abs. 2 JGG nur Delikte erfaßt werden, die den Rechtsfrieden nicht mehr als nur unerheblich stören. Denn die Vorschrift sieht sogar vor, daß Verfahren wegen Verbrechen eingestellt werden können. Bei Verbrechen ist der Rechtsfrieden in einem solchen Grade gestört, daß die Durchführung eines Strafverfahrens, ggf. mit

---

[970] *BVerfG* 90, 145 (189).
[971] vgl. *Meyer-Goßner* K/M-G §153a, RdNr. 2; *Kerl* ZRP 86, 312 (315); *Schäfer* LR[24] Einl. 13, RdNr. 29; *Schäfer* Praxis des Strafverfahrens RdNr. 206; BtDr-Sa 7/550, S. 297; s. auch *Hirsch* ZStW 80, 218 (228); *Fezer* ZStW 94, 1 (31).
[972] ähnlich *Meyer* Freiheit und Verantwortung des Staatsanwaltes S. 64; s. auch *Kargl/Sinner* JURA 98, 231 (234).
[973] s. *Eisenberg* JGG §45, RdNr. 17; *Heinz* ZRP 90, 7 (7) und ZStW 92, 591 (592, 600 ff), s. aber auch S. 610 ff; *Kerl* ZRP 86, 312 (315).
[974] *Brunner/Dölling* JGG §45, RdNr. 4; *Diemer/Schoreit/Sonnen* JGG §45, RdNr. 4.
[975] S. 57.

anschließender Verurteilung, nicht als unangemessen angesehen werden kann[976].
§45 Abs. 2 JGG ist also als eine Ausnahme vom Legalitätsprinzip anzusehen.

*g. §§153c Abs. 2, 153d StPO*
Im Zusammmenhang mit der Frage, ob eine Strafverfolgung zu unterbleiben hat, weil der Rechtsfrieden nur unerheblich gestört ist, steht die, ob eine Strafverfolgung zu unterbleiben hat, wenn dem Rechtsfrieden durch die Verfolgung mehr geschadet als genützt würde. Auf solch einer Kosten/Nutzen-Abwägung beruhen die §§153c Abs. 2 und 153d StPO[977]. Die Einschränkung der Verfolgungspflicht ist in diesen Fällen aber von der Verfassung nur zwingend vorgeschrieben, wenn der Schaden nicht durch weniger weitreichende Einschränkungen der Strafverfolgung zu erreichen wäre. Zur Erreichung dieses Zieles kommt insbes. eine Regelung in Betracht, die nicht den Bereich des „ob", sondern nur des „wie" betrifft. So politisch sinnvoll wie §153c Abs. 2 und §153d StPO auch erscheinen mögen[978], so ist eine derart weitgehende Regelung von der Verfassung nicht vorgeschrieben. Diese Einschränkungen der Verfolgungspflicht stehen also außerhalb des Legalitätsprinzips.

## 11. Der Verfolgung steht das notwendige Ende entgegen
### a. Rechtskraft (als Verfolgungshindernis)
Eine bestehende Rechtskraft verhindert die Fortführung des Verfahrens. Der Eintritt der Rechtskraft kann nur durch die Einlegung eines Rechtsmittels verhindert werden. Die Durchbrechung der bereits eingetretenen Rechtskraft ist allein durch die Stellung eines Wiederaufnahmeantrags möglich. Diese Akte, von denen die Befassung der Gerichte mit einer bereits entschiedenen Sache abhängt, sind also in engem Zusammenhang mit der Rechtskraft zu sehen.
Das BVerfG hat formuliert: „Die Funktion der Rechtskraft richterlicher Entscheidungen ist es, durch die Maßgeblichkeit und Rechtsbeständigkeit des Inhalts der Entscheidung über den Streitgegenstand für die Beteiligten und die Bindung der öffentlichen Gewalt an die Entscheidung, die Rechtslage verbindlich zu klären und damit dem Rechtsfrieden zwischen den Beteiligten zu dienen, ihnen insbesondere

---

[976] Nach *Rieß* (LR[24] §152, RdNr. 44) soll durch die Vorschriften des JGG erreicht werden, daß das Strafrecht auf unerläßliche Maßnahmen beschränkt wird. Es geht also nicht darum, unverhältnismäßige Eingriffe zu vermeiden, sondern umgekehrt nur solche zuzulassen, die unvermeidlich sind.
[977] *Rieß* LR[24] §153c, RdNr. 20 und LR[24] §153d, RdNr. 1 und Dünnebier-FS S. 152 und NStZ 81, 2 (6 Fn. 58); *Kühne* StPO S. 207; *Jeutter* Grenzen des Legalitätsprinzips S. 145 f; *Roxin* StPO §14, RdNr. 17.
[978] vgl. *Rieß* NStZ 81, 2 (6 Fn. 58); *Jeutter* Grenzen des Legalitätsprinzips S. 131 ff.

zu ermöglichen, ihr Verhalten gemäß dieser Rechtslage einzurichten."[979] Mit genau diesen Argumenten wurde in Teil 1 die Notwendigkeit begründet, daß ein Verfahren auch einmal ein Ende haben muß. Demzufolge stellt die Rechtskraft eine notwendige Beschränkung der Verfolgungspflicht dar[980], ist also keine Ausnahme vom Legalitätsprinzip.

*b. Verjährung*

Die Rechtskraft beruht auf dem Gedanken der Rechtssicherheit. Fraglich ist, ob dieser Gedanke auch den Verjährungsregeln zugrundeliegt.

Es wird behauptet, daß die Verjährungsregeln nicht dem Beschuldigten zugute kommen sollen, sondern allein Allgemeininteressen verfolgen[981]. So sollen sie z.B. der Untätigkeit[982] und Irrtümern von Behörden[983] vorbeugen.

Ein weiterer Zweck wird darin gesehen, daß die Präventionszwecke nach Ablauf einer bestimmten Zeit sich nicht mehr erreichen lassen[984] und der Rechtsfrieden dann auch nicht mehr durch die Tat gestört sei[985], im Gegenteil, die Strafverfolgung diesen erst wieder stört[986].

Diese Funktionsbestimmung ist aber nicht unbestritten. So argumentiert *Klug*, daß es nicht Aufgabe der Verjährungsvorschriften sei, Justizirrtümer zu vermeiden, da hier z.B. der Grundsatz des *in dubio pro reo* seinen Platz hätte[987]. Auch könne der Präventionszweck bei besonders gefährlichen Tätern durchaus noch erreicht werden, so daß eine Bestrafung hier nach Ablauf einer langen Zeit noch angebracht ist[988]. Vielmehr seien die Regelungen aus prozeßökonomischen Überlegungen eingeführt worden[989].

An dieser Diskussion ist bereits der Ausgangspunkt fragwürdig: Sollen die Verjährungsvorschriften dem Täter überhaupt nicht zugutekommen? – Dies kann so nicht gesehen werden. Denn wie in Teil 1 erläutert wurde, gehört zum Rechtsstaatsprinzip in seiner Ausprägung der Rechtssicherheit, daß der Täter auch einmal eine feste Dispositionsgrundlage hat, aufgrund derer er sein Leben frei gestalten kann. Zwar

---

[979] BVerfG 47, 146 (161); vgl. auch *Schäfer* LR[24] Einl. 12, RdNr. 14; *Roxin* StPO §50 RdNr. 8 (*Roxin* stellt neben dem Aspekt der Rechtssicherheit noch auf eine weitere Funktion der Rechtskraft ab: Durch sie würden die Verfolgungsorgane gezwungen, von vornherein genügend zu ermitteln).

[980] so allg. Meinung, vgl. nur *Loos* JZ 78, 592 (593).

[981] *Jähnke* LK[11] Vor §78 RdNr. 1; a.A. *Stackelberg* Baumann-FS S. 765: „keinswegs *nur* eine Vergünstigung für den Verfolgten".

[982] *Jähnke* LK[11] Vor §78, RdNr. 9; *Seibert* NJW 52, 1361 (1361).

[983] *Stackelberg* Bockelmann-FS S. 764.

[984] *Stackelberg* Bockelmann-FS S. 764.

[985] *Volk* ZStW 85, 871 (911); *Jähnke* LK[11] Vor §78, RdNr. 9.

[986] *Schmidhäuser* Schmidt-FS S. 524.

[987] *Klug* JZ 65, 149 (152); *Jähnke* LK[11] Vor §78, RdNr. 9.

[988] *Klug* JZ 65, 149 (152).

[989] *Klug* JZ 65, 149 (152); s. auch *Jähnke* LK[11] Vor §78, RdNr. 9.

muß sein Rechtssicherheitsinteresse mit dem Interesse der Allgemeinheit abgewogen werden. Es ist aber nach der hier vertretenen Ansicht[990] mit dem Rechtsstaatsprinzip nicht vereinbar, z.B. einen relativ bedeutungslosen Diebstahl nach 60 Jahren noch verfolgen zu wollen. Insofern ist das Institut der Verjährung aus Gründen der Rechtssicherheit aus dem Strafrecht nicht hinwegzudenken. Dazu kommt der bereits angesprochene Aspekt, daß der Rechtsfrieden nach Ablauf einer langen Zeit nicht mehr gestört ist, sondern durch die Verfolgung erst wieder gestört würde und die Verfolgung somit unverhältnismäßig wäre.

Im Ergebnis ist also festzuhalten, daß die Verjährung von der Verfassung in einem gewissen Umfang geboten ist, wobei es dem Gesetzgeber obliegt, diesen Umfang zu bestimmen. Insofern muß das Institut der Verfolgungs- und Vollstreckungsverjährung als notwendige Beschränkung der Verfolgungspflicht eingestuft werden; es ist also Teil des Legalitätsprinzips.

## 12. Wahrung der Menschenwürde des Inhaftierten bei der Vollstreckung einer lebenslangen Freiheitsstrafe

In Teil 1 wurde darauf hingewiesen, daß das BVerfG in der Entscheidung BVerfG 45, 187 ausgesprochen hat, daß der Gesetzgeber von Verfassungs wegen vorsehen muß, daß die Vollstreckung einer lebenslangen Freiheitsstrafe zur Bewährung ausgesetzt werden kann[991]. Auf diese Entscheidung hin wurde §57a StGB, der vom BVerfG auch bereits als Antwort auf seine Entscheidung anerkannt worden ist[992], in das Strafgesetzbuch aufgenommen[993]. Ein Legalitätsprinzip, das mit der Verfassung vereinbar ist, muß also in diesem Bereich die Verfolgungspflicht einschränken; §57a StGB ist dementsprechend eine begriffsimmanente Begrenzung.

## 13. Gewährleistung einer funktionstüchtigen Rechtspflege
### a. Anfangsverdacht

Der Anfangsverdacht stellt eine Grundbedingung für einen Eingriff des Staates in die Freiheit der Bürger dar[994]. Durch ihn wird zum einen gewährleistet, daß der Staat nicht in unangemessener Weise das Leben seiner Bürger ausforscht[995]. Zum anderen wäre ohne diese Voraussetzung aber auch eine effektive Strafverfolgung nicht möglich. Denn um jede Straftat aufdecken zu können, fehlen den Strafverfolgungsorganen die Mittel[996]. Demzufolge muß der Gesetzgeber die Verfolgungspflicht einschränken, um eine funktionstüchtige Rechtspflege zu gewährleisten. Dieser Aufgabe ist er nachgekommen, indem er die Einschreitpflicht an das Vorlie-

---

[990] vgl. hierzu ausführlich S. 29.
[991] s.o. S. 61 f.
[992] BVerfG 72, 105 (113); BVerfG NJW 98, 2203 (2203); BVerfG NStZ 98, 373 (374); vgl. auch BVerfG NJW 95, 3244 (3245); *Stree* Sch/Sch §57a, RdNr. 1.
[993] Bt-DrSa 8/3218, S. 5.

gen eines Anfangsverdachtes geknüpft hat. Das Erfordernis der zureichenden tatsächlichen Anhaltspunkte ist also eine verfassungsrechtlich gebotene Einschränkung der Verfolgungspflicht und somit Teil des Legalitätsprinzips.

*b. Rechtshängigkeit*

Es würde eine erhöhte Belastung des Justizwesens darstellen, wenn mehrere Gerichte sich mit der gleichen Sache zu beschäftigen hätten. Dennoch wird mit dem Verfahrenshindernis der anderweitigen Rechtshängigkeit nicht in erster Linie erstrebt, die Funktionstüchtigkeit der Rechtspflege aufrechtzuerhalten. Vielmehr liegt dem Institut die Vorstellung zugrunde, daß es nicht sinnvoll ist, mehrere Gerichte, aber auch den Angeklagten wegen der gleichen Sache mit mehreren Verfahren zu belasten. Insofern beruht der Gedanke der anderweitigen Rechtshängigkeit mehr auf Zweckmäßigkeitserwägungen[997] denn auf rechtlichen Erfordernissen und muß somit als Ausnahme zum Legalitätsprinzip verstanden werden.

*c. §153 StPO*

Auf S. 239 ist ausgeführt worden, daß §153 StPO auch der Entlastung der Rechtspflege dient. Ohne diese Vorschrift wäre die massenhaft anfallende Bagatellkriminalität nicht mehr zu bewältigen. Insofern ist die in dieser Vorschrift vorgesehene Einschränkung der Verfolgungspflicht nicht nur unter dem Aspekt des Verhältnismäßigkeitsgrundsatzes zwingend geboten, sondern auch zur Gewährleistung einer effektiven Strafrechtspflege nötig.

*d. §153a StPO*

§153a StPO soll der Entlastung der Rechtspflege dienen[998] – ein Zweck, der im Grundsatz von dem Erfordernis, eine funktionstüchtige Rechtspflege zu gewährleisten, gedeckt ist. Zu beachten ist aber, daß nach §153a StPO Taten eingestellt werden können, die dem mittleren Kriminalitätsbereich zuzuordnen sind. In diesem Bereich bestehen gewichtige Interessen der Allgemeinheit an der Strafverfolgung. Damit die Einstellungsmöglichkeit des §153a StPO verfassungsrechtlich zwingend geboten ist, muß der Staat erst einmal alle seine Möglichkeiten ausschöpfen, die Justiz zu entlasten, ohne diese Interessen so weitgehend zu beeinträchtigen. Insofern ist davon auszugehen, daß die Regelung des §153a StPO zwar der Justizgewährleistungspflicht dient, aber nicht verfassungsrechtlich geboten ist. Demzufolge

---

[994] *Hund* ZRP 91, 463 (463 f); *Braum* Verdeckte Ermittlung S. 24.
[995] *Hund* ZRP 91, 463 (464); *Dölling* Polizeiliche Ermittlungstätigkeit S. 268; *Eisenberg/Conen* NJW 98, 2241 (2241).
[996] *Weigend* Anklagepflicht S. 61; *Dölling* Polizeiliche Ermittlungstätigkeit S. 268.
[997] vgl. *Schäfer* LR$^{24}$ Einl. 12, RdNr. 14.
[998] Bt-DrSa 7/550, S. 297; *Meyer-Goßner* K/M-G §153a, RdNr. 2; *Kerl* ZRP 86, 312 (315); *Fezer* ZStW 94, 1 (31); *Schäfer* Praxis des Strafverfahrens RdNr. 206.

ist diese Durchbrechung der Verfolgungspflicht als eine (politisch vielleicht wünschenswerte) Ausnahme vom Legalitätsprinzip einzuordnen[999].

### 14. Verstoß gegen den Beschleunigungsgrundsatz
Oben ist begründet worden, daß der Verstoß gegen den Beschleunigungsgrundsatz ein Verfahren nur ausschließen kann, wenn andernfalls das Grundgesetz verletzt würde[1000]. Dieses Verfahrenshindernis ist also keine Ausnahme vom Legalitätsprinzip.

## II. Zusammenfassung
Eine Ausnahme vom Legalitätsprinzip stellen folgende Vorschriften und Grundsätze dar:
Bereits im Bereich der Ermittlung:
- Strafantragserfordernis, wenn es sich nicht auf Bagatelldelikte beschränkt und die Möglichkeit, ein Verfahren wegen öffentlichen Interesses durchzuführen, nicht vorgesehen ist.
- anderweitige Rechtshängigkeit
- §153c StPO
- §153d StPO
- §153e StPO
- §154 StPO
- §154a StPO
- §154c StPO
- §154d StPO
- §45 JGG
- Art. 4 §1 und Art. 5 KronzG
- Straffreiheitsgesetze

Erst im Bereich der gerichtlichen Verfolgung (Anklageerhebung bis Aburteilung):
- §59 StGB
- §153a StPO
- §153b StPO
- §154b StPO
- §47 JGG

---

[999] s. auch *Hirsch* ZStW 80, 218 (228 f).
[1000] s.o. S. 116 ff.

Nur im Bereich der Vollstreckung:
- Straf(rest)aussetzung zur Bewährung bei zeitigen Freiheitsstrafen
- Rechtskraft als Vollstreckungsvoraussetzung
- §456a StPO
- §459d StPO
- §459a Abs 1 S. 2 und Abs. 3 StPO
- Begnadigung

## III. Gesamtergebnis

Das Hauptziel dieser Arbeit ist nun erreicht worden: Es sind die Vorschriften bestimmt worden, die Ausnahmen vom Legalitätsprinzip darstellen. Dabei hat sich dreierlei gezeigt:
1. Die StPO geht nicht von einem reinen Legalitätsprinzip aus.
2. Längst nicht so viele Normen und Grundsätze, wie allgemein als Durchbrechung des Legalitätsprinzips bezeichnet werden, sind wirklich als solche einzuordnen. Vielmehr sind sie in zahlreichen Fällen von der Verfassung zwingend geboten und müssen somit als Teil des Legalitätsprinzips angesehen werden.
3. Die Auswirkungen der einzelnen Ausnahmevorschriften auf die Verfolgungspflicht sind von unterschiedlicher Reichweite.

Aufgrund dieser Ergebnisse kann nun versucht werden, die Ausgangsfrage zu beantworten: Ist das Strafverfahren vom Legalitätsprinzip beherrscht?

Hier soll es nicht darum gehen, ob der Grundsatz die Praxis der Strafverfolgung bestimmt. Dies kann ermittelt werden, indem die Anzahl der Verfahren, die nach dem Legalitätsprinzip behandelt werden, mit der Anzahl der Verfahren verglichen wird, bei denen die Ausnahmevorschriften die entscheidende Rolle spielen. Ziel dieser Arbeit ist es, dazu Stellung zu nehmen, ob das Gesetz von der Herrschaft des Legalitätsprinzips ausgeht.

Diese Frage könnte mit der Begründung bejaht werden, daß die StPO als Grundsatz das Legalitätsprinzip festschreibt und jede Ausnahme begründungsbedürftig ist. Dieses ist jedoch eine zu oberflächliche Betrachtungsweise. Vielmehr ist zu klären, ob nicht der Grundsatz des Legalitätsprinzips nach der Konzeption des Gesetzes nur auf den ersten Blick die Regel, in Wirklichkeit aber die Ausnahme ist. Hierbei muß man sich vergegenwärtigen, daß das Gesetz eine abstrakt-generelle Regelung ist, also nicht jeden Einzelfall im Blick hat. Deshalb spielt bei der Untersuchung der gesetzlichen Ausgestaltung auch keine Rolle, wieviele einzelne Taten dem Legalitätsprinzip unterliegen, sondern es kommt darauf an, wieviele Deliktskonstellationen von ihm erfaßt werden. So sind z.B. alle verjährten Taten zusammengenommen eine einzelne Kategorie. Diese Betrachtungsweise unterscheidet sich von der Auswertung anhand der Einzeltaten dadurch, daß z.B. die Bagatelldelikte als eine Gruppe den schweren Straftaten als eine andere Gruppe gleichberechtigt gegenüberstehen können, obwohl sie zahlenmäßig ein viel größeres Gewicht haben.

Wenn die Ausnahmevorschriften unter diesem Aspekt gesehen werden, so ergibt sich, daß die meisten Regelungen nur sehr spezielle, genau umgrenzte Deliktsgruppen erfassen. In diesen Fällen ist das Legalitätsprinzip die Regel. Schwieriger wird die Bewertung aber bei einer Betrachtung der §§153a StPO und 45, 47 JGG. Diese Vorschriften umfassen weitläufige Bereiche. So wird durch den §153a StPO der gesamte Bereich der mittleren Kriminalität abgedeckt, nur die leichtere und die schwere unterliegt also dem Legalitätsprinzip im hier verstandenen Sinne. Noch weiter reichen die §§45, 47 JGG: Sie sind zwar nur bei Straftaten Jugendlicher und Heranwachsender anwendbar, erfassen dafür aber Straftaten bis hin zu Verbrechen. Dieser Befund legt es nahe, davon zu sprechen, daß der Grundsatz des Legalitätsprinzips und die Ausnahmen zumindest gleichberechtigt nebeneinanderstehen. Von der Herrschaft des Legalitätsprinzips könnte in solch einer Patt-Situation dann keine Rede mehr sein.

In Hinblick auf die §§45, 47 JGG ist aber zu beachten, daß das JGG nur Sondervorschriften aufstellt, die die des Erwachsenenstrafrechts verdrängen (§2 JGG). Hierdurch wird deutlich, daß das Gesetz davon ausgeht, daß das Erwachsenenstrafrecht die Regel ist und das Jugendstrafrecht nur einen speziellen und weniger bedeutsamen Teilbereich abdeckt. Insofern sollen die Ausnahmevorschriften der §§45, 47 JGG nicht den überwiegenden Bereich der Deliktskonstellationen erfassen. Die §§45, 47 JGG stellen also die Herrschaft des Legalitätsprinzips bei der gesetzlichen Ausgestaltung nicht in Frage.

Ähnliches muß auch für §153a StPO gelten. Denn das Gesetz hat durch die §§153 und 153a StPO eine Dreiteilung der Delikte vorgenommen: Die leichteren können nach §153 StPO, die mittleren nach §153a StPO und die schwereren grds. überhaupt nicht eingestellt werden. Wenn man mit der hier vertretenen Auffassung davon ausgeht, daß §153 StPO Teil des Legalitätsprinzips ist, dann kommt man zu dem Schluß, daß die StPO nur für den mittleren Kriminalitätsbereich eine Ausnahme vom Legalitätsprinzip vorsieht, die Verfolgung der Taten in den beiden übrigen Bereichen aber diesem Grundsatz unterliegt. Demzufolge ist davon auszugehen, daß trotz der Einführung des §153a StPO die Herrschaft des Legalitätsprinzips nicht durchbrochen ist.

Dieses Ergebnis erstaunt auf den ersten Blick. Denn in der Literatur wird vielfach bereits die Geltung und somit erst recht die Herrschaft des Legalitätsprinzips bezweifelt. Dabei ist jedoch folgendes zu beachten: Die allgemein geführte Diskussion knüpft an die hohen Einstellungsquoten in der Praxis an; im Rahmen dieser Arbeit sollte es aber nur um die gesetzliche Ausgestaltung gehen, so daß die Ergebnisse nicht unbedingt die gleichen sein müssen. Da aber die Praxis die Gesetze anwendet, müßte solch eine unterschiedliche Bewertung der Bedeutung des Legalitätsprinzips in Gesetz und Praxis dennoch Anlaß geben, das hier gefundene Ergebnis nochmals kritisch zu hinterfragen. So stellt sich die Frage, wie die Unterschiede bei der Beantwortung der Frage, ob das Strafverfahren noch vom Legalitätsprinzip beherrscht ist, zustandekommen. Dabei ergibt sich, daß in der Literatur v.a. die §§153 und 153a StPO zumeist als Einheit betrachtet und als Ausnahme vom Legalitätsprinzip angesehen werden, während in dieser Arbeit davon ausgegangen wird, daß nur der §153a StPO, nicht aber der §153 StPO eine Ausnahmevorschrift darstellt. Da aber eine große Anzahl der Einstellungen nach §153 erfolgt, unterscheiden sich die Bewertungsgrundlagen der h.M. und der in dieser Arbeit vertretenen Ansicht erheblich. Denn nach der hier vorgeschlagenen Einordnung des §153 StPO müssen alle nach dieser Vorschrift behandelten Verfahren nicht in die Anzahl der Durchbrechungen des Legalitätsprinzips eingerechnet werden, so daß die Zahl der Taten, die in der Praxis nicht aufgrund des Legalitätsprinzips verfolgt werden, sehr viel niedriger ist, als die von der h.M. für ihre Bewertung zugrundegelegte. Insofern stehen die in der Literatur vielfach geäußerten Zweifel an der Geltung des Legalitätsprinzips dem hier gefundenen Ergebnis, daß das Gesetz von der Herrschaft dieses Grundsatzes ausgeht, nicht entgegen.

Es kann somit festgehalten werden:

Das Strafverfahren ist vom Legalitätsprinzip beherrscht.

# *Literaturverzeichnis*

## A

| | |
|---|---|
| Achenbach, Hans | Kommentierung der §§161 – 171 StPO *in:* Kommentar zur Strafprozeßordnung, Reihe Alternativkommentare, Band 2 Tb 1, 1992 |
| Albrecht, Peter-Alexis | Jugendstrafrecht, 2. Aufl., 1993 |
| Ambos, Kai | Verfahrensverkürzung zwischen Prozeßökonomie und „fair trail" – Eine Untersuchung zum Strafbefehlsverfahren und zum beschleunigten Verfahren, JURA 1998, S. 281 |
| Anterist, Heinz | Anzeigepflicht und Privatsphäre des Staatsanwalts, 1968 |
| Arndt, Adolf | Umstrittene Staatsanwaltschaft, NJW 1961, S. 1615 |

## B

| | |
|---|---|
| Bachmann, Gregor | Probleme des Rechtsschutzes gegen Grundrechtseingriffe im strafrechtlichen Ermittlungsverfahren, 1994 |
| Badura, Peter | Staatsrecht, Systematische Erläuterung des Grundgesetzes für die Bundesrepublik Deutschland, 2. Aufl., 1996 |
| Baumann, Jürgen | Die Bedeutung des Artikels 2 GG für die Freiheitsbeschränkungen im Strafprozeß *in:* Bockelmann/Gallas (Hrsg.), Festschrift für Eberhard Schmidt zum 70. Geburtstag, 2. Aufl., 1971, S. 525 |
| Baumann, Jürgen | Grundbegriffe und Verfahrensprinzipien des Strafprozeßrechts, 3. Aufl., 1979 |

| | |
|---|---|
| Berz, Ulrich | Möglichkeiten und Grenzen einer Beschleunigung des Strafverfahrens, NJW 1982, S. 729 |
| Beulke, Werner | Die Vernehmung des Beschuldigten – Einige Anmerkungen aus der Sicht der Prozeßrechtswissenschaft, StV 1990, S. 180 |
| Beulke, Werner | Hypothetische Kausalverläufe im Strafverfahren bei rechtswidrigem Vorgehen von Ermittlungsorganen, ZStW 103 (1991), S. 657 |
| Beulke, Werner | *in:* Wessels/Beulke, Strafrecht, Allgemeiner Teil, 28. Aufl., 1998 |
| Beulke, Werner | Strafprozeßrecht, 3. Aufl., 1998 |
| Bleckmann, Albert | Spielraum der Gesetzesauslegung und Verfassungsrecht, JZ 1995, S. 685 |
| Bloy, René | Grundprobleme des Verhältnisses zwischen Staatsanwaltschaft und rechtsprechender Gewalt, JuS 1981, S. 427 |
| Bloy, René | Zur Systematik der Einstellungsgründe im Strafverfahren, GA 127 (1980), S. 161 |
| Bockelmann, Paul | Die Verfolgbarkeit von Abgeordneten nach deutschem Immunitätsrecht, 1951 |
| Bohnert, Joachim | Die Abschlußentscheidung des Staatsanwalts, 1992 |
| Bohnert, Joachim | Strafe und Erziehung im Jugendstrafrecht, JZ 1983, S. 517 |
| Bottke, Wilfried | Grundlagen des polizeilichen Legalitätsprinzips, JuS 1990, S. 81 |
| Bottke, Wilfried | Polizeiliche Ermittlungsarbeit und Legalitätsprinzip, *in:* Geppert (Hrsg.), Gedenkschrift für Karlheinz Meyer, 1990, S. 37 |

| | |
|---|---|
| Bottke, Wilfried | Zur Anklagepflicht der Staatsanwaltschaft, GA 127 (1980), S. 298 |
| Boujong, Karl | Kommentierung der §§112 – 136a StPO *in:* Karlsruher Kommentar zur Strafprozeßordnung und zum Gerichtsverfassungsgesetz mit Einführungsgesetz, 3. Aufl., 1993 |
| Bradley, Craig M. | Beweisverbote in den USA und in Deutschland, GA 132 (1985), S. 99 |
| Braum, Stefan | Verdeckte Ermittlung – Kontinuitätsphänomen des autoritären Strafverfahrens *in:* Albrecht (Hrsg.), Vom unmöglichen Zustand des Strafrechts, 1995, S. 13 |
| Brunner, Rudolf; Dölling, Dieter | Jugendgerichtsgesetz, 10. Aufl., 1996 |
| Büchler, Heinz | Organisation der Strafverfolgungsorgane in der Bundesrepublik Deutschland *in:* Kube/Störzer/Timm (Hrsg.), Kriminalistik, Band 1, 1992, S. 19 |

# C

| | |
|---|---|
| Cremer, Peter-Josef | Erlebt die Verwarnung mit Strafvorbehalt – §§59 ff. StGB – eine (Re-)Naissance?, NStZ 1982, S. 449 |

# D

| | |
|---|---|
| Dallinger, Wilhelm; Lackner, Karl | Jugendgerichtsgesetz, 2. Aufl., 1965 |
| Degenhart, Christoph | Forum: Öffentlichrechtliche Fragen der „Hausbesetzungen", JuS 1982, S. 330 |

| | |
|---|---|
| Degenhart, Christoph | Staatsrecht I: Staatszielbestimmungen, Staatsorgane, Staatsfunktionen, 14. Aufl., 1998 |
| Dencker, Friedrich | Besprechung von Aufsätzen zum Straf- und Strafprozeßrecht – Auswahl wichtiger Beiträge aus dem 1. Halbjahr 1981, NStZ 1982, S. 152 |
| Diemer, Herbert; Schoreit, Armin; Sonnen, Bernd-Rüdeger | Kommentar zum Jugendgerichtsgesetz, 2. Aufl., 1997 |
| Dölling, Dieter | Polizeiliche Ermittlungstätigkeit und Legalitätsprinzip – Eine empirische und juristische Analyse des Ermittlungsverfahrens unter besonderer Berücksichtigung der Aufklärungs- und Verurteilungswahrscheinlichkeit, 1. Halbband, 1987 |
| Dörr, G. H.; Taschke, J. | Anmerkung zu OLG Frankfurt, Beschl. v. 9. 11. 1987 – 3 Ws1026/87, NStZ 1988, S. 329 |
| Dünnebier, Hanns | Die Berechtigten zum Wiederaufnahmeantrag, *in:* Wasserburg/Haddenhorst (Hrsg.), Wahrheit und Gerechtigkeit im Strafverfahren, Festgabe für Karl Peters aus Anlaß seines 80. Geburtstages, 1984, S. 333 |
| Dünnebier, Hanns | Die Bindung des Staatsanwalts ans Gesetz – Bemerkungen zu dem Urteil des Bundesgerichtshofs vom 23. 9. 1960, JZ 1961, S. 312 |
| Dünnebier, Hanns | Die Grenzen der Dienstaufsicht gegenüber der Staatsanwaltschaft, JZ 1958, S. 417 |
| Dürig, Günter | Kommentierung des Art. 1 GG *in:* Maunz/Dürig, Grundgesetz, Kommentar, 33. Lieferung, Stand: November 1997 |

# E

| | |
|---|---|
| Eckl, Peter | Legalitätsprinzip in der Krise?, ZRP 1973, S. 139 |
| Eisenberg, Ulrich; Conen, Stefan | §152 II StPO: Legalitätsprinzip im gerichtsfreien Raum?, NJW 1998, S. 2241 |
| Eisenberg, Ulrich; Wolski, Sabine | Anmerkung zu OLG Stuttgart, Beschl. v. 15. 10. 1985 – 4 Ss 650/85, NStZ 1986, S. 220 |
| Eisenberg, Ulrich | Jugendgerichtsgesetz, 7. Aufl., 1997 |
| Engelhardt, Hanns | Kommentierung der §§268 – 295 StPO in: Karlsruher Kommentar zur Strafprozeßordnung und zum Gerichtsverfassungsgesetz mit Einführungsgesetz, 3. Aufl., 1993 |
| Erfurth, Christina | Verdeckte Ermittlungen – Problemlösung durch das OrgKG?, 1997 |
| Eser, Albin; Burkhard, Björn | Strafrecht I, Schwerpunkt Allgemeine Verbrechenslehre, Juristischer Studienkurs, 1992 |
| Eser, Albin | Funktionswandel strafrechtlicher Prozeßmaximen: Auf dem Weg zur „Reprivatisierung" des Strafverfahrens, ZStW 104 (1992), S. 361 |

# F

| | |
|---|---|
| Faller, Hans | Verfassungsrechtliche Grenzen des Opportunitätsprinzips im Strafprozeß in: Spanner/Lerche u.a. (Hrsg.), Festgabe für Theodor Maunz zum 70. Geburtstag am 1. September 1971, 1971, S. 69 ff |

| | |
|---|---|
| Fezer, Gerhard | Anmerkung zu BGH, Urteil v. 25. 1. 1995 – 3 StR 448/94 (LG Lübeck), NStZ 1995, S. 297 |
| Fezer, Gerhard | Anmerkung zu BGH, Urteil v. 28. 04. 1987 – 5 StR 666/86 (LG Hannover), JZ 1987, S. 937 |
| Fezer, Gerhard | Strafprozeßrecht, Juristischer Studienkurs, 2. Aufl., 1995 |
| Fezer, Gerhard | Vereinfachte Verfahren im Strafprozeß, ZStW 106 (1994), S. 1 |
| Fischer, Thomas; Maul, Heinrich | Tatprovozierendes Verhalten als polizeiliche Ermittlungsmaßnahme, NStZ 1992, S. 7 |
| Fischer, Thomas | Kommentierung der §§449 – 463d StPO *in:* Karlsruher Kommentar zur Strafprozeßordnung und zum Gerichtsverfassungsgesetz mit Einführungsgesetz, 3. Aufl., 1993 |
| Fischer, Thomas | Kommentierung der §§209 – 477 StPO *in:* Pfeiffer/Fischer, Strafprozeßordnung, 1995 |
| Fliedner, Ortlieb | Die verfassungsrechtlichen Grenzen mehrfacher staatlicher Bestrafungen aufgrund desselben Verhaltens – Ein Beitrag zur Auslegung des Art. 103 Abs. 3 GG, AöR 1974, S. 242 |
| Franke, Ulrich | Kommentierung der §§31a, 32 – 38 BtMG *in:* Franke/Wienroeder (Hrsg.), Betäubungsmittelgesetz, 1996 |
| Franzheim, Horst | Der Einsatz von Agents provocateurs zur Ermittlung von Straftätern, NJW 1979, S. 2014 |

# G

| | |
|---|---|
| Geerds, Friedrich | *in:* Groß/Geerds, Handbuch der Kriminalistik, Band 2, 10. Aufl., 1978 |
| Geerds, Friedrich | Kenntnisnahme vom Tatverdacht und Verfolgungspflicht *in:* Stree/Lenckner u.a. (Hrsg.), Gedächtnisschrift für Horst Schröder, 1978 |
| Geißer, Hans | Das Anklagemonopol der Staatsanwaltschaft und die Gewährsperson als Aufklärungsmittel im Ermittlungs- und als Beweismittel im Strafverfahren, GA 130 (1983), S. 385 |
| Geppert, Klaus | Das Legalitätsprinzip, JURA 1982, S. 139 |
| Geppert, Klaus | Das Opportunitätsprinzip, JURA 1986, S. 309 |
| Geppert, Klaus | Die Ahndung von Verkehrsverstößen durchreisender ausländischer Kraftfahrer, GA 126 (1979), S. 281 |
| Gollwitzer, Walter | Gerechtigkeit und Prozeßwirtschaftlichkeit – Einige Gedanken zum knappen Gut der Rechtsgewährung, *in:* Gössel (Hrsg.), Strafverfahren im Rechtsstaat, Festschrift für Theodor Kleinknecht zum 75. Geburtstag am 18. August 1985, 1985, S. 47 |
| Gollwitzer, Walter | Kommentierung der §§213 – 295 StPO *in:* Rieß (Hrsg.), Löwe-Rosenberg, Die Strafprozeßordnung und das Gerichtsverfassungsgesetz, 24. Aufl., Band 3, 1987 |
| Gollwitzer, Walter | Kommentierung der §§213 – 237 StPO *in:* Rieß (Hrsg.), Löwe-Rosenberg, Die Strafprozeßordnung und das Gerichtsverfassungsgesetz, 25. Aufl., 4. Lieferung, 1997 |

| | |
|---|---|
| Görgen, Friedrich | Die organisationsrechtliche Stellung der Staatsanwaltschaft zu ihren Hilfsbeamten und zur Polizei, 1973 |
| Görgen, Friedrich | Strafverfolgungs- und Sicherheitsauftrag der Polizei – Das organisatorische Verhältnis von Staatsanwaltschaft und Polizei, ZRP 1976, S. 59 |
| Gössel, Karl Heinz; Zipf, Heinz | *in:* Maurach/Gössel/Zipf, Strafrecht Allgemeiner Teil, Tb. 2, 7. Aufl., 1989 |
| Gössel, Karl Heinz | Anmerkung zu BGH Urt. v. 9. 12. 1983 – 2 StR 452/83 (LG Frankfurt), NStZ 1984, S. 420 |
| Gössel, Karl Heinz | Kommentierung der §§359 – 373a StPO *in:* Rieß (Hrsg.), Löwe-Rosenberg, Die Strafprozeßordnung und das Gerichtsverfassungsgesetz, 24. Aufl., Band 4, 1988 |
| Gössel, Karl Heinz | Strafverfahrensrecht, 1977 |
| Gössel, Karl Heinz | Überlegungen über die Stellung der Staatsanwaltschaft im rechtsstaatlichen Strafverfahren und über ihr Verhältnis zur Polizei, GA 127 (1980), S. 325 |
| Gössel, Karl Heinz | Überlegungen zur Bedeutung des Legalitätsprinzips im rechtsstaatlichen Strafverfahren *in:* Hanack/Rieß/Wendisch (Hrsg.), Festschrift für Hanns Dünnebier zum 75. Geburtstag am 12. Juni 1982, 1982, S. 121 |
| Grauhan, Hans-Friedrich | Bewältigung von Großverfahren durch Beschränkung des Prozeßstoffs, GA 123 (1976), S. 225 |

| | |
|---|---|
| Gribbohm, Günter | Kommentierung der §§56 - 59c StGB *in:* Jescheck/Ruß/Willms (Hrsg.), Strafgesetzbuch, Leipziger Kommentar, 11. Aufl., 9. Lieferung, 1993 |
| Gropp, Walter | Zum verfahrenslimitierenden Wirkungsgehalt der Unschuldsvermutung, JZ 1991, S. 804 |
| Grünwald, Gerald | Anmerkung zu BGH, Beschl. v. 22. 10. 1975 - 1 StE 1/74 (OLG Stuttgart) und BVerfG, Beschl. v. 21. 1. 1976 - 2BvR 941/75, JZ 1976, S. 767 |
| Grünwald, Gerald | Anmerkung zu BGH, Urt. v. 28. 4. 1987 - 5 StR 666/86 (LG Hannover), StV 1987, S. 470 |
| Grünwald, Gerald | Beweisverbote und Verwertungsverbote im Strafverfahren, JZ 1966, S. 489 |

# H

| | |
|---|---|
| Haas, Hermann H. | V-Leute im Ermittlungs- und Hauptverfahren, 1986 |
| Hahn, Volker-Ulrich | Staatsanwaltschaftliche Ermittlungstätigkeit während des Hauptverfahrens, GA 125 (1078), S. 331 |
| Hanack, Ernst-Walter | Kommentierung der §§132a - 136a StPO *in:* Rieß (Hrsg.), Löwe-Rosenberg, Die Strafprozeßordnung und das Gerichtsverfassungsgesetz, 25. Aufl., 2. Lieferung, 1997 |
| Hanack, Ernst-Walter | Prozeßhindernis des überlangen Strafverfahrens?, JZ 1971, S. 705 |
| Harris, Kenneth | Verwertungsverbot für mittelbar erlangte Beweismittel: Die Fernwirkungsdoktrin in der Rechtsprechung im deutschen und amerikanischen Recht, StV 1991, S. 313 |

| | |
|---|---|
| Hassemer, Winfried | Kennzeichen und Krisen des modernen Strafrechts, ZRP 1992, S. 378 |
| Hassemer, Winfried | Warum und zu welchem Ende strafen wir?, ZRP 1997, S. 316 |
| Heinitz, Ernst | Anmerkung zu OLG Hamburg, Urteil v. 19. 7. 1961 – Ss 107/61, JZ 1963, S. 132 |
| Heinz, Wolfgang | Diversion im Jugendstrafverfahren – Aktuelle kriminalpolitische Bestrebungen im Spiegel empirischer Untersuchungen, ZRP 1990, S. 7 |
| Heinz, Wolfgang | Diversion im Jugendstrafverfahren – Praxis, Chancen, Risiken und rechtsstaatliche Grenzen, ZStW 104 (1992), S. 591 |
| Heinz, Wolfgang | Diversion im Jugenstrafverfahren – Aktuelle kriminalpolitische Betrebungen im Spiegel empirischer Untersuchungen, ZRP 1990, S. 7 |
| Hemmrich, Ulfried | Kommentierung des Art. 60 GG *in:* v. Münch (Hrsg.), Grundgesetz-Kommentar, Band 2, 2. Aufl., 1983 |
| Henkel, Heinrich | Strafverfahrensrecht, 2. Aufl., 1968 |
| Herrmann, Horst | Referat, Verhandlungen des fünfundvierzigsten Deutschen Juristentages, Band 2, 1965, S. D41 |
| Herzog, Roman | Kommentierung der Art. 20, 60, 96 GG *in:* Maunz/Dürig, Grundgesetz, Kommentar, 33. Lieferung, Stand: November 1997 |
| Hesse, Konrad | Grundzüge des Verfassungsrechts der Bundesrepublik Deutschland, 19. Aufl., 1993 |

| | |
|---|---|
| Heubel, Horst | Der „fair-trial" – Ein Grundsatz des Strafverfahrensrechts? – Zugleich ein Beitrag zum Problem der „verfassungskonformen Rechtsfortbildung" im Strafprozeß, 1981 |
| Hillenkamp, Thomas | Verfahrenshindernisse von Verfassungs wegen, NJW 1989, S. 2841 |
| Hillenkamp, Thomas | Verwirkung des Strafanspruches durch Verfahrensverzögerung?, JR 1975, S. 133 |
| Hillgruber, Christian | Richterliche Rechtsfortbildung als Verfassungsproblem, JZ 1996, S. 118 |
| Hirsch, Hans Joachim | Zur Behandlung der Bagatellkriminalität in der Bundesrepublik Deutschland – Unter besonderer Berücksichtigung der Stellung der Staatsanwaltschaft, ZStW 92 (1980), S. 218 |
| Hobe, Konrad | „Geringe Schuld" und „öffentliches Interesse" in den §§153 und 153a StPO, in: Kerner/Göppinger (Hrsg.), Kriminologie – Psychiatrie – Strafrecht, Festschrift für Heinz Leferenz zum 70. Geburtstag, 1983, S. 629 |
| Höfling, Wolfram | Die Unantastbarkeit der Menschenwürde – Annäherungen an einen schwierigen Verfassungsrechtssatz, JuS 1995, S. 857 |
| Hohendorf, Andreas | § 225a StPO im Spannungsfeld zwischen Strafrichter und Schöffengericht, NStZ 1987, S. 389 |
| Honigl, Rainer | Tätigwerden von Privaten auf dem Gebiet der öffentlichen Sicherheit und Ordnung, 1985 |
| Horn, Eckhard | Kommentierung der §§56 – 76a StGB in: Systematischer Kommentar zum Strafgesetzbuch, 28. Lieferung, Stand: Mai 1998 |

| | |
|---|---|
| Hoyer, Andreas | Die Figur des Kronzeugen – Dogmatische, verfahrensrechtliche und kriminalpolitische Aspekte, JZ 1994, S. 233 |
| Hund, Horst | Brauchen wir die „unabhängige Staatsanwaltschaft"?, ZRP 1994, S. 470 |
| Hund, Horst | Polizeiliches Effektivitätsdenken contra Rechtsstaat, ZRP 1991, S. 463 |
| Hünerfeld, Peter | Kleinkriminalität und Strafverfahren, ZStW 90 (1978), S. 905 |
| Hürxthal, Gerhard | Kommentierung der §§258 – 267 StPO *in:* Karlsruher Kommentar zur Strafprozeßordnung und zum Gerichtsverfassungsgesetz mit Einführungsgesetz, 3. Aufl., 1993 |
| Husmann, J. H. | Die Beleidigung und die Kontrolle des öffentlichen Interesses an der Strafverfolgung, MDR 1988, S. 727 |
| Huster, Stefan | Gleichheit und Verhältnismäßigkeit – Der allgemeine Gleichheitssatz als Eingriffsrecht, JZ 1994, S. 541 |

# J

| | |
|---|---|
| Jähnke, Burkhard | Kommentierung von Vor §77 – §79b StGB *in:* Jescheck/Ruß/Willms (Hrsg.), Strafgesetzbuch, Leipziger Kommentar, 11. Aufl., 17. Lieferung, 1994 |
| Jarass, Hans D. | Folgerungen aus der neueren Rechtsprechung des BVerfG für die Prüfung von Verstößen gegen Art. 3 I GG – Ein systematisches Konzept zur Feststellung unzulässiger Ungleichbehandlungen, NJW 1997, S. 2545 |

| | |
|---|---|
| Jescheck, Hans-Heinrich | Kommentierung der Einleitung und des §13 StGB *in:* Jescheck/Ruß/Willms (Hrsg.), Strafgesetzbuch, Leipziger Kommentar, 11. Aufl., 1. Lieferung, 1992; 11. Lieferung, 1993 |
| Jescheck, Hans-Heinrich; Weigend, Thomas | Lehrbuch des Strafrechts, Allgemeiner Teil, 5. Aufl., 1996 |
| Jescheck, Hans-Heinrich | Lehrbuch des Strafrechts, Allgemeiner Teil, 4. Aufl., 1988 |
| Jeutter, Friedrich | Sinn und Grenzen des Legalitätsprinzips im Strafverfahren, 1976 |
| Joachimski, Jupp | Strafverfahrensrecht, 2. Aufl., 1991 |
| Jung, Heike | Straffreiheit für Kronzeugen?, 1974 |

# K

| | |
|---|---|
| Kaiser, Günther | *in:* Beuthien/Erichsen/Eser (Hrsg.), Kaiser/Schöch, Kriminologie, Jugendstrafrecht, Strafvollzug, Juristischer Studienkurs, 4. Aufl., 1994 |
| Kapahnke, Ulf | Opportunität und Legalität im Strafverfahren – Strafverfolgungsverzicht durch die Staatsanwaltschaft gemäß den §§ 154, 154a StPO nach der Neufassung durch das Strafverfahrensänderungsgesetz 1979 (StVÄG 1979), 1982 |
| Kargl, Walter; Sinner, Stefan | Der Öffentlichkeitsgrundsatz und das öffentliche Interesse in §153a StPO, JURA 1998, S. 231 |
| Kargl, Walter | Frieden durch Vergeltung – Über den Zusammenhang von Sache und Zweck im Strafbegriff, GA 145 (1998), S. 53 |

| | |
|---|---|
| Katholnigg, Oskar | Ist die Entkriminalisierung von Betäubungsmittelkonsumenten mit scharfen Maßnahmen zur Eindämmung der Betäubungsmittelnachfrage vereinbar?, GA 137 (1990), S. 193 |
| Keller, Rainer | Zur gerichtlichen Kontrolle prozessualer Ermessensentscheidungen der Staatsanwaltschaft, GA 130 (1983), S. 497 |
| Keller, Rolf; Griesbaum, Rainer | Das Phänomen der vorbeugenden Bekämpfung von Straftaten, NStZ 1990, S. 416 |
| Kerl, Hermann-Jürgen | „Das Opportunitätsprinzip als Magd des Legalitätsprinzips" – 20 Thesen zur Anwendbarkeit und Ausweitung des §153a StPO, ZRP 1986, S. 312 |
| Klein, Franz | Schmidt-Bleibtreu/Klein, Kommentar zum Grundgesetz, 8. Aufl., 1995 |
| Kleinknecht | Anmerkung zu LG Coburg, Beschl. vom 1. 2. 1952 – 3 Qs 30, 51, MDR 1953, S. 120 |
| Kleinknecht, Theodor | Das Legalitätsprinzip nach Abschluß des gerichtlichen Verfahrens *in:* Frisch/Schmid (Hrsg.), Festschrift für Hans-Jürgen Bruns zum 70. Geburtstag, 1978, S. 475 |
| Kloepfer, Michael | Anmerkung zu VG Berlin, Beschl. vom 25. 1. 1977 – VG Disz 17/76 – , DVBl 1977, S. 740 |
| Kloepfer, Michael | Verfahrensdauer und Verfassungsrecht – Verfassungsrechtliche Grenzen der Dauer von Gerichtsverfahren, JZ 1979, S. 209 |
| Klug, Ulrich | Die Verpflichtung des Staates zur Verjährungsverlängerung, JZ 1965, S. 149 |

| | |
|---|---|
| Knauth, Alfons | Beweisrechtliche Probleme bei der Verwertung von Abhörmaterial im Strafverfahren, NJW 1978, S. 741 |
| Knemeyer, Franz-Ludwig | Staatsanwaltschaft und Polizei – Einige kritische Anmerkungen zur herrschenden Meinung, *in:* Schlüchter/Laubenthal (Hrsg.), Recht und Kriminalität, Festschrift für Friedrich Wilhelm Krause zum 70. Geburtstag, 1990, S. 471 |
| Kohlmann, Günter | „Überlange Strafverfahren" – bekannt, aber nicht zu vermeiden? *in:* Frhr. v. Gamm/Raisch/Tiedemann (Hrsg.), Strafrecht, Unternehmensrecht, Anwaltsrecht, Festschrift für Gerd Pfeiffer zum Abschied aus dem Amt als Präsident des Bundesgerichtshofes, 1988, S. 203 |
| Kohlmann, Günter | Der Anspruch des Beschuldigten auf schnelle Durchführung des Ermittlungsverfahrens *in:* Fr.-Chr. Schroeder (Hrsg.), Festschrift für Reinhart Maurach zum 70. Geburtstag, 1972, S. 501 |
| Koriath, Heinz | Über Vereinigungstheorien als Rechtfertigung staatlicher Strafe, JURA 1995, S. 625 |
| Kramer, Bernhard | Grundbegriffe des Strafverfahrensrechts – Ermittlung und Verfahren, 3. Aufl., 1997 |
| Krause, Dietmar; Thon, Stefan | Mängel der Tatschilderung im Anklagesatz und ihre rechtliche Bedeutung, StV 1985, S. 252 |
| Krause, Friedrich Wilhelm | Erfüllt die Nichtverfolgung durch den Staatsanwalt bei privat erlangter Kenntnis einer strafbaren Handlung den Tatbestand des §346 StGB?, GA 111 (1964), S. 110 |

| | |
|---|---|
| Krause, Friedrich Wilhelm | Verfolgungspflicht bei privater Kenntnis und Strafvereitelung im Amt, JZ 1984, S. 548 |
| Krebs, Walter | Kommentierung des Art. 19 GG *in:* v. Münch/Kunig (Hrsg.), Grundgesetz-Kommentar, Band 1, 4. Aufl., 1992 |
| Krey, Volker; Pföhler, Jürgen | Zur Weisungsgebundenheit des Staatsanwaltes – Schranken des internen und externen Weisungsrechts, NStZ 1985, S. 145 |
| Krey, Volker | Strafverfahrensrecht, Band 1, 1988 |
| Krugmann, Michael | Gleichheit, Willkür, Evidenz, JuS 1998, S. 7 |
| Krumsiek, Ralf | Kosten der Justiz, ZRP 1995, S. 173 |
| Kühl, Kristian | Kommentierung der §§220a – 358 StGB *in:* Lackner (Hrsg.), Strafgesetzbuch mit Erläuterungen, 22. Aufl., 1997 |
| Kühl, Kristian | Unschuldsvermutung, Freispruch und Einstellung, 1983 |
| Kühl, Kristian | Zur Beurteilung der Unschuldsvermutung bei Einstellungen und Kostenentscheidungen, JR 1978, S. 94 |
| Kühne, Hans-Heiner | Strafprozeßlehre, 4. Aufl., 1993 |
| Kunig, Philip | Kommentierung des Art. 103 GG *in:* v. Münch (Hrsg.), Grundgesetz-Kommentar, Band 3, 2. Aufl., 1983 |

**L**

| | |
|---|---|
| Lackner, Karl | Kommentierung der §§1 – 121 StGB *in:* Strafgesetzbuch mit Erläuterungen, 22. Aufl., 1997 |
| Lagodny, Otto | Anmerkung zu BVerfG, Beschl. v. 18. 6. 1997 – 2 BvR 483/95, 2501/95, 2990/95, JZ 1998, S. 568 |
| Landau, Herbert; Globuschütz, Axel Peter | Rechtsstellung und Kompetenzen der als Sitzungsvertreter eingesetzten Rechtsreferendare und örtlichen Sitzungsvertreter, NStZ 1992, S. 68 |
| Laubenthal, Klaus; Mitsch, Wolfgang | Rechtsfolgen nach dem Tod des Angeklagten in Strafverfahren, NStZ 1988, S. 108 |
| Lenckner, Theodor | Kommentierung der Vorbemerkung zu §§13 ff StGB (RdNr. 1 – 133) *in:* Schönke/Schröder, Strafgesetzbuch, Kommentar, 25. Aufl., 1997 |
| Lilie, Heinz | Das Verhältnis von Polizei und Staatsanwaltschaft im Ermittlungsverfahren, ZStW 106 (1994), S. 625 |
| Loos, Fritz | Probleme der beschränkten Sperrwirkung strafprozessualer Entscheidungen, JZ 1978, S. 592 |
| Lüderssen, Klaus | Grenzen des Legalitätsprinzips im effizienz-orientierten Rechtsstaat. Schluckt das Verfahrensrecht die sichernden Funktionen des materiellen Rechts?, *in:* Denninger/Lüderssen (Hrsg.), Polizei und Strafprozeß im demokratischen Rechtsstaat, 1978, S. 188 |

| | |
|---|---|
| Lüderssen, Klaus | Verbrechensprophylaxe durch Verbrechensprovokation?, *in:* Denninger/Lüderssen (Hrsg.), Polizei und Strafprozeß im demokratischen Rechtsstaat, 1978, S. 238 |
| Lüderssen, Klaus | Verbrechensprophylaxe durch Verbrechensprovokation, *in:* Baumann/Tiedemann (Hrsg.), Einheit und Vielfalt des Strafrechts, Festschrift für Karl Peters zum 70. Geburtstag, 1974, S. 349 |
| Lüttger, Hans | Der „genügende Anlaß" zur Erhebung der öffentlichen Klage, GA 104 (1957), S. 193 |

# M

| | |
|---|---|
| Magiera, Siegfried | Kommentierung des Art. 46 GG *in:* Dolzer (Ges.-Hrsg.), Bonner Kommentar zum Grundgesetz, 85. Lieferung, Stand: August 1998 |
| Maiwald, Manfred | Zufallsfunde bei zulässiger prozessualer Telefonüberwachung – BGH, NJW 1976, 1462, JuS 1978, S. 379 |
| Marxen, Klaus | Rechtliche Grenzen der Amnestie, 1984 |
| Maunz, Theodor | Kommentierung des Art. 46 GG *in:* Maunz/Dürig, Grundgesetz, Kommentar, 33. Lieferung, Stand: November 1997 |
| Maurer, Hartmut | Allgemeines Verwaltungsrecht, 11. Aufl., 1997 |
| Mayer, Elmar | Überlegungen zur verfassungsrechtlichen Stellung der Staatsanwaltschaft *in:* Böttcher/Hueck/Jähnke (Hrsg.), Festschrift für Walter Odersky zum 65. Geburtstag am 17. Juli 1996, 1996, S. 233 |

| | |
|---|---|
| Mayer, Otto | Deutsches Verwaltungsrecht, Band 1, 3. Aufl., 1924 |
| Meister, H.-G. | Reformbedürftigkeit des Rechts der Strafverfolgungsverjährung, DRiZ 1954, S. 217 |
| Menzel, Eberhard | Kommentierung des Art. 60 GG *in:* Dolzer (Ges.-Hrsg.), Bonner Kommentar zum Grundgesetz, 85. Lieferung, Stand: August 1998 |
| Merten, Karlheinz | Das Abrufrecht der Staatsanwaltschaft aus polizeilichen Dateien, NStZ 1987, S. 11. |
| Meurer, Dieter | Der Verfassungsgerichtshof und das Strafverfahren – Zehn Bemerkungen zu der Kassationsentscheidung des Berliner Verfassungsgerichtshofes vom 12. 1. 1993 und zu dem Beschluß des Kammergerichts vom 13. 1. 1993 –, JR 1993, S. 89 |
| Meyer, Martin | Freiheit und Verantwortung des Staatsanwaltes bei „prozeßökonomischem" Vorgehen im Strafverfahren *in:* Duttge (Hrsg.), Freiheit und Verantwortung in schwieriger Zeit aus vorwiegend straf(prozeß-)rechtlicher Sicht zum 60. Geburtstag von Prof. Dr. Ellen Schlüchter, 1998, S. 59 |
| Meyer, Wolfgang | Kommentierung der Art. 92, 97 GG *in:* v. Münch (Hrsg.), Grundgesetz-Kommentar, Band 3, 2. Aufl., 1983 |
| Meyer-Goßner, L. | Anmerkung zum Urteil des OLG Köln v. 22. 1. 1980 – 1 Ss 1064/79, JR 1981, S. 214 |
| Meyer-Goßner, Lutz | Die Behandlung von Zuständigkeitsstreitigkeiten zwischen allgemeinen und Spezialstrafkammern beim Landgericht, NStZ 1981, S. 168 |

| | |
|---|---|
| Meyer-Goßner, Lutz | *in:* Kleinknecht/Meyer-Goßner, Strafprozeßordnung, Gerichtsverfassungsgesetz, Nebengesetze und ergänzende Bestimmungen, 43. Aufl., 1997 |
| Meyer-Goßner, Lutz | Kommentierung der §§151 – 212b StPO *in:* Löwe-Rosenberg, Die Strafprozeßordnung und das Gerichtsverfassungsgesetz, Band 2, 23. Aufl., 1978 |
| Momberg, Rolf | Die Wiederaufnahme bei Einstellungen nach § 154 StPO und ihre richterliche Kontrolle, NStZ 1984, S. 535 |
| Mühl, Otto | *in:* Fürst/Mühl/Arndt, Richtergesetz, Kommentar, 1992 |
| Müller, Hermann | Kommentierung der §§147 – 169a StPO *in:* KMR, Kommentar zur Strafprozeßordnung, 16. Erg.-Lieferung, Stand: Juli 1998 |
| Müller, Ingo | Rechtsstaat und Strafverfahren, 1980 |
| Musielak, Hans-Joachim | Grundkurs BGB, 5. Aufl., 1997 |

# N

| | |
|---|---|
| Naucke, Wolfgang | Normales Strafrecht und die Bestrafung staatsverstärkter Kriminalität *in:* Schulz/Vormbaum (Hrsg.), Festschrift für Günter Bemmann zum 70. Geburtstag am 15. Dezember 1997, 1997 |
| Nelles, Ursula | Kompetenzen und Ausnahmekompetenzen in der StPO, 1980 |
| Nelles, Ursula | Zur Revisibilität „fehlerhafter" und „unwirksamer" Eröffnungsbeschlüsse, NStZ 1982, S. 96 |

| | |
|---|---|
| Neuwald, Ralf | Zur Fernwirkung von Beweisverwertungsverboten, NJW 1990, S. 1221 |
| Niemöller, Martin; Folke Schuppert, Gunnar | Die Rechtsprechung des BVerfG zum Strafverfahrensrecht, AöV 1982, S. 387 |
| Nierwetberg, Rüdiger | Strafanzeige durch das Gericht, NJW 1996, S. 432 |
| Niese, Werner | Die Anklageerzwingung im Verhältnis zum Legalitäts- und Opportunitätsprinzip, SJZ 1950, Sp. 890 |
| Nothacker, Gerhard | Das Absehen von der Verfolgung im Jugendstrafverfahren (§45 JGG) – Überlegungen zu Anwendungsproblemen und Anregungen für eine Neugestaltung, JZ 1982, S. 57 |
| Nüse, Karl-Heinz | Zu den Beweisverboten im Strafprozeß, JR 1966, S. 281 |
| Nüse, Karl-Heinz | Zur Bindung der Staatsanwaltschaft an die höchstrichterliche Rechtsprechung, JR 1964, S. 281 |

# O

| | |
|---|---|
| Odenthal, Hans-Jörg | Ermittlungen der Staatanwaltschaft nach Eröffnung des Hauptverfahrens, StV 1991, S. 441 |
| Odersky, Walter | Aktuelle Überlegungen zur Stellung der Staatsanwaltschaft *in:* Engisch/Odersky/Säcker (Hrsg.), Festschrift für Kurt Rebmann zum 65. Geburtstag, 1989, S. 343 |

Ostendorf, Heribert — Die Prüfung der strafrechtlichen Verantwortlichkeit nach §3 JGG – der erste Einstieg in die Diversion, JZ 1986, S. 664

Ostendorf, Heribert — Jugendgerichtsgesetz, 4. Aufl., 1997

## P

Paulus, Rainer — Kommentierung der §§199 – 267, §§430 – 473 (außer §§454, 454a, 463) StPO *in:* KMR, Kommentar zur Strafprozeßordnung, 16. Erg.-Lieferung, Stand: Juli 1998

Pelchen, Georg — Kommentierung der §§ 374 – 402 StPO *in:* Karlsruher Kommentar zur Strafprozeßordnung und zum Gerichtsverfassungsgesetz mit Einführungsgesetz, 3. Aufl., 1993

Pentz, A. — Zur Auslegung des §377 Abs. 2 StPO, MDR 1965, S. 885

Peters, Karl — Strafprozeß, 4. Aufl., 1985

Peukert, Wolfgang — Die überlange Verfahrensdauer (Art. 6 Abs. 1 EMRK) in der Rechtsprechung der Straßburger Instanzen, EuGRZ 1979, S. 251

Pfeiffer, Gerd — Das strafrechtliche Beschleunigungsgebot *in:* Arzt (Hrsg.), Festschrift für Jürgen Baumann zum 70. Geburtstag, 1992

Pfeiffer, Gerd — Kommentierung der §§1 – 32 StPO *in:* Karlsruher Kommentar zur Strafprozeßordnung und zum Gerichtsverfassungsgesetz mit Einführungsgesetz, 3. Aufl., 1993

Pfeiffer, Gerd — Einleitung und Kommentierung der §§1 – 208 StPO *in:* Pfeiffer/Fischer, Strafprozeßordnung, 1995

| | |
|---|---|
| Pieroth, Bodo;  Schlink, Bernhard | Grundrechte Staatsrecht II, 14. Aufl., 1998 |
| Potrykus, Gerhard | Kommentar zum Jugendgerichtsgesetz, 1955 |
| Pott, Christine | Die Aushöhlung des Legalitätsprinzips. Dargestellt anhand des Verhältnisses von § 258a StGB und §§ 153 ff. StPO *in:* Albrecht (Hrsg.), Vom unmöglichen Zustand des Strafrechts, 1995, S. 79 |
| Pott, Christine | Die Außerkraftsetzung der Legalität durch das Opportunitätsdenken in den Vorschriften der §§154, 154a: Zugleich ein Beitrag zu einer kritischen Strafverfahrensrechtstheorie, 1996 |
| Prechtel, Günter | Das Verhältnis der Staatsanwaltschaft zum Ermittlungsrichter – Eine kritische Betrachtung der Mitwirkung des Richters im Ermittlungsverfahren, insbesondere zur Bedeutung des §162 StPO, 1985 |

# R

| | |
|---|---|
| Radtke, Henning | Zur Systematik des Strafklageverbrauchs verfahrenserledigender Entscheidungen im Strafprozeß, 1994 |
| Randelzhofer, Albrecht | Gleichbehandlung im Unrecht? – Zur Problematik auf Beibehaltung rechtswidrigen Verwaltungshandels, JZ 1973, S. 536 |
| Ranft, Otfried | Bemerkungen zu den Beweisverboten im Strafprozeß, *in:* Seebode (Hrsg.), Festschrift für Günther Spendel zum 70. Geburtstag am 11. Juli 1992, S. 717 |
| Ranft, Otfried | Strafprozeßrecht, 2. Aufl., 1995 |

| | |
|---|---|
| Rauball, Reinhard | Kommentierung des Art. 46 GG *in:* v. Münch (Hrsg.), Grundgesetz-Kommentar, Band 2, 2. Aufl., 1983 |
| Reichert-Hammer, Hansjörg | Zur Fernwirkung von Beweisverwertungsverboten (§136a StPO) – BGHSt 34, 362, JuS 1989, S. 446 |
| Reinecke, Jan | Die Fernwirkung von Beweisverwertungsverboten, 1990 |
| Rieß, Peter | Anmerkung zu OLG Düsseldorf, Beschl. v. 22. 10. 1996 – 3 Ws 555 + 556/96, JR 1998, S. 38 |
| Rieß, Peter | Anmerkung zu OLG Karlsruhe Beschl. v. 30. 4. 1982 – 4 VAs 22/82, NStZ 1982, S. 435 |
| Rieß, Peter | Der Hauptinhalt des Ersten Gesetzes zur Reform des Strafverfahrensrechts (1. StVRG), NJW 1975, S. 81 |
| Rieß, Peter | Die Zukunft des Legalitätsprinzips, NStZ 1981, S. 2 |
| Rieß, Peter | Kommentierung der §§151 – 197, §§198 – 212b StPO *in:* Rieß (Hrsg.) Löwe-Rosenberg, Die Strafprozeßordnung und das Gerichtsverfassungsgesetz, 24. Aufl., Band 2, 1978 und Band 3, 1987 |
| Rieß, Peter | Legalitätsprinzip – Interessenabwägung – Verhältnismäßigkeit: Über die Grenzen von Strafverfolgungsverzicht und Strafverfolgungsverschärfung zur Aufrechterhaltung des inneren Friedens, *in:* Hanack/Rieß/Wendisch (Hrsg.), Festschrift für Hanns Dünnebier zum 75. Geburtstag am 12. Juni 1982, 1982, S. 149 |

| | |
|---|---|
| Rieß, Peter | Verfahrenshindernisse von Verfassungs wegen?, JR 1985, S. 45 |
| Rogall, Klaus | Gegenwärtiger Stand und Entwicklungstendenzen der Lehre von den strafprozessualen Beweisverboten, ZStW 91 (1979), S. 1 |
| Rogall, Sylvia | Der Verdeckte Ermittler – einsamer Wolf auf schwankendem Floß, *in:* Duttge (Hrsg.), Freiheit und Verantwortung in schwieriger Zeit aus vorwiegend straf(prozeß-)rechtlicher Sicht zum 60. Geburtstag von Prof. Dr. Ellen Schlüchter, 1998, S. 59 |
| Rosenfeld, Ernst Heinrich | Der Reichsstrafprozeß, 4. und 5. Aufl., 1912. |
| Roxin, Claus | Die Rechtsprechung des Bundesgerichtshofes zum Strafverfahrensrecht – Ein Rückblick auf 40 Jahre *in*: Jauernig/Roxin, 40 Jahre Bundesgerichtshof – Festveranstaltung am 1. Oktober 1990 mit Ansprache des Präsidenten des Bundesgerichtshofes, 1991, S. 85 ff |
| Roxin, Claus | Rechtsstellung und Zukunftsaufgaben der Staatsanwaltschaft – Vortrag anläßlich einer Feier zum 100jährigen Bestehen der Hamburger Staatsanwaltschaft, DRiZ 1969, S. 385 |
| Roxin, Claus | Strafrecht, Allgemeiner Teil, Band 1, 3. Aufl., 1997 |
| Roxin, Claus | Strafverfahrensrecht, 25. Aufl., 1998 |
| Roxin, Claus | Zur Problematik des Schuldstrafrechts, GA 131 (1984), S. 641 |
| Roxin, Imme | Die Rechtsfolgen schwerwiegender Rechtsstaatsverstöße in der Strafrechtspflege, 1987 |

| | |
|---|---|
| Rüfner, Wolfgang | Kommentierung des Art. 3 GG *in:* Dolzer (Ges.-Hrsg.), Bonner Kommentar zum Grundgesetz, 85. Lieferung, Stand: August 1998 |
| Rüping, Hinrich | Das Strafverfahren, 3. Aufl., 1997 |
| Rupprecht, Reinhard | Übertragung polizeilicher Aufgabenfelder auf private Unternehmen unter Gewährleistung der Beibehaltung des staatlichen Gewaltmonopols *in:* Weiß (Hrsg.), Privatisierung von polizeilichen Aufgaben, BKA-Forschungsreihe, 1996 |
| Ruß, Wolfgang | Kommentierung der §§257 – 262 StGB *in:* Jescheck/Ruß/Willms (Hrsg.), Strafgesetzbuch, Leipziger Kommentar, 11. Aufl., 15. Lieferung, 1994 |

# S

| | |
|---|---|
| Sarstedt, Werner | Gebundene Staatsanwaltschaft?, NJW 1964, S. 1752 |
| Sarstedt, Werner | Referat, Verhandlungen des sechsundvierzigsten Juristentages, Band 2, 1967, S. F8 |
| Sax, Walter | Einleitung *in:* KMR, Kommentar zur Strafprozeßordnung, 16. Erg.-Lieferung, Stand: Juli 1998 |
| Schäfer, Gerhard | Die Praxis des Strafverfahrens, 5. Aufl., 1992 |
| Schäfer, Karl; Boll, Olaf | Kommentierung der §§141 – 168 GVG *in:* Rieß (Hrsg.), Löwe-Rosenberg, Die Strafprozeßordnung und das Gerichtsverfassungsgesetz, 24. Aufl., Band 6 Tb. 1, 1996 |

| | |
|---|---|
| Schäfer, Karl;<br>Wickern, Thomas | Kommentierung der §§169 – 202 GVG *in:* Rieß (Hrsg.), Löwe-Rosenberg, Die Strafprozeßordnung und das Gerichtsverfassungsgesetz, 24. Aufl., Bd 1 Tb. 1, 1996 |
| Schäfer, Karl | Kommentierung des GVG *in:* Löwe-Rosenberg, Die Strafprozeßordnung und das Gerichtsverfassungsgesetz, Band 5, 23. Aufl., 1979 |
| Schäfer, Karl | Einleitung *in:* Rieß (Hrsg.), Löwe-Rosenberg, Die Strafprozeßordnung und das Gerichtsverfassungsgesetz, 24. Aufl., Band 1, 1988 |
| Schaffstein, Friedrich;<br>Beulke, Werner | Jugendstrafrecht, 13. Aufl., 1998 |
| Schätzler, Johann-Georg | Handbuch des Gnadenrechts: Gnade – Amnestie – Bewährung, 2. Aufl., 1992 |
| Schiwy, P. | *in:* Lundt/Schiwy, Betäubungsmittelrecht mit Kommentar zum Betäubungsmittelgesetz, Band 1, 56. Erg.-Lieferung, Stand: 1. Juli 1998 |
| Schlüchter, Ellen | Das Strafverfahren, 2. Aufl., 1983 |
| Schlüchter, Ellen | Zu Anklageschrift und Eröffnungsbeschluß bei fortgesetzter Handlung, JR 1990, S. 10 |
| Schmidhäuser, Eberhard | Zur Frage nach dem Ziel des Strafprozesses, *in:* Bockelmann/Gallas (Hrsg.), Festschrift für Eberhard Schmidt zum 70. Geburtstag, 2. Aufl., 1971, S. 511 |
| Schmidt, Eberhard | Lehrkommentar zur Strafprozeßordnung und zum Gerichtsverfassungsgesetz, Teil 1: 2. Aufl. 1964; Teil 2: 1957; Nachtragsband I StPO: 1967 |

| Schmidt, Eberhard | Rechtsauffassung der Staatsanwaltschaft und Legalitätsprinzip, MDR 1961, S. 269 |
|---|---|
| Schmidt, Wilhelm | Kommentierung der §§359 – 373a StPO *in:* Karlsruher Kommentar zur Strafprozeßordnung und zum Gerichtsverfassungsgesetz mit Einführungsgesetz, 3. Aufl., 1993 |
| Schmidt-Aßmann, Eberhard | Der Rechtsstaat *in:* Isensee/Kirchhof (Hrsg.), Handbuch des Staatsrechts der Bundesrepublik Deutschland, Band I, 1987 |
| Schmidt-Aßmann, Eberhard | Kommentierung des Art. 103 GG *in:* Maunz/Dürig, Grundgesetz, Kommentar, 33. Lieferung, Stand: November 1997 |
| Schmidt-Jortzig, Edzard | Möglichkeiten der Aussetzung des strafverfolgerischen Legalitätsprinzips bei der Polizei, NJW 1989, S. 129 |
| Schnapp, Friedrich E. | Kommentierung des Art. 20 GG *in:* v. Münch/Kunig (Hrsg.), Grundgesetz-Kommentar, Band 1, 4. Aufl., 1992 |
| Schöch, Heinz | *in:* Beuthien/Erichsen/Eser (Hrsg.), Kaiser/Schöch, Kriminologie, Jugendstrafrecht, Strafvollzug, Juristischer Studienkurs, 4. Aufl., 1994 |
| Schöch, Heinz | Kommentierung der §§151 – 160 StPO *in:* Kommentar zur Strafprozeßordnung, Reihe Alternativkommentare, Band 2 Tb. 1, 1992 |
| Schoreit, Armin | Absolutes Verfahrenshindernis und absolutes U-Haftverbot bei begrenzter Lebenserwartung des Angeklagten? – Bedeutung, Auswirkungen und Wirksamkeit des Beschlusses des Verfassungsgerichtshofs des Landes Berlin auf die im Verfahren gegen Erich Honecker eingelegte Verfassungsbeschwerde –, NJW 1993, S. 881 |

| | |
|---|---|
| Schoreit, Armin | Kommentierung der §§ 151 – 157 StPO, 141 – 146 GVG *in:* Karlsruher Kommentar zur Strafprozeßordnung und zum Gerichtsverfassungsgesetz mit Einführungsgesetz, 3. Aufl., 1993 |
| Schröder, Svenja | Beweisverwertungsverbote und die Hypothese rechtmäßiger Beweiserlangung im Strafprozeß, 1992 |
| Schroeder, Friedrich-Christian | Legalitäts- und Opportunitätsprinzip heute, *in:* Baumann/Tiedemann (Hrsg.), Einheit und Vielfalt des Strafrechts, Festschrift für Karl Peters zum 70. Geburtstag, 1974, S. 411 ff |
| Schroeder, Friedrich-Christian | Strafprozeßrecht, 2. Aufl., 1997 |
| Schroth, Ulrich | Beweisverwertungsverbote im Strafverfahren – Überblick, Strukturen und Thesen zu einem umstrittenen Thema, JuS 1998, S. 969. |
| Schroth, Ulrich | Strafrechtliche und strafprozessuale Konsequenzen aus der Überlänge von Strafverfahren, NJW 1990, S. 29 |
| Schumann, Heribert | Verfahrenshindernis bei Einsatz von V-Leuten als agents provocateurs?, JZ 1986, S. 66 |
| Schünemann, Bernd | 17 Thesen zum Problem der Mordverjährung, JR 1979, S. 177 |
| Schütz, Johann | Die Rechtsfolgen der Straftat (I) – Einführung in das Sanktionssystem des Strafgesetzbuches, JURA 1995, S. 399 |
| Schwalm, Georg | Referat, Verhandlungen des fünfundvierzigsten Deutschen Juristentages, Band 2, 1965, S. D7 |
| Schwenk, Edmund H. | Das Recht des Beschuldigten auf alsbaldige Hauptverhandlung, ZStW 79 (1967), S. 721 |

| | |
|---|---|
| Seelmann, Kurt | Zur materiell-rechtlichen Problematik des V-Mannes, ZStW 95 (1983) S. 797 |
| Seibert, C. | Sinn und Unsinn der strafrechtlichen Verjährung, NJW 1952, S. 1361 |
| Spendel, Günter | Rechtsstaat für den Verbrecher – Polizeistaat für den Bürger? *in:* Kipp (Hrsg.), Um Recht und Freiheit, Festschrift für Friedrich August Freiherr von der Heydte zur Vollendung des 70. Lebensjahres, dargebracht von Freunden, Schülern und Kollegen, Band 2, 1977, S. 1209 |
| Stackelberg, Curt Frhr. v. | Verjährung und Verwirkung des Rechts auf Strafverfolgung *in:* Kaufmann/Bemmann u.a. (Hrsg.), Festschrift für Paul Bockelmann zum 70. Geburtstag am 7. Dezember 1978, S. 759 |
| Stahl, Friedrich Julius | Die Philosophie des Rechts, Rechts- und Staatslehre auf der Grundlage christlicher Weltanschauung, 2. Abt. 4. Buch, 3. Aufl., 1856 |
| Steffen, Erich | Haftung für Amtspflichtverletzungen des Staatsanwalts, DRiZ 1972, S. 153 |
| Stern, Klaus | Das Staatsrecht der Bundesrepublik Deutschland, Band 1, 2. Aufl., 1984 |
| Stöckel, Heinz | Kommentierung von Vor §374 – §394 StPO *in:* KMR, Kommentar zur Strafprozeßordnung, 16. Erg.-Lieferung, Stand: Juli 1998 |
| Strate, Gerhard | Zur Kompetenzverteilung im Hauptverfahren – zugleich eine Anmerkung zur V-Mann-Entscheidung des 5. Strafsenats, StV 1985, S. 337 |
| Stree, Walter | Kommentierung der §§38 – 72, 77 – 101a, 257 – 262 StGB *in:* Schönke/Schröder, Strafgesetzbuch, Kommentar, 25. Aufl., 1997 |

| | |
|---|---|
| Strubel, Bernd-Jochen;<br>Sprenger, Wolfgang | Die gerichtliche Nachprüfbarkeit staatsanwaltschaftlicher Verfügungen, NJW 1972, S. 1734 |

# T

| | |
|---|---|
| Terbach, Matthias H. | Einstellungserzwingungsverfahren – Die verfassungskonform relativierte Zustimmungssperre als Rechtsschutz gegen die rechtswidrig verweigerte Zustimmung der Staatsanwaltschaft zur Verfahrenseinstellung nach §§ 153, 153a StPO, 1996 |
| Thiel, Dagmar | Die polizeiliche Verfolgungspflicht im Rahmen verdeckter Ermittlungen, 1989 |
| Treier, Gerhard | Kommentierung der §§ 199 – 243 StPO *in:* Karlsruher Kommentar zur Strafprozeßordnung und zum Gerichtsverfassungsgesetz mit Einführungsgesetz, 3. Aufl., 1993 |
| Tröndle, Herbert | Kommentierung der §§ 32 – 60 StGB *in:* Jescheck/Ruß/Willms (Hrsg.), Strafgesetzbuch, Leipziger Kommentar, 10. Aufl., Band 2, 1985 |
| Tröndle, Herbert | Strafgesetzbuch und Nebengesetze, 48. Aufl., 1997 |

# U

| | |
|---|---|
| Ulrich, Hans-Joachim | Die Durchsetzung des Legalitätsprinzips und des Grundrechts der Gleichheit aller vor dem Gesetz in der Praxis der Staatsanwaltschaften, ZRP 1982, S. 169 |

| | |
|---|---|
| Ulsamer, Gerhard | Art. 6 Menschenrechtskonvention und die Dauer von Strafverfahren *in:* Zeidler/Maunz/Rollecke (Hrsg.), Festschrift für Hans Joachim Faller, 1984, S. 373 |
| Ulsenheimer, Klaus | Zur Problematik der überlangen Verfahrensdauer und richterlichen Aufklärungspflicht im Strafprozeß sowie zur Frage der Steuerhinterziehung durch Steuerumgehung – Anmerkung zu BGH 3 StR 217/81 vom 27. 1. 82 (wistra 1982, 108) –, wistra 1983, S. 12 |

# V

| | |
|---|---|
| Vogel, Klaus | *in:* Drews/Wacke/Vogel/Martens, Gefahrenabwehr – Allgemeines Polizeirecht (Ordnungsrecht) des Bundes und der Länder, Band 1, 8. Aufl., 1975 |
| Vogler, Theo | Straf- und strafverfahrensrechtliche Fragen in der Spruchpraxis der Europäischen Kommission und des Europäischen Gerichtshofes für Menschenrechte, ZStW 89 (1977), S. 761 |
| Volk, Klaus | Entkriminalisierung durch Strafwürdigkeitskriterien jenseits des Deliktsaufbaus, ZStW 97 (1985), S. 871 |
| Volk, Klaus | Kronzeugen praeter legem? – Vernehmungspraxis, Vorteilsversprechen, Verdunklungsgefahr, NJW 1996, S. 879 |
| Volk, Klaus | Prozeßvoraussetzungen im Strafrecht – Zum Verhältnis von materiellem Recht und Prozeßrecht, 1978 |

# W

| | |
|---|---|
| Wacke, Volkhard | Kommentierung der §§158 – 163c StPO *in:* Karlsruher Kommentar zur Strafprozeßordnung und zum Gerichtsverfassungsgesetz mit Einführungsgesetz, 3. Aufl., 1993 |
| Wagner, Hans-Jochen | Betäubungsmittelstrafrecht, Einführung anhand von Fällen, 1996 |
| Waller, Hellmut | Empfiehlt es sich, §153a StPO zu erweitern?, DRiZ 1986, S. 47 |
| Wassermann, Rudolf | Zum Ende des Honecker-Verfahrens, NJW 1993, S. 1567 |
| Weber, Hellmuth v. | Die strafrechtliche Bedeutung der europäischen Menschenrechtskonvention, ZStW 65 (1953), S. 334 |
| Weigend, Thomas | Anklagepflicht und Ermessen – Die Stellung des Staatsanwalts zwischen Legalitäts- und Opportunitätsprinzip nach deutschem und amerikanischen Recht, 1978 |
| Weigend, Thomas | Das „Opportunitätsprinzip" zwischen Einzelfallgerechtigkeit und Systemeffizienz, ZStW 109 (1997), S. 103 |
| Wendisch, Günter | Kommentierung der §§374 – 406c *in:* Rieß (Hrsg.) Löwe-Rosenberg, Die Strafprozeßordnung und das Gerichtsverfassungsgesetz, 24. Aufl., Band 5, 1989 |
| Wendisch, Günter | Kommentierung der §§1 – 47 StPO *in:* Rieß (Hrsg.) Löwe-Rosenberg, Die Strafprozeßordnung und das Gerichtsverfassungsgesetz, 25. Aufl., 3. Lieferung, 1997 |
| Wetterich, Paul; Hamann, Hellmut | Strafvollstreckung, 5. Aufl., 1994 |

| | |
|---|---|
| Widmaier, Gunter | Verhandlungs- und Verteidigungsfähigkeit – Verjährung und Strafmaß: Zu den Entscheidungen des BGH und des BVerfG im Revisionsverfahren gegen Erich Mielke, NStZ 1995, S. 361 |
| Willms, Günther | Offenkundigkeit und Legalitätsprinzip, JZ 1957, S. 465 |
| Winkler, Karl-Rudolf | Kommentierung des 6. Abschnitts des Betäubungsmittelgesetzes *in:* Hügel/Junge, Deutsches Betäubungsmittelrecht – Recht des Verkehrs mit Suchtstoffen und psychotropen Stoffen, Kommentar, 7. Aufl., 5. Erg.-Lieferung, Stand: 28. Februar 1998 |
| Wiss, Andreas | Verwarnung mit Strafvorbehalt, JURA 1989, S. 622 |
| Wohlers, Wolfgang | Rechtsfolgen prozeßordnungswidriger Untätigkeit von Strafverfolgungsorganen, JR 1994, S. 138 |
| Wolfslast, Gabriele | Immunität und Hauptverhandlung im Strafverfahren, NStZ 1987, S. 433 |
| Wolter, Jürgen | Anmerkung zu BHG, Urteil vom 24. 8. 1983 – 3 StR 136/83 (LG Kleve), NStZ 1984, S. 276 |
| Wolter, Jürgen | Kommentierung von Vor §151 – 163e StPO *in:* Systematischer Kommentar zur Strafprozeßordnung und zum Gerichtsverfassungsgesetz, 17. Lieferung, Stand: Dezember 1997 |

# Z

Zipf, Heinz — Kriminalpolitische Überlegungen zum Legalitätsprinzip *in:* Baumann/Tiedemann (Hrsg.), Einheit und Vielfalt des Strafrechts, Festschrift für Karl Peters zum 70. Geburtstag, 1974, S. 487

Zippelius, Reinhold — Kommentierung des Art. 1 GG *in:* Dolzer (Ges.-Hrsg.), Bonner Kommentar zum Grundgesetz, 85. Lieferung, Stand: August 1998

Zippelius, Reinhold — *in:* Maunz/Zippelius, Deutsches Staatsrecht, 30. Aufl., 1998

Zippelius, Reinhold — Rechtsphilosophie, 3. Aufl., 1994

# Ausschüsse für Strafrecht, Strafvollstreckungsrecht, Wehrstrafrecht, Strafgerichtsbarkeit der SS und des Reichsarbeitsdienstes, Polizeirecht sowie für Wohlfahrts- und Fürsorgerecht (Bewahrungsrecht)

Frankfurt/M., Berlin, Bern, New York, Paris, Wien, 1999. LVIII, 641 S.
Akademie für Deutsches Recht 1933-1945. Protokolle der Ausschüsse.
Herausgegeben und mit einer Einleitung versehen von Werner Schubert. Bd. 8
ISBN 3-631-34015-X · geb. DM 198.–*

Der Band dokumentiert die Beratungen der Ausschüsse der Akademie für Deutsches Recht für Strafrecht, für die Rechtsangleichung zwischen dem Altreich und den Reichsgauen der Ostmark, der Arbeitsgemeinschaft für internationales und ausländisches Strafrecht sowie für die Neufassung des Strafgesetzbuchs (1944). In diesem Zusammenhang wird die letzte Entwurfsfassung zu einem Gemeinschaftsfremdengesetz und zur Neufassung des Allgemeinen Teils des Strafgesetzbuchs durch das Reichsjustizministerium wiedergegeben. Es folgen die Arbeiten des Ausschusses für Strafvollstreckungsrecht mit dem Entwurf des Reichsjustizministeriums zu einem Strafvollzugsgesetz von 1939, die wenigen erhalten gebliebenen Protokolle des Wehrstrafrechtsausschusses und der Arbeitsgemeinschaft für Fragen der Strafgerichtsbarkeit der SS und des Reichsarbeitsdienstes sowie annähernd vollständig die Materialien des Polizeirechtsausschusses unter Werner Best. Abschließend werden die Protokolle des Ausschusses für Wohlfahrts- und Fürsorgerecht mit den Vorarbeiten zu einem nationalsozialistischen Bewahrungsgesetz abgedruckt. Insgesamt macht die Edition wichtige Texte der Strafrechtsgeschichte in der NS-Zeit erstmals zugänglich. Die Einleitung des Herausgebers erschließt die Verhandlungsergebnisse und die Biographien der Ausschußmitglieder.

*Aus dem Inhalt*: NS-Strafrechtsreform · Hoch- und Landesverrat · Strafensystem · Schutz der Volksgesundheit · Homosexualität · Ehrverletzung · Radikalisierung des Strafrechts durch das geplante Gemeinschaftsfremdengesetz · Strafrechtsangleichung zwischen Deutschland und Österreich · Strafvollzug · Reichsstrafvollzugsgesetz · Nationalsozialistischer Polizeibegriff · Strafgerichtsbarkeit der SS und des Reichsarbeitsdienstes · Bewahrungsgesetz, Familiennotgemeinschaft · Ausweitung der gesetzlichen Unterhaltspflicht

Frankfurt/M · Berlin · Bern · New York · Paris · Wien
Auslieferung: Verlag Peter Lang AG
Jupiterstr. 15, CH-3000 Bern 15
Telefax (004131) 9402131
*inklusive Mehrwertsteuer
Preisänderungen vorbehalten